普通高等教育农业农村部“十三五”规划教材
全国高等农林院校“十三五”规划教材

种子学

精编版

关亚静　胡　晋　主编

中国农业出版社
北　京

内容提要

本教材涵盖了国内外种子学的基础理论，吸收了最新研究进展，结合我国种子科技实践编写而成。其主要内容包括绪论、第一篇种子生物学基础、第二篇种子加工贮藏、第三篇种子检验，共20章。本书是一本内容精炼、知识系统、资料新颖，反映了目前种子科学先进理论和技术的教材。本书可作为高等院校植物生产类以及种子科学有关专业的教材，也可作为种子科技和管理人员的参考书。

主　编　关亚静　胡　晋

副主编　胡伟民　高灿红　潘荣辉　方永丰

编　者（以姓氏笔画为序）

马守才（西北农林科技大学）
王　玺（沈阳农业大学）
王州飞（华南农业大学）
方永丰（甘肃农业大学）
关亚静（浙江大学）
孙黛珍（山西农业大学）
李　岩（山东农业大学）
何丽萍（云南农业大学）
胡　晋（浙江大学）
胡伟民（浙江大学）
高灿红（安徽农业大学）
潘荣辉（浙江大学）

FOREWORD 前 言

我国的种子学教材，最早可以追溯到苏联的柯兹米娜著、浙江农学院种子研究室译的《种子学》，由人民教育出版社于1960年10月出版。我国作者最早出版的教材，应是浙江农业大学叶常丰教授等编，浙江人民出版社于1961年7月出版的《种子学》，该书出版后至1965年1月进行了7次印刷。经历“文化大革命”后，浙江农业大学于1978级开始恢复招收本科种子专业2个班，因教材缺乏，浙江农业大学种子教研组编写了《种子学》教材，由上海科学技术出版社于1980年出版。同年，农业出版社出版了浙江农业大学种子教研组编写的《种子学简明教程》。随后，浙江农业大学种子教研组又编写了农学专业用的《作物种子学》，由浙江科学技术出版社于1981年出版。1993年，浙江农业大学种子教研组毕辛华、戴心维教授主编了全国高等农业院校教材《种子学》，由农业出版社出版。1994年中国农业出版社又出版了叶常丰、戴心维教授编写的《种子学》。2001年中国农业出版社出版了浙江大学颜启传教授主编的面向21世纪课程教材《种子学》，该书增加了种子生产和种子法制等内容，《种子学》第2版（普通高等教育农业部“十二五”规划教材、全国高等农林院校“十二五”规划教材）由浙江大学胡晋教授主编，于2014年出版。1、2版《种子学》教材，经历了20余年的教学应用，因内容全面、知识系统、反映种子科技进展而受到了农业院校广大师生的普遍欢迎。

经过努力，《种子学》（精编版）终于与大家见面了。《种子学》（精编版）的出版，旨在满足课时数少的教学要求，尤其是非种子科学与工程专业的教学要求。全书以精炼为原则，旨在使包括非种子科学与专业的本科生快速、有效地掌握种子学的精髓。全书保留了2014版《种子学》的主要内容，在编排上做了改动，略去种子生产和种子法制部分，对内容做了精炼和补充。例如在种子检验部分紧跟最新国际种子检验规程和我国种子检验规程的修订进行补充，在活力部分介绍了列入国际种子检验规程的伸长胚根计数测定活力方法等。全书分为3篇，第一篇为种子生物学基础，包含7章；第二篇为种子加工贮藏，包含3章；第三篇为种子检验，包含9章。最后一章介绍了种子科技新进展。全书共分20章。

全书内容既阐述基本原理和技术，又介绍国内外最新研究进展和实用技术；既考虑内容的系统性，又注重条理性；既照顾当前的教学需要，又着眼种子科学未来的发展，力争做到先进性、科学性、理论性和实践性很好的统一，以适应培养种子科技创新人才，满足我国种子科研、生产、经营、管理部门工作的需要。

参加本书编写的人员及分工为：绪论由胡晋编写，第一章由潘荣辉编写，第二章由关亚静编写，第三章由孙黛珍编写，第四章由李岩编写，第五章由方永丰编写，第六章由王州飞编写，第七章由何丽萍编写，第八章由关亚静编写，第九章由马守才编写，第十章由高灿红编写，第十一章由胡晋编写，第十二章由马守才编写，第十三章由孙黛珍编写，第十四章由方永丰编写，第十五章由王玺编写，第十六章由胡伟民编写，第十七章由何丽萍编写，第十八章由王州飞编写，第十九章由王玺编写，第二十章由胡晋、关亚静编写。全书由胡晋、关亚静统稿。

本书编写过程参阅了较多的文献，限于篇幅，书中仅列出了主要参考文献，在此对本书所参考引用的文献作者表示谢意。中国农业出版社编辑对本书的编写、出版给予了大力支持和帮助，浙江大学农业与生物技术学院也对本书的出版给予了支持，在此深表谢意。本书可作为高等院校植物生产类专业的教材，也可作为种子科技和管理人员的参考书。

由于编写时间仓促，书中难免存在不足之处，敬请指正。

胡晋　关亚静

2020 年 5 月

于杭州紫金港

CONTENTS 目录

第二篇　种子加工贮藏

第三篇　种子检验

绪　　论

人类的生存离不开粮食，粮食作物的生产离不开种子。种子是整个植物界从低等的菌藻植物到高等的种子植物经过长期系统进化的产物。由于种子这种繁殖器官对植物的繁衍和传播具有特殊的优越性，所以能保证种子植物群落在各种不同的生态条件下广泛地分布和长期生存，并不断产生新的类型和增强适应能力，以生产出丰富的食物供人类食用。种子植物，包括草本和木本，多年生和一年生、二年生，种类繁多。目前地球表面的植被中，种子植物占很大优势，已知的约有25.5万种。而种子植物中，被子植物占了99.5%以上，裸子植物仅有700多种。因此种子植物基本上可以被子植物为代表。

种子在地球上的出现和发展，同样也加速了动物界的发展过程，以至对人类社会文化的启蒙与提高起了明显的推动作用。劳动人民在长期生产实践中探索到种子的奥秘，掌握其特性，加以利用，建立和发展了农作物生产的科学——作物栽培学。随着生产经验的积累，逐渐掌握了作物种子的选留技术，为进一步发展农业生产奠定了基础，同时也发展创造出种子学。随着现代科学技术和农业科学的发展，种子科学技术也得到了长足的发展。

第一节　种子的概念

种子在植物学上是指由胚珠发育而成的繁殖器官。在农业生产上，种子是最基本的生产资料，其含义要比植物学上的种子广泛得多。凡是农业生产上可直接利用作为播种材料的植物器官都称为种子。为了与植物学上的种子有所区别，后者称为农业种子更为恰当，但在习惯上，农业工作者为了简便起见，将它们统称为种子。目前世界各国所栽培的作物，包括农作物、园艺作物、牧草和森林树木等类型，播种材料种类繁多，大体上可分为以下4大类。

一、真种子

真种子系植物学上所指的种子，它们都是由胚珠发育而成的，例如豆类（除少数例外）、棉花、油菜及十字花科的各种蔬菜、黄麻、亚麻、蓖麻、烟草、芝麻、瓜类、茄子、番茄、辣椒、苋菜、茶、柑橘、梨、苹果、银杏以及松柏类等。

二、类似种子的干果

某些作物的干果，成熟后不开裂，形似种子，可以直接用果实作为播种材料，例如禾本科作物的颖果（小麦及玉米等为典型的颖果，而水稻与皮大麦果实外部包有稃壳，在植物学上称为假果），向日葵、荞麦、大麻、苎麻的瘦果，伞形科（例如胡萝卜和芹菜）的分果，山毛榉科（例如板栗和麻栎）和藜科（例如甜菜和菠菜）的坚果，黄花苜蓿和大豆的荚果，以及蔷薇科的内果皮木质化的核果等。在这些干果中，以颖果和瘦果在农业生产上最为重要。这两类果实的内部均含有1颗种子，在外形上和真种子也很类似，所以往往称为子实，意为类似种子的果实。禾谷类作物的子实有时也称为谷实，而子实及真种子均可称为子粒。

三、可繁殖的营养器官

许多根茎类作物具有自然无性繁殖器官，例如甘薯和山药（薯蓣）的块根，马铃薯和菊芋的块茎，芋和慈姑的球茎，葱、蒜、洋葱的鳞茎等。另外，甘蔗和木薯用地上茎繁殖，莲用根茎（藕）繁殖，苎麻用吸枝繁殖，诸如此类，不胜枚举。上述作物在一定条件下大多亦能开花结实，并且可供播种，但在农业生产上一般利用其营养器官种植，以发挥其特殊的优越性，一般在进行杂交育种等少数情况下，才直接用种子作为播种材料。

在农业生产上，每个作物品种所具有的生物学特性和优良性状，都必须通过种子传递给后代，因此种用作物的种子对每季作物的生长发育、适应环境能力以及产量的高低和产品品质的优劣等，都具有决定性作用。从遗传育种的角度来说，作为品种资源予以保存以待利用的种子称为种质（germplasm）。通过人类长期的劳动实践，当今世界上已拥有许多种质资源库和大量丰富的种质资源。

四、植物人工种子

植物人工种子是指将植物离体培养中产生的胚状体（主要指体细胞胚），包裹在含有养分和具有保护功能的物质中而形成，在适宜条件下能够发芽出苗，长成正常植株的颗粒体。植物人工种子也可称为合成种子（synthetic seed）、人造种子（man-made seed）或无性种子（somatic seed）。由于人工种子与天然种子非常相似，都是由具有活力的胚状体与具有营养和保护功能的外部构造（人工胚乳和人工种皮）构成适用于播种或繁殖的颗粒体，因而得名。人工胚乳是人工配制的保证胚状体生长发育所需要的营养物质，一般以生成胚状体的培养基为主，外加一定量的植物生长调节剂、抗生素等物质。人工种皮指包裹在最外层的胶质化合物薄膜，能够允许内外气体交换，防止人工胚乳中的水分及各类营养物质渗漏，并具有一定的机械抗压性。1981年Kitto等用聚氧乙烯包裹胡萝卜胚状体，首次制成了人工种子。

天然种子的繁殖和生产受到气候季节的限制，并且在遗传上会发生天然杂交和分离现象，而人工种子在本质上属于无性繁殖，因此具有繁殖速度快、可快速固定杂种优势、使 F_1 代杂交种多代使用等优点。

第二节　种子学的内容和任务

种子学是研究种子的特征特性和生命活动规律的基本理论及其在农业生产上应用的一门应用科学。当今随着种子科学研究的深入和应用技术快速发展，通常将种子学（seed science），扩展为种子科学和技术（seed science and technology）。狭义而言，它是植物学的一个分支，从生物学观点阐明植物种子各种生命现象的变化及其与环境条件的联系，从基础理论方面加深对种子的认识。广义而言，除上述内容外，还包括种子的应用技术，将种子科学理论与农业生产实践紧密联系起来。因此广义的种子学包括基础理论和应用技术的有关内容，包括种子形态特征、生理生化、种子寿命和种子活力、种子生产、种子加工、种子贮藏、种子检验、种子管理等内容。基础理论部分包括种子形态特征、发育成熟、化学成分、生理生化、种子寿命、休眠与萌发、种子活力等内容，这是应用技术和开发新技术的理论基础。应用技术部分包括种子生产、种子加工（清选、干燥、处理和包衣）、种子鉴定、种子检验、种子贮藏、种子管理等内容。因此种子学既是植物生产类专业的一门重要专业基础课程，又是一门直接为农业生产服务的应用技术课程。

种子学的主要任务是为植物生产和种子生产提供科学理论依据和先进技术，以最大限度地提高作物生产及种子生产的产量和质量。具体说，种子学的任务主要可归纳为以下几方面。

①根据种子生理生化特性和遗传机制与生态关系，阐明各种作物种子形成和发育、成熟、休眠、萌发特性和激素调控机制，从而为作物生产和种子生产提供有效调控管理技术措施。

②根据种子的形态特征、化学成分、水分特性、呼吸代谢和活力特性，为种子的合理和安全加工技术提供理论依据和实用技术，并为种子利用、种子营养价值及加工工艺研究提供依据。

③根据种子的形态结构、理化特性、生命活动和寿命的特点，阐明其贮藏特性，制订出种子合理、安全的包装和贮藏管理措施。

④根据种子的形态特性、遗传特性、生物化学特性和分子生物学特性，选择合理且先进的方法，对各种类型和品种（包括转基因品种）进行鉴定，确定种子真实性和品种纯度，并按种子特征特性选择种子检验仪器和制定技术规范，对种子播种质量进行检验，以判断种子的优劣，评定其等级和种用价值。

⑤根据种子为有生命的生物有机体和作为播种材料的特性，制定合理的管理制度和措施，确保农业生产全面利用优良品种的优质种子，推动农业现代化和农业的可持续发展。

第三节　种子学发展历程

种子学是一门后起的学科。1869 年德国科学家诺培（Friedrich Nobbe）教授在萨克森州塔朗特（Tharandt）小镇上建立了世界上第一个种子检验站，并于 1876 年编写出版了种子科技方面的巨著《种子学手册》，因而被推崇为种子学的创始人。在此前后，许多杰出的科学家对种子科学做出了引人注目的贡献，例如 Nawashin（1898）对被子植物双受精的研究，Sachs（1859，1865，1868，1887）对种子成熟过程中营养物质累积变化的报道，de Vries（1891）揭示后熟与温度的关系，Haberlandt 等（1874）对种子寿命的长期研究，以及一些作者关于种子发芽的许多有价值的报道，其代表人物如 Wiesner（1894，关于萌发抑制物质）、Cieslar（1883，关于光对发芽的影响和光谱的作用）、Kinzel（1907，关于光对发芽的作用）和 Sachs（1860，1862，1887，关于发芽温度和发芽生物学）等。

20 世纪是种子科学迅猛发展并推动世界各国种子工作及农业生产发展的重要时期。

1931 年国际种子检验协会（ISTA）颁发了世界第一部《国际种子检验规程》，促进了国际种子的贸易和交流，1934 年日本科学家近藤万太郎的《农林种子学》问世，对种子界的影响很大。在 20 世纪中叶，种子科学方面突破性的发现及重要著作不少，例如 Borthwith 等（1952）美国种子生理学家发现了光敏素，Crocker 和 Barton 的《种子生理学》被认为是当代种子生理学第一部巨著，苏联科学家柯兹米娜（Козьмина）的《种子学》、什马尔科（Щималько）的《种子贮藏原理》、菲尔索娃（Фирсова）的《种子检验和研究方法》，我国叶常丰等的《种子学》及《种子贮藏与检验》、郑光华等的《种子工作手册》《实用种子生理学》和《种子活力》等著作对我国种子科学的普及和发展起了积极的作用。

近年来在各国科学家的共同努力下，种子科学与技术的发展达到了更高的阶段，在休眠萌发的生理生态及机制、种子生命活动及衰老过程中亚细胞结构变化和分子生物学、种子活力的测定、种子寿命的预测、种质资源保存、顽拗型种子贮藏、种子防伪等方面的研究均达到了一定的深度。许多种子学家已为世界各国所熟知，若干研究机构对种子学的发展做出了较大的贡献，例如英国的 Reading 大学农学系、英国皇家植物园邱园（Kew Garden）种质库，美国加利福尼亚大学戴维斯分校种子分子生物学中心、康奈尔大学植物科学学院、俄亥俄州立大学农学系、马里兰州贝尔茨维尔的国家种子研究实验室、艾奥瓦州立大学种子科学中心和柯林斯堡的国家种子贮藏实验室，荷兰 Wageningen 大学种子实验室，巴黎第六大学植物生理与应用实验室，德国 Hohenheim 大学农学系，加拿大圭尔夫大学分子和细胞生物系等。于 1924 年成立的国际种子检验协会，其制定的《国际种子检验规程》被全世界各国广泛承认和采纳，国际种子检验协会已成为全球公认的有关种子检验的权威标准化组织，为全球种子贸易和质量控制做出了重要贡献。经济合作与发展组织（OECD）和北美洲官方种子分析者协会（AOSA）等国际组织对推动世界各国种子科技和种子工作的开展也都发挥了重要的作用。

我国在种子科学方面的知识早已有所流传，许多古农书中均曾记载采种、种子贮藏、处理和播种等方面的技术和经验。例如汉代的《氾胜之书》中记有豆类与麦类的采种经验，“取麦种，候熟可获，择穗大强者，斩束立场中之高燥处，曝使极燥”。关于麦种的虫害防治则采用“取干艾杂藏之，麦一石，艾一把，藏以瓦器竹器”。说明我国古人在 2 000 多年以前就已创造了药物保存种子和防病灭虫的方法。成书于北魏末年（公元 533—544 年）的《齐民要术》中对于防虫则采用日晒后趁热入仓，即“窖麦法，必须日曝令干，及热埋之”。这个方法不但可防治虫害，而且有利于保持种用价值和食用品质，对于保存小麦种子尤为适宜。由此可见，我国古代早就将有关种子方面的知识作为农业生产知识的重要内容。中华人民共和国成立以前，国内的种子工作已经起步，在种子检验和贮藏等方面摸索到了一些经验；中华人民共和国成立以后，种子工作发展迅速，对我国种子学的学科建立、科研发展和理论知识传播提出了迫切的要求，我国的科学家和广大种子工作者在科研和生产实践中累积了许多资料，为学科的建立、发展和完善奠定了基础。自 20 世纪 50 年代以来，由叶常丰教授领导的浙江农业大学种子教研组对主要禾谷类作物和油菜种子的休眠萌发生理、贮藏特性及品种鉴定进行了系统的研究，紧密结合农业生产实际，研究了杂交稻种子穗萌机制，并发明了九二〇增效剂、抗穗萌剂和克黑净等提高杂交水稻种子产量和质量的药剂，研究了水稻花粉、茶种子和樟种子超低温保存技术。进入 21 世纪后，浙江大学农业与生物技术学院种子科学中心在胡晋教授的带领下，在种子防伪、种子引发、种子丸化、水稻制种关键技术、农作物种子活力及其保持、种子活力测定新方法、多胺调控淀粉代谢参与种子活力形成及调控高温胁迫下子粒灌浆的分子机制研究等方面，取得了较多成果。研发出智能温控缓释抗寒型种衣剂，提出甜玉米、小麦、水稻伸长胚根计数活力测定新方法、提高种子活力的引发新技术，在国内外首次提出种子多重防伪理论与技术，对推动种子科学与技术的发展做出了很大贡献。中国科学院北京植物园的郑光华等在破除休眠促进萌发、逆境发芽生理、活力的测定方法、种子超干保存技术等方面进行了较多的研究，取得了丰硕的成果。此外，中山大学生物系的傅家瑞等对顽拗型种子和农作物种子的萌发生理、种子活力和贮藏生理的研究都为丰富种子科学的宝库做出了贡献。

我国的种子学课程系 1953 年在浙江农学院（浙江农业大学前身）创设，作为种子研究生的一门重点课程，1955 年又开始作为该校农学专业本科生的必修课，叶常丰是这门课程的创始人和种子科学的奠基人。由于我国种子工作发展的需要，他主编的《种子学》《种子贮藏与检验》《作物种子学》成为当时全国种子工作者的必备参考书和在职进修干部的课本，20 世纪 70 年代这些课程被规定为全国农业院校农学和种子专业学生的必修或选修课。至今，种子学课程已在全国农林院校普遍设置与发展，许多农林院校设立了种子科学与工程专业。近年来，浙江大学种子科学中心积极编写种子科学教材，出版了《种子学》《种子生物学》《种子贮藏加工学》《种子生产学》《种子检验学》等二十余本教材，设立了“种子科学与技术”二级学科博士点，对推进我国的种子科学教育和研究发挥了积极作用。

第四节　种子学与其他学科的关系

种子学是建立在其他自然科学基础上的独立科学体系，例如以植物学（包括形态、解剖、分类、生理生态、胚胎等）、化学（主要是有机化学和生物化学）、物理学、生物统计学、遗传学、分子遗传学、种子病理学、农业昆虫学、微生物学等作为基础。因此为了更好理解和掌握种子学课程内容，充分发挥种子学在农业生产上的指导作用，必须首先掌握各门基础课的知识。反过来，种子学的理论知识又是许多其他学科的重要理论基础，因此它可以在广阔的范围内为农业和工业生产服务。种子学与其他学科的关系可以图 0-1 表示。

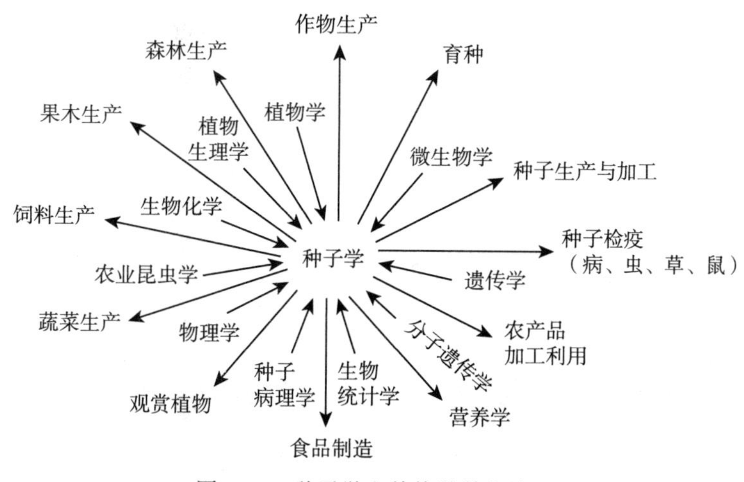

图 0-1　种子学和其他学科的关系

思考题

1. 农业种子应该包括哪些类型？
2. 种子学与其他学科的关系如何？
3. 种子学包含哪些内容？
4. 种子学的任务有哪些？

SECTION 1 | 第一篇

种子生物学基础

第一章

种子发育和成熟

种子的形成和发育过程是指从卵细胞受精成为合子开始，经过多次细胞分裂增殖和基本器官的分化形成，直到种子完全成熟所发生的一系列变化。这个过程对外界环境条件非常敏感，此阶段进行的好坏直接影响种子的重量和质量。了解种子形成发育和成熟过程的一般规律，可为种子生长发育创造良好的环境，为获得高活力种子，提高种子的播种质量打下良好基础。

第一节　种子发育

一、种子形成发育的一般过程

（一）受精作用

通常当植物的花开放时，雄蕊上的花药破裂，散出大量的花粉粒，然后依靠自然界的各种动力，例如风、虫、鸟、水等为媒介传播到雌蕊的柱头上，通常称为授粉。各种植物授粉所依靠的动力和授粉的方式差异很大。

一般而言，当花粉粒传到雌蕊的柱头上以后，就从柱头所分泌的液汁吸取水分和养料，很快开始萌发，长成花粉管，从花粉粒的发芽孔伸出来。花粉管再从柱头钻进花柱，直到子房内部的胚珠中。在已成熟的花粉粒中，一般有 2 个核（有些作物如禾谷类及油菜等，当花粉粒成熟时含有 3 个核），其中 1 个称为管核（营养细胞），另 1 个称为生殖核（生殖细胞）。花粉粒萌发时，生殖核就分裂为 2 个精核。当花粉管伸长时，管核在花粉管的前端移行，起先驱作用（图 1-1 和图 1-2）。花粉管通过花柱进入子房的过程中，分泌各种酶，以分解所接触的养料和组织。花粉管进入子房内部，就沿着子房内胚珠的珠孔方向继续前进。子房腔内通常充满液汁，可使花粉管细胞保持膨压，虽经若干时间，亦不致凋萎。通常落在柱头上的花粉粒数目很多，因此发芽以后，其中最强壮最活跃的花粉管首先到达珠孔，由珠孔穿过珠心层而进入胚囊。这时花粉管的前端破裂，管核消失，而由生殖核分裂所形成的两个精核（雄配子）就先后滑到胚囊中，其中 1 个与珠孔附近的卵细胞（雌配子）融合在一起，形成合子；另 1 个与胚囊中部的 2 个极核（或次生细胞）融合在一起，形成原始胚乳细胞。这两个融合过程称为双受精现象，是被子植物所独有的有性生殖方式。

在大多数情况下，花粉管进入胚囊必须通过珠孔，才能达到受精的目的，这种受精方式称为珠孔受精（顶点受精）。有时花粉管直接穿过合点而进入胚囊，称为合点受精（图 1-3），例如桦属、榆属及胡桃科的植物。也有某些情况，花粉管不经过珠孔，亦不经过合点，而中途直接从珠被刺入，再穿过珠心层进入胚囊，称为中点受精，例如荨麻科的植物。

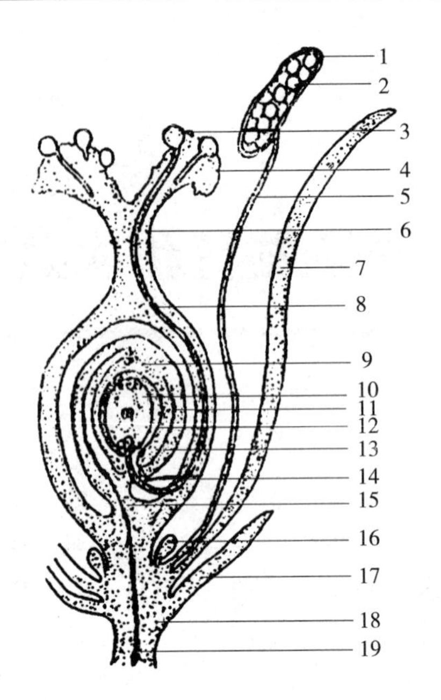

图1-1 被子植物花器的纵剖面（双子叶植物）

1. 花药 2. 未成熟花粉粒 3. 已萌发花粉粒 4. 柱头 5. 花丝 6. 花柱 7. 花瓣 8. 花粉管 9. 合点 10. 胚囊 11. 珠心 12. 内珠被 13. 外珠被 14. 珠孔 15. 珠柄 16. 蜜腺 17. 萼片 18. 花柄 19. 维管束

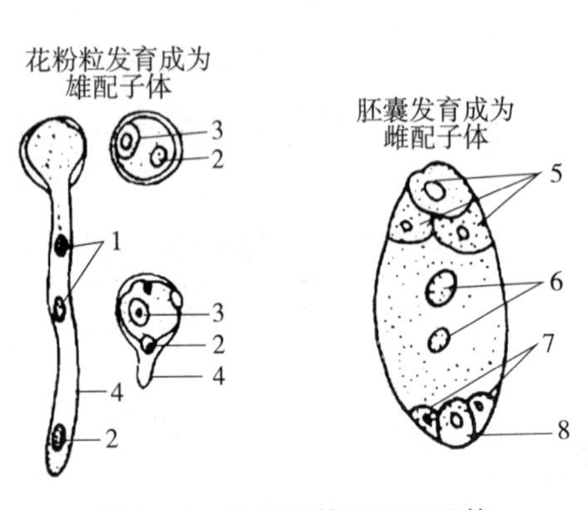

图1-2 雄配子体和雌配子体

1. 精核 2. 管核 3. 生殖核 4. 花粉管 5. 反足细胞 6. 极核 7. 助细胞 8. 卵细胞

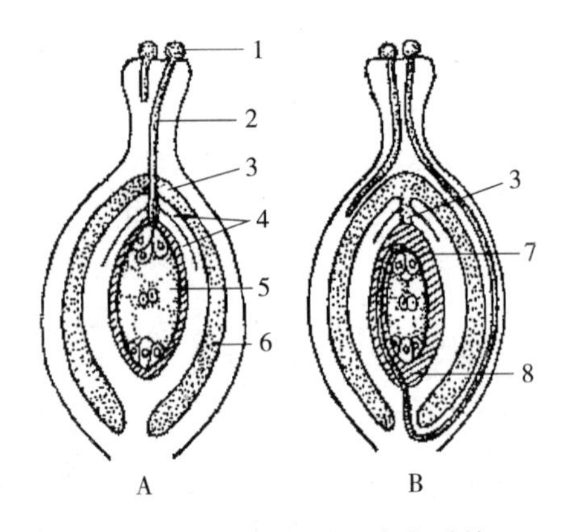

图1-3 珠孔受精和合点受精

A. 珠孔受精 B. 合点受精

1. 花粉粒 2. 花粉管 3. 珠孔 4. 珠被 5. 胚囊 6. 子房 7. 珠心 8. 合点

（引自王全喜和张小平，2004）

农作物从授粉到受精所需时间因环境条件而差别很大。概括地说，一般作物在良好的天气条件下进行授粉和受精，大约数小时即可完成。当外界环境不适时，可能会延长到数天，甚至始终不能达到受精的目的，成为导致母株上产生瘪粒和结实率下降的一个主要原因。

多数植物在授粉受精之前，必须经过开花这个过程，但开花并非授粉受精的必要条件，例如大麦和花生常常不开花亦能正常受精，称为闭花受精。开放的花能否达到受精目的，常和柱头的可授期有关，不同植物之间可授期差异很大，大多数被子植物柱头的可授期可以保持几天，有些很短，只有几小时，而长的可达几个月。一般农作物的可授期偏短，只有数小时至数天。而某些木本植物的可授期就长得多，例如榛属的可授期能延续达 2 个月或 2 个月以上。裸子植物的可授期通常为几天到 1 周，而北美黄杉可达 20 d。可授期的长短除与环境条件有关外，在花的形成期适当施肥亦能达到延长效果。

（二）种子的形成和发育

1. 被子植物种子的形成和发育　被子植物经过特有的双受精过程之后，合子进一步发育成胚，初生胚乳核发育成胚乳（$3n$）（内胚乳），大多数植物的珠心被吸收而消失，极少数植物珠心组织继续发育形成外胚乳（$2n$），珠被发育成种皮（$2n$）。

（1）胚的发育　胚是种子的最主要部分，它是 1 个新植物体的雏形，也就是最幼嫩的孢子体。在正常情况下，胚是由胚囊中的卵细胞通过有性过程发育而成，即由 1 个精细胞与卵细胞融合后的合子所形成，所以称为合子胚。胚的发育是从受精卵，即合子开始的。受精后，合子通过短期休眠，横裂成两个大小差别很大的细胞，靠近珠孔端的称为基细胞，靠近合点端的称为顶细胞。基细胞经过几次分裂，形成 1 列细胞，称为胚柄。胚柄的基部常形成 1 个较大的细胞，将胚固定在胚囊上。同时由于胚柄的延长，将胚推向胚囊中部，以利于胚的发育。胚柄另一端的顶细胞，经过多次细胞分裂，形成一团细胞，称为胚体。胚体形状的发育过程，经历球形胚、心形胚和鱼雷胚时期。胚柄和胚体构成原胚，原胚继续进行细胞分裂与分化，逐渐形成一个具有子叶、胚芽、胚轴和胚根的完整的胚。

（2）胚乳的发育　被子植物的胚乳是由 8 核胚囊中的 2 个极核与 1 个精细胞受精后形成的初生胚乳核发育而成的，具有三倍染色体，通常称为内胚乳。而裸子植物的胚乳是由雌配子体发育而来，是单倍的。初生胚乳核通常不经过休眠（水稻）或经短暂的休眠（小麦经过 0.5～1 h）就开始第一次分裂，通常初生胚乳的分裂要早于合子的分裂，即胚乳的发育总是早于胚的发育，以便为胚的发育创造条件。胚乳发育的方式因植物的不同而不同，一般可以分为 3 种类型：核型、细胞型和沼生目型。核型胚乳是被子植物中最普通的胚乳发育形式。

胚乳细胞发育到后期，通常是等径的薄壁细胞，其内形成大量淀粉粒、蛋白质粒、脂肪体等贮藏物质。禾本科植物胚乳最外层的一层或几层细胞，胞体较小，但排列整齐，壁较厚，有完整的细胞核，细胞质中充满糊粉粒、脂肪体和小颗粒淀粉，称为糊粉层（aleurone layer）。糊粉层细胞同胚细胞一样为活细胞。而糊粉层以内的多层淀粉细胞体积较大，细胞壁薄，细胞内形成大量淀粉粒和蛋白质体，同时细胞核消失，成为死细胞。但有些含脂肪较多的植物胚乳（例如葱、蓖麻等的胚乳）完全成熟后仍具有完整的细胞核，具有生活力。

有些植物种子，胚发育后期生长变慢，胚乳中的贮藏物质被保存，成熟时即为有胚乳种子，例如禾本科植物种子、蓖麻种子等。但另有一些植物种子，在发育的中后期胚迅速生长，胚乳养料随即被胚吸收，贮存到子叶里，这类种子成熟时已无胚乳存在，称为无胚乳种子，例如豆类、瓜类的种子。

一般情况下，在胚和胚乳发育时，胚囊体积不断扩大，造成珠心组织被破坏，最后被胚和胚乳吸收。但有些植物如菠菜、甜菜、咖啡等种子的珠心组织随种子的发育而扩大，形成一种类似胚乳的贮藏组织，即为外胚乳。外胚乳来源于珠心体细胞，所以为二倍体。

（3）种皮的发育　种皮由胚珠的珠被发育而来，包围在胚和胚乳之外，起着保护作用。如果胚珠仅有 1 层珠被，则形成 1 层种皮，例如番茄、向日葵、胡桃等的种子；如果胚珠具有内外两层珠被，通常则相应形成内种皮和外种皮，例如油菜、蓖麻等的种子；也有一些植物虽有两层珠被，但在发育过程中，其中 1 层珠被被吸收而消失，只有另 1 层珠被发育成种皮，例如大豆、蚕豆的种皮由外珠被发育而来，而小麦、水稻的种皮则由内珠被发育而来。

成熟种子的种皮，其外层常分化为厚壁组织，内层分化为薄壁组织，中间各层可以分化为纤维、石细胞或薄壁细胞。在大多数被子植物中，当种子成熟时种皮成为干种皮，但在少数被子植物和裸子植物中，种皮可以成为肉质的，前者如石榴，后者如银杏。种皮的表皮常具有附属物，最常见的是棉的外种皮的表皮细胞向外突出、伸长而形成的纤维，它成为一种主要的纺织原料。

有些植物的种子外面具有假种皮，它是由珠柄或胎座发育而成的结构，例如荔枝、龙眼果实中的肉质可食部分，就是珠柄发育而来的假种皮。在胚珠末端的珠孔，种子成熟时形成发芽口，又称为种孔。胚珠基部的珠柄，发育成为种柄。种子成熟干燥以后，从种柄上脱落后，在种皮上留下一个疤痕，即为种脐。但禾谷类的颖果及菊科植物的瘦果等，在种子外部还包有果皮，子粒从果柄上脱落，所以称为果脐。

果实种子的种皮外还包有子房壁发育成的果皮，果皮通常分为内、中、外 3 层。内果皮变化很大，类型丰富，有的为大而多汁的瓤（例如柑橘、柚子等的可食部分），有的为坚硬的壳（例如桃、李、杏等），有的为浆状（例如葡萄等）。中果皮类型也较多，有的为富含营养的薄壁细胞（例如桃、李、杏等的可食部分），有的成熟时干缩成膜质、革质或疏松的纤维状。外果皮上通常有气孔、角质、蜡被、表皮毛等。有些果实种子 3 层分化不明显，通常与种皮愈合不易分开，例如颖果、瘦果、坚果等。

（4）胚珠（种子）发育过程中的形态变化　为了使种子在发育过程中形态上所发生的变化有一个比较完整的概念，将被子植物的主要繁殖器官（花器）的形态构造、在发育过程中所发生的变化及各部分的对应名称归纳成简图，以便于查阅（图 1-4）。

2. 裸子植物种子的形成和发育　裸子植物是指种子植物中，种子外没有果皮包被而裸露在外的植物。以松科为代表的裸子植物的花为球花，分为雄球花和雌球花两种，雌雄同株。这种球花是没有花萼、雄蕊、花冠的孢子叶球，它的结构特殊之处是在轴上着生多枚形态特异的鳞片和苞片。雌球花由许多苞鳞和大孢子叶（珠鳞）呈螺旋状排列组成，雌花或大孢子叶球上着生两枚倒生（松）或直生（水杉）的胚珠。

裸子植物的雄球花，例如马尾松、杉木在 3—4 月发育成熟，球花轴伸长，小孢子叶彼此分开，这种现象称为开花。这时小孢子束开裂，散粉。雌球花开放时，苞鳞或珠鳞张开，露出胚珠，其顶点凹陷，充满分泌物，以接受花粉。雌球花鳞片侧向开放，授粉后不久，大孢子叶球闭合，有利于保证花粉萌发受精。

在花粉萌发后，花粉管穿过球心到达大孢子壁。精原细胞进入颈卵器前分裂为二，花粉管连同两个精细胞进入颈卵器，一个精细胞与卵接触受精形成合子，另一个精细胞则退化消失。颈卵器的数目因属种的不同而异，松属有 2～6 个，杉属有 4 个，云杉属多达 60 个。颈卵器完成发育，有少数种属不到 1 周便受精，有的如落叶松属、云杉属则在 1～2 个月后受精。卵在受精后周围有透明状的新细胞质形成，它是胚的细胞质前身。新细胞质中的线粒体和质体全部或部分来自雄配子细胞质。

松树种子受精后形成的合子先经 2 次核分裂形成 4 个自由核，移至颈卵器基部，排成 1 层；再经 1 次核分裂，共产生 8 个核，并随之产生细胞壁形成 8 个细胞，分上下两层排列。下层细胞再连续分裂两次，形成 16 个细胞，排列成 4 层，其中第三层细胞伸长形成初生胚柄，将最前端的 4 个细胞推至颈卵器下的雌配子体即胚乳组织中。此后上部的细胞极度伸长形成次生胚柄，而最前端的 4 个细胞继续分裂多次，形成相互分离的 4 个原胚，着生在长而

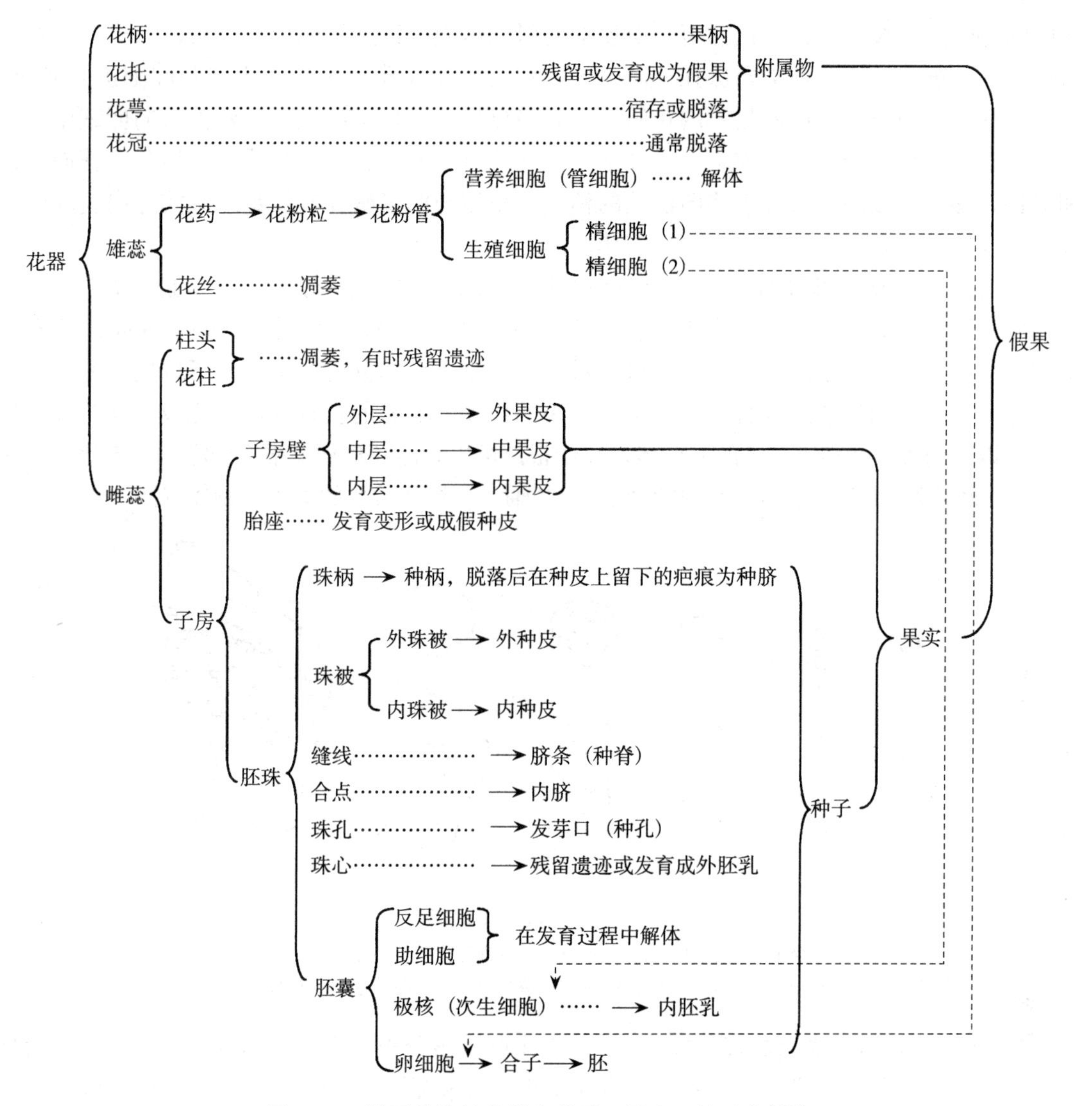

图 1-4　被子植物的花器和种子（果实）的对应部分

弯曲的胚柄上。每个原胚继续扩大形成幼胚。这种由 1 个受精卵形成几个胚的多胚现象在裸子植物中是常见的。又由于胚乳内有数个颈卵器，故受精后 1 个胚珠内可以产生多个胚，但一般只有 1 个能正常发育。

继续发育的胚逐渐分化出胚根、胚轴、胚芽和子叶，整个胚呈白色棒状，居种子中央，胚根尖端常有一根丝状物，为残存的胚柄，胚轴上轮生着 4～16 片子叶。

胚发育的同时，雌配子体细胞也不断分裂、增殖，细胞内逐渐积累大量的贮藏物质，即裸子植物种子的胚乳，包在胚的周围，呈白色。珠心组织逐渐被消化吸收，珠被发育成种皮，珠鳞木质化成种鳞。这样整个胚珠形成 1 粒种子，整个大孢子叶球发育成为 1 个球果。

二、几种主要作物种子的形成和发育

（一）水稻种子的形成和发育

1. 水稻的受精过程　水稻开花授粉后，花粉随即萌发，花粉管进入羽毛状柱头分支结构的细胞间隙，继续生长于花柱至子房顶部的引导组织的细胞间隙中，而后进入子房，在子房壁与外珠被之间的缝隙中向珠孔方向生长，花粉管经珠孔及珠心表皮细胞间隙进入胚囊。这个过程约需 30 min。进入胚囊的花粉管破裂释放精子。精子释放前，两极核向卵细胞的合点端移动，两精子释放于卵细胞与中央细胞的间隙后，先后脱去细胞质，然后分别移向卵核和极核，移向卵核的精核快于移向极核的精核，精核与两极核在向反足细胞团方向移动的过程中完成核融合，这个过程需 0.5～2.5 h。

2. 水稻胚的形成和发育 水稻受精卵在授粉后 10 h 左右进行第一次细胞分裂，形成 2 个细胞的原胚。24 h 后，分裂为 4～6 个细胞。48 h 后，发育成椭圆形原胚，纵向的有 6 个细胞，横向的有 4 个细胞。到第 4 天可以看出初生维管束的分化，第 5 天可以比较明显地看出幼芽和幼根的原始体及维管束，第 7 天幼小的植物各器官的发育大体上完成。在胚芽鞘里面，可以看到第一叶和第二叶的原始体，在幼根部可以看出胚根鞘及根部中心的粗导管。经过 10 d 后，胚的发育基本完成，形成具有胚芽、胚轴、胚根和盾片的幼小植物体（图 1 - 5）。

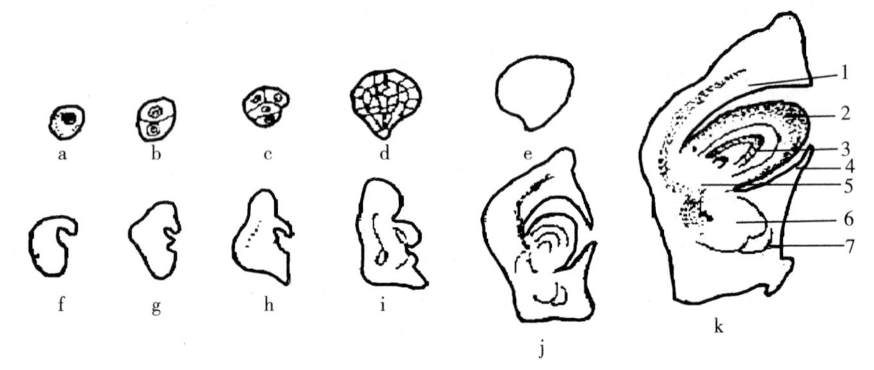

图 1 - 5 水稻胚的发育

a. 合子 b--e. 原胚发育期 f--j. 器官分化期 k. 发育完成的胚

1. 盾片 2. 胚芽鞘 3. 第一真叶 4. 外胚叶 5. 胚轴 6. 胚根 7. 胚根鞘

3. 水稻胚乳的形成和发育 授粉后 5 h 初生胚乳核分裂。胚乳细胞的分裂，在子房背侧的细胞较腹侧的快，开花后 4 d 胚乳细胞开始充实淀粉粒。开花后 5 d 胚乳细胞的细胞核开始变形，随开花后天数的增加，核变形愈加剧烈。通过核膜内陷、淀粉粒挤压等方式来分隔细胞核，最终核消亡，形成无核的胚乳细胞。伴随着去核化过程，线粒体也消失。核消失后，胚乳不立即死亡，而是继续充实淀粉粒，直到淀粉粒充实完毕后，才成为死细胞。但胚乳的外围所形成的糊粉层细胞不会出现程序化细胞死亡现象。

子房的发育，在开花后第 1 天起，先自纵向伸长，到开花后第 7 天，伸长至稃壳的顶端，其宽度在开花后 11～12 d 生长达到最大，厚度约在开花后 14 d 生长达到最大。这时干物质的积累还在进行，直至黄熟期才基本上结束。

4. 水稻果种皮的形成和发育 水稻种皮是由内珠被发育而来的。在胚及胚乳形成的过程中，珠被也发生变化，外珠被随着合子的发育而解体，而内珠被不断生长形成种皮细胞，直到种子成熟而干缩，径向细胞壁被挤压破坏，残留的内壁和外壁构成脆薄的种皮。

果皮是由子房壁发育而来的包裹在种子外面的包被物。子房壁从外到内一次形成外果皮、中果皮和内果皮，细胞呈长形，外果皮细胞在花后 10～15 d 定形。其后细胞中的内含物消失，最后成为仅剩角质化细胞壁的细胞残体。外表皮没有气孔，但细胞壁薄，可以进行气体交换。中果皮最内层细胞形成与颖果纵轴成直角的长细胞，即横细胞。内果皮细胞呈管状，即管细胞。果皮各层细胞随着子粒成熟干缩与种皮紧密结合，形成复合组织果种皮。

（二）小麦种子的形成和发育

1. 小麦的受精过程　小麦有冬性和春性之分。春小麦在 25～27 ℃条件下，授粉后 5～15 min 花粉萌发，15～20 min 花粉管进入胚囊，2～3 h 精子与极核结合，5～6 h 初生胚乳核开始分裂，6～7 h 精细胞与卵细胞融合，20～24 h 合子开始分裂。冬小麦授粉后 0.5 h 花粉管进入胚囊释放精子，2～3 h 精子与极核融合，3～4 h 精子与卵核融合；初生胚乳核在授粉后 10～12 h 分裂为 2 个胚乳游离核，24 h 之后合子开始分裂。

2. 小麦胚的形成和发育　小麦受精卵在开始分裂以前，须经过 6～9 h 的休眠期。小麦受精卵第一次分裂为横向，形成 2 个细胞原胚，即基细胞和顶细胞，接着，它们各自再分裂 1 次，形成 4 个细胞的原胚。以后细胞继续分裂，到具有 16 个细胞的原胚期，这时可见到不同部位的细胞有开始分化的迹象，即整个原胚可划分为 3 个区，顶区由 8 个细胞组成，中部及基部各由 4 个细胞组成。各区细胞进一步分裂，速度不平衡，顶区最快，基部（即胚柄部分）最慢。原胚发育到受精第 4 天之后，首先是表面细胞开始分化，以后在原胚的侧面出现一条浅沟而进入另一个发育阶段。整个原胚明显地分成 3 部分：顶端向胚囊内部伸展，以后发育成盾片；背侧面为器官形成区；基部为胚柄细胞区（图 1－6）。

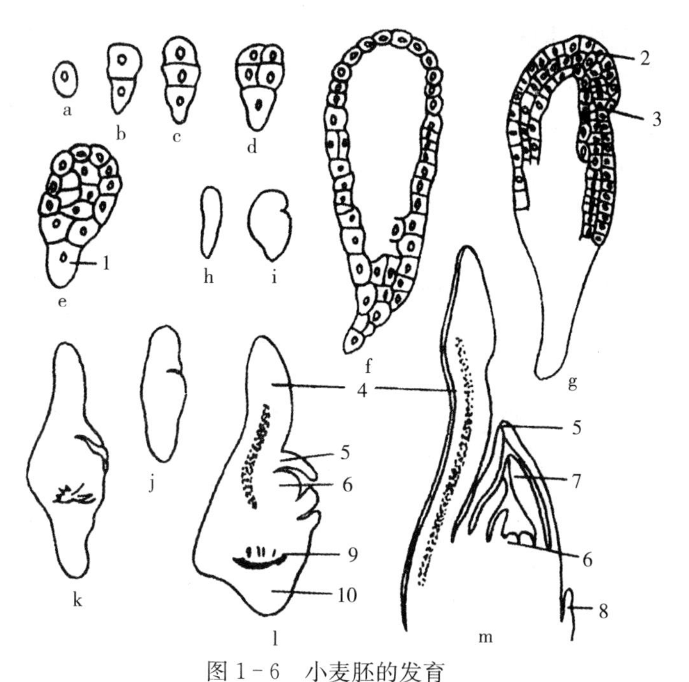

图 1－6　小麦胚的发育

a. 合子　b～g. 原胚细胞分裂期　h～k. 器官分化期　l～m. 发育完成的胚

1. 胚柄细胞　2. 盾片（分化初期）　3. 生长点（分化初期）　4. 盾片（分化完成）　5. 胚芽鞘　6. 生长点（分化完成）　7. 第一真叶　8. 外胚叶　9. 胚根　10. 胚根鞘

（引自颜启传，2001）

在分化过程中的小麦幼胚，盾片占显著地位，在它基部发生胚芽鞘，而在胚芽鞘的基部出现胚芽及生长点，在生长点相对的另一端形成胚根原基，胚根原基下部及四周的细胞发育为胚根鞘。

受精后10 d，胚生长加快，盾片及胚芽鞘均完全分化。15 d后，胚芽鞘基部出现外胚叶，盾片的上部伸长呈舌状，同时出现侧胚根及维管束原基。受精后20 d，胚的各部分发育完成，体积也长足，此时采收的种子，具有相当高的发芽率。

3. 小麦胚乳的形成和发育 小麦受精极核要先于合子15～18 h开始分裂，形成许多游离核，沿胚囊的周围排列。以后继续分裂，填满胚囊，然后从四周向中央发生细胞壁而形成胚乳组织。在胚乳组织发育过程中，反足细胞及珠心组织都先后解体而被胚乳组织吸收。乳熟期的胚乳细胞含有少数较大的淀粉粒，到蜡熟期细胞腔中充满着较小的淀粉粒，使胚乳组织变得坚实致密，细胞中原来的核和原生质都已不存在，只有糊粉层及其邻接的细胞层的核未消失，直到成熟还是活的。

4. 小麦果种皮的形成和发育 在小麦胚及胚乳形成和发育的同时，珠被也发生显著变化。初始，内珠被和外珠被都包含两层细胞，但受精后不久，外珠被细胞开始解体，内珠被继续增长形成种皮，有的积累色素而成为红皮小麦。种子成熟后，这些种皮细胞干缩，径向细胞壁被挤压破坏而残留内壁和外壁，构成很薄的种皮。

在小麦成熟过程中，子房壁的外表皮细胞出现孔纹，细胞壁加厚。内表皮细胞生长缓慢，形成管细胞，互相分离，而在内表皮和外表皮间发生薄壁细胞。果皮各层细胞随着子粒成熟干缩被压扁，与种皮紧密结合在一起，形成果种皮。

（三）棉花种子的形成和发育

1. 棉花受精过程 棉花花粉粒落到柱头上1～4 h后开始萌发，花粉管在花柱中生长约需10 h，花粉管在子房腔中生长及进入胚囊约需10 h；雌雄性核融合约需4 h，从花粉落到柱头上萌发开始至完成雌雄性核的融合总持续时间在25～28 h。极核与精子融合后形成的初生胚乳核，很快进行第一次分裂，发生在融合后的4 h。合子开始第一次有丝分裂前，有一个明显的间隔期即休眠期，需经历50～60 h。

2. 棉花胚的形成和发育 受精的合子休眠期结束后，开始分裂成2～4个细胞，第12天可以识别出胚根和子叶，15～20 d子叶、胚芽、胚轴和胚根清晰可见，这时胚已具有发芽能力。此后幼胚逐渐长大，并迅速增加干重，经1个月而达到最大限度，同期胚乳中营养物质逐渐被胚吸收利用，变为薄膜包在胚外，而具有折叠形子叶的胚充满种壳内部（图1－7）。

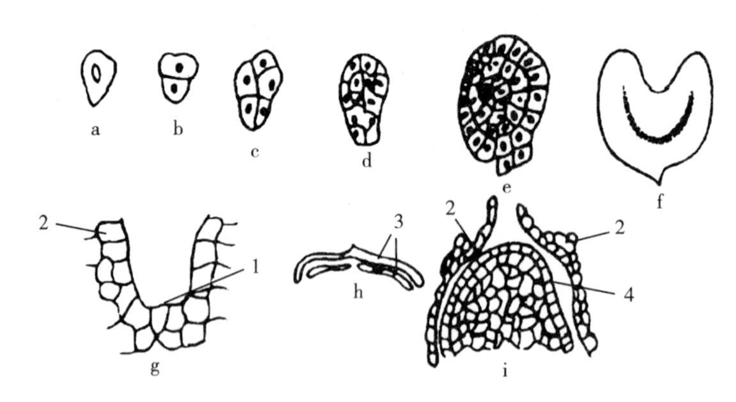

图1－7 棉花胚的发育

a. 合子 b～e. 原胚分裂期 f. 受精9 d的胚 g. 受精9 d的胚芽原基 h. 受精后12 d的子叶（横切面）
i. 受精后15 d的胚芽 1. 胚芽 2. 子叶 3. 两片子叶重叠 4. 发育完成的胚芽

3. 棉花胚乳的发育和解体 极核与精核融合后就开始分裂，形成大量的核，第9天胚乳母细胞才出现细胞壁。胚乳母细胞经过一系列分裂，形成大量胚乳细胞，再经过20余天，胚乳即充满整个胚囊。以后胚乳细胞逐渐解体消失。同时胚的发育继续进行，直到棉铃吐絮前数日才发育成为具有子叶、胚芽、胚轴和胚根的完整胚，充满种皮内部。解体消失的胚乳营养全部转移贮藏到子叶中。

4. 棉花种皮的形成 胚珠受精后其内珠被和外珠被发育成种皮，即棉子壳，同时外珠被的表皮细胞延伸而成棉纤维。

（四）油菜种子的形成和发育

1. 油菜的受精过程 油菜的花粉粒落在柱头上约45 min开始萌发，花粉管沿花柱逐渐伸向子房，穿过珠孔，经18～24 h开始受精。卵细胞受精时，精核一般从卵核核仁对面的核膜进入卵核，合子形成约在授粉后3 d内完成。受精卵很快形成突起，突起伸长成为管状体，细胞核慢慢移动到管端，这个过程约在授粉后10 d左右完成，随即进行第一次细胞分裂。极核一般比卵核受精早，受精前极核靠近卵管，当精核进入极核细胞质时，两极核即向胚囊中央转移，在转移过程中，完成受精作用。

2. 油菜胚的形成和发育 合子突起形成管状体之后，便开始分裂成2个差别很大的细胞。靠近胚囊中部的细胞比较短小（胚细胞），另1个靠近珠孔的细胞比较长（胚柄细胞）。胚细胞经过2次连续的互相垂直的分裂，形成四分体。各个细胞再分裂1次，形成八分体。以后进一步分裂，长成球形的原胚。在原胚的顶端形成两个突起（子叶原基），进一步发育成2片子叶，在2片子叶之间又分化出胚芽。球形胚体与胚柄相连接的细胞经过多次分裂，形成胚根。约经15 d纵向不再伸长，2片子叶重叠，向下弯曲，逐渐包围胚根。到开花后33 d子叶已将胚根紧紧抱合，胚乳中的营养物质也全部转贮到子叶中，从而使子叶填充整个胚珠内部，形成成熟的幼小植物体（图1-8）。

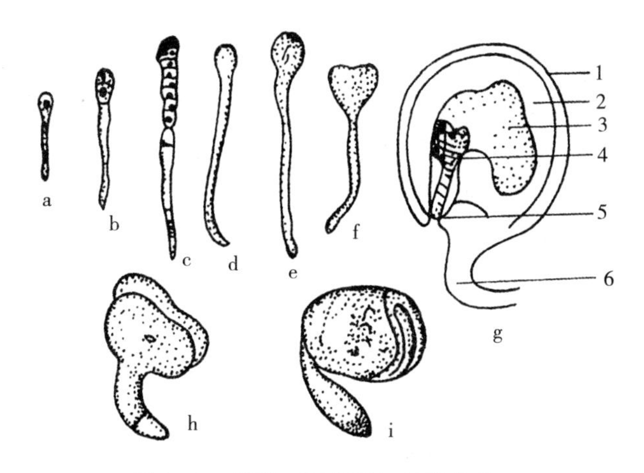

图1-8 油菜（甘蓝型）胚的发育

a. 合子 b～e. 原胚发育期 f. 子叶开始分化 g. 发育中的胚珠 h. 开花后20 d胚开始弯曲
i. 开花后22 d子叶折叠，胚进一步弯曲 1. 外珠被 2. 内珠被 3. 胚乳 4. 胚 5. 珠孔 6. 珠柄

3. 油菜胚乳的发育和解体 受精的极核很快发育形成大量的游离核，填充在发育的胚周围，以后在包围胚的部分首先形成细胞壁，进而形成胚乳细胞，接着合点端的胚乳游离核也形成胚乳细胞。这时胚囊逐渐液泡化，而细胞质在胚囊壁附近，即在胚囊边缘形成1层单

细胞的胚乳层。通常在合点处的胚乳丰富，包围在胚体的部分则较少。以后随胚的发育，胚乳逐渐被解体转贮到 2 片子叶中，到种子成熟时，仅有 1 层残留的胚乳细胞，胚乳细胞几乎全部被胚吸收。

4. 油菜种皮的形成 随着受精后胚及胚乳的发育，珠被细胞也逐渐变化形成种皮包在胚及胚乳外面。随着种子的成熟，胚乳消失，种皮细胞中的原生质和营养物质消失，细胞壁中积累纤维素、木质素、黑色素等，从而形成密而硬的种皮，对胚起保护作用。

三、种子发育的异常现象

大多数植物的胚珠通过受精作用都会发育成 1 粒具有胚芽、胚轴、胚根和子叶的完整种子。但也有少数植物种子在形成发育时，由于遗传因素或外界环境条件的影响，往往通过不正常的途径产生一些异常现象，例如多胚、无胚、无性种子等。

（一）多胚现象

自 1917 年 Leeuwenhoek 在柑橘种子中观察到 2 个及 2 个以上胚以来，已发现许多植物都有多胚现象。按照多胚是否产生于同一胚囊，可以把多胚现象划分为真多胚及假多胚两种类型。

1. 真多胚现象 在同一胚囊中产生 2 个及 2 个以上的胚，称为真多胚现象。真多胚现象在多胚现象中占主要地位。其来源主要有 3 种形式：①助细胞或反足细胞产生胚；②珠心或珠被细胞发育产生胚；③胚裂生。

2. 假多胚现象 同一胚珠里的不同胚囊产生胚的现象称为假多胚。假多胚很少见。产生方式有 3 种：①同一珠心中形成多个胚囊，例如黑核桃、柑橘属及木麻黄中常见；②2 个或 2 个以上的珠心融合为一体，这种植物没有通常所说的珠被结构，而在同一子房中同时形成许多胚囊；③由 1 个珠心裂生成 2 个或 2 个以上的珠心。这 3 种方式中，后两种方式非常少见。

（二）无胚现象

种子外形正常而内部只有胚乳而无胚的现象，称为无胚现象。无胚现象在植物界分布很广，就连禾本科作物中的小麦、水稻种子也偶有发现，但以伞形科植物（例如胡萝卜、芹菜等）中较为常见。出现无胚种子的原因可能有 3 个：①植物本身的遗传特性；②远缘杂交生理上的不协调而使胚中途夭折，而胚乳和种皮等得以正常发育，形成无胚种子；③生物毒素对胚的毒害，例如某些害虫如椿象等释放生物毒素，将发育中的胚细胞毒死，从而形成无胚种子。由于无胚种子（embryoless seed）缺少胚，不能萌发长成幼苗，所以在农业生产上毫无利用价值，而在遗传上也不可能传递给后代。

（三）无融合生殖

不经过雌雄配子融合的无性生殖方式称为无融合生殖（apomixis）。通过无融合生殖产生的种子，称为无性种子，主要分为以下两大类。

1. 营养的无融合生殖 营养的无融合生殖（vegetative apomixis）为能代替有性生殖的营养生殖，例如大蒜总状花序上常形成气生小鳞茎，可代替种子。

2. 无融合结子 无融合结子（agamospermy）为能产生种子的无融合生殖，包括 3 类：①单倍配子体无融合生殖（haploid gametophyte apomixis）；②二倍配子体无融合生殖（diploid gametophyte apomixis）；③不定胚（adventitious embryo）。

通过无融合生殖产生的无性种子在植物育种上有重要意义：①可提供单倍体材料，使隐性性状直接表达，经染色体加倍后获得纯合二倍体，加快育种进程，克服远缘杂交的不亲和性；②可以固定杂种优势，例如 F_1 代植株产生的不定胚，就能保持母株的杂种优势。

第二节　种子成熟

种子成熟的过程实质上是胚珠发育成种子及营养物质在种子中积累和变化的过程。这个过程进行得好坏常常受田间栽培管理水平和成熟期间的气候条件影响，并且直接影响种子中化学成分的含量、比例，也会影响种子的发芽率、休眠期、贮藏特性、寿命等。

一、种子成熟的阶段和特征

（一）种子成熟的概念

种子发育到一定程度便达到成熟。狭义的成熟指的是形态成熟，即种子形状、大小、颜色固定，不再发生变化，狭义的成熟又称为工艺成熟。广义的成熟包括形态成熟和生理成熟，即真正成熟。生理成熟是指种胚具有了发芽能力。真正成熟的种子应具备以下基本特点：①养料输送已停止，种子所含干物质已不再增加，即种子的千粒重已达到最高限度；②种子含水量减少，种子硬度增高，对不良环境条件的抵抗力增强；③种皮坚固，呈现该品种的固有色泽或局部的特有颜色；④种子具有较高发芽率（一般在 80%以上）和最强的幼苗活力。

（二）种子成熟的阶段和外表特征

农作物种子成熟期是按其外部形态特征的变化划分的。各种作物种子的成熟阶段及其外部特征差异很大，而且种子成熟的程序也不一致。当鉴定种子的成熟期是否已经达到某阶段时，应该以植株上大部分种子的成熟度为标准。

1. 禾谷类作物种子的成熟阶段及其外表特征

（1）禾谷类作物种子的成熟阶段及其外表特征　禾谷类作物种子的成熟阶段，可以分以下 4 个阶段。

①乳熟期：乳熟期的禾谷类作物，其茎秆下部的叶片转黄色，茎的大部分和中上部叶片仍保持绿色，茎秆有弹性、多汁，茎基部的节开始皱缩。种子内稃、外稃和子粒都呈绿色，内含物乳汁状。此时子粒体积已达最大限度，含水量也最高，胚已经发育完成，少数种子虽具有发芽能力，但幼苗生长不正常。

②黄熟期：黄熟期亦称为蜡熟期。此时，植株大部分变黄，仅上部数节保持绿色，茎秆还具有相当弹性，基部的节已枯萎，中部节开始皱缩，顶部节尚多汁液，并保持绿色，叶片大部分枯黄。种子护颖和内稃及外稃都开始褪绿，子粒呈固有色泽，内含物呈蜡状，用指甲压之易破碎，养分累积趋向缓慢。到黄熟后期，子粒逐渐硬化，稃壳呈品种固有色泽。此时为机械收获的适期。

③完熟期：完熟期的谷粒干燥强韧，体积缩小，内含物呈粉质或角质，容易落粒。此时，茎叶全部干枯（水稻尚有部分绿色），叶节干燥收缩，变褐色，光合作用已趋停止。此时为人工收获适期。

④枯熟期：枯熟期又称为过熟期。此时，茎秆呈灰黄色或褐黄色，很脆，脱粒时易折断。子粒硬而脆，很易脱落，收获时损失大；如逢阴雨天，则粒色变暗，失去固有色泽，且

容易在穗上发芽，降低质量。

（2）禾谷类作物种子的成熟程序　禾谷类作物种子的成熟程序，基本上与开花次序是一致的。先从主茎上的花序开始，然后依次轮到分蘖。在一个穗上成熟程序因作物而不同。

水稻种子成熟的程序，从全穗看，是由主轴到各枝梗，由第一枝梗到第二枝梗。在各枝梗上的程序是由上而下，即由前端到基部。同一枝梗上，第一枝梗或第二枝梗均为顶端小穗成熟最早，其次为枝梗基部的小穗，然后顺序而上，以顶端第二小穗成熟最迟。

小麦成熟的程序也与开花顺序一致，在一穗中以中上部小穗（离基部约 2/3 处的小穗）最先成熟，然后依次向上与向下成熟。在每小穗中，外侧的子粒先熟，中间的子粒后熟。

2. 豆类作物种子的成熟阶段及其外表特征

（1）豆类作物种子的成熟阶段及其外表特征　豆类作物种子的成熟可以分以下 4 个阶段。

①绿熟期：绿熟期的豆类作物的植株、荚果（legume）和种子均呈鲜绿色；种子体积基本上已长足，含水量很高，内含物带甜味，容易用手指挤破；至绿熟后期，种子体积达最大限度。

②黄熟期：黄熟前期，下部叶片开始变黄；荚转黄绿色；种皮呈绿色；比较硬，但容易用指甲刻破。黄熟后期，中下部叶片变黄，荚壳褪绿，种皮呈固有色泽；种子体积缩小，不易用指甲刻破。

③完熟期：完熟期，大部分叶片脱落，荚壳干缩，呈现固有色泽；种子变硬。

④枯熟期：枯熟期，茎部干枯发脆，叶片全部脱落；部分荚果破裂，色泽暗淡；种子很容易脱落。

（2）豆类作物种子的成熟程序　豆类作物荚果和种子的成熟程序也是从主茎到分枝。在每个分枝上或一个花序上是从基部依次向上成熟。大豆成熟程序因结荚习性不同可分为两种类型：①无限结荚习性类型的成熟程序是主茎基部首先成熟，依次向上，顶端最迟成熟；在同一分枝或花序上则由内到外，由下到上依次成熟；②有限结荚习性类型的成熟程序是顶端分枝首先成熟，依次向下，基部成熟最迟；同一分枝或花序上也由内到外，由下到上相继成熟。

3. 十字花科和锦葵科作物种子的成熟阶段及其外表特征

（1）十字花科和锦葵科作物种子的成熟阶段及其外表特征　十字花科和锦葵科作物种子的成熟阶段，可以分以下 5 个。

①白熟期：白熟期的十字花科和锦葵科作物的种子很小，种皮呈白色，里面含汁液多，轻轻一挤，即破裂而流出；植株和果实均呈绿色。

②绿熟期：绿熟期的果实及种皮均为绿色，种子饱满，含水量很高，易被指甲挤破；下部叶片发黄。

③褐熟期：褐熟期的果实褪绿，种皮呈品种固有色泽，内部充实发硬；中下部叶片变黄色。

④完熟期：完熟期的果实呈褐色，种皮和种子内含物都比较硬，不易用手压破；茎叶干枯，部分叶片开始脱落。

⑤枯熟期：枯熟期的果壳呈固有颜色，很易开裂，种子容易脱落；全株茎叶干枯发脆。

（2）十字花科和锦葵科作物种子的成熟程序　十字花科以油菜为例，其成熟程序就全株而言，主轴先熟，其次第一分枝，再是第二分枝，各分枝间的程序是由上而下。就每个花序而言，不论主轴还是分枝，均由下向上，由内向外。锦葵科以棉花为例，其成熟程序就全株而言是从基部到顶端。下部果枝上的蒴果最先成熟。就每个果枝而言，则由内向外，即愈靠近主茎的蒴果成熟愈早。

（三）农作物种子的适时收获

作物种子的收获，不论是供食用还是供播种用，都应选择在最适当的时期内迅速完成。如果收获误时，常会导致丰产不丰收的现象，而且在种子质量方面的损失，更无法挽救弥补。例如水稻收获过早时，子粒欠饱满，秕粒和青米多，养料积累不够坚实，碾制时易破碎，胚部活力低，不耐贮藏；反之，如收获太迟时，则稻株干脆，容易倒伏落粒，有些品种遇高温高湿天气往往引起穗上发芽，严重影响产量和质量。在生产实践中，有时为了避开不良环境影响，可能会提早收获。

二、种子成熟过程中的变化

（一）种子成熟过程中物理性状的变化

1. 种子大小的变化　胚珠受精后发育成为种子的过程中，其大小发生明显的变化。一般来说，种子是先增加长度，其次增加宽度，最后增加厚度。随着种子的成熟，种子的体积逐渐增加，但因作物不同，种子体积达到最大的时期，迟早不一。水稻种子到黄熟期体积达最大，至完熟期因种子失去大量水分以及可溶性物质转为不溶性物质，体积反而逐渐缩小。小麦种子的体积在乳熟末期就达到最大限度。豆类种子与十字花科种子的体积增大非常迅速，在绿熟期即达最大的体积。从表1-1可看出，大豆种子的长、宽、厚在绿熟期均达最大限度。

2. 种子重量和相对密度的变化　种子重量随着成熟过程中种子水分的增减和干物质的积累发生明显的变化。禾谷类作物种子的鲜重，在乳熟后期达最高限度，到黄熟期鲜重逐渐降低，而到完熟期鲜重则更低。种子鲜重的这种变化与种子内水分的变化趋向是一致的。种子干重的变化恰恰相反，随着成熟度而增加，到枯熟期为最高（表1-1）。在某些情况下，黄熟后期到完熟期，种子干重有略微降低的趋势（表1-2），这是由于完熟期种子呼吸作用所消耗的养分超过当时积累的数量。当种子到了成熟末期，养分积累基本上已停止，此时如遇多雨天气，就成为干重降低的重要原因。豆类与十字花科作物的种子成熟过程中，重量变化的趋势基本上与谷类作物种子相同。

表1-1　大豆成熟期间种子性状的变化

成熟阶段	100粒鲜重（g）	100粒干重（g）	水分（%）	发芽率（%）
绿熟期	30.0	10.8	65	71
黄熟期	23.5	13.0	41	82
完熟期	20.0	16.0	20	88
枯熟期	19.0	16.2	15	99

表 1-2　水稻（晚稻）谷粒在成熟过程中重量及水分的变化

项目	9月				10月						
	16日	20日	24日	28日	2日	6日	8日	12日	16日	20日	24日
鲜重（g）	8.10	16.60	23.3	24.84	26.8	31.18	28.89	32.81	30.54	32.84	30.57
干重（g）	3.67	6.25	10.38	12.75	16.70	19.10	19.90	22.21	22.11	25.65	24.33
含水量（g）	4.43	10.35	12.29	12.09	10.11	12.08	8.99	9.45	8.43	7.19	6.24
水分（%）	54.69	62.27	55.46	48.67	37.71	38.74	31.15	30.68	27.60	21.91	20.41

成熟过程中种子重量的变化，因种子着生部位不同而有显著差异，这与种子开花成熟的程序有密切关系。凡是成熟较早的，往往子粒重量也大。子粒发育成熟较迟的，在营养条件差时往往形成秕粒。从全穗来看，穗上部先开花成熟，养分累积早，且时间较长，子粒重量也大；穗下部则处于相反的情况，子粒重量较小。从整个植株来看，主穗和分蘖由于成熟先后和成熟过程的时间长短不同，子粒的重量也有差异，主茎生长期和成熟过程均较分蘖为长，一般穗大粒多，子粒充实，子粒重量也大。

种子相对密度的变化比种子干重更有规律，一般都是随着成熟度的提高而增大。但含油量高的种子相对密度变化趋势却不一样，在成熟过程中随脂肪的积累而相对密度降低。因此根据相对密度大小进行选种，并非对任何作物都适用。

3. 其他物理性状的变化　种子在充分成熟以前，种皮的水分很高，随着成熟度的提高，种皮水分逐渐降低而坚韧度增强。豆类作物种子往往由于成熟过度使种皮硬化不能透水而成硬实。禾谷类作物随着成熟度提高，种子水分蒸发，使种皮组织疏松而透性改善，有利于种子萌发。种子的硬度和透明度也都随着成熟度提高而提高，种子的热容量和热导率也随着水分的减少而相应降低。

（二）种子成熟过程中化学物质的变化

在成熟期间，植株内的养料呈溶解状态流向种子，在种子内部积聚起来。随后这些养料逐渐转化成为非溶解状态的干物质，主要是高分子的淀粉、蛋白质和脂肪；同时水分却逐渐降低，所以在种子成熟期间的生物化学变化主要是合成作用。

1. 糖类变化　禾谷类种子中糖类占种子干重的60%～80%，在糙米中约占80%。这些营养物质的一部分是抽穗前贮藏于植株中的光合作用产物，在种子成熟过程中运向种子，另一部分则是抽穗后植株光合作用的产物。在一般情况下，后者的供应量占种子中糖类总量的60%～80%。可见植株后期的同化作用是决定产量和种子质量的关键。

成熟期间种子糖类不断地进行累积和转变。小麦、水稻、玉米等禾谷类作物种子和豌豆、蚕豆、菜豆等豆类作物种子以贮藏淀粉为主，通常称为淀粉种子。在这类种子发育过程中，首先是大量糖从叶片运入种子，随淀粉磷酸化酶、Q酶等催化淀粉合成的酶活性提高，可溶性糖向淀粉转化，积累在胚乳中（图1-9和图1-10）。禾谷类种子成熟过程中，可溶性糖的含量随成熟度提高而下降；而不溶性糖，主要是淀粉，其含量随种子成熟过程而增加。这种变化的对比关系，可从表1-3清楚地看到。

种子成熟过程中发生的高温热害常导致水稻种子粒重量下降、垩白粒率和垩白度显著增加（Zhang et al.，2014），直链淀粉含量显著下降（Nicholas et al.，2013）等。外源亚精胺（spermidine，Spd）可显著降低成熟期间高温胁迫下完熟水稻种子（授粉后35 d）垩白粒率，显著提高完熟种子厚度、千粒重、幼苗干重、发芽指数和过氧化物酶活性，显著降低高温胁迫下水稻种子丙二醛（MDA）含量。同时，外源亚精胺可提高成熟期高温胁迫下水稻种子 *SPDS*、*SPMS1* 及 *SPMS2* 表达水平，进而导致亚精胺和精胺（spermine，Spm）的积累，显著提高直链淀粉及总淀粉含量（Fu et al.，2019）。

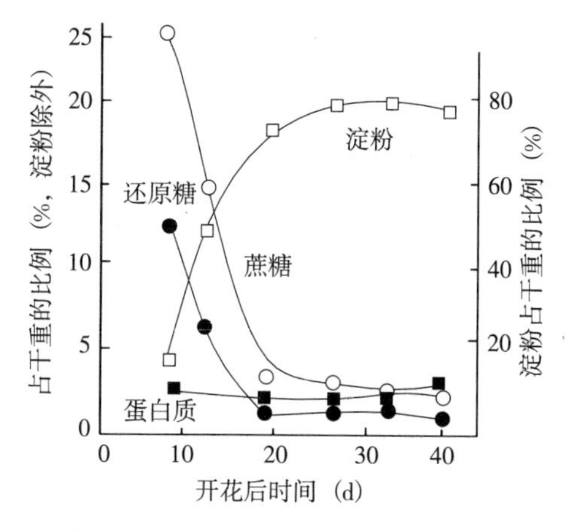

图 1-9 小麦种子成熟过程中胚乳主要糖类的变化
（引自陈润政，1998）

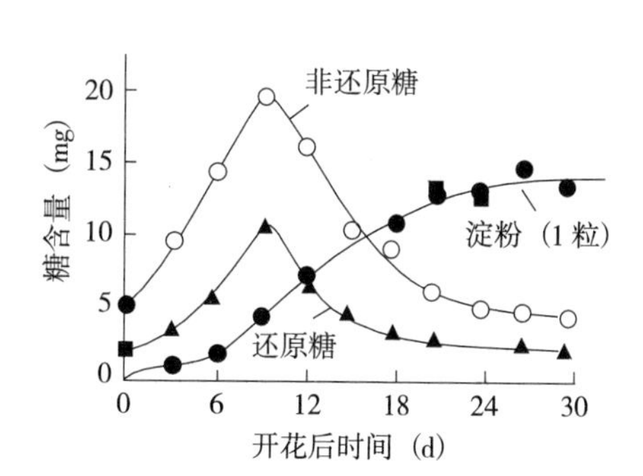

图 1-10 水稻种子成熟过程中胚乳主要糖类的变化
（引自陈润政，1998）

表 1-3 糖类在黑麦种子成熟过程中的变化（占干重的比例，%）

	乳熟初期（6月25日）		乳熟期（7月3日）		蜡熟期（7月15日）		完熟期（7月28日）	
还原糖	6.10	42.97	2.12	19.86	0.42	7.14	2.13	7.13
蔗糖	5.99		4.40		3.13		2.77	
醇溶性果聚糖	29.00		10.60		2.44		0	
不溶性果聚糖	1.88		1.64		0.55		0.36	
糊精	0		1.10		0.60		1.87	
淀粉	9.00	16.72	25.87	40.68	37.48	55.62	41.23	61.09
半纤维素	5.72		12.78		16.18		17.48	
纤维素	2.00		2.03		1.96		2.38	
总量	59.69		60.54		62.76		68.22	

2. 脂肪变化 大豆、花生、油菜、向日葵种子中脂肪含量很高，称为油料种子或称为油质种子。在油料作物种子成熟过程中，脂肪的累积情况因作物种类而不同。油菜种子脂肪的累积过程，开始较慢，以后较快，达到一高峰阶段。例如“胜利油菜”在终花后 9 d 测定种子中含油量为 5.76%，此后累积速度并不快；到终花后 21～30 d，累积速度很快，含油量从 17.96%增至 43.17%；到终花后 30～45 d，累积速度又转慢（表 1-4）。

表 1-4 甘蓝型油菜种子成熟过程中含油量的变化

终花后时间（d）	9	15	21	27	30	33	39	45
含油量（%）	5.76	9.07	17.96	39.77	43.17	45.68	46.87	47.64

大豆种子成熟过程中，不存在脂肪积累特别集中的关键时刻，除了开花之后和成熟以前这两个短暂时间外，脂肪积累总是以相当均匀的速率进行的。芝麻种子的脂肪约在受精后3周就达到最高值，干物质增长也在开花后4周达到最大值（图1-11）。因此芝麻种子发育中的关键时刻是开花后4周之内。凡成熟度一致的品种，可以在嫩荚时收，这样很少影响含油量和蛋白质含量，而且早收对产量的影响很可能远远小于因延迟收获而造成的落粒损失。

成熟过程中脂肪的含量是随着可溶性糖含量的减少而增加，表明脂肪是由糖分转化而来的（图1-12）。

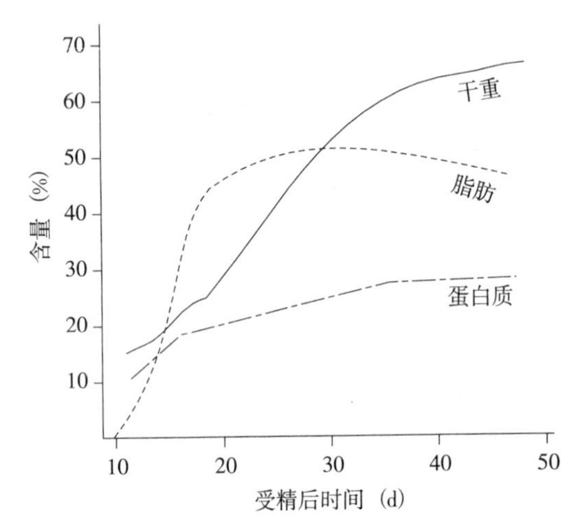

图1-11　芝麻种子成熟过程中化学成分的变化

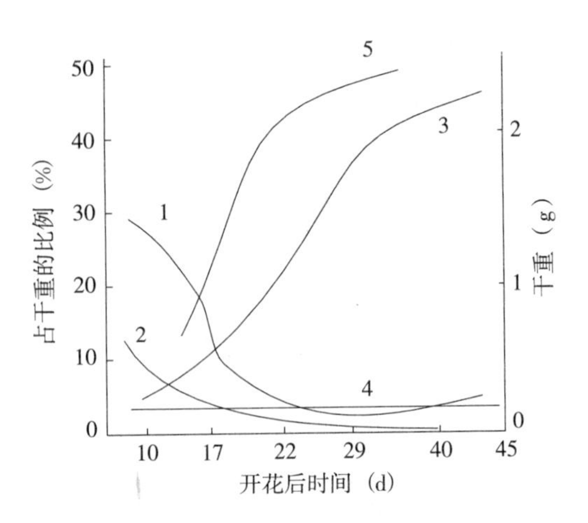

图1-12　油菜种子在成熟过程中干重的积累情况

1. 可溶性糖　2. 淀粉　3. 千粒重　4. 含氮物质　5. 粗脂肪

（引自武维华，2003）

成熟过程中脂肪的积累有两个特点：①种子成熟初期所形成的脂肪中含多量的游离脂肪酸，随着种子的成熟，游离脂肪酸逐渐减少，而合成复杂的油脂。游离脂肪酸可用酸价来测定，未成熟种子的酸价高，随着种子成熟度的增加酸价逐渐降低。②脂肪的性质在种子成熟期间也有变化。种子成熟初期形成饱和脂肪酸，随着种子的成熟，饱和脂肪酸逐渐减少，而不饱和脂肪酸则逐渐增加。这种变化可用碘价来测定，成熟度越高，碘价越高。

3. 蛋白质变化　大豆等豆科植物的种子主要贮藏蛋白质，可称为蛋白质种子。蛋白质在种子成熟过程中积累较早，在豌豆等种子中其积累先于淀粉，但在禾谷类种子中则比淀粉积累迟。小麦种子中蛋白质的积累速率和淀粉相近，只是在成熟的后阶段才差异明显，淀粉呈直线上升趋势，而蛋白质则趋于缓慢，但其积累结束期比淀粉延长数天（图1-13）。

种子中蛋白质的合成有两条途径：①由茎叶流入种子中的氨基酸直接合成；②氨基酸进入种子后，分解出氨，再与α-酮酸结合，形成新的氨基酸，再合成蛋白质。前者如豌豆种子中的蛋白质，后者如小麦中的醇溶性谷蛋白和谷蛋白。

在成熟过程中，胚和胚乳的游离氨基酸含量逐渐减少，但在充分成熟的种子内仍留存一定数量的游离氨基酸，特别在胚部仍留有多种高浓度的游离氨基酸。可见在成熟的种子中，需要贮藏一定数量的游离氨基酸，以供萌发时的最初阶段利用。

（三）种子成熟过程中激素的变化

正在生长发育的种子在积累各种主要贮藏养料的同时，其激素也发生变化，如生长素、

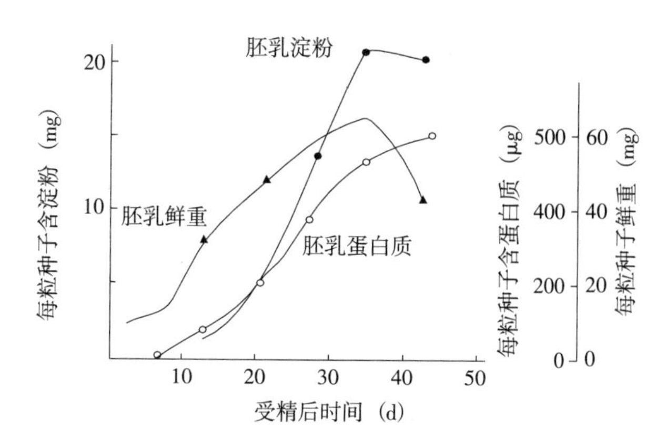

图 1-13　小麦子粒成熟过程中贮藏物质的变化
（引自叶常丰和戴心维，1994）

赤霉素、细胞分裂素、脱落酸等。这些物质对种子的生长发育起调节作用，同时也和果实的生长和其他生理现象有密切关系。植物激素在种子中的含量随着成熟度而发生变化的趋势，不论在草本植物还是多年生木本植物中，基本上是一致的。一般在胚珠受精以后的一定时期开始出现，随着种子发育，其浓度不断增高，此后又逐渐下降，最后在充分成熟和干燥的种子中就不会发现这类物质。

（四）种子成熟过程中发芽率的变化

种子的发芽率一般随着成熟度提高而提高，生理成熟期间，愈成熟的种子，发芽势愈强，发芽率愈高。水稻、大豆、甘蓝、黄麻等作物都表现这样的趋势。

一般说来，早籼稻在黄熟期收获的种子，经干燥后发芽率即可达 90%以上；而早粳稻则要到完熟期收获，才能达到较高的发芽率，即所谓"籼稻看看是嫩的，实际已经老了；粳稻看看老了，其实还嫩。"在某些情况下发芽率的变化与上述并不相同，其最高的时期不是在完熟期，这可能和进入休眠或与气候条件有关。例如麦类种子在胚发育完成时发芽率较高，以后发芽率降低，通过一段时间的干燥贮藏，发芽率又可增高，这是由于休眠变浅或解除了休眠的缘故。

水稻种子适期采收的发芽率最高。早稻提早 5 d 采收对发芽率的影响，早籼与早粳不同。早籼提早收获后，立即脱粒或经过 5～7 d 的留株后熟，再脱粒，对发芽率影响很小。而提早 5 d 收获对早粳的发芽率却有明显影响，收获后经过留株后熟 5～7 d 的比立即脱粒的有提高发芽率的趋势，但品种间存在一定差异。杂交稻和不育系不同收获期种子发芽率、千粒重的变化见表 1-5。

表 1-5　不同收获期对杂交水稻及不育系种子生活力和千粒重等特性的影响

品　种	收获期	千粒重（g）	发芽势（%）	发芽率（%）	发芽指数
威优 402	始穗后 10 d	16.2c	0d	0d	0d
	始穗后 15 d	23.7b	16.5c	25.8c	9.3c
	始穗后 20 d	26.8a	82.0a	86.8a	53.1a
	始穗后 25 d	26.9a	58.5b	64.8b	32.9b

（续）

品　种	收获期	千粒重（g）	发芽势（%）	发芽率（%）	发芽指数
协优 46	始穗后 10 d	13.5d	0d	0d	0e
	始穗后 15 d	22.3c	40.8c	58.8c	24.2d
	始穗后 20 d	25.4b	71.8b	80.3b	39.9c
	始穗后 25 d	25.8a	90.3a	93.3a	57.6a
	始穗后 28 d	25.2b	83.8a	85.8ab	49.6b
协青早	始穗后 10 d	15.2d	0c	0c	0d
	始穗后 15 d	22.4c	59.0b	68.8b	39.0c
	始穗后 20 d	28.8b	94.7a	96.3a	73.1b
	始穗后 25 d	26.4a	93.0a	93.8a	77.0a

注：同品种不同收获期之间差异显著性分析（*LSD*，α=0.05）。

三、种子成熟过程的脱水干燥及其生理效应

种子成熟初期，随着养料和水分的大量流入，在种子表面进行的蒸腾作用，比叶面更为强烈，使种子中不溶解物质的浓缩度增加，促进了合成作用。与此同时，种子还进行着旺盛的气体交换，吸收二氧化碳，依靠存在于种子中的叶绿素制造部分有机物质。另一方面，吸收氧气以完成种子贮藏物质的转化。至种子成熟后期，干物质逐渐充满于种子内部，叶绿素消失，物质积累和光合作用逐渐趋向停滞，种子脱水干燥而趋于硬化，呈固有颜色而进入完熟期。

（一）种子脱水干燥和发芽力的关系

种子在成熟阶段的脱水过程，是大多数种子发育过程的一个不可分割的部分。事实上，当种子达到干燥时，才认为已经发育完成。成熟的种子通过休眠，重新吸水，就会导致萌发。这说明干燥可能在发育过程与萌发过程之间起一种关键性的作用。许多种子不经过干燥，就不能萌发。未成熟的各种豆类种子从鲜荚中剥出来，或禾谷类的子粒从发育的穗子上取下，把它们放在水中，都不能发芽。

就种子在发育过程中对干燥的抵抗能力来说，可分为两个阶段，开始是一个不耐干阶段，一经干燥，就会受到危害；其后随着一个耐干阶段，这时经干燥而重新吸水，就导致萌发。这种转变过程，有时只需要较短的时间。例如开花后 22 d 的菜豆胚中轴不能忍受干燥，但经过 26 d 之后，就能忍受干燥，经过干燥处理，即能发芽生长。

（二）种子脱水干燥的生理效应

种子在成熟时期脱水干燥，产生许多重要的生理效应，主要包括以下几个方面。

1. 酶类钝化　种子中含有各种酶，干燥脱水后，因酶与底物隔离等原因，发生酶类的钝化。

2. RNA 水解酶类增加　随着种子逐渐干燥，RNA 水解酶增加，则多核糖体水解成单核糖体，使 mRNA 失去活性。因为在普通植物中，多核糖体由 6～8 个单核糖体组成，并连接着多聚腺苷酸（poly A），处于活化状态。在细胞干燥缺水时，则 RNA 水解酶把多聚腺苷酸切断，于是不能进行翻译活动。在逆境条件下，多核糖体停止工作，这是植物对环境条件

的一种适应能力，称为自身保护作用。

3. 复合体形成　随着种子逐渐干燥，种子内有复合体形成，例如核糖核蛋白和酶原。

（1）核糖核蛋白　种子在脱水干燥期间，mRNA 有着不同的去向和结局。成熟后期大量 mRNA 破坏消失，但在干燥种子中仍有一部分保留在细胞内。有人根据棉子子叶的观察结果，指出 mRNA 有若干副型。有一类称为贮存 mRNA，它在发育种子中形成后，就起翻译作用。当种子脱水干燥时，这类 mRNA 会发生变化，形成核糖核蛋白。核糖核蛋白是 mRNA 和蛋白质的复合体，由蛋白质将 mRNA 包围起来，不使 mRNA 转化破坏，以供种子发芽早期所需，所以这类 mRNA 也可以称为长命 mRNA，在干燥种子中，含有很多这类复合体。

（2）酶原　酶原是酶与其他蛋白质的复合体。酶很容易被水解酶所水解，但与其他蛋白质形成复合体后，就起到保护本身的作用。随着种子的脱水干燥，细胞中的酶转化成酶原的种类很多，有酸性磷酸酶、植酸酶、核糖核酸酶（莴苣）、β淀粉酶、蛋白质酶等。在干燥的小麦、大豆、油菜、蚕豆、豌豆、水稻和黑麦种子中均有酶原的存在。

4. 可溶性糖积累　在种子脱水过程中伴随着可溶性糖的积累，这是正常型种子在成熟过程的一种特征，它们在脱水过程中的作用越来越引起人们的注意。在种子中起脱水保护作用的可溶性糖有蔗糖、葡萄糖、寡糖等，但不同的糖所起的保护作用可能差异很大。一般认为高水平的还原糖（葡萄糖、果糖、半乳糖等）与种子衰老、贮藏、衰老、脱水伤害有关，它们可自动氧化产生羟自由基（HO·），对组织造成伤害，同时还可以与蛋白质或核酸分子中的氨基结合，发生美拉德反应，使蛋白质降解而酶失活，而高浓度的蔗糖、棉子糖、水苏糖、海藻糖、肌醇及半乳糖环多醇等非还原糖与种子的耐脱水性密切相关。

四、环境条件对种子成熟的影响

种子从开花受精到完全成熟所需要的时间各不相同，即使是同一种作物的不同品种，差异也很大。禾谷类作物一般开花至成熟需 30～50 d，其中水稻为 25～45 d，小麦为 40～50 d；豆类作物，如大豆从开花到成熟所需时间差异更大，为 30～70 d；油菜抽薹开花到成熟为 40～60 d。多年生植物的种子，例如茶子，需经 1 年才能成熟，而桧柏的种子甚至超过 2 年才能成熟。

种子在成熟过程中受外界环境条件的影响极为显著，主要表现在延长或缩短成熟所需的时间，以及引起种子化学成分的变化。

（一）环境条件对种子成熟期的影响

1. 湿度对种子成熟期的影响　空气湿度及降水量对种子成熟期长短有显著影响。种子在成熟初期含有大量水分，在天气晴朗，空气湿度较低，蒸腾作用强烈的情况下，对种子合成作用有利。如果雨水较多，相对湿度较高，种子水分向外散发受到阻碍，影响合成作用，阴雨加上低温会影响代谢作用的强度，使酶的活性及养分输送的速率降低，从而使成熟延迟。在气候干旱的情况下，种子的成熟期会显著提早，而形成瘦小皱缩的种子，这是因为植物体内正常运输必须在活细胞，尤其是叶细胞充水膨胀的条件下才能进行。干旱时从植株内流往种子的养料溶液减少或中断，促使种子提早干缩而不能达到正常饱满度。

在盐碱地，由于土壤溶液浓度很大，渗透压高，植物吸水困难，种子成熟时养分的运输和有机物的积累和转化受到阻碍，所以也能提早成熟。

2. 温度对种子成熟期的影响　种子成熟过程中，适宜的温度可促进植物的光合作用、贮藏物质的运输，以及种子内物质的合成作用。较高的温度可以促进种子成熟过程，缩短成熟期，对干物质的积累也有明显的影响。如果成熟过程中遇到低温，就会延迟成熟，并往往形成秕粒或种子不饱满。水稻因成熟期间的温度不同，成熟期的长短大有差异。晚稻成熟期气温较低，自抽穗至成熟所需时间长达36～44 d，而早稻则因温度较高而仅需25～30 d。

成熟期间的温度对种子的质量也有很大影响，一般早中稻在高温条件下成熟，其过程快，时间短，养分累积速率快，米粒的组织比较疏松，腹白心白较大，质量较差；而晚稻在低温条件下成熟较慢，时间较长，养分积累比较充分，质量较好。连作晚稻成熟期间的温度比单季晚稻更低，成熟时间也长，养分累积更为缓慢，而米粒质量也往往较好，千粒重较同品种的单季稻有增加的趋势。可见在种子成熟期间温度过高，反而影响干物质的积累，而适当的低温，却有利于种子质量的提高。

温度对玉米成熟过程有很大作用，玉米成熟灌浆期间要求逐渐降低温度，以利养分的积累。晴朗的天气和20℃左右的气温能促进子粒灌浆，超过25℃或低于16℃，都会影响酶的活性，使结实不饱满。在黄熟期，若天气温暖晴朗，能促进玉米的成熟过程。水稻种子成熟过程中最有利的温度和玉米大致相同。

种子成熟过程中，最忌霜冻，受霜冻的种子，不但产量降低，而且质量也差，使发芽率大大降低。因此留种用的种子必须在霜冻前收获，如果霜前未充分成熟，要及早连株拔起，进行后熟。

3. 营养条件对种子成熟期的影响　营养条件可以影响种子的成熟期，在土壤瘠薄及种植密度过大的情况下，由于养分缺乏，成熟期提早，缩短了种子成熟过程中养分积累的时间，因此影响种子的饱满度和产量。磷素对茎叶中糖类的转化有影响，成熟过程中很多有机化合物和某些酶都需要有足够的磷素。所以在开花前后，施用磷肥或进行根外追施磷肥，对促进有机物质的运输以及种子提早成熟，增加子粒重量，提高产量均有作用。成熟期间施用氮素肥料过多，会促进营养生长，造成茎叶徒长，阻碍植株内的养分向子粒中运输，延长和阻碍子粒内养分的积累，因而延迟成熟，降低子粒重量，减少产量。更严重的是由于植株徒长而容易倒伏，对养分运输和积累造成更大的影响。

（二）环境条件对种子化学成分的影响

1. 环境条件对粉质种子化学成分的影响　从开花到成熟期间的降水量，对富含淀粉的种子或块茎的淀粉积累起决定性作用，蛋白质的含量随着降水量而变化，在干旱地区或盐碱土地带，种子淀粉含量比湿润地区低而蛋白质含量却较高，在这种情况下，细胞膨胀程度降低，淀粉的合成活动受到破坏，而蛋白质合成过程所受到的影响比淀粉小。在水分充足的条件下，有利于淀粉的合成而降低蛋白质的含量。因此土壤溶液的渗透压愈高，蛋白质含量就愈高。灌溉区由于土壤溶液稀薄，会降低种子中蛋白质的含量。但经灌溉的种子总产量也较高，所以蛋白质的总含量仍比未经灌溉者为高。

我国小麦种子蛋白质的含量，从南到北有显著差异。北方小麦蛋白质含量比南方显著高（表1-6），这主要由于北方降水量及土壤水分比南方少。研究表明，水稻子粒发育成熟期间温度低时，其蛋白质的含量高。另外，子粒灌浆期间光照度高时，子粒的蛋白质含量高。

表 1-6　不同地区小麦的蛋白质含量

地区	杭州	济南	北京	公主岭	克山
蛋白质含量（%）	11.7	12.9	16.1	16.3	19.0

土壤中肥料及施用肥料的种类，对种子的蛋白质含量也有很大影响。氮肥能提高蛋白质含量；而钾肥过多时，会使蛋白质含量降低，因钾素会加速糖类由叶片向子粒转移。

种子在成熟期受到严重的冻害时，蛋白质含量降低，非蛋白质含量增高，例如受冻害后极为皱缩的麦粒，其非蛋白氮的含量比正常麦粒高 2～3 倍。

2. 环境条件对油质种子化学成分的影响　种子成熟期间的温度不仅对油质种子的含油量有重大影响，而且对种子中脂肪的性质和蛋白质含量也有重要作用。适宜的低温有利于油脂在种子中的积累，而降低种子蛋白质的含量。一般产于南方高温气候条件下的大豆品种含油率较低，而蛋白质含量较高，产于北方低温气候条件下的品种则相反（表 1-7），脂肪和蛋白质有互为消长的关系。地理纬度和海拔高度都是影响温度的重要因素，因此同一品种在低纬度地区和低海拔地区蛋白质含量较高，而含油量及碘价则较低。

表 1-7　不同地区大豆品种化学成分的差异

地点	纬度	品种数	蛋白质含量（%）	脂肪含量（%）	碘价
杭州	30°15′	7	38.59	16.74	116.7
徐州	34°17′	9	35.20	18.61	121.5
哈尔滨	45°45′	12	34.20	19.19	127.4

脂肪的性质亦受到环境条件的影响，其变化趋势与含油率相同，即南方品种碘价低，北方品种碘价高。影响碘价高低的主要因素是温度，生育后期（成熟期）温度较低，昼夜温差大的条件（例如高纬度地区或山区以及晚熟品种），有利于不饱和脂肪酸的合成，因而碘价较高；反之，则有利于饱和脂肪酸的合成，因而碘价较低。

土壤水分及空气湿度对脂肪积累亦有很大影响。例如土壤水分和空气湿度高时，有利于脂肪的积累；反之，则有利于蛋白质的积累。脂肪和蛋白质对湿度反应不同，这是一个比较复杂的问题。植物体内脂肪的形成过程是在弱碱性或接近于中性而比较湿润的环境中进行的，而蛋白质的合成却要求土壤水分与空气湿度较低的条件，油质种子中，脂肪和蛋白质的合成是互为消长的过程。在合成代谢进行比较旺盛时，即使由于空气干燥而引起强烈的蒸腾作用，但只要有足够的水分供给，仍可获得较高的含油量。反之，如果水分不足，蒸腾强度增大，影响了合成代谢，脂肪积累趋向停滞，溶液浓度与相对酸度使脂肪酸的合成活动受阻，贮藏物质向蛋白质合成方向，使蛋白质含量较高。这种情况和淀粉种子化学成分受湿度的影响是相似的。因此北方干旱地区，用灌溉方法可提高种子的含油率。

营养元素与脂肪含量也有密切关系。磷肥对脂肪形成有良好作用，因为糖类转化为甘油和脂肪酸的过程中，需要磷的参加。钾肥（例如草木灰）对脂肪积累也有良好的影响。氮肥使用过多，会使种子脂肪含量降低，因为植物体内大部分糖类和氮化合物结合成蛋白质，势必影响脂肪的合成。

杂草和病虫害也会影响种子含油量，例如向日葵感染锈病后，种子含油量就显著降低。

思考题

1. 禾谷类作物种子成熟可分为哪几个阶段？各有何特点？
2. 种子成熟过程有哪些变化？
3. 果皮和种皮分别是从哪部分发育而来的？
4. 种子发育过程中有哪些异常现象？可能由哪些原因产生？
5. 种子成熟时，环境条件如何影响种子的化学成分？

第二章

种子的形态构造和分类

第一节　种子的一般形态构造

一、种子的外观性状

自然界的种子种类繁多，各种植物的种子在形态构造上千差万别，种子外观性状的差异主要可从大小、形状、色泽等方面进行区分。

1. 种子大小　种子大小常用两种方法表示，一种是用子粒的平均长、宽、厚来表示，一种是用种子重量（千粒重或百粒重）来表示（表 2-1）。不同植物间种子的大小差异很大，例如烟草种子极小，长为 0.6～0.8 mm；水稻种子长为 5.0～11.0 mm；莲子长约 24 mm；而椰子种子长达 10～15 cm，最长可达 40 cm 以上。种子的重量也因植物种类不同存在极大的差异，例如普通烟草种子千粒重（1 000 粒种子的重量）仅 0.06～0.10 g，莴苣种子的千粒重为 0.8～1.5 g，莲子的千粒重可达 1 300～1 400 g，油棕的果实单个重量为 6～8 kg。

表 2-1　常见作物种子的大小

（引自胡晋，2014）

作物	种子大小（mm）			千粒重（g）	作物	种子大小（mm）			千粒重（g）
	长	宽	厚			长	宽	厚	
玉米	6.0～17.0	5.0～11.0	2.7～5.8	50.0～700.0	蓖麻	9.0～12.0	6.0～7.0	4.5～5.6	100.0～700.0
小麦	4.0～8.0	1.8～4.0	1.6～3.6	15.0～88.0	向日葵	10.0～20.0	6.0～10.0	3.5～4.1	50.0～65.0
大麦	7.0～14.6	2.0～4.2	1.2～3.6	20.0～55.0	西瓜	8.2～12.5	4.7～8.3	2.1～2.3	40.0～140.0
燕麦	8.0～18.6	1.4～4.0	1.0～3.6	15.0～45.0	南瓜	8.5～12.3	4.0～7.8	2.0～2.3	40.0～140.0
黑麦	4.5～9.8	1.4～3.6	1.0～3.4	13.0～45.0	番茄	4.0～5.0	3.0～4.0	0.8～1.1	2.5～4.0
水稻	5.0～11.0	2.5～3.5	1.5～2.5	15.0～43.0	茄子	3.4	2.9	1.0	3.5～7.0
荞麦	4.2～6.2	2.8～3.7	2.4～3.5	15.0～40.0	马铃薯	1.7	1.3	0.3	0.4～0.6
花生	10.0～20.1	7.5～13	—	500.0～900.0	冬瓜	12.2	8.2	2.2	30.0～60.0
大豆	6.0～9.0	4.0～8.0	3.0～6.5	130.0～220.0	黄瓜	10.0	4.3	1.4	16.0～30.0
红豆	9.5	5.5	3.3	100.0～200.0	胡萝卜	3.0～4.0	1.2～1.4	1.5～1.6	1.1～1.5
菜豆	15.8	7.0	6.9	70.0～100.0	韭菜	3.1	2.1	1.3	2.5～4.5
棉花	8.0～11.0	4.0～6.0	—	90.0～110.0	洋葱	3.1	2.1	1.5	3.0～4.0

（续）

作物	种子大小（mm）			千粒重（g）	作物	种子大小（mm）			千粒重（g）
	长	宽	厚			长	宽	厚	
葱	3.1	1.9	1.3	2.0～3.6	苋菜	1.2	1.1	1.9	0.4～0.7
甘蓝	2.1	2.0	2.0	3.0～4.5	烟草	0.6～0.9	0.4～0.7	0.3～0.5	0.05～0.20
油菜	1.5～2.2	1.5～2.2	1.5～2.2	2.0～6.0	荠菜	1.1	0.9	0.5	0.08～0.20
白菜	1.9	1.9	1.6～1.9	2.5～4.0	四季萝卜	2.9	2.6	2.1	7.7～9.9
芥菜	1.3	1.2	1.1	1.2～1.4	苦苣	3.8	1.3	0.6	1.7
辣椒	3.9	3.3	0.8～1.1	3.7～6.8	莴苣	3.8	1.3	0.6	0.8～1.5
芹菜	1.6	0.8	0.7	0.3～0.6	菠菜	4.5	3.8	2.2	11.0～14.0
茼蒿	2.9	1.5	0.8	1.3～2.0	莲子	24.0	11.0	11.0	1 300.0～1 400.0

2. 种子形状 种子的外形以球形（例如豌豆、天门冬、麦冬等的种子）、椭圆形（例如大豆、草木樨的种子）、肾脏形（例如菜豆、甘草的种子）、牙齿形（例如玉米的种子）、纺锤形（例如大麦、沙枣的种子）、扁椭圆形（例如蓖麻的种子）、卵形（例如相思豆的种子）、圆锥形（例如棉花的种子）、扁卵形（例如瓜类的种子）、扁圆形（例如兵豆的种子）、楔形或不规则形（例如黄麻的种子）等较为常见。其他比较稀少的有三棱形（例如荞麦的种子）、螺旋形（例如黄花苜蓿的荚果）、近似方形（例如豆薯的种子）、盾形（例如葱的种子）、钱币形（例如榆的种子）、头颅形（例如椰子）、马蹄形（例如裂叶牵牛的种子）、白絮状（例如杨树、柳树的种子）、降落伞形（例如蒲公英的种子）。种子的外形一般可用肉眼观察，但有些细小的种子则须借助于放大镜或显微镜等仪器，才能观察清楚。

3. 种子色泽 种子由于含有各种不同的色素，往往呈现各种不同的颜色及斑纹，有的鲜明，有的暗淡。自然界的植物种子外表颜色以褐色、棕色最多，如油菜、高粱、苏丹草等。此外，也有绿色的种子（例如绿豆）、黄色的种子（例如栽培大豆等）、红色的种子（例如赤豆、相思豆等）、白色的种子［例如白皮小麦、粉花山扁豆（*Cassia nodosa*）］、黑色的种子（例如黑豆、广玉兰等）。

正常成熟而干燥的种子色泽较深，新鲜而有光泽。未充分成熟的种子颜色较淡。受害虫、霉菌侵害的种子暗淡无光，常呈青灰色或灰白色。因发热而损伤的种子常表现不同程度暗红色。种子在潮湿状态下贮藏，子粒易变成暗灰色，有的呈现灰白色。陈种子的色泽较新种子暗，而且无光泽。

二、主要作物种子的形态构造

种子的形态结构在种和品种之间常存在差异，因此很多性状可作为鉴别植物种和品种的依据，如种子的形状、大小、颜色，种子表面的光滑度以及表皮上茸毛的有无、稀密和分布状况，胚和胚乳的部位等。以下将简要介绍几种主要作物种子的形态特点和组织解剖结构。

1. 水稻种子的形态构造 水稻的子粒（kernel）又称为稻谷（rough rice），由糙米（米粒）和稃壳两部分构成。稃壳由护颖（glume）、内稃（palea）和外稃（lemma）组成，护颖是子粒基部的1对披针形的小片，糙米由内稃和外稃（各1片）所包裹，稃壳的顶端称为稃尖，在许多品种中，外稃的尖端延伸而为芒。各品种的护颖、内稃、外稃和芒所具有的颜色、特征及稃尖的颜色等性状，可以作为鉴定品种的依据。

稻谷剥去稃壳后就是糙米，糙米（brown rice）是一颗真正的果实，其有胚的一侧被外稃所包裹，习惯上称这一侧为腹面，另一侧则称为背面（禾本科其他作物的子粒恰好相反）；背部有一条纵沟，在米粒的两侧又各有2条纵沟称为侧纵沟。纵沟部位与其稃壳上的维管束相对应，米粒顶端可看到花柱遗迹。

糙米由皮层（包括果皮和种皮）、胚乳及胚3部分组成。果皮包括表皮、中层（中果皮）、横细胞和管状细胞。表皮仅由1列细胞组成，中果皮则有6～7列细胞，其下的横细胞为2列含叶绿体的细长形细胞，管状细胞由1列细长的纵向排列的细胞层组成。紧靠管状细胞的为1层种皮细胞，此层细胞内若有明显的色素则成为红米。种皮以下残留1层细胞轮廓不明晰的组织，为珠心（nucellus）层的遗迹，其下的组织即为内胚乳。内胚乳外层是糊粉层（aleurone layer），包含1～2层（多的可至5～6层）大型细胞，其内部充满糊粉粒和脂肪，易与其他各层细胞相区分。糊粉层以内的胚乳由形状更大的薄壁细胞组成，细胞内充满着淀粉粒和蛋白质。

水稻的胚很小，由胚芽、胚轴、胚根和盾片（scutellum）4部分组成。从纵剖面图上看，稻谷的胚芽和胚根之间呈一定角度（图2－1）。

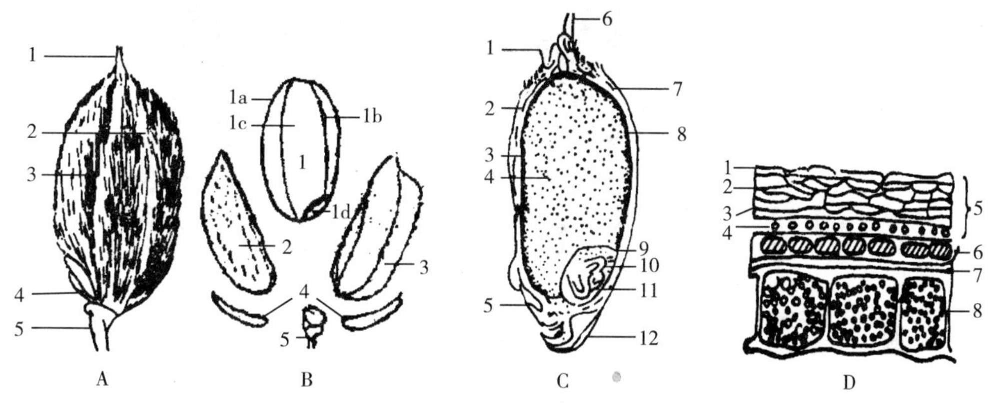

图2－1　稻谷外形及剖面

A. 稻谷外形（1. 芒　2. 外稃　3. 内稃　4. 护颖　5. 小穗柄）B. 子粒构造（1. 米粒　1a. 果种皮　1b. 纵沟　1c. 胚乳　1d. 胚　2. 内稃　3. 外稃　4. 护颖　5. 小穗柄）C. 稻谷纵剖面（1. 稃毛　2. 内稃　3. 胚乳糊粉层　4. 胚乳淀粉层　5. 护颖　6. 芒　7. 外稃　8. 果皮　9. 盾片　10. 胚芽　11. 胚根　12. 护颖）D. 种皮横剖面（1. 表皮　2. 中层　3. 横细胞　4. 管状细胞　5. 果皮　6. 种皮　7. 外胚乳　8. 糊粉层）

（引自颜启传，2001；高荣岐和张春庆，2002）

2. 小麦和大麦种子的形态构造

（1）小麦种子的形态构造　普通小麦的子粒不带稃壳（裸粒），由皮层、胚乳和胚3部分组成。种子的腹面有1条纵沟，称为腹沟（crease）。胚在种子背面的基部，在种子的另一端有茸毛。小麦腹沟的宽狭、深浅以及种端茸毛的疏密状况，都可作为鉴别品种的依据。

小麦的果皮由表皮、中层、横细胞、内表皮等组成。表皮细胞长形，具角质，顺着纵轴排列，这层细胞在子粒的顶端形成茸毛，其长短因品种而不同。中层具2～3列细胞，细胞壁的厚度增加不均匀，细胞间有明显的空隙，分布气孔遗迹，此层细胞在种子成熟的前期，对气体交换起很大作用。中层以下有1列长形细胞顺着种子横轴排列，称为横细胞层，细胞壁增厚不均匀，在种子发育初期细胞内含有淀粉粒和叶绿体，随着成熟度提高，叶绿体消失，此层即失去光合作用能力，淀粉粒则向内部转移，细胞中充满空气。内表皮与水稻一样也是管状细胞层，顺着种子纵轴排列。小麦的种皮分内外两层，外层透明，内层存在色素，色素层的厚薄决定种子颜色的深浅。这两层均由长形的薄壁细胞组成，形状整齐，与种子的中心轴略成角度。种皮以下为不透明细胞组成的膨胀层，属外胚乳，其内部为内胚乳。内胚乳的外层是由近方形的较大的细胞组成的糊粉层，细胞内充满了混有油滴的蛋白质。此层在小麦中只有 1 列细胞，而在靠近胚处则完全消失，在腹沟处可有数列细胞。

糊粉层以内为内胚乳的淀粉层，由大型薄壁细胞组成，细胞具各种不同的形态，内部充满了各种大小不同的淀粉粒，淀粉粒的间隙中含有蛋白质。淀粉粒与蛋白质结合的牢固程序，在普通小麦与硬粒小麦之间有明显差异，硬粒小麦的淀粉粒与蛋白质之间结合比较牢固。

小麦的胚部构造与水稻相似，但胚芽与胚根几乎在一条直线上，胚部占整个子粒的比例比水稻大（图 2-2）。

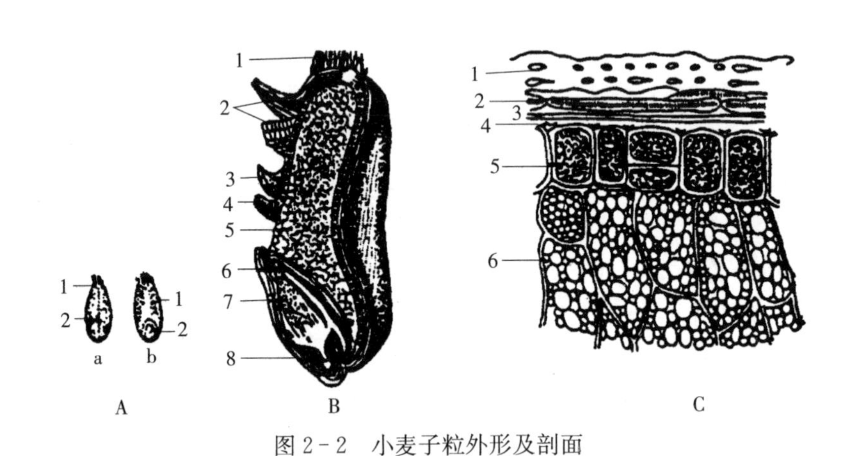

图 2-2　小麦子粒外形及剖面

A. 子粒外形［a. 腹面（1. 茸毛　2. 腹沟）　b. 背面（1. 果种皮　2. 胚部）］

B. 子粒纵剖面（1. 茸毛　2. 果皮　3. 种皮　4. 胚乳糊粉层　5. 胚乳淀粉层　6. 盾片　7. 胚芽　8. 胚根）

C. 种皮横剖面（1、2、4. 皮层　3. 色素层　5. 胚乳糊粉层　6. 胚乳淀粉层）

（引自颜启传，2001）

（2）大麦种子的形态构造　大麦子粒的外部性状与小麦很相似，但两端稍尖，呈纺锤形，腹部有深纵沟，基部有小基刺（腹刺）。大麦分皮大麦和裸大麦两大类。皮大麦稃壳的很多性状，例如稃壳的颜色、芒的性状、外稃基部的形状（皱褶情况）、腹沟基部的小基刺（腹刺）的状况、腹沟的展开程序等，都可以作为鉴别品种的依据。

大麦可分二棱大麦、四棱大麦和六棱大麦 3 个亚种，在形状、大小等方面区别较大，一般二棱大麦的子粒大于四棱大麦和六棱大麦，而且子粒较为饱满，不同子粒大小均匀；四棱大麦的大小很不整齐；六棱大麦的子粒大小虽较整齐，但明显较小，千粒重远低于二棱大麦和四棱大麦。

大麦腹沟的附近为内稃所包被，外稃较大，包被了整个子粒的背部及腹面的一部分——离开腹沟较远的部分（即腹面的外缘部分）。撕开大麦子粒胚部的外稃，可暴露出 1 对小小的浆片，在花器中浆片吸水膨胀是开花（推开内稃和外稃）的动力，花谢后即失水萎缩，残留在胚部附近。浆片亦可作为鉴定大麦品种的一个重要性状。

大麦子粒的解剖学结构与小麦基本相同（图 2-3），但小麦的糊粉层仅 1 层细胞，而大麦糊粉层有 2～4 层。大麦糊粉层的色泽因品种而不同，某些品种为蓝色，而另一些品种呈白色。

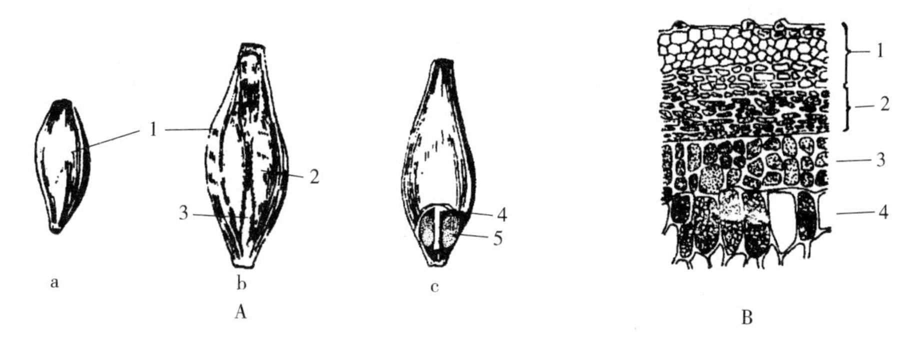

图 2-3　大麦种子（颖果）的外形和解剖

A. 种子外形（a. 背面　b. 腹面　c. 剥去胚部稃壳的子粒　1. 外稃　2. 内稃　3. 小基刺　4. 胚部　5. 浆片）

B. 子实横剖面（1. 稃壳　2. 果种皮　3. 糊粉层　4. 淀粉层）

（引自叶常丰和戴心维，1994；颜启传，2001）

3. 玉米种子的形态构造　玉米子粒的基本构造与上述两类作物相同，但子粒大小却相差悬殊。栽培玉米的子粒是一个完整的颖果，果种皮紧贴在一起不易分离，在子粒上端的果皮上可观察到花柱遗迹（一般在邻近胚部的胚乳部位的果皮上）。玉米的胚特别大，约占子粒总体积的 30%，占总重量的 10%～14%。透过果种皮，可清楚地看到胚和胚乳的分界线（图 2-4）。

玉米子粒的基部有果柄，但有时脱落，不连在子粒上，子粒基部的果柄脱落处呈褐色，这是由于该部位存在基部褐色层（又称为基部黑色层）。充分成熟子粒的基部褐色层色素积累，颜色明显，因此可以作为种子成熟的重要标志。

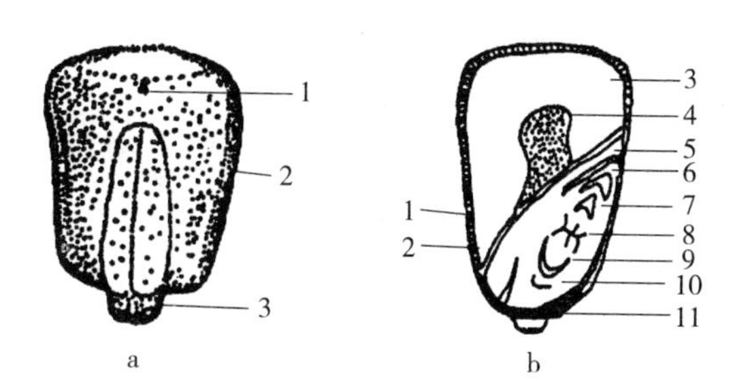

图 2-4　玉米子粒外形及纵剖面

a. 子粒外形（1. 花柱遗迹　2. 果种皮　3. 果柄）

b. 子粒纵剖面（1. 果皮　2. 种皮　3. 胚乳的角质部分　4. 胚乳的粉质部分　5. 盾片　6. 胚芽鞘　7. 胚芽　8. 维管束　9. 胚根　10. 胚根鞘　11. 基部褐色层）

（引自颜启传，2001）

玉米子粒的形态在类型和品种之间存在很大差异，而且同一果穗上的种子，由于着生部位不同，其子粒大小及粒形的差异也很显著。玉米子粒的颜色有黄色、白色、紫色、红色、花斑等多种。

玉米的角质胚乳和粉质胚乳中淀粉粒具不同的形态，角质胚乳中的淀粉粒为多角形，而粉质胚乳中的淀粉粒呈球形。

4. 大豆种子的形态构造　大豆为无胚乳种子，仅包括种皮和胚两部分。大豆子叶很发达，胚芽、胚轴和胚根所占的比率很小，从种子纵剖面图上看，三者呈一定弧度（图 2-5）。在种皮上可以观察到脐、脐条、内脐、发芽口等部位。大豆的种皮因品种不同有多种颜色，一般品种为黄色，种皮上常易产生裂缝，保护性能较差。种皮由角质层、栅状细胞、柱状细胞、海绵细胞等多层细胞组成。栅状细胞为狭长的大型细胞，排列很紧密，细胞内含色素，此层细胞靠外端部分若发生硬化，就不易透过水分而使种子成为硬实，该部位的物理性质和化学成分常与其他部分有所差异，在显微镜下观察可看到一条明亮的线，称为明线（light line）。柱状细胞（又称为骨状石细胞）体积很大，且仅有1列细胞，其排列方向与栅状细胞相同。海绵细胞层由7～8列细胞组成，横向排列，细胞壁很薄，组织疏松，有很强的吸水力，一接触到水分，就迅速吸水而使种皮在很短的时间内膨胀。种皮以内是内胚乳遗迹，此层亦称为蛋白质层，呈薄膜状包围着种胚。

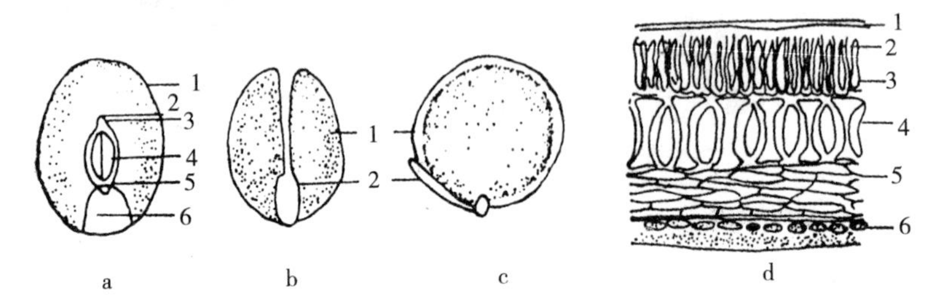

图 2-5 大豆种子外形及剖面

a. 种子外形（1. 种皮 2. 内脐 3. 脐条 4. 脐 5. 发芽口 6. 胚根所在部位） b. 剥去种皮的种子（1. 子叶 2. 胚根） c. 种子纵剖面（1. 子叶 2. 胚根） d. 种皮横剖面（1. 表皮 2. 明线 3. 栅状细胞 4. 柱状细胞 5. 海绵细胞 6. 内胚乳遗迹）

（引自胡晋和谷铁城，2001）

5. 油菜种子的形态构造 油菜种子包括种皮和胚两部分，胚充满整个种子内部；子叶发达，面积较大，子叶为折叠型，两片子叶对折包在种皮内；在子叶的外部尚存胚乳遗迹（图 2-6）。油菜种皮颜色在类型和品种之间存在差异，总的分黑褐色、黄色及暗红色3类。种皮上仅能观察到脐，发芽口等部位难以用肉眼辨别出来。

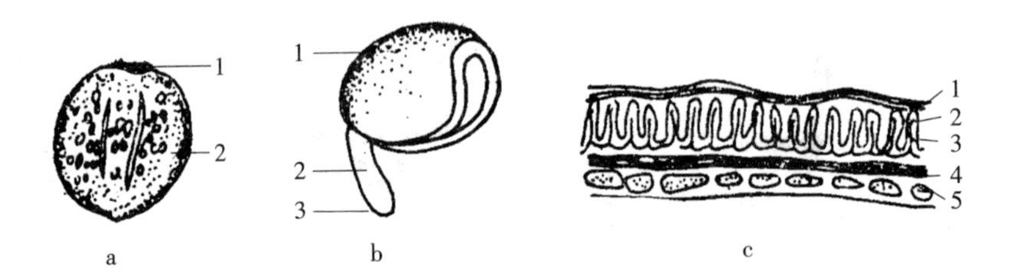

图 2-6 油菜种子外形及内部构造

a. 种子外形（1. 脐 2. 种皮） b. 种子内部构造（去种皮）（1. 子叶 2. 胚轴 3. 胚根） c. 种皮横剖面（1. 表皮 2. 薄壁细胞 3. 厚壁细胞 4. 色素层 5. 内胚乳细胞遗迹）

（引自叶常丰和戴心维，1994）

油菜种皮包括4层细胞，第一层为表皮，压缩成一薄层，由厚壁无色（有些类型为黄褐色）细胞组成。第二层紧接表皮，为薄壁细胞，细胞较大，呈狭长形，成熟后干缩。第三层为厚壁机械组织，由红褐色的长形细胞构成，细胞壁大部分木质化，此层细胞亦可称为高脚杯状细胞，与第二层细胞镶嵌交错排列。第四层是带状色素层，由排列较整齐的1列长形薄壁细胞组成，此层的色泽因类型、品种而不同，某些芥菜型油菜呈褐色，白菜型油菜和甘蓝型油菜则呈浅色，色素层以下是胚乳蛋白质层的细胞，为内胚乳的残留部分，其下有1层无色层。种皮以内即为富含油脂和蛋白质的子叶细胞（图2-6c）。

油菜种皮的第1～3层细胞是区别油菜和十字花科其他植物种子的重要依据。因为这3层细胞的形状、大小和胞壁厚薄，在十字花科不同种之间存在明显差别。

6. 棉花种子的形态构造　棉花属锦葵科，果实是蒴果。种子具有坚厚的种皮和发达的胚。种子的腹面可观察到一条略微突起的纵沟，称为脐条，脐条的一端为内脐，另一端（种子尖端的部分）为种脐，发芽口亦在相同部位，此处附有种柄，但有时种柄脱落。棉花的种皮由表皮、外褐色层、无色层、栅状细胞、内褐色层等层次组成。表皮细胞是1列大型的厚壁细胞。外褐色层有密集的维管束贯穿其中。无色层由1～2列形状较小的无色细胞组成。栅状细胞层很厚，细胞狭长形，排列整齐紧密，靠外端部分的明线在显微镜下明晰易见。内褐色层由6～7列压缩的细胞组成，呈深褐色。棉子的外胚乳和内胚乳各有1列细胞，此层胚乳遗迹呈薄膜状，包围在胚的外部。子叶发达，表面积很大，呈多层不规则皱褶填满于种子内部，其上有深色的腺体，含有对人畜有毒害作用的棉酚。子叶细胞内充满蛋白质及油脂（图2-7）。

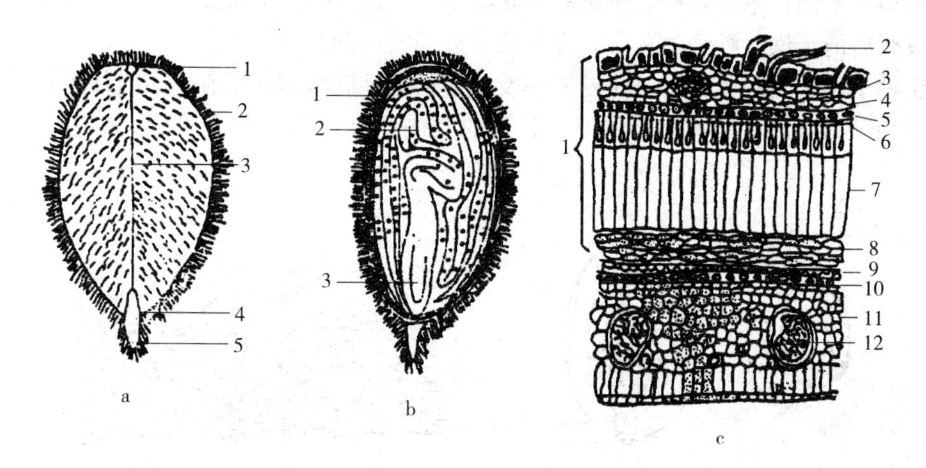

图2-7　棉花种子外形及剖面

a. 种子外形（1. 内脐　2. 种毛　3. 脐条　4. 脐和发芽口　5. 种柄）b. 种子纵剖面（1. 种皮　2. 子叶　3. 胚根）c. 种子横剖面（1. 种皮　2. 种毛　3. 表皮　4. 外褐色层　5. 无色层　6. 明线　7. 栅状细胞　8. 内褐色层　9. 外胚乳　10. 内胚乳　11. 子叶　12. 腺体）

（引自胡晋和谷铁城，2001）

7. 荞麦种子的形态构造　荞麦属蓼科，但习惯上归入禾谷类作物。荞麦的子粒为瘦果，略呈三棱形，果实基部留存五裂花萼，果实内部仅含1粒种子。果皮深褐色或黑褐色，较厚，包括外表皮、皮下组织、柔组织和内表皮4层。种皮很薄，为黄绿色的透明薄膜组织，包括表皮和海绵柔组织两部分，其下为发达的内胚乳。胚乳细胞中富含淀粉粒，淀粉粒多角形。荞麦种子的胚很大，属于胚乳与子叶均发达的类型，种胚位于种子中央，被内胚乳所包被。子叶薄而大，扭曲，横断面呈S形（图2-8）。

8. 花生种子的形态构造　花生与大豆虽同属豆科作物，但种子形态、种皮色泽和种皮结构均存在显著差异。

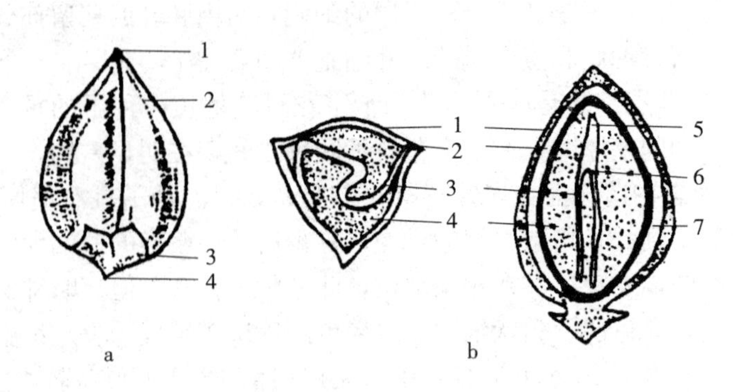

图 2-8　荞麦子粒外形及剖面

a. 子粒外形（1. 发芽口　2. 果皮　3. 花被　4. 果脐）

b. 子粒剖面（1. 果皮　2. 种皮　3. 子叶　4. 内胚乳　5. 胚根　6. 胚芽　7. 子房腔

（引自毕辛华和戴心维，1993）

花生种子表面有一薄层种皮，呈肉色至粉红色，其上分布许多维管束。花生种皮与一般其他豆科植物不同，不存在栅状细胞和柱状细胞，因此保护性能很差，很容易发生脆裂，在成熟及收获后的干燥、贮藏过程中，亦不致形成硬实（图 2-9）。

花生种子属于无胚乳种子，子叶肥厚发达，胚芽、胚轴和胚根在一条直线上，形状粗而短，位于种子的基部，为子叶所包围。胚芽的两侧真叶已明显分化完成，4 片小叶呈羽状排列。

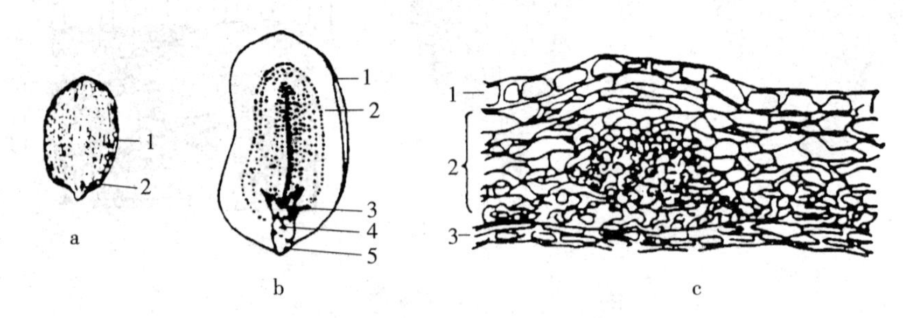

图 2-9　花生种子外形及剖面

a. 种子外形（1. 种皮　2. 脐）　b. 种子纵剖面（1. 种皮　2. 子叶　3. 胚芽　4. 胚轴　5. 胚根）

c. 种皮横剖面（1. 外表皮　2. 柔组织　3. 内表皮）

（引自胡晋和谷铁城，2001）

第二节　种子的分类

在植物学上，一般根据胚乳的有无将种子进行分类，有些种子有少量胚乳（又称为胚乳遗迹），例如十字花科、锦葵科、豆科的某些属，也都列入无胚乳种子。这种分类有助于对种子的识别、检验和利用。但在生产实践中，还应该根据种子的形态特征进行比较详细的分类。现将两种主要的分类方法介绍如下。

一、根据胚乳的有无分类

（一）有胚乳种子

此类种子均具胚乳，根据胚乳和子叶的发达程度及胚乳组织的来源，又可划分为以下 3 种类型。

1. 内胚乳发达　这类种子的胚只占种子的小部分，其余大部分为内胚乳。属于这种类型的植物很多，例如禾本科、百合科、莎草科、大戟科、蓼科、茄科、伞形科、棕榈科、五加科等植物的种子。

2. 内胚乳和外胚乳同时存在　这类植物很少，有胡椒、姜等。

3. 外胚乳发达　这类植物在种胚形成和发育过程中，消耗了所有的内胚乳，但由珠心层发育而成的外胚乳却被保留了下来，例如藜科的甜菜、苋科、石竹科等的种子。

（二）无胚乳种子

无胚乳种子在发育的过程中，营养物质由内胚乳和珠心转移到子叶中，因此这类植物种子的胚较大，有发达的子叶，而内胚乳和外胚乳则并不存在或几乎不存在，只有内胚乳及珠心残留下来的 1～2 层细胞，其余部分完全被胚所吸收。

二、根据植物形态学分类

农业种子（播种材料）从植物形态学来看，往往包括种子以外的许多构成部分，而同科植物种子常常具有共同特点。现根据这些特点，将主要科别的种子归纳为以下 5 个类型。

（一）包括果实及其外部附属物

1. 禾本科　包括果实及其外部附属物的禾本科（Poaceae）种子为颖果，外部包有稃（即内稃和外稃，有的还包括护颖），植物学上把这类物质归为果实外部的附属物。属于这种类型的禾本科植物有稻、大麦（皮大麦）、燕麦、二粒小麦、薏苡、粟、黍、蜡烛稗、苏丹草等的种子。

2. 藜科　藜科（Chenopodiaceae）种子为坚果，外部附着花被及苞叶等附属物，例如甜菜、菠菜的种子。

3. 蓼科　蓼科（Polygonaceae）种子为瘦果，花萼不脱落，成翅状或肉质，附着在果实基部，称为宿萼，例如荞麦、食用大黄、蓼的种子。

（二）包括果实全部

1. 禾本科　包括果实全部的禾本科（Poaceae）种子为颖果，例如普通小麦、黑麦、玉米、高粱、裸大麦的种子。

2. 棕榈科　棕榈科（Palmae）种子为核果，例如椰子。

3. 蔷薇科　包括果实全部的蔷薇科（Rosaceae）种子为瘦果，例如草莓的种子。

4. 豆科　包括果实全部的豆科（Leguminosae）种子为荚果，例如黄花苜蓿（金花菜）的种子。

5. 桑科　包括果实全部的桑科（Moraceae）种子为瘦果，例如榕的种子。

6. 榆科　榆科（Ulmaceae）种子为翅果，例如榉、榆的种子。

7. 大麻科　大麻科（Cannabinaceae）种子为瘦果，例如大麻的种子。

8. 荨麻科　荨麻科（Urticaceae）种子为瘦果，例如苎麻的种子。

9. 壳斗科 壳斗科（Fagaceae）种子为坚果，例如栗、槠、栎、槲的种子。

10. 槭科 槭科（Aceraceae）种子为小坚果（翅果），例如槭树、三角枫等的种子。

11. 莎草科 莎草科（Cyperaceae）种子为瘦果，例如莞草的种子。

12. 睡莲科 睡莲科（Nymphaeaceae）种子为坚果，例如莲的种子。

13. 伞形科 伞形科（Apiaceae）种子为分果，例如胡萝卜、芹菜、茴香、防风、当归、芫荽等的种子。

14. 唇形科 唇形科（Lemiaceae）种子为小坚果，例如紫苏、薄荷、藿香、夏枯草、益母草等的种子。

15. 菊科 菊科（Asteraceae）种子为瘦果，例如向日葵、莴苣、蒲公英、翠菊、万寿菊等的种子。

（三）包括种子和果实的一部分（内果皮）

1. 蔷薇科 包括种子和果实的一部分的蔷薇科（Rosaceae）的种子有桃、李、梅、杏、樱桃等的种子。

2. 桑科 包括种子和果实的一部分的桑科（Moraceae）的种子有桑、楮等的种子。

3. 杨梅科 杨梅科（Myricaceae）有杨梅等。

4. 胡桃科 胡桃科（Juglandaceae）有胡桃、山核桃等。

5. 鼠李科 鼠李科（Rhamnaceae）有枣等。

6. 五加科 五加科（Araliaceae）有人参、五加等。

（四）包括种子的全部

1. 石蒜科 石蒜科（Amaryllidaceae）有葱、葱头（洋葱）、韭菜、韭葱等。

2. 樟科 樟科（Lauraceae）有樟等。

3. 山茶科 山茶科（Theaceae）有茶、油茶等。

4. 椴树科 椴树科（Tiliaceae）作物有黄麻等。

5. 锦葵科 锦葵科（Malvaceae）有棉、红麻、苘麻、黄蜀葵、木槿、芙蓉等。

6. 番木瓜科 番木瓜科（Caricaceae）有番木瓜等。

7. 葫芦科 葫芦科（Cucurbitaceae）有南瓜、冬瓜、西瓜、甜瓜、黄瓜、葫芦、丝瓜等。

8. 十字花科 十字花科（Brassicaeae）有油菜、甘蓝、萝卜、花椰菜、芜菁、大白菜、大头菜、荠菜等。

9. 苋科 苋科（Amaranthaceae）有苋菜、雁来红等。

10. 罂粟科 罂粟科（Papaveraceae）有罂粟、虞美人等。

11. 蔷薇科 包括种子全部的蔷薇科（Rosaceae）的种子有苹果、梨、枇杷等的种子。

12. 含羞草科 含羞草科（Mimosaceae）有金合欢、合欢、含羞草等。

13. 云实科 云实科（Caesalpiniaceae）有皂荚、紫荆等。

14. 豆科 包括种子全部的豆科（Leguminosae）种子有大豆、菜豆、绿豆、小豆、花生、刀豆、扁豆、豇豆、蚕豆、豌豆、豆薯、猪屎豆、紫云英、田菁、三叶草、紫苜蓿、苕子、紫穗槐、胡枝子、羽扇豆等的种子。

15. 亚麻科 亚麻科（Linaceae）有亚麻等。

16. 芸香科 芸香科（Rutaceae）有柑、橘、柚、金橘、柠檬、佛手等。

17. 无患子科　无患子科（Sapindaceae）有龙眼、荔枝、无患子等。

18. 漆树科　漆树科（Anacardiaceae）有漆树等。

19. 大戟科　大戟科（Euphorbiaceae）有蓖麻、橡胶树、油桐、乌桕、巴豆、木薯等。

20. 葡萄科　葡萄科（Vitaceae）有葡萄等。

21. 柿科　柿科（Ebenaceae）有柿等。

22. 旋花科　旋花科（Convolvulaceae）有甘薯、蕹菜等。

23. 茄科　茄科（Solanaceae）有茄子、烟草、番茄、辣椒等。

24. 胡麻科　胡麻科（Pedaliaceae）有芝麻等。

25. 毛茛科　毛茛科（Ranunculaceae）有牡丹、芍药等。

26. 茜草科　茜草科（Rubiaceae）有咖啡、栀子等。

27. 松科　松科（Pinaceae）有马尾松、落叶松、赤松、黑松等。

（五）包括种子的主要部分（种皮的外层已脱去）

1. 苏铁科　苏铁科（Cycadaceae）有苏铁等。

2. 银杏科　银杏科（Ginkgoaceae）有银杏。

思考题

1. 种子内部基本构造一般由哪几部分组成？其中最主要的部分是什么？
2. 主要农作物种子构造各有何特点？
3. 根据胚乳的有无和根据植物形态学进行分类有何区别？
4. 水稻种子构造如何？

第三章

种子化学成分

第一节　种子的主要化学成分及其分布

种子含有各种各样的化学成分，这些化学成分既是种子维持生命活动的重要物质，又是萌发时幼苗生长必需的养料和能源。不同化学成分在种子中的含量、性质及分布都会影响种子的生理特性、耐藏性、加工质量和营养价值。了解种子的化学成分可以把握种子的生命活动规律，确定种子在各方面的利用价值，为贮藏、加工、检验、选育新品种提供依据。

一、种子的主要化学成分

种子作为植物繁衍后代的器官，贮藏着多种化学成分。按照化学成分在种子中的作用，可将其分为 4 种主要类型。

1. 细胞结构性物质　细胞结构性物质中，有构成原生质的蛋白质、核酸、磷脂等，有构成细胞壁的纤维素、半纤维素、木质素、果胶质、矿物质等。

2. 营养物质　营养物质主要包括糖类、脂肪、蛋白质及其他含氮物质，是种子中的主要成分，在种子中含量很高。

3. 生理活性物质　生理活性物质有酶、植物激素、维生素等，这些物质虽然在种子中相对含量较少，但对种子生命活动起着重要的调控作用。

4. 水分　虽然水分不是营养成分，但却是维持种子生命活动不可缺少的化学成分。

除此之外，有些植物种子还含有一些特殊的化学成分，例如油菜子中的芥子苷、棉子中的棉酚、高粱中的鞣质（单宁）、马铃薯块茎中的茄碱等，这些物质虽然对人畜有害，但能抵抗病虫的危害。

不同植物种子中各种化学成分的含量和类别都有差异（表 3-1）。根据中国农业科学院对我国各地水稻和小麦种子的测定结果，水稻种子的淀粉含量大部分为 65%～70%，脂肪含量为 2%～3%。蛋白质含量因所属类型而不同，籼稻多在 8%～10%，粳稻多为 6%～9%。生产上推广的小麦品种子粒蛋白质含量变幅较小，一般在 12%～16%。李鸿恩（1992）对收集的 20 184 份小麦品种资源分析，子粒蛋白质含量为 7.5%～28.9%，平均为 15.1%。玉米杂交种蛋白质含量在 9.5%～11.17%，但高蛋白玉米品种蛋白质含量可达 16.9%。普通甜玉米在蜡熟期前子粒中可溶性糖含量在 8%～12%，而超甜玉米可达 18%。

种子的化学成分与种子的许多物理性质及种子质量密切相关，例如糙米的蛋白质和灰分的含量与种子的千粒重、相对密度、容重呈显著负相关，而糖类则与这些性质及种子的大小呈显著正相关。小麦种子的蛋白质含量愈高，其硬度和透明度愈大；油质种子含油量愈高，其相对密度愈小；随着种子水分的降低，其相对密度和散落性增大。

表 3-1 主要作物种子的化学成分含量（%）

（引自毕辛华和戴心维，1993）

		水分	蛋白质	糖类	脂肪	纤维素	灰分
谷类作物	水稻	13.0	8.0	68.2	1.4	6.7	2.7
	玉米	15.0	9.9	67.2	4.4	2.2	1.3
	小麦	15.0	11.0	68.5	1.9	1.9	1.7
	大麦	15.0	9.5	67.0	2.1	4.0	2.5
	燕麦	8.9	9.6	62.2	7.2	8.7	3.4
	黑麦	10.0	12.3	71.7	1.7	2.3	2.0
	高粱	10.9	10.2	70.8	3.0	3.4	1.7
	粟	10.5	9.7	76.6	1.7	0.1	1.4
	黍	9.3	11.7	64.2	3.3	8.1	3.4
	荞麦	9.6	11.9	63.8	2.4	10.3	2.0
豆类作物	大豆	10.0	36.0	26.0	17.5	4.5	5.5
	花生	8.0	26.0	22.0	39.2	2.0	2.5
	蚕豆	11.8	25.0	53.0	1.6	3.0	7.4
	豌豆	11.8	25.0	53.6	1.6	7.4	3.0
	菜豆	10.2	30.0	50.0	2.8	3.8	3.2
油料作物	芝麻	5.4	20.3	12.4	53.6	3.3	5.0
	向日葵（仁）	5.6	30.4	12.6	44.7	2.7	4.4
	亚麻	6.2	24.0	24.0	35.9	6.3	3.6
	大麻	8.0	24.0	20.0	30.0	15.0	3.5
	棉子（仁）	6.4	39.0	14.8	33.2	2.2	4.4
	油菜	—	23.0	25.0	48.0	—	2.0
	蓖麻	—	19.0	27.0	51.0	—	—

二、农作物种子主要化学成分分布

农作物种子按其主要化学成分性质及用途，可以划分为 3 大类：粉质种子（starch seed）、蛋白质种子（protein seed）和油质种子（oil seed）。

粉质种子的淀粉含量比较高，为 60%～70%，蛋白质含量为 8%～12%，脂肪含量为 2%～3%，淀粉以淀粉粒的形式贮存在发达的胚乳中，如禾本科种子和荞麦种子。蛋白质种子的蛋白质含量明显高，为 25%～35%，其中包括蛋白质和脂肪含量都高的两用类型（例如大豆、花生）以及蛋白质和淀粉含量高但脂肪含量极少的食用豆类（例如豌豆、绿豆、蚕豆等）。油质种子的脂肪含量高，为 30%～50%，包括许多科的作物种子，例如豆科的花生、十字花科的油菜、菊科的向日葵等。蛋白质种子和油质种子的绝大部分化学成分贮存在发达的子叶内。

种子不同部位的化学成分及其含量存在差异，这就决定了种子不同部位的生物化学特性和生理机能的不同，以及营养价值和利用价值的不同。水稻、小麦种子可作为禾谷类种子的代表，这类种子胚在整粒种子中所占比例较小，仅占2%～3.6%。表3-2和表3-3描述了其各部分化学成分的含量和分布情况。这类作物胚在整粒种子中所占比例很小，但含有较高的蛋白质、脂肪、可溶性糖和矿物质。胚部不含淀粉（例如小麦）或仅含少量淀粉（例如水稻），但却含有高浓度的可溶性糖，例如稻胚中的可溶性糖约占20%，其中蔗糖近一半。此外，禾谷类种子的胚部还富含维生素，其中维生素 B_1 和维生素 E 较多。可见胚的营养价值很高，但由于其中糖分、脂肪和水分含量较高，在贮藏中比其他部分更容易变质。玉米种子各部分的化学组成与小麦基本一致（表3-4），只是胚中除了蛋白质和可溶性糖的含量高以外，油分的含量尤其高，可达30%～54%，加上胚所占的比例较大，一般占种子重量的10%～15%，个别的可达20%。因而玉米是禾谷类种子中最不耐贮藏的，整粒玉米磨成的粉也极易发霉变质。

表3-2　稻谷各部分的化学组成（%）

化学成分	稻谷		米		米糠（包括果种皮、糊粉层及胚）	谷壳
	变异范围	平均	变异范围	平均		
水分	8.1～19.6	12.0	9.1～13.0	12.2	12.5	11.4
蛋白质	5.4～10.4	7.2	7.1～11.7	8.6	13.2	3.9
淀粉	47.7～68.0	56.2	71.0～86.0	76.1	—	—
蔗糖	0.1～4.5	3.2	2.1～4.8	3.9	38.7	25.8
糊精	0.8～3.2	1.3	0.9～4.0	1.8	—	—
纤维素	7.4～16.5	10.0	0.1～0.4	0.2	14.1	40.2
脂肪	1.6～2.5	1.9	0.9～1.6	1.0	10.1	1.3
矿物质	3.6～8.1	5.8	1.0～1.8	1.4	11.4	17.4

表3-3　小麦种子各部分化学物质的分布（%）

化学成分	子粒	胚乳	糊粉层	麸皮	胚
淀粉	100	100	0	0	0
蛋白质	100	65	20左右	5左右	10以下
脂肪	100	25	55	0	20
维生素	100	5以下	15	75	5左右
糖分	100	80	18.5左右	0	1.5左右

胚乳是种子养料的贮藏器官，胚乳细胞中充满了淀粉粒和蛋白质，种子的全部淀粉和大部分蛋白质都集中于胚乳之中。麸皮（包括果种皮）中含有极少的营养成分，因为充分成熟的果种皮细胞中已经不存在原生质，而是无内含物的空细胞壁，其纤维素和矿物质的含量特别高。

表 3-4　玉米种子各部分的化学成分（%）

（引自王忠孝，1999）

组分	胚乳	胚芽	果皮	子粒
占整个子粒的比例	83（82～84）	11（10～12）	5.3（5.1～5.7）	100
淀粉	8.8（8.6～9.0）	8.3（5.1～10.0）	1.0（0.7～1.2）	4.4（3.9～5.8）
脂肪	0.8（0.7～1.0）	33（31～35）	1.0（0.7～1.2）	4.4（3.9～5.8）
蛋白质	8.0（6.9～10.4）	18（17～19）	3.7（2.9～3.9）	9.1（8.1～11.5）
灰分	0.3（0.2～0.5）	10.5（9.9～11.3）	0.8（0.4～1.0）	1.4（1.4～1.5）
糖类	0.6（0.5～0.8）	11（10～13）	0.3（0.2～0.4）	1.9（1.6～2.2）
未知物	2.7	8.8	8.7	9.8

注：表中数据是括号中数值的平均值。

糊粉层是胚乳的外层，在种子中所占的比例很小，如小麦中仅 1 层细胞，但却含有非常丰富的蛋白质（主要以糊粉粒的形式存在）、脂肪、矿物质和维生素，其化学成分的特点与胚部大致相同。

水稻、大麦、燕麦、粟等作物的子粒外部包有稃壳，水稻稃壳占稻谷的 16%～25%，因品种及栽培条件而异。稃壳是由高度木质化的细胞构成，含有大量硅质等矿物质，二氧化硅的总量约占稻谷中矿物质总量的 95%。

双子叶植物种皮的化学成分一般亦具有类似的特点，即营养成分的含量极少，而纤维素和矿物质的含量很高。油质种子的子叶（双子叶植物的贮藏器官）与胚芽、胚轴、胚根一样富含脂肪和蛋白质，但后者所含的还原糖远较前者为高。

第二节　种子水分

水分是种子细胞内新陈代谢作用的介质，在种子的成熟、后熟、贮藏和萌发期间，种子物理性质的变化和生理生化过程都与水分的状态和含量密切相关。

一、种子水分的存在状态

种子水分一般以游离水（free water）和结合水（bound water）两种状态存在。游离水也称为自由水，指不被种子中的胶体吸附或吸附力很小，能自由流动的水，主要存在于种子的毛细管和细胞间隙中，具有一般水的性质，可作为溶剂，0℃以下能结冰，容易从种子中蒸发出去。结合水也称为束缚水，指与种子中的亲水胶体（主要是蛋白质、糖类、磷脂等）紧密结合在一起，不能自由流动的水，不具有普通水的性质，不能作为溶剂，0℃以下不会结冰，不容易蒸发，并具有不同的折射率。

种子水分存在的状态与种子生命活动密切相关。当种子干燥至不存在游离水时，种子中的酶首先是水解酶就成为钝化状态，种子的新陈代谢变得很微弱，这种状态有利于种子的贮藏、种子活力的保持和寿命的延长。当种子中出现游离水时，种子中的水解酶就由钝化状态转变为活化状态，种子呼吸速率迅速提高，新陈代谢加快，种子不耐贮藏，种子活力和生活力迅速下降，寿命缩短。

二、种子的临界水分和安全水分

种子临界水分是指自由水和束缚水的分界，即自由水刚刚除尽，种子的结合水达到饱和程度并将出现游离水时种子中的水分含量。由于结合水是和种子中的糖类、蛋白质等亲水胶体通过氢键、静电引力结合的，因而种子的临界水分因种子中亲水物质的含量及所含的亲水基的数量、种类不同而有差异。蛋白质的亲水基多且亲水性最强，其次为淀粉，而脂肪不含亲水基，不能吸附水分子，所以蛋白质含量高的种子临界水分高，脂肪含量高的种子临界水分低。在同一类种子中，由于化学成分相近，临界水分相差不大，而不同类型种子间相差很明显，一般禾谷类种子的临界水分为12%～13%，油料作物种子的临界水分为8%～10%。

保证种子安全贮藏的种子含水量范围，称为种子的安全水分。在临界水分以下，一般认为可以安全贮藏。临界水分可以作为种子安全水分的依据，因为对每种种子来说，临界水分是相对稳定的，临界水分高的种子，其安全水分也较高，反之亦然。种子的安全水分还受温度和仓库贮存条件的影响，一般温度越高，仓库贮存条件越差，安全水分越低，如黄瓜的最大安全水分，4.5～10℃时为11%，21℃时为9%，26.5℃时为8%，甜玉米的安全水分在4.5～10℃、21℃和26.5℃时则分别为14%、10%和8%。我国南方温度高、空气湿度大，安全水分要低一些；北方温度低、空气湿度小，安全水分可以稍高一些，但最好不要超过临界水分，以避免在0℃以下受冻。

三、种子的平衡水分

（一）种子平衡水分概念

种子的表面和毛细管的内壁可以吸附水蒸气或其他挥发性物质的气体分子，这种性能称为吸附性（adsorbability）。被吸附的气体分子也可以从种子表面或毛细管内部释放到周围环境中去，这个过程是吸附作用的逆转，称为解吸（desorption）。种子水分随着吸附与解吸过程而变化。当吸附过程占优势时，种子水分增高；当解吸过程占优势时，种子水分降低。如果将种子放在固定不变的温度和湿度条件下，经过相当长的时间后，种子水分就基本上稳定不变，也就是达到了平衡状态，种子对水汽的吸附和解吸以同等的速率进行，这时的种子水分就称为该条件下的平衡水分（equilibrium moisture content）。由于种子具有吸湿性，所以能将种子水分调节到与任一相对湿度达到平衡时的含水量（表3-5和表3-6）。

表3-5　蔬菜作物种子与不同相对湿度空气平衡时的近似水分（%）（室温25℃）

（引自J. F. Harrington，1960）

作物	相对湿度（%）					
	10	20	30	45	60	75
蚕豆	4.2	5.6	7.2	9.3	11.1	14.5
利马豆	4.6	6.6	7.7	9.2	11.0	13.8
食荚菜豆	3.0	4.8	6.8	9.4	12.0	15.0
甜菜	2.1	4.0	5.8	7.6	9.4	11.2
结球甘蓝	3.2	4.6	5.4	6.4	7.6	9.6
大白菜	2.4	3.4	4.6	6.3	7.8	9.4

（续）

作物	相对湿度（%）					
	10	20	30	45	60	75
胡萝卜	4.5	5.9	6.8	7.9	9.2	11.6
芹菜	5.8	7.0	7.8	9.0	10.4	12.4
甜玉米	3.8	5.8	7.0	9.0	10.6	12.8
黄瓜	2.6	4.3	5.6	7.1	8.4	10.1
茄子	3.1	4.9	6.3	8.0	9.8	11.9
莴苣	2.8	4.2	5.1	5.9	7.1	9.6
芥菜	1.8	3.2	4.6	6.3	7.8	9.4
洋葱	4.6	6.8	8.0	9.5	11.2	13.4
大葱	3.4	5.1	6.9	9.4	11.3	14.0
豌豆	5.4	7.3	8.6	10.1	11.9	15.0
辣椒	2.8	4.5	6.0	7.8	9.2	11.0
萝卜	2.6	3.8	5.1	6.8	8.3	10.2
菠菜	4.6	6.5	7.8	9.5	11.1	13.2
南瓜	3.0	4.3	5.6	7.4	9.0	10.8
番茄	3.2	5.0	6.3	7.8	9.2	11.1
芜菁	2.6	4.0	5.1	6.3	7.4	9.0
西瓜	3.0	4.8	6.1	7.6	8.8	10.4

表 3-6　大田作物种子与不同相对湿度空气平衡时的近似水分（%）（室温 25℃）

作物	相对湿度（%）						
	15	30	45	60	75	90	100
水稻	6.8	9.0	10.7	12.6	14.4	18.1	23.6
硬粒小麦	6.6	8.5	10.0	11.5	14.1	19.3	26.6
普通小麦	6.3	8.6	10.6	11.9	14.6	19.7	25.6
大麦	6.0	8.4	10.0	12.1	14.4	19.5	26.8
燕麦	5.7	8.0	9.6	11.8	13.8	18.5	24.1
黑麦	7.0	8.7	10.5	12.2	14.8	20.6	26.7
高粱	6.4	8.6	10.5	12.0	15.2	18.8	21.9
玉米	6.4	8.4	10.5	12.9	14.8	19.1	23.8
荞麦	6.7	9.1	10.8	12.7	15.0	19.1	24.5
大豆	4.3	6.5	7.4	9.3	13.1	18.8	—
亚麻	4.4	5.6	6.3	7.9	10.0	15.2	21.4

平衡水分测定一般在 20～25℃条件下进行。平衡水分的测定方法如下：将种子样品与各种盐的饱和溶液（产生不同的相对湿度）放在一个密闭容器内，注意种子样品不可和溶液直接接触。经过一段时间，当种子水分和容器内的蒸汽压达到平衡，即种子水分不再增减

时，此时的种子水分即为该温度和湿度条件下的平衡水分。此时的相对湿度称为平衡相对湿度。常用的盐类见表 3 - 7。

表 3 - 7　盐类的饱和溶液与平衡相对湿度

（引自 Copeland，1976）

盐类	温度（℉/℃）	平衡相对湿度（%）	盐类	温度（℉/℃）	平衡相对湿度（%）
$BaCl_2 \cdot 2H_2O$	77/25	91.2	NaCl	32/0	74.9
	86/30	90.8		50/10	75.2
	95/35	90.2		68/20	75.5
	104/40	89.7		86/30	75.6
				104/40	75.4
				122/50	74.7
$CaCl_2$	20/−6.7	44.0	$Mg(NO_3)_2 \cdot 6H_2O$	50/10	57.8
	32/0	41.0		68/20	54.9
	50/10	40.0		86/30	52.0
	70/21	35.0		104/40	49.2
KNO_3	32/0	97.6	$MnCl_2 \cdot 4H_2O$	68/20	54.2
	50/10	95.5		86/30	53.9
	68/20	93.2		104/40	52.3
	86/30	90.7			
	104/40	87.9			
KCl	68/20	89.2	$CuCl_2 \cdot 2H_2O$	68/20	68.7
	77/25	87.2		77/25	68.7
	86/30	85.3		86/30	68.3
	95/35	83.8		104/40	67.4
$LiCl \cdot H_2O$	50/10	13.3	NH_4Cl	20/−6.7	82
	68/20	12.4		32/0	83
	86/30	11.8		50/10	81
	104/40	11.6		70/21	75
$MgCl_2$	73/22.8	32.9	$MgCl_2 \cdot 6H_2O$	50/10	34.2
	86/30	32.4		68/20	33.6
	100/37.8	31.9		86/30	32.8
				104/40	32.1
K_2CO_3	68/20	43.9	$NaNO_3$	68/20	65.3
	77/25	43.8		77/25	64.3
	86/30	43.6		86/30	63.3
	100/37.8	43.4		100/37.8	61.8
K_2SO_4	50/10	97.9	$NH_4H_2PO_4$	68/20	93.2
	68/20	97.2		77/25	92.6
	86/30	96.6		86/30	92.0
	104/40	96.2		100/37.8	91.1
$(NH_4)_2 \cdot SO_4$	50/10	81.7	$Ca(NO_3)_2 \cdot 4H_2O$	68/20	53.6
	68/20	80.6		77/25	50.4
	86/30	80.0		86/30	46.6
	104/40	79.6		95/35	41.5

当温度固定，将不同湿度下的种子平衡水分画成曲线，就得到一条S形曲线，称为等温吸附曲线（吸湿和解吸平衡曲线，简称吸湿平衡曲线）（图3-1）。

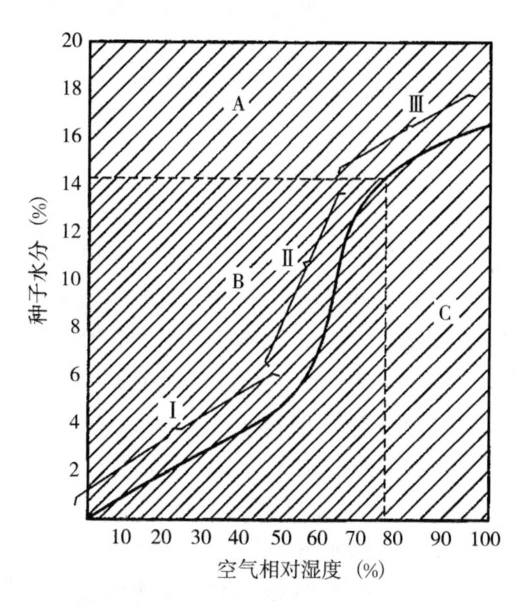

图3-1　一定温度条件下种子水分与空气相对湿度的关系
A. 种子贮藏不安全　B. 种子贮藏安全　C. 仅限于短期贮藏
Ⅰ. 第一阶段　Ⅱ. 第二阶段　Ⅲ. 第三阶段
（引自Copeland和McDonald，1985）

这条曲线有两个转折点。第一个转折点（第一阶段与第二阶段之间）出现是因为种子非常干燥，种子胶体中的亲水基团处于裸露状态，对水分子有极强的亲和力，因此强烈地吸收水分，平衡水分很快上升。当种子的所有亲水基团都吸附水分就形成第一层水膜。由于有第一层水膜存在，种子和空气中的水分子有一层间隔，不是靠种子的亲水胶体而是靠水分子之间微弱的氢键吸引，才能形成第二层水膜。因此尽管空气相对湿度增加，第二层水膜形成很慢，因此造成此时的平衡水分增加缓慢。第二个转折点（第二阶段与第三阶段之间）出现是因为种子水分增加后逐渐趋向饱和而凝结，种子内部水汽压突然下降，空气中的水汽在外界水汽压作用下大量进入种子中，所以种子的平衡水分迅速上升。第二阶段的上端和第三阶段的水分状况在种子贮藏（seed storage）期间能促进种子的衰老和生活力丧失，在后者的情况下尤为明显。

（二）种子平衡水分的影响因素

种子平衡水分因作物、品种及环境条件不同而有显著差异，其影响因素包括大气湿度、温度、种子化学组成等。

1. 湿度　种子水分随大气相对湿度改变而变化，当温度不变时，种子的平衡水分随相对湿度的增加而增大，与湿度呈正相关。当外界湿度高时，显然产生的水汽压高，水汽浓度大，水分子容易进入种子，所以种子的平衡水分高。例如在25℃时，水稻种子在相对湿度60%、75%和90%时，平衡水分分别为12.6%、14.4%和18.1%。总的来说，在相对湿度较低时平衡水分随湿度提高而缓慢地增长，而在相对湿度较高时平衡水分随湿度提高而急剧增长，因此在相对湿度较高的情况下，要特别注意种子的吸湿返潮问题。

2. 温度 温度对平衡水分有一定程度的影响，因此大多数平衡水分确定在 25 ℃（77 ℉）条件下测定。当湿度不变时，种子的平衡水分随温度升高而下降，呈反向相关。这是因为当温度升高时空气的保湿能力增强，在一定范围内，温度每上升 10 ℃每千克空气中达到饱和的水汽量约可以增加 1 倍，使得相对湿度变小，从而使种子的平衡水分下降（表 3－8）。但总的来说，温度对种子平衡水分的影响远较湿度为小。

3. 种子化学物质的亲水性 种子化学物质的分子组成中含有大量亲水基，蛋白质、糖类等分子中均含有这类极性基，因此各种种子均具有亲水性。蛋白质分子中含有两种极性基，故亲水性最强；脂肪分子中不含极性基，所以表现疏水性。由于上述原因，蛋白质和淀粉含量高的种子比脂肪含量高的种子容易吸湿，在相同的温度和湿度条件下具有较高的平衡水分，例如禾谷类和蚕豆种子比大豆、向日葵等种子具有较高的水分。

4. 种子的部位与结构特性 从种子本身来看，种子胚中水分较高，因为与胚乳比较，胚含有较多的亲水基而更容易吸收水分和保持水分。例如小麦整粒种子的水分是 18.49％，而胚部水分达到 20.04％；又如玉米种子水分为 24.2％时胚部水分为 27.8％，而当种子水分达 29.5％时胚部水分高达 39.4％；这是胚部较其他部位更容易变质的一个重要原因。种子的胚所占整个子粒的比例较大者平衡水分也高。凡种子表面粗糙、破损，种子内部结构致密、毛细管多而细，其平衡水分高，因为增加了种子与水汽分子接触的表面积。

表 3－8 温度和空气中饱和水汽含量的关系

（引自毕辛华和戴心维，1993）

温度（℃）	每千克空气中饱和状态的水汽（g）
0	3.8
10	7.6
20	14.8
30	26.4

第三节 种子的营养成分

种子的营养成分主要包括糖类、脂肪和蛋白质，它们不仅是种子萌发和幼苗早期生长所需能量的主要来源，也是人类食物的主要可利用养分。糖类和脂肪是呼吸作用的基质，蛋白质主要用于幼苗新生细胞的原生质和细胞核的合成。当糖类或脂肪缺乏时，蛋白质也可转化成呼吸基质。

一、糖 类

糖类物质又称为碳水化合物。种子中的糖类含量因种子类型不同而不同，一般占种子干重的 25％～70％。糖类在种子中的存在形式多种多样，按其在水中溶解度的不同可分为不溶性糖和可溶性糖，其中不溶性糖是主要的贮藏形式。

（一）可溶性糖

种子中的可溶性糖主要包括葡萄糖（glucose）、果糖（fructose）、麦芽糖（maltose）和蔗糖（sucrose）。葡萄糖、果糖和麦芽糖属还原性糖，在成熟的种子中含量极少。正常成熟的种子中可溶性糖主要以非还原性的蔗糖形式存在，其含量很低，禾谷类种子中仅占干重的2.0%～2.5%，主要分布于胚及外围组织中（包括果皮、种皮、糊粉层及胚乳外层），胚乳中很少。胚部的蔗糖含量因作物种类而不同，一般为10%～23%，小麦的为16.2%，黑麦的为22.9%，玉米的为11.4%。胚部含有较高浓度的蔗糖可作为种子萌动初期的呼吸底物，同时蔗糖还是有机物质运转的主要形式，是种子萌发时的主要养分来源。在未成熟或者处于萌动状态的种子中，才含有还原性糖。

可溶性糖的种类和含量依种子的生理状态不同而不同。未充分成熟或处于萌动状态种子的可溶性糖含量很高，其中单糖占有较大比例，并随着成熟度的增高而下降。当种子贮藏在不良的条件下时，也会引起可溶性糖含量的增高，所以种子的可溶性糖的含量可在一定程度上反映种子的生理状况。

（二）不溶性糖

种子中的不溶性糖主要包括淀粉、纤维素、半纤维素、果胶，完全不溶于水或吸水成黏性胶溶液。淀粉和半纤维素可在酶的作用下水解成可溶性糖而被利用，纤维素和果胶则难以被分解利用。

1. 淀粉 淀粉在各种植物种子中分布广泛，也是禾谷类种子中最主要的贮藏物质。淀粉主要以淀粉粒的形式贮藏于成熟种子的胚乳中（禾本科）或子叶中（豆科），种子的其他部位极少，甚至完全不存在。淀粉粒的主要成分是多糖，含量一般在95%以上，还含有少量的矿物质、磷酸和脂肪酸。

淀粉粒分单粒和复粒两种，复粒是许多单粒的聚合体，其外包有膜，小麦、玉米、蚕豆等的淀粉粒为单粒，水稻和燕麦的淀粉粒以复粒为主，马铃薯一般为单粒淀粉，但有时也形成复粒或半复粒（图3-2）。淀粉粒形态和大小的差异，是鉴定淀粉或粮食粉及粉制品的依据。一般淀粉粒的直径为12～150 μm，不同作物种子的淀粉粒大小相差颇为明显，例如马铃薯为45 μm，蚕豆和豌豆为32～37 μm，大麦和小麦为25 μm、甘薯为15 μm、水稻为7.5 μm。

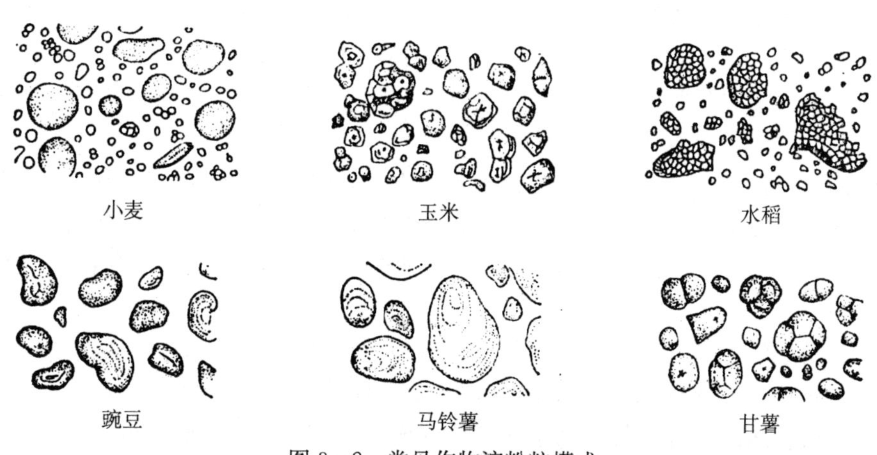

图3-2 常见作物淀粉粒模式

淀粉由两种理化性质不同的多糖，即直链淀粉和支链淀粉所组成，二者都是葡萄糖的聚合体。种子中的淀粉以支链淀粉为主，通常含量为75%～80%；直链淀粉为辅，含量为

20%～25%。在糯质种子中，几乎完全不存在直链淀粉而仅有支链淀粉。淀粉粒中直链淀粉和支链淀粉的比例，是决定淀粉特性和粮食食味的重要因素。水稻种子类型和品种不同，其直链淀粉与支链淀粉的含量有别。粳稻米一般直链淀粉含量低（20%以下），少数中等（20%～25%）；籼稻米一般直链淀粉含量较高（25%以上），部分中等，少数较低。二者含量不同影响煮饭特性及食味：籼米饭较干，松而易碎，质地较硬；粳米饭较湿，有黏性、光泽，但再浸泡时则易碎裂。

直链淀粉和支链淀粉遇碘液产生不同的颜色反应，据此可以区分糯性种子和非糯性种子。糯性种子中几乎全部都是支链淀粉，遇碘产生红棕色反应；而非糯性种子中有一部分直链淀粉，因此遇碘后产生深蓝紫色反应。

2. 纤维素和半纤维素 纤维素与半纤维素是组成细胞壁的主要成分，与木质素、果胶、矿物质及其他物质结合在一起，组成果皮和种皮细胞。由于成熟子粒的果种皮细胞中原生质消失，仅留下空细胞壁，因此纤维素与半纤维素是果皮和种皮的基本成分。这两类物质的存在部位和功能很类似，但也有不同之处。纤维素是由β-D-葡萄糖经α-1，4糖苷键连接而成的，结构比淀粉更复杂，不溶于水，难分解，通常不易被种子消化和吸收利用，对人也无营养价值，但能促进胃肠蠕动，有助于消化。半纤维素是戊聚糖和己聚糖，可以水解为葡萄糖、甘露糖、果糖、阿拉伯糖、木糖和半乳糖等。种子中所含的半纤维素主要是由戊聚糖组成的，除了是果皮和种皮的组成成分外，还可贮藏于胚乳或子叶的膨大细胞壁中，作为幼苗的“后备食物”，即在种子萌发时，若其他养分不足，可在半纤维素酶的作用下水解而被吸收利用。莴苣、咖啡、羽扇豆等种子中含有大量半纤维素作为贮藏物质，这些种子的胚乳或子叶呈角质，硬度很高。

二、脂　　质

种子中的脂质（lipid）主要包括脂肪（fat）和磷脂（phospholipid），前者以贮藏物质的状态存在于细胞中，后者是构成原生质的必要成分。

（一）脂肪

种子中的脂肪以脂肪体的形式存在于种子的胚和胚乳中，但禾本科的淀粉胚乳中不含脂肪体，脂肪体主要分布在盾片和糊粉层中。油料作物种子的脂肪含量较高，一般在20%～60%；而禾谷类种子中脂肪含量很低，多在2%～3%。脂肪属高能量贮藏物，所贮藏的能量比相同重量的糖或蛋白质几乎高1倍。

种子中的脂肪是多种甘油三酯的混合物，其质量的优劣取决于组成成分中脂肪酸的种类和比例。组成植物种子脂肪的脂肪酸包括饱和脂肪酸和不饱和脂肪酸，饱和脂肪酸主要有软脂酸和硬脂酸，不饱和脂肪酸主要有油酸、亚油酸和亚麻酸，有的还有花生四烯酸和芥酸等。

不饱和脂肪酸的熔点低，而植物脂肪中不饱和脂肪酸的含量较高，所以植物油在常温下多是液体。植物种子中所含的不饱和脂肪酸能量高且易被消化吸收，其中亚油酸能软化血管，是预防心血管病的良好食材；油酸易氢化变成饱和脂肪酸；亚麻酸由于含双键多，极易被氧化酸败，不耐贮藏。因此优良的食用油要求亚油酸含量较高而亚麻酸含量较低。提高亚油酸和油酸含量，降低亚麻酸及饱和脂肪酸的含量，是食用油料作物品质育种的重要指标。不同作物种子中这3种脂肪酸所占的比例相差很大，向日葵高达60%～70%，大豆和玉米胚油均在50%左右。油菜种子含以上3种不饱和脂肪酸较少，但芥酸含量却占31%～50%，芥酸对人类无害但不易被消化吸收，油菜油还是适宜作为食用油的。

种子中脂肪的含量，尤其是胚部脂肪的含量，与种子的衰老以及种子寿命之间存在着密切的关系。禾谷类种子中脂肪含量一般很低，绝大部分脂肪存在于胚和糊粉层的细胞里。在精度低的劣质面粉中，由于胚和糊粉层没有去尽，在贮藏期间脂肪分解会大大降低面粉的品质。禾谷类作物子粒中，玉米胚部脂肪含量最高，达33%，远远超过大麦的22%和小麦的14%，这是玉米种子耐藏性差的一个重要原因。

种子中脂肪的性质可用酸价（acid number）和碘价（iodine number）来衡量。酸价是指中和1 g脂肪中全部游离脂肪酸所需的氢氧化钾的量（mg）。在不良的贮藏条件下，由于脂肪酶的作用，使脂肪水解释放出游离脂肪酸，从而酸价提高，品质恶化。酸价高的种子生活力降低，失去种用价值，所以酸价升高是种子变质的一个标志。碘价是指与100 g脂肪结合所需的碘的量（g），用来表示脂肪中脂肪酸的不饱和程度。脂肪中不饱和脂肪酸的含量多、不饱和程度高，双键就多，能结合碘的数量也多，碘价也就提高。碘价愈高，脂肪就愈容易被氧化。碘价随着种子成熟而增高。但是随着贮藏时间的延长，随着氧化作用的进行，双键逐渐破坏，碘价亦降低，种子质量变劣。

（二）磷脂

种子中的脂质除了作为贮藏物质的脂肪之外，还有化学结构与脂肪相似的磷脂。磷脂是含有磷酸基团的类脂化合物，具有一定的亲水性，是生物膜的必要组分，具有限制细胞和种子透性，防止细胞氧化，维持细胞正常功能的作用。

种子中磷脂的含量比营养器官要高，一般禾谷类种子为0.4%～0.6%，花生、亚麻、向日葵等油质种子达1.6%～1.7%，大豆种子高达2.09%；在整粒种子中又以胚芽中的含量为高，达3.15%，因此大豆种子常用于提取磷脂制成药物，用于改善和提高大脑的功能。

（三）脂质的酸败

种子在贮藏过程中，由于脂肪变质产生醛、酮、酸等物质而发生苦味和不良的气味——哈喇味，称为酸败（rancidity）。脂肪酸败现象在一些含油量高的种子中容易发生，例如向日葵、花生、大豆、玉米等。种皮破裂的种子常加速酸败，高温、高湿、强光、多氧的条件也促进这个过程，以致种子迅速衰老，产生明显的酸败臭和苦味。

脂肪的酸败包括水解和氧化两个独立的过程，当种子水分高时才有可能发生水解酸败。水解是在脂酶的作用下，将脂肪水解为游离脂肪酸和甘油，水解过程所需的脂酶，既存在于种子中，又大量存在于微生物中，因此微生物对脂肪的分解作用可能比种子本身的脂酶作用更为重要。氧化包括饱和脂肪酸的氧化和不饱和脂肪酸的氧化，饱和脂肪酸的氧化是在微生物的作用下进行的，脂肪酸被氧化生成酮酸，然后酮酸失去一分子二氧化碳分解为酮，即

$$\mathrm{R{-}CH_2CH_2COOH} \xrightarrow[+\mathrm{O}]{\text{氧化}} \underset{\beta\text{-羟脂酸}}{\mathrm{R{-}\underset{\displaystyle OH}{\underset{|}{C}H}{-}CH_2COOH}} \xrightarrow[-\mathrm{H}]{\text{氧化}} \mathrm{R{-}}\underset{\beta\text{-酮酸}}{\mathrm{\overset{\displaystyle O}{\overset{\|}{C}}CH_2COOH}} \longrightarrow \mathrm{R{-}}\underset{\text{甲基酮}}{\mathrm{\overset{\displaystyle O}{\overset{\|}{C}}CH_3}} + \mathrm{CO_2}\uparrow$$

不饱和脂肪酸的氧化有化学氧化和酶促氧化，种子中脂质的氧化一般是酶促作用的氧化，但也存在自动氧化过程。在脂肪氧化酶的催化或物理因素的作用下，游离态或结合态的

脂肪酸氧化为极不稳定的氢过氧化物，然后继续分解形成低级的醛、酸等物质。其中危害最严重的是丙二醛。

脂肪氧化的结果，促使种子中细胞膜结构改变，因为细胞膜的重要组分是脂类物质，经氧化的细胞膜在发芽过程中失去正常功能，发生严重渗漏现象，从而影响种子的萌发。另外，脂肪氧化产物醛类物质，尤其是丙二醛，对细胞有强烈的毒害作用，它可以与DNA结合，形成DNA-醛,使染色体发生突变，而且还能抑制蛋白质合成，使发芽过程不能正常进行。

不同作物种子的脂肪酸败情况不完全一致，例如向日葵等种子很容易发生氧化性酸败，但有活力的水稻种子一般不会发生氧化性酸败，高水分的或碾伤的水稻子粒易发生水解性酸败。从氧化速率看，种子中脂肪的不饱和程度越高，氧化速率越快，变质越迅速。种子中含有的抗氧化剂，例如维生素E、维生素C、胡萝卜素、酚类物质等，均有利于延缓和减弱脂肪的氧化作用。

脂肪酸败会对种子质量造成严重影响，由于脂肪的分解，脂溶性维生素无法存在，并导致细胞膜结构的破坏，而且脂肪的很多分解产物都对种子有毒害作用，食用后还能造成某些疾病的恶化及细胞突变、致畸、致癌和加速生物体的衰老，因此酸败的种子可以说完全失去种用、食用或饲用价值。

三、蛋白质

蛋白质（protein）是生物体的重要组成成分，是生命活动所依赖的物质基础，没有蛋白质便没有生命。蛋白质是种子中含氮物质的主要贮藏形式，是种子的3大营养成分中最重要的物质。它既是贮藏物质，又是结构物质，具有很高的营养价值。非蛋白氮主要以氨基酸的形式集中于胚及糊粉层，含量很低，但在生理状态不正常的种子中，如未成熟的、受过冻害的和发过芽的种子，则含量较高。

（一）种子中蛋白质的种类

种子中的蛋白质种类很多，按其功能可分为结构（复合）蛋白、酶蛋白、贮藏（简单）蛋白。结构蛋白和酶蛋白含量较少，主要存在于种子的胚部，结构蛋白是组成活细胞的基本物质，而酶蛋白作为生物催化剂，参与各种生理生化反应。贮藏蛋白在种子蛋白质中占的比例很大，为85%～90%，主要以糊粉粒或蛋白体的形式贮藏在糊粉层、胚及胚乳中，其大小、形态结构和分布密度因种子不同部位而异。

根据在各种溶剂中溶解度的不同，贮藏蛋白分为清蛋白（albumin）、球蛋白（globulin）、醇溶蛋白（prolamine，又名醇溶谷蛋白）和谷蛋白（glutenin）4类。清蛋白在中性或弱酸性情况下能溶解于水，经加热或在某种盐类的饱和溶液中发生沉淀，在一般种子中含量很少，主要为酶蛋白。球蛋白不溶于水，但溶于10%的氯化钠稀盐溶液，加热后不像清蛋白那样容易凝固，是双子叶植物种子所含的主要蛋白，在禾谷类种子中虽普遍存在，但含量很少。醇溶蛋白不溶于水和盐类溶液，但能溶于70%～90%的乙醇（酒精），是禾谷类特有的一种蛋白质，在各种禾谷类种子中普遍存在而且大部分含量很高。谷蛋白不溶于水、盐和酒精溶液，但溶于0.2%的碱溶液或酸溶液，在禾谷类种子中尤其是麦类、水稻种子中含量很高。

（二）种子中蛋白质组分的分布

不同植物种子的蛋白质组分是不同的，裸子植物及很多双子叶植物（特别是豆科植物）

的种子蛋白质主要是清蛋白和球蛋白，球蛋白主要是种子的贮藏蛋白，占种子蛋白的绝大部分，主要存在于胚的子叶中。而禾谷类种子中清蛋白和球蛋白的含量却很低，主要存在于胚部，胚乳中主要是醇溶蛋白和谷蛋白，但也有例外，例如燕麦种子蛋白主要是球蛋白，醇溶蛋白和谷蛋白较少（表3－9）。

表3－9　不同作物种子中各类贮藏蛋白的比例（%）

作物	清蛋白	球蛋白	醇溶蛋白	谷蛋白
小麦	3～5	6～10	40～50	46
玉米	4	2	55	39
大麦	13	12	52	23
燕麦	11	56	9	24
水稻	5	10	5	80
高粱	5	10	46	39
大豆	5	95	0	0

（三）种子中蛋白质的氨基酸组成

种子提供给人类和牲畜赖以生存的绝大部分营养物质。营养学研究证明，种子的营养价值主要决定于种子中蛋白质的含量、构成蛋白质的氨基酸尤其是人体必需氨基酸的比例以及种子蛋白质能被消化和吸收的程度。如果蛋白质的成分中缺少人体必需的8种氨基酸中的任何一种，人体就不能充分利用植物中的蛋白质重新构成自己所特有的蛋白质，可见某些植物种子的蛋白质含量即使很高，也有可能由于构成蛋白质的氨基酸种类和比例等的不合适而影响了它的价值。

不同作物种子中8种人体必需氨基酸的含量和比例不同（表3－10）。禾谷类种子的食用部分实际上是胚乳，其主要蛋白质是赖氨酸含量较低的醇溶蛋白，胚部和糊粉层含有的是营养价值较高的清蛋白和球蛋白，但却作为麸皮的重要成分而被作为饲料利用，所以禾谷类种子蛋白质中赖氨酸含量很低，一般只有动物蛋白质含量的1/2～1/3，因此赖氨酸是这类种子的第一限制氨基酸。稻米中醇溶性蛋白含量很低，80%是赖氨酸含量较高的谷蛋白，所以其赖氨酸含量高于麦类，蛋白质也好于麦类。玉米、高粱种子严重缺乏赖氨酸和色氨酸，若单纯以玉米或高粱作为主食或饲料将会引起不良的后果。豆类种子中普遍缺少甲硫氨酸（蛋氨酸），其中花生蛋白质的赖氨酸、苏氨酸和甲硫氨酸均较低；蚕豆蛋白质的甲硫氨酸和色氨酸含量很低；大豆种子赖氨酸含量丰富，其营养价值最高。

表3－10　不同作物种子中必需氨基酸的含量（%）

氨基酸种类	最适含量	小麦	玉米	水稻	高粱	菜豆	花生	大豆	豌豆	谷子
苏氨酸	4.3	2.8	3.2	3.4	3.3	3.4	2.8	3.7	4.1	6.9
缬氨酸	7.0	3.8	4.5	5.4	4.7	3.9	4.0	5.0	4.1	5.3
异亮氨酸	7.7	3.4	3.4	4.0	3.6	3.1	3.5	4.5	3.4	3.7
亮氨酸	9.2	6.9	12.7	7.7	11.2	5.2	6.2	7.5	5.3	9.6

（续）

氨基酸种类	最适含量	小麦	玉米	水稻	高粱	菜豆	花生	大豆	豌豆	谷子
苯丙氨酸	6.3	4.7	4.5	4.8	4.4	3.9	4.9	5.2	3.2	5.9
赖氨酸	7.0	2.3	2.5	3.4	2.7	4.7	3.1	6.0	5.4	2.3
甲硫氨酸	4.0	1.6	2.1	2.9	2.3	1.9	1.1	1.6	1.2	2.5
色氨酸	1.5	1.0	0.6	1.1	1.0	1.0	1.1	1.5	0.8	2.1

种子中蛋白质含量较高和氨基酸组成比例合理，还不能完全保证种子具有较高的营养价值，蛋白质的分解利用还与一些其他因素有关，如组织中有较多的纤维素时，蛋白质就难于被分解利用，因为蛋白质的螺旋形构造，往往和纤维素骨架紧紧缠绕在一起，在动物的肠胃中分解蛋白质或用化学方法提取蛋白质时，都需先破坏纤维素骨架。另外，在种子中存在某些物质，例如含有鞣质（单宁）等酚类物质和蛋白酶抑制剂等时，蛋白质的分解利用也会被削弱。

第四节　种子生理活性物质

种子生理活性物质是指种子中某些含量很低但能调节种子的生理状态和生物化学变化，造成种子生命活动强度增高或降低的化学成分，主要包括酶（enzyme）、维生素（vitamin）和植物激素（phytohormone）。

一、酶

酶是生物活细胞所产生的以蛋白质为主要成分的生物催化剂。种子内的生物化学反应可由种子本身所含的酶所催化、调节和控制。从化学结构看，酶的成分是蛋白质，有些酶还含有非蛋白质组分。非蛋白质组分是金属离子（例如铜、铁、镁等）或由维生素衍生的有机化合物。酶具有很强的专一性，即底物的专一性和作用的专一性，根据所催化的反应类型，可以分为以下 6 类。

1. 氧化还原酶类　氧化还原酶参与氧化还原反应，催化氢原子或电子的传递，主要包括氧化酶和脱氢酶两种。

2. 转移酶类　转移酶的作用是将某些基团从某个分子上转移到其他分子上，例如转氨酶、转甲基酶、转醛（酮）酶、磷酸激酶等。

3. 水解酶类　水解酶的作用是催化将各种复杂的有机物在水的参与下分解成较简单的化合物的反应，例如糖酶类、酯酶类、肽酶类等。

4. 裂解酶类　裂解酶的作用是催化一种化合物分子的键断裂形成两种化合物或者其逆反应，主要有脱羧酶、脱水酶、脱氨酶等。

5. 异构酶类　异构酶是催化有机化合物转变为它们的同分异构体的酶，例如磷酸丙糖异构酶、磷酸己糖异构酶、葡萄糖变位酶等。

6. 合成酶类　合成酶的作用是利用 ATP 分解释放的能量使两种化合物进行合成作用，例如乙酰辅酶 A 羧化酶、氨酰基 tRNA 连接酶，主要在蛋白质的合成和二氧化碳固定中起作用。

不同生理状态的种子，酶的含量和活性差异很大。种子在成熟发育过程中，各种酶尤其是合成酶的活性很强，种子内的生理生化作用旺盛进行。随着种子成熟度的提高和脱水，酶的活性降低甚至消失，有些酶（例如β淀粉酶等）则与蛋白质结合以酶原状态贮存于种子中，因此成熟种子的代谢强度很低，处于相对静止的状态，这有利于种子的安全贮藏。若种子获得适宜的萌发条件，随着酶的活化和合成，代谢强度又急剧增高。

收获后的种子处于良好的贮藏条件下，酶的活性一般很低，但氧化还原酶类（例如酚氧化酶、过氧化物酶、脂肪氧化酶等）仍具有相当的活性。酚氧化酶和过氧化物酶在种被中存在较多，其耗氧作用可影响种被的通透性，而脂肪氧化酶能导致脂质氧化而成为种子衰老的重要原因。在不良的贮藏条件下，种子中的水解酶、脂肪氧化酶和参与呼吸作用的酶类活性增强，加上微生物的活动所产生的外源酶，促使种子内的水解作用、脂质氧化作用和呼吸作用增强，加速种子的衰老。在衰老的种子中，由于某种原因使核酸水解酶激活，造成 DNA 和 RNA 的分解或断裂。

成熟不充分和发过芽的种子中存在多种具活性的酶，不仅耐藏性差，而且还严重影响食品的加工质量，如果用这类小麦种子加工面包、馒头，α淀粉酶在麦粉制作面团发酵过程中使淀粉水解产生许多糊精，使面包或馒头很黏而缺乏弹性；蛋白水解酶则使加工过程中的面筋蛋白质水解，使得面团保持气体的能力显著降低，制成的面包或者馒头体积小而坚实。

二、维生素

种子中存在着多种维生素，有些维生素作为酶的组成部分，在种子细胞的代谢中起着重要的作用。种子中维生素的含量不多但种类齐全，分成脂溶性维生素和水溶性维生素两大类。脂溶性维生素主要包括维生素 A 和维生素 E，水溶性维生素主要包括 B 族维生素和维生素 C。

种子中并不存在维生素 A，但却含有形成维生素 A 的前体胡萝卜素。胡萝卜素经食用后，在氧化酶的作用下能分解为维生素 A，故称为维生素 A 原。1 分子β胡萝卜素在酶的作用下能分解为 2 分子维生素 A。许多禾谷类种子（例如小麦、黑麦、小黑麦、大麦、燕麦和玉米）中都含有胡萝卜素，但含量不高，而某些蔬菜种子（例如胡萝卜、茄子等的种子）中含量较多。维生素 A 与人的视觉有关，人体若缺乏易引起夜盲症、眼干燥症等。

维生素 E（生育酚）在蛋黄和绿色蔬菜中含量丰富，在油质种子及禾谷类种子的胚中也广泛存在。维生素 E 是一种有效的抗氧化剂，可保护维生素 A、维生素 C 以及不饱和脂肪酸免受氧化，保护细胞膜免受自由基危害，有利于保持种子的生活力，对人体有抗衰老、防流产的功能。

维生素 C（又名为抗坏血酸）一般在成熟的作物种子中并不存在，但在种子萌发过程中却能大量形成，使发芽种子的营养价值显著提高。

B 族维生素的种类很多，包括维生素 B_1（硫胺素）、维生素 B_2（核黄素）、维生素 B_3（维生素 PP，烟酸）、维生素 B_5（泛酸）、维生素 B_6（吡哆素）、维生素 B_7（生物素）、维生素 B_9（叶酸）、维生素 B_{12}（钴胺素）等，其功能各异但存在部位相同。在禾谷类和豆类种子中含量均很丰富，在禾谷类种子中主要存在于麸皮（果种皮）、胚部和糊粉层，因此碾米及制粉的精度越高，B 族维生素的损失就越严重。

种子中维生素的含量由遗传因素和环境因素共同决定。维生素 B_3（烟酸）的含量主要决定于遗传因素，通过选育可大大提高其含量。许多维生素的含量因环境因素的影响而差异很大，在种子发育成熟及萌发过程中的变化也很显著，例如在甜玉米种子中，大部分B族维生素在发育前期逐渐增加，但随着成熟度的提高，其含量逐渐下降。在萌发早期，种子中的大部分B族维生素、维生素A原、维生素D（固醇类衍生物，具有抗佝偻病作用）和维生素E的含量均有增加或明显增加。在光照条件下，维生素A原和维生素C生成更多，可见许多维生素与种子发芽有密切关系。例如维生素B_1对胚根生长有强烈的刺激作用，当维生素B_6等同时存在时，效果更为显著。

维生素的生理作用与酶有密切关系，许多酶由维生素和酶蛋白结合而成，因此缺乏维生素时，动植物体内酶的形成就受到影响。维生素对于保持人体的健康是必不可少的，任何一种维生素的缺乏都会导致代谢作用的混乱和疾病发生，但某些维生素（例如维生素A和维生素D）长期过多摄入，亦可引起中毒，造成维生素过多症而影响健康；而B族维生素及维生素C在体内多余时会及时排出，不会引起过多症。种子中的维生素含量不是很高，一般容易因偏食而欠缺，不会因含量过高而中毒。

三、植物激素

植物激素亦称植物天然激素或植物内源激素，是指植物体内产生的一些微量而能调节（促进、抑制）自身生理过程的有机化合物。激素具有促进种子及果实的生长、发育、成熟、贮藏物质积累，促进或抑制种子萌发和幼苗生长等多方面的作用。按照激素的生理效应或化学结构，可分为生长素（auxin）、赤霉素（gibberellin，GA）、细胞分裂素（cytokinin，CK）、脱落酸（abscisic acid，ABA）、乙烯（ethylene，ETH）等，分别具有不同的特性和作用。

（一）生长素

吲哚乙酸（indoleacetic acid，IAA，）是植物中存在的主要生长素，在种子的各部分均有分布，但以生长着的尖端（例如胚芽鞘尖、胚根尖）为多。

许多吲哚化合物的作用与吲哚乙酸相类似，可能是因为它们能被植物转化为吲哚乙酸。有的人工合成的生长调节剂的化学结构不是吲哚类，但却亦有相似的效应，例如2,4-滴（2,4-D）。种子中的吲哚乙酸并非由母株运入，而是在种子发育过程中由色氨酸通过色胺形成的，其含量随受精后果实和种子的生长而增加，至种子成熟后期又迅速降低。种子中不仅广泛存在游离的吲哚乙酸，还有各种不同形式的结合态吲哚乙酸。例如玉米的未熟子粒中，含有吲哚乙酸阿拉伯糖苷、吲哚乙酸肌醇和吲哚乙酸肌醇阿拉伯糖苷。这些化合物都是吲哚乙酸的前体物质。吲哚乙酸在种子萌发前含量极低，萌发后才经过酶的作用将上述前体物质水解生成游离态并具活性的吲哚乙酸，大多输送到幼苗的胚芽鞘尖。萌发过程中贮藏于种子中的色氨酸也可运至胚芽鞘尖，并在此部位合成吲哚乙酸，促进萌发种子的生长。生长素有促进种子、果实和幼苗生长的作用，还能引起单性结实形成无子果实，但与种子休眠的解除并不存在确定的关系。

（二）赤霉素

种子中赤霉素（GA）的种类很多，不下数十种，赤霉酸（GA_3）是研究最为透彻、活性较强的一种，是农业上最常用的一种。赤霉素都含有赤霉素烷骨架，化学结构比较复杂，是双萜化合物。

种子本身具有合成赤霉素的能力，合成部位是胚，因而绝大多数植物种子的赤霉素含量远高于其他部位。种子中的赤霉素有游离态和结合态两种存在形态。游离态赤霉素具有生理活性，可与糖或乙酸结合形成酯，从而转变为结合态。结合态赤霉素不具有生理活性，是一种贮藏或运输形式。游离态赤霉素随着种子的发育成熟含量下降，转化为结合态赤霉素贮藏起来。当种子萌发时结合态的赤霉素又被水解转化为具有生理活性的游离态赤霉素，促进种子的萌发和种苗的生长。

赤霉素能促进生长，主要是促使细胞伸长，在某些情况下也可促进细胞分裂，这类激素在促进种子发育、调控种子的休眠和发芽中起着重要的作用。有些种子在休眠被解除并给予萌发条件时，常伴有内源赤霉素水平的提高，后熟过程可以使种子获得产生赤霉素的能力，施加外源赤霉素也能解除许多种子的休眠。赤霉素还能加速非休眠种子的萌发，调控糊粉层中产生及释放淀粉酶、蛋白酶、β葡聚糖酶等酶类。对禾谷类种子来说，赤霉素的作用有两个部位，其一是胚，其二是胚乳的糊粉层。前者直接促进胚的生长和种子萌发，后者与胚乳淀粉层中营养物质的分解和萌发后幼苗的生长有密切关系。

赤霉酸（GA_3）也是水稻恶苗病菌的代谢产物，因此可从培养该真菌的液体培养基中提取。我国将人工提取的赤霉酸称为九二〇，可用于多种种子的处理及其他用途，例如杂交水稻制种、防枣树落花落果。

（三）细胞分裂素

细胞分裂素（CK）是腺嘌呤的衍生物，是DNA的水解产物，也可以由某些类型的tRNA水解产生。已分离出的天然细胞分裂素有10多种，例如玉米素、二氢玉米素、反式玉米素核苷、异戊烯基腺苷等，其中从未成熟的玉米种子中提取出的玉米素是天然分布最广、活性最强的。而6-呋喃氨基嘌呤、6-苄基腺嘌呤也具有细胞分裂素的功能，但在植物体内尚未发现它们的天然产物。

细胞分裂素可能在植株中合成，随后流入种子，果实和种子本身也可以合成。一般从授粉后到果实、种子生长旺盛时期，细胞分裂素含量很高，随着果实、种子长大，细胞分裂素含量降低，至果实、种子成熟时，细胞分裂素含量降到很低甚至完全消失，到种子萌发时细胞分裂素又重新出现。表明细胞分裂素的作用主要是促进细胞分裂，对细胞伸长也可能有作用。

此外，细胞分裂素还可抵消抑制物质尤其是脱落酸（ABA）的作用，施加外源细胞分裂素可以解除因脱落酸的存在而导致的种子休眠。细胞分裂素的外施能破除莴苣等一些种子的休眠，但需要少量的光。在完全黑暗的条件下只能解除部分种子的休眠，因此发芽率较低。在笋瓜等双子叶植物种子萌发过程中，胚中轴能分泌细胞分裂素，促使子叶中合成异柠檬酸裂解酶和蛋白水解酶，因此对这类种子来说，细胞分裂素具有重要的代谢调控作用。

（四）脱落酸

脱落酸（ABA）是存在于许多种子中的重要抑制物质，在种子的胚、胚乳及种皮等不同部位中都可以存在，但以果实和种子中的含量最高。脱落酸可与细胞内的单糖或氨基酸以共价键结合而成结合态脱落酸，失去活性。结合态脱落酸是脱落酸的贮藏形式，可水解重新释放出具有活性的游离态脱落酸。但干旱所造成的脱落酸的含量迅速增加并不是来自结合态脱落酸的水解，而是重新合成的。游离态脱落酸在豆类尤其是大豆中的含量较高，结合态的糖苷或者糖脂也通常在种子中存在，在豆类种子中的含量亦较高。

脱落酸在种子中存在时，正常的胚胎发育能够进行，但是抑制植株上的种子直接从胚胎发育进入萌发生长。认为脱落酸是抑制种子在植株上萌发，并迫使胚进入休眠的一个重要因素。但也有几种情况，在嫩种子发芽力变化和脱落酸的水平之间还未测得明显的相关性。脱落酸还可抵抗赤霉素的作用，赤霉素可以诱导禾谷类种子的糊粉层合成 α 淀粉酶，而脱落酸却抑制这种合成作用。

脱落酸也和种子中的其他生长调节素一样，在种子发育期间，含量上升，一般在成熟干燥时就很快下降。在丝瓜种子发育过程中，经干燥的种子和鲜种子具有相似的脱落酸含量变化趋势，但干燥种子脱落酸含量又低于同时期鲜种子中的脱落酸含量。发育早期（授粉后 21～35 d）的丝瓜种子具有较高的脱落酸含量，并在授粉后 28 d 达到最大值，42 d 后很快降低（图 3－3），同时发芽率很快上升。

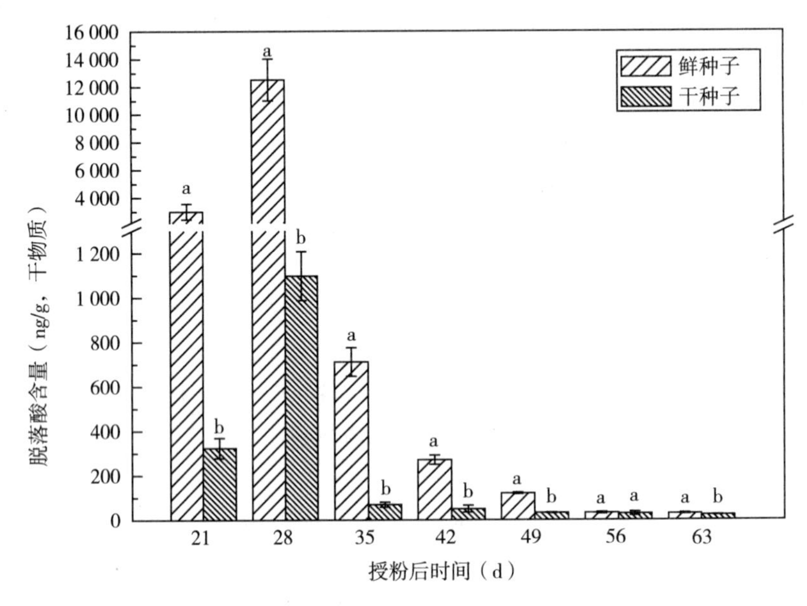

图 3－3　丝瓜种子成熟过程脱落酸含量的变化

（小写字母表示同一时间干鲜种子间的差异，α＝0.05，Tukey 检验）

（引自 Qin et al.，2013）

脱落酸与贮藏养料的积累也有一定联系。据报道，将脱落酸施给菜豆的离体子叶能促进贮藏蛋白的合成，施用于葡萄可增加糖分的积累，对小麦子粒的灌浆也表现有促进作用。

脱落酸可以诱导许多逆境蛋白基因的表达。当植物受到渗透胁迫时，其体内的脱落酸水平会急剧上升，同时出现若干特殊基因的表达产物。倘若植物体并未受到干旱、盐渍或寒冷引起的渗透胁迫，只是吸收了相当数量的脱落酸，其体内也会出现这些基因的表达产物。

（五）乙烯

乙烯是不饱和的碳氢化合物，是一种具有很强生理活性的气体。在成熟的种子、发芽的种子、衰老的器官中，均有乙烯存在。乙烯能促进果实成熟，同时对种子的休眠和萌发有调控作用。诸如花生、蓖麻、燕麦等非休眠种子萌发过程中，发现乙烯水平有 2～3 个高峰，峰点与幼苗的快速生长相吻合，产生乙烯的部位是胚。

施加外源乙烯能解除花生、苍耳、水浮莲等许多种子的休眠，而且施加外源乙烯对种子的作用取决于乙烯的浓度，促进萌发的浓度低至 0.001 nL/L，高浓度乙烯则抑制种子萌发。

乙烯还具有促进某些植物开花和雌花分化的作用。

实际上，植物激素对种子生长、发育、成熟、休眠、萌发及脱落、衰老的调控，有促进和抑制两个方面，例如生长素在低浓度时促进根的生长，较高浓度时则抑制根的生长。脱落酸是萌发的抑制物质，但也可以促进某些植物的开花。乙烯低浓度时促进种子萌发，但高浓度时抑制萌发。因此生产上使用人工合成的生长调节剂时应特别注意使用浓度。

除以上 5 大类激素外，新确认的植物激素有油菜素内酯（brassinosteroid，BR）、水杨酸、茉莉酸（酯）、独脚金内酯等。

第五节　种子的其他化学成分

除了上述主要化学成分外，种子中还含有色素、矿物质、种子毒物等。这些化学成分尽管含量不高，但对种子某些生理作用或种子的贮藏和营养价值起着不可或缺的作用。

一、色　　素

种子内所含的色素主要有叶绿素、类胡萝卜素、黄酮素、花青素等。叶绿素主要存在于未熟种子的稃壳、果皮及豆科作物的种皮中，在成熟期间具有进行光合作用的功能，并随种子成熟逐渐消失，但在黑麦的胚乳和蚕豆的种皮以及一些大豆品种的种皮和子叶中，种子成熟时，叶绿素仍大量存在。类胡萝卜素存在于禾谷类种子的种皮和糊粉层中，是一种不溶于水的黄色素。花青素是水溶性细胞液色素，主要存在于某些豆科作物的种皮中，使种皮呈现各种色泽或斑纹，例如乌豇豆、黑皮大豆、赤豆等，亦可存在于一些特殊水稻品种的稃壳和果皮中。玉米子粒中含有两种色素，一种是类胡萝卜素，是黄色玉米子粒的主要色素；另一种花色苷类色素，是黑玉米、紫玉米及红玉米子粒中的主要色素；玉米子粒色素一般分布在胚乳中，少数（例如红色糯玉米）分布在果种皮中。

种皮的色泽不仅是品种特性的重要标志，而且能表明种子的成熟度和品质性状。例如小麦子粒的颜色会影响制粉品质和休眠期的长短；油菜种子的颜色影响出油率；大豆、菜豆等种子的颜色影响耐藏性和种子寿命。种子色素的种类和含量主要受遗传的影响，环境条件（例如发育期间的光照、温度、水分、矿质营养等）也影响色素的含量。最新研究显示，花青素的抗氧化能力是维生素 C 的 20 倍、维生素 E 的 50 倍，具有提高免疫力、调节内分泌、预防癌症等功能。

二、矿 物 质

种子中的矿物质有 30 多种，根据其在种子中的含量可分为大量矿质元素和微量矿质元素。大量矿质元素有磷（P）、钾（K）、硫（S）、钙（Ca）、镁（Mg）、钠（Na）、铁（Fe）等，微量矿质元素有铜（Cu）、硼（B）、锰（Mn）、锌（Zn）、钼（Mu）等。矿物质是种子灰分的主要成分，一般禾谷类种子的灰分含量为 1.5%～3.0%，豆类种子的灰分含量较高，尤其是大豆可高达 5%。

各种矿物质在不同作物种子中含量差异很大，功能也不尽相同。一般以磷的含量最高，它是细胞膜的组分，且与核酸及能量代谢密切相关，因而是种子萌发及幼苗初期生长必不可少的成分。镁和铁与幼苗形成叶绿素有关，硫参与含硫氨基酸、谷胱甘肽和蛋白质的合成，锰对植物生长具有刺激作用。同时，种子中的矿物质也是人体所需矿物质的主要来源之一，是人体所必需的，一般食品供给已较充分，只有钙、铁缺乏。

矿物质在种子中分布很不均匀，分布部位也不相同。胚和种皮（包括果皮）的灰分含量比胚乳高数倍。种子中的矿物质大多数与有机物质结合而存在，随着种子的萌发而转变成无机态，在生长部位的合成过程中转化为新组织的成分。例如贮藏态磷化合物菲丁（植酸钙镁），种子萌发时转化为无机磷，参与各种生理活动和生物化学反应。

三、种子毒物和特殊化学成分

种子中除了含有大量人和其他动物所必需的营养物质外，还含有一些特殊的化学成分，含量不高，但可能对本身具有某些生理作用或者对人和其他动物有害或有益。

（一）芥子苷和芥酸

芥子苷和芥酸（erucic acid）在十字花科的种子中普遍存在，但以油菜种子含量最高。芥子苷又称为硫代葡萄糖苷，其含量因种类不同而异。白菜型油菜含量较低，一般为3%左右；芥菜型油菜含量较高，一般为6%～7%；甘蓝型油菜的含量介于二者之间。芥子苷本身无毒，但经芥子酶水解产生异硫氰酸酯和恶唑烷硫酮，这两种毒物能抑制碘的吸收利用，从而引起动物甲状腺肿大，并影响肾上腺皮质、脑垂体和肝等，引起新陈代谢紊乱。因此利用未经处理的菜子饼作为饲料，容易引起家畜中毒。

芥酸是含22个碳原子和1个双键的长链脂肪酸，油菜子中含量高。芥酸能引起动物的心血管病，影响心肌功能，甚至导致心脏坏死。从营养角度看，芥酸分子链长，分解时多从双键处断裂形成含13个碳和9个碳的较大分子，在人体内不易消化，营养价值较低。较好的方法是通过遗传育种方法选育低芥酸和低芥子苷含量的双低品种。也有人专门种植高芥酸油菜品种，用作化工原料。

（二）鞣质

鞣质又称为单宁（tannin），是具有涩味的复杂的多元酚类化合物，在高粱、油菜等种子中含量较高。植物体中的鞣质主要有水解性和缩合性两类。高粱种子中的鞣质属于缩合性，含量一般在0.04%～2.00%，主要集中在果种皮，胚乳中也有但较少。鞣质容易氧化，其氧化消耗大量的氧气致使种子萌发时因缺乏氧气而陷入休眠状态。鞣质的氧化、聚合产物与蛋白质结合产生黑色物质，从而影响种皮的色泽和透水性，因此鞣质与种子的生理和种子质量有着密切的关系。对于高粱本身来讲，鞣质是一种自然的保护物质，具有抗菌的作用，能抗穗上发芽和防鸟害。

（三）棉酚

棉酚（gossypol）是棉花种子色素腺体中含有的一种有毒物质，其含量因不同棉花类型而有差异。棉子贮藏期间，棉酚含量随着贮藏时间的延长而降低，高温也能降低其含量。棉酚对人畜有害，能引起低钾麻痹症，人若食用过量的带壳冷榨棉子油，会使人体严重缺钾，肝肾细胞及血管神经受损，中枢神经活动受到抑制，心搏骤停或呼吸麻痹。常吃含棉酚的棉子油，还会使人的生育能力下降。为了降低棉子油中棉酚的含量，常常利用热榨或溶剂萃取的方法，使棉子油中棉酚含量符合世界卫生组织（WHO）和联合国粮食及农业组织（FAO）规定的标准（0.04%）。除此之外，还可选育无腺体棉花品种降低棉酚的毒性和开发棉酚蛋白的利用价值，但由于棉酚对棉花具有保护性作用，能驱避虫、鼠，且与棉花的抗病虫性有关，因此为了利用棉酚对棉花本身的这些优点，又能避免对人畜的毒害，通过远缘杂交选育种子无腺体而植株有腺体的棉花品种是最好的措施。最近，我国已经把棉酚研制成药物如棉酚片（节育药）和锦棉片（抗肿瘤药）变害为利，造福于人类。

除上述的一些化学成分外，还有一些有机化合物值得注意，例如油质种子中植酸及植酸盐（肌醇六磷酸和肌醇六磷酸的钙盐、镁盐或钾镁复盐）的含量相当高，其中的磷不容易被动物消化，而且与体内其他营养物质中的矿物质结合形成复合物，影响锌和钙的消化和吸收。大豆中含有一种有毒物质胰蛋白酶抑制剂（trypsin inhibitor），能抑制动物体内胰蛋白酶的活性，引起动物胰肥大，抑制动物生长。将豆科种子煮熟，可使胰蛋白酶抑制剂被破坏而失去毒性，因此无论人畜都应该食用充分煮熟的大豆及其制品。某些种子中存在一些有毒或有害蛋白质，例如蓖麻中的蓖麻蛋白等。

另外，有些种子中含有咖啡碱、可可碱等植物碱，可供利用。某些种子含有糖苷，例如利马豆等豆类植物种子中的氰糖苷，食用后可能受其分解产物的毒害。又如南瓜、花椰菜等种子中含有驱虫或防止糜烂的物质；发芽马铃薯块茎的茄碱对人畜有毒，有致畸胎作用；冬瓜、苦参、萝卜、蓖麻等种子含有特殊成分，在医药上具有一定价值。

思考题

1. 按照化学成分在种子中的含量和作用可将种子分为哪些类型？
2. 了解种子的临界水分和安全水分有何意义？
3. 种子中的植物激素主要有哪些？各种激素是如何影响种子的生长发育及成熟的？
4. 高粱种子中的鞣质、棉花种子中的棉酚各有何作用？

第四章

种子休眠

种子休眠（seed dormancy）是种子植物长期进化过程中形成的特性，对植物适应环境、繁衍后代具有重要的意义。正确理解种子休眠的原因及机制对于指导农业生产具有重要意义。

第一节　种子休眠的概念和原因

一、种子休眠的概念

种子休眠是指在一定的时间内，具有生活力的种子在适宜发芽的环境条件下不能完成萌发的现象。广义的休眠包括两种情况：①自然休眠，是种子本身未完全生理成熟或存在着发芽障碍，虽然给予适宜的发芽条件而仍不能萌发，这类种子被称为休眠种子（dormant seed)；②强迫休眠（imposed dormancy)，是种子已具有发芽能力，但由于不具备发芽所必需的基本条件，种子被迫处于静止状态，这类种子被称为静止种子（quiescent seed)。真正意义上的种子休眠是指自然休眠。

种子休眠可分原初休眠（又称为原生休眠）（primary dormancy 或 innate dormancy）和次生休眠（secondary dormancy)。原初休眠指种子在成熟中后期自然形成的在一定时期内不萌发的特性，又称为自发休眠。次生休眠又称为二次休眠，指原无休眠或已通过了休眠的种子，因遇到不良环境而重新陷入休眠，为环境胁迫导致的生理抑制。也可将种子休眠分为生理休眠（physiological dormancy)、形态休眠（morphological dormancy)、形态生理休眠（morphophysiological dormancy)、物理休眠（physical dormancy）和综合休眠（combinational dormancy)。

种子休眠有深浅之分，常以休眠期的长短来表示。种子的休眠期（dormant period）是指一个种子群体，从收获至发芽率达 80%所经历的时间。具体的测定方法，是从收获开始，每隔一定时间做 1 次标准发芽试验，直到发芽率达到 80%为止，然后计算从收获至最后一次发芽试验置床之间的时间。种子休眠期的长短是种子植物重要的品种特性。

二、种子休眠的意义

1. 种子休眠是植物进化过程中抵抗不良环境的一种生态适应性　在干湿冷热交替的地区，气候条件多变，种子往往需要经过一段时间的休眠才能萌发，否则稚嫩的幼苗遇到恶劣条件必将死亡。例如植物在秋季形成种子后，到翌春才萌发，从而避免了冬季严寒的伤害。有些植物在不同部位生长的种子，其休眠期长短不同，在全年的各个月份中均有一部分种子萌发，甚至在若干年内可以陆续发芽，这样可使种子利用某个时期较适宜的条件进行萌发和生长，从而保证种族延续。

2. 种子休眠在农业生产上有利有弊 首先，种子休眠可防止在母株上发芽。其次，种子休眠因抗逆性强而有利于贮藏。处于休眠状态的种子在自然条件下贮藏比已通过休眠的种子更安全，例如豆科硬实种子可长期保存，具有休眠的马铃薯、大蒜类种子（块茎、鳞茎）在贮藏期间可保持不发芽，从而保证了播种质量和食用品质。种子休眠也会给生产带来一些困难，主要表现在：①休眠种子若未经处理，播种后就会使田间出苗率降低，出苗参差不齐；②处于休眠状态的种子，难以测得正确的发芽率；③杂草种子具有复杂的休眠特性，休眠期参差不齐，田间陆续萌发造成难以根除；④在芽菜生产中，若遇种子休眠，会造成生产加工困难。

三、种子休眠的原因

种子休眠的原因多种多样，有的由单一因素造成，也有的是多种因素的综合影响；有的属于结构方面的原因，也有的是生理方面的原因。不同植物种子休眠的原因各有差异。

（一）种胚未成熟

种胚未成熟有 2 种情况，一是形态未成熟，二是生理未成熟。

1. 形态未成熟 有些植物种子脱离母株后，从外表上看是一个完整的种子，实际上内部的种胚尚未长好。表现在一些植物种子的胚芽、胚轴、胚根和子叶未分化；一些种子种胚虽已分化好，但未完全长足，需从胚乳或其他组织中吸收养分，在适宜的条件下进一步发育，直到完成生理成熟。刚收获的人参种子，胚的长度只有 0.3～0.4 mm，在自然条件下经 8～22 个月或人工控温 18～20 ℃中 3～4 个月，胚完成器官分化，长度可达 3 mm，此后还要在 4 ℃中经 3～4 个月进行生理后熟，通过物质代谢调节激素间的量与质的关系才能萌发成苗。香榧、毛茛等种子的休眠都属于这种类型。

2. 生理未成熟 有些植物种子的种胚虽已充分发育，形态也已完善，但细胞内还未通过一系列复杂的生物化学变化，胚部还缺少萌发所需的营养物质、各种植物激素还不平衡、许多抑制物质依然存在、ATP 含量极低等，导致种子在适宜的条件下不能萌发。一般需要在低温与潮湿的条件下经过几周到数月之后才能完成生理后熟，在生产实践上可用湿砂层积（stratification）（湿砂与种子分层相间堆积），将种子埋于地表或地下，保持 10 ℃以下的有效温度。层积可以促使激素等萌发关键物质的平衡与消长。除层积外，许多植物种子需要干藏后熟，就是在种子含水量较低（5%～15%）时经过一定时期的贮藏完成后熟过程。例如莴苣种子萌发需光照与低温，但只要经过 12～18 个月的干藏，这种休眠特性可以消失。对于禾谷类种子，30～40 ℃干藏能在几天内使其迅速完成后熟，而低温却能阻止或延迟后熟过程。例如水稻种子在 27 ℃时干藏 80 d 以上才能通过休眠，而 32 ℃时需要 20 d 左右，42 ℃时不足 10 d 即可通过休眠。

有的植物种子同时存在种胚尚未长好，又尚未完成生理后熟的情况，这种休眠的解除通常需要 2 个阶段的层积。第一阶段，给予温暖的条件（例如 10～20 ℃）使胚继续发育，第二阶段给予低温（如 0～5 ℃）使种子完成后熟。例如人参就属于这种类型。

（二）种被障碍

1. 种被不透水 水是种子萌发的先决条件。有些种子的种被（包括种皮、果皮及果实外的附属物）非常坚韧致密，有的具角质层，存在疏水性物质，阻碍水分透入种子。例如豆科植物的硬实。

2. 种被不透气 氧气是种子萌发的条件之一，缺氧或空气含氧过低都严重影响种子萌发。有些种子的种被可以透水，但由于不透气而使种子内外气体交换难以进行，种子便处于休眠状态。种被不透气的原因有多种，例如田芥菜的种皮可以透水，但氧气的透过率低。白芥、菠菜等种皮的黏胶吸胀对氧气透性有明显的影响。苹果、大麦、小麦、豌豆、黄瓜等种子的果种皮含有很多的酚类物质及酚氧化酶，进入果种皮的氧气参与了酚的氧化反应，氧被消耗而进不到胚部，致使胚缺氧而休眠。

3. 种被及胚覆盖物的机械障碍 胚根和胚芽突破种皮是种子萌发的标志性事件。然而，一些种子的种被虽然既透水又透气，但是因为种被的物理阻碍作用，对种胚形成了一种强大的机械约束力量，阻止了种子萌发。即使种子在适宜的温度和充足的氧气条件下，吸足水后，一直保持吸胀状态，仍无力突破种皮，直至种皮得到干燥机会，或随着时间延长，细胞壁的胶体性质发生变化，种皮的约束力逐渐减弱，种子才能萌发。这类种子果（种）皮坚硬木质化或表面具有革质，往往成为限制种子萌发的机械阻力，在蔷薇科（例如桃、李、杏等核果）、桑科、苋属、芸薹属、荠属、橄榄属等许多种子中多有这种现象。

此外，胚乳也常成为种胚生长机械阻力的来源，例如莴苣种子的胚乳细胞壁富含甘露聚糖类物质，吸水性能虽佳，但对胚的生长有强韧的束缚作用。

（三）萌发抑制物质的存在

1. 萌发抑制物质的存在部位 萌发抑制物质的分布因植物种类而不同，白蜡树、池杉、红松、蔷薇等种子的萌发抑制物质存在于果种皮中，野燕麦、大麦、水稻、狼尾草等的萌发抑制物质存在于稃壳中，忍冬、杏、野茄、欧洲花楸、番茄、葡萄等的萌发抑制物质存在于果汁中，梨、苹果、无花果、普通葫芦等的萌发抑制物质存在于果肉中，棉花的萌发抑制物质存在于棉铃中，桃、欧洲榛、苜蓿、牛蒡等的萌发抑制物质存在于胚中，鸢尾属植物中的萌发抑制物质仅存在于胚中；有的植物的萌发抑制物质可能在种子或果实的各个部位都有。此外，萌发抑制物质还存在于其他营养器官中，如芦苇、小齿天竺葵的萌发抑制物质存在于叶汁中，葱的萌发抑制物质存在于鳞茎中，胡萝卜、山萮菜、红萝卜的萌发抑制物质存在于根中。总之，萌发抑制物质的存在部位似乎没有规律可循。

2. 萌发抑制物质的种类 植物种子中萌发抑制物质的种类很多，主要有7类：①简单的小分子物质，例如氯化钠、氯化钙、硫酸镁等无机盐，以及氰化氢、氨等。②醇醛类物质，例如乙醛、苯甲醛、胡萝卜醇、水杨醛、柠檬醛、玉桂醛、巴豆醛等。醛基具有萌发抑制特性，一般说来，醛型化合物比酸型化合物的抑制作用更大。③有机酸类物质，例如水杨酸、阿魏酸、咖啡酸、苹果酸、巴豆酸、酒石酸、柠檬酸等。此外，有些氨基酸（例如色氨酸等）也对种子萌发有抑制作用。在有机酸中最重要、存在最为普遍的脱落酸（ABA），是当前人们所公认的存在于植物种子内最主要的萌发抑制物质。④生物碱类，例如咖啡碱、可可碱、烟碱（又称为尼古丁）、毒扁豆碱、辛可宁、奎宁等，这些生物碱对萌发有抑制作用，但在极低浓度下可促进发芽。⑤酚类物质，例如儿茶酚、间苯二酚、苯酚等。⑥芥子油类，存在于欧白芥、黑芥等十字花科植物种子中，是可被榨出的半干性油脂。⑦香豆素类等。

3. 萌发抑制物质的性质 萌发抑制物质主要有以下特性。

（1）挥发性 乙烯、氰化氢、芳香油等许多萌发抑制物质均具挥发性。一般说来，挥发性很强的萌发抑制物质在种子贮藏时很容易消失，加温干燥也有利于萌发抑制物质的挥发。

（2）水溶性　大多数萌发抑制物质能溶于水中，因此通过浸种或流水冲洗可以逐渐除去水溶性萌发抑制物质，解除休眠。例如根甜菜种子，播前用流水冲洗即可除去萌发抑制物质促进萌发。

（3）非专一性　非专一性是指许多萌发抑制物质对种子萌发的抑制作用无专一性，例如女贞、刺槐、皂荚等林木种子的浸种液对小麦种子的萌发有显著的抑制作用。

（4）抑制效应的转化　某些萌发抑制物质浓度不同时所引起的作用也许截然相反。例如乙烯在高浓度时抑制某些种子萌发，为萌发抑制物质，而在低浓度时又刺激某些种子萌发，故为萌发刺激物质。许多生物碱在极低浓度下可促进萌发，因此有人认为某些生物碱具有植物激素的作用。还有许多萌发抑制物质在种子的不同生理阶段可以转化为萌发促进物质。

值得注意的是，种子中含有萌发抑制物质并不意味着种子一定不能萌发。种子萌发是否受到抑制决定于萌发抑制物质的浓度、种胚对萌发抑制物质的敏感性以及种子中存在的拮抗物质。关于萌发抑制物质的作用机制尚不十分明确，萌发抑制物质可能对酶活性、呼吸和贮藏物质的代谢产生影响。

（四）光的影响

光对种子休眠的影响因不同植物而异，大部分农作物种子萌发对光并不存在严格的要求，无论是在光下还是在暗处都能萌发，但也有一些作物的新收获种子需要光或暗作为萌发条件，否则就停留在休眠状态。

1. 不同植物的感光性　关于自然光（白光）中不同波长的光对种子休眠和萌发的影响，早在1940年就已明确。红光（波长660 nm附近）促进发芽，远红光（波长730 nm）和蓝光（波长440 nm和480 nm附近）则起抑制作用。根据种子发芽对光敏感性（light sensitivity）的状况，可以将种子分为以下3类。

（1）白光缩短或解除休眠的种子　白光缩短或解除休眠的种子称为喜光或需光种子（light-favored seed），例如苋属的*Amaranthus fimbriatus*（短时间照光）、荠菜、烟草、芹菜、月见草等的种子。

（2）白光加强或诱导休眠的种子　白光加强或诱导休眠（使种子进入二次休眠）的种子称为忌光或暗萌发种子（light-inhibited seed），例如苋属的反枝苋（长时间照光）、门氏喜林草、黍、落芒草、黑种草属、葱属的若干种与百合科的多数种子。

（3）对光不敏感的种子　这类种子在光下或黑暗中均能很好地萌发，包括很多栽培作物，其中有小粒的禾谷类种子、玉米和很多豆科种子。

2. 种子感光性的影响因素　光对种子休眠和萌发的影响是受光敏色素控制的。种子对光的敏感性不是绝对的，往往受生长状态、种皮的完整性、成熟度、干藏后熟、氧分压、温度、酸度以及硝酸盐或其他化合物的影响。例如需光种子水浮莲（*Pistia stratiotes*）在种皮划伤后仍难在暗处萌发，当其种皮除去后，则可解除种子的感光性休眠（傅家瑞，1964）。加拿大铁杉（*Tsuga canadensis*）种子在17～20 ℃时，短日照有利于萌发，在27 ℃时，长日照却能促进萌发。用硝酸盐溶液处理某些喜光种子可代替它们对光的需要，NO_2^-、NO_3^-、NH_4^+ 和尿素对这些种子萌发有促进作用。

一般光敏感种子在干燥状态时几乎没有或完全不存在感光性（少数例外），因脱水组织中 P_r（钝化态）不能转变为 P_{fr}（活化态），大多数种子在吸水1～2 d内感光性最强，浸种时间太久又会降低。例如莴苣种子在水分为13%～22%时才逐渐增加感光性并达到最高限度，苋菜种子则需水分达19%时感光性才最强。很多需光种子对光的要求随后熟期的延长而降低，同时，种子的感光性受温度的影响而改变。

光促进或抑制萌发的照射时间，不仅因作物、品种而不同，还取决于照光的光照度。弱光虽然有效，但需延长照光时间。

（五）不良条件的影响

不良环境可以诱导种子产生二次休眠。已发现二次休眠可以有许多诱导因素，例如光或暗、高温或低温、水分过多或过于干燥、氧气缺乏、高渗透压溶液和某些抑制物质等。这些因素在大多数情况下作为不良的萌发条件诱导休眠，在某些情况下也可以使干燥种子发生休眠，例如加温干燥的温度较高或时间较长，可使某些豆类和大麦、高粱种子进入二次休眠；贮藏湿度过高也会导致大麦和小麦产生二次休眠。莴苣种子在高温下吸胀发芽，会进入二次休眠（热休眠）。根据品种不同，在土壤温度超过25～32℃时，发芽受到抑制，温度高于32℃时，很少有种子能萌发（胡晋，1998）。莴苣种子的热休眠可以通过聚乙二醇（PEG）的引发处理而提高（胡晋，2005）。

二次休眠的产生是由于不良条件使种子的代谢作用改变，从而影响种皮或胚的特性。休眠解除的时间与休眠深度有关，休眠解除的条件在大多数情况下与原生休眠的解除是一致的。但在有些情况下，能够解除原生休眠的因素或方法，对次生休眠可能无效。

引起休眠的原因很多，有的种子休眠原因仍未搞清。有的种子可能存在两种以上的休眠类型，例如人参种子既是胚形态未发育成熟又需要一个生理后熟过程。

第二节　种子休眠的生理机制

一、内源激素调控——三因子学说

Khan（1975）提出种子的休眠和发芽由3个因子调节，即萌发促进物质赤霉素（GA）、细胞分裂素（CK）和萌发抑制物质脱落酸（ABA）之间的相互作用决定种子休眠与萌发，即三因子学说。

三因子学说的基本内容：赤霉素是种子萌发的必需激素，没有生理活性浓度的赤霉素，种子就不可能萌发；脱落酸（ABA）是诱导种子休眠的主要激素，种子中虽有生理活性浓度的赤霉素，若同时存在生理活性浓度的脱落酸，脱落酸抑制赤霉素的作用，种子休眠；细胞分裂素（CK）并不单独对休眠或萌发起作用，不是萌发所必需的激素，但能抵消脱落酸的作用，使因存在生理活性浓度的脱落酸而休眠的种子萌发。不同激素状况与不同生理状态之间的关系见图4-1。Khan（1971）认为，在不同的时期中，种子内的各种激素处于生理有效或无效浓度，而浓度的改变取决于很多内因和外因。

进一步研究指出，细胞分裂素具有减轻逆境（例如高温、高渗透压、高盐、干旱等）所诱导种子二次休眠的作用（Khan，1980）。鉴于乙烯的作用与之相似，而且逆境条件下莴苣种子乙烯产生受阻，在加入细胞分裂素后可以得到缓解，从而进一步提出细胞分裂素减轻逆境诱导二次休眠的作用是通过刺激乙烯产生的。这样，进一步发展了三因子学说，增加了另一种激素乙烯，并阐明了乙烯与细胞分裂素在解除休眠促进萌发方面的联系。

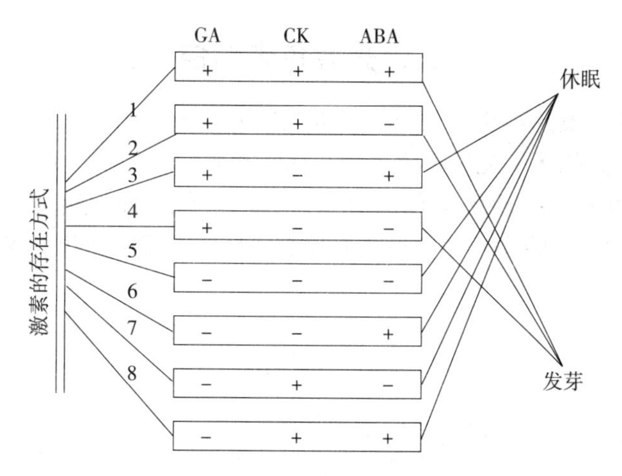

图 4-1 3 种激素对休眠和发芽的调控作用

（“+”表示激素存在生理活性浓度，“−”表示激素不存在生理活性浓度）

（引自 Khan et al.，1969）

二、呼吸途径论

Roberts（1973）将休眠种子与非休眠种子相比较，前者的呼吸作用存在某些欠缺，表现在三羧酸循环过于强烈，消耗了可被利用的有效氧而排斥了其他需氧过程。只要增加氧气就能使萌发必需的需氧过程得以进行。另一方面，如果采用三羧酸循环和末端氧化过程的抑制物质降低其需氧量，也同样可以导致休眠解除，这种萌发必需的需氧过程就是磷酸戊糖途径（PPP）。据此指出，磷酸戊糖途径的顺利进行是种子休眠解除和得以萌发的关键。

其大意如图 4-2 所示。种子发芽的顺利与否必须以磷酸戊糖途径运转的情况而定，休眠种子的呼吸代谢以一般的糖酵解-三羧酸循环（EMP-TCA）途径为主，磷酸戊糖途径进行不力。要使休眠转为非休眠则必须使糖酵解-三羧酸循环转为磷酸戊糖途径。施加一般呼吸抑制剂或增加种子内氧分压等处理，均可促进 NADPH 的氧化，使磷酸戊糖途径顺利运转，从而解除休眠。

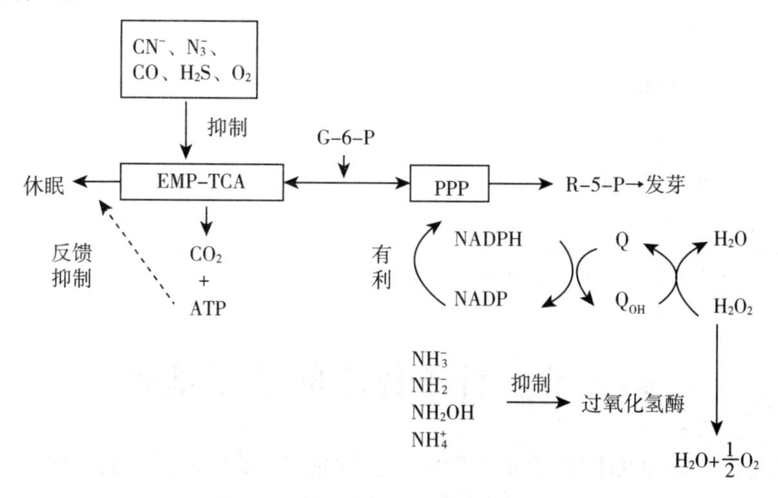

图 4-2 休眠与萌发的代谢调控机制

三、光敏色素调控

光对种子休眠和萌发的影响是受光敏色素控制的。Borthwick 等（1952）研究光对莴苣种子萌发的影响，首先描述了光敏色素系统与休眠和萌发的关系。光敏色素有不起催化作用的钝化型 P_r 和起催化作用的活化型 P_{fr} 两种状态，P_r 经红光照射转变成 P_{fr}，P_{fr} 经远红光照射时可以转变成 P_r。P_{fr} 在暗中也会通过非光化学的反应而缓慢地转变成 P_r（图 4－3）。

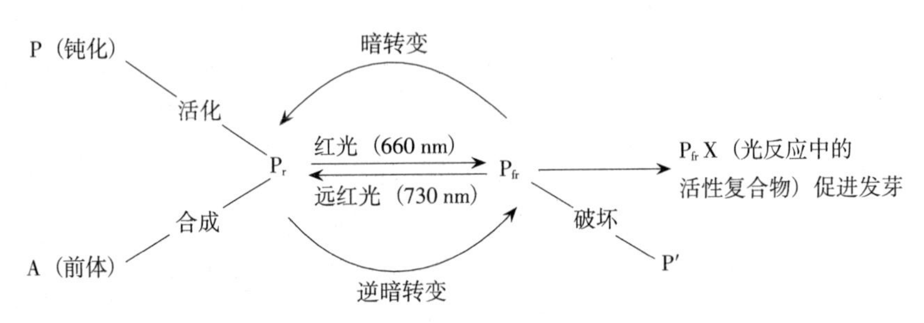

图 4－3　光敏色素的转换作用过程

需光种子中 P_{fr} 的比例较低，需红光或白光照射后增高比例才能萌发；不需光种子一般认为其中已经有较高比例的 P_{fr}，只要其他条件适宜，种子即能萌发。现已知有 200 多种植物的种子休眠与 P_{fr} 有关，有的需要一次照光，有的则需反复照光。许多实验证明，需光种子是否萌发取决于最后一次照射的光谱成分，红光（R）促进萌发，远红光（FR）则抑制发芽（表 4－1）。

表 4－1　光质对莴苣（品种“Grand Rapids”）**种子萌发的调控**

（引自 Bewley et al.，2013）

光处理	发芽率（%）
无（黑暗）	4
R	98
FR	3
R＋FR	2
R＋FR＋R	97
R＋FR＋R＋FR	0
R＋FR＋R＋FR＋R	95

注：黑暗中吸胀，然后在红光（640～680 nm）（R）下 1.5 min，远红光（>710 nm）（FR）下 4 min。

第三节　种子休眠的分子基础

种子休眠是一个多基因控制的复杂性状，已发现 30 多个基因与种子休眠有关，其中有的基因对种子休眠起促进作用，有的起抑制作用（表 4－2）。

表 4-2　部分已发现的种子休眠相关基因

（引自 Nonogaki，2014；有改动）

基因符号	基因名	种子休眠中的功能
ABA1	*ABA DEFICIENT 1*	正效应
ABI3	*ABA INSENSITIVE 3*	正效应
ABI4	*ABA INSENSITIVE 4*	正效应
ABI5	*ABA INSENSITIVE 5*	正效应
ACO1	*1-AMINOCYCLOPROPANE-1-CARBOXYLATE OXIDASE 1*	负效应
ACO4	*1-AMINOCYCLOPROPANE-1-CARBOXYLATE OXIDASE 4*	负效应
ACO5	*1-AMINOCYCLOPROPANE-1-CARBOXYLATE OXIDASE 5*	负效应
AGO4	*ARGONAUTE 4*	负效应
ATXR7	*ARABIDOPSIS TRITHORAX-RELATED 7*	正效应
CYP707A	*CYTOCHROME P450 707A*	负效应
DEP	*DESPIERTO*	正效应
DOG1	*DELAY OF GERMINATION 1*	正效应
ELF4	*EARLY FLOWERING 4*	正效应
ELF5	*EARLY FLOWERING 5*	正效应
ERF9	*ETHYLENE RESPONSE FACTOR 9*	负效应
ERF105	*ETHYLENE RESPONSE FACTOR 105*	负效应
ERF112	*ETHYLENE RESPONSE FACTOR 112*	负效应
GA3ox	*GA3-OXIDASE*	负效应
GA2ox	*GA2-OXIDASE*	正效应
HD2B	*HISTONE DEACETYLASE 2B*	负效应
HDA6	*HISTONE DEACETYLASE 6*	正效应
HDA19	*HISTONE DEACETYLASE 19*	正效应
HDAC1	*HISTONE DEACETYLATION COMPLEX 1*	负效应
HUB1/RDO4	*H2B MONOUBIQUTINATION 1/REDUCED DORMANCY 4*	正效应
SUVH4/KYP	*SU（VAR）3-9 HOMOLOG4/KRYPTONITE*	负效应
NCED4	*NINE-CIS-EPOXYCAROTENOID DIOXYGENASE 4*	正效应
NCED9	*NINE-CIS-EPOXYCAROTENOID DIOXYGENASE 9*	正效应
PDF1	*PDF1 PROTEIN PHOSPHATASE 2A*	负效应
RDO2/TFIIS	*REDUCED DORMANCY 2/TRANSCRIPTION ELONGATION FACTOR S-II*	正效应
Sdr4	*Seed dormancy 4*	正效应
SNL1	*SIN3-LIKE 1*	正效应
SNL2	*SIN3-LIKE 2*	正效应
SnRK2	*SNF1-RELATED PROTEIN KINASE 2*	正效应
VIP7	*VERNALIZATION INDEPENDENCE 7*	正效应
VIP8	*VERNALIZATION INDEPENDENCE 8*	正效应

一、促进种子休眠的分子基础

DOG1（*DELAY OF GERMINATION 1*）是最早被发现的种子休眠相关基因之一，*dog1* 突变体干种子的脱落酸含量降低，DOG1 蛋白含量与新收获种子的休眠水平有高度相关性，*DOG1* 功能丧失会导致种子失去休眠特性。DOG1 与脱落酸响应因子 ABI3 存在相互作用，正向调控植物对脱落酸的响应。最新研究发现，*DOG1* 基因通过可变剪接和编码蛋白的自结合能力（self-binding ability）以及调控 miRNA156 的表达促进种子休眠。

RDO5（*REDUCED DORMANCY 5*）对种子休眠有正向调控作用，*rdo5* 功能缺失突变体种子没有休眠，其脱落酸含量正常，对脱落酸的反应也正常，但脱落酸信号转导受到影响。*RDO5* 基因编码一个蛋白磷酸酶（protein phosphatase 2C，PP2C），可以通过调节蛋白磷酸化水平影响脱落酸信号的转导，进而调控种子休眠。

表观遗传学机制在促进种子休眠方面也发挥了重要作用。HUB1（H2B monoubiquitination 1）参与组蛋白 H2B 的单泛素化修饰，ATXR7 可使 H3K4 和 H3K79 甲基化，*hub1* 和 *atxr7* 突变体均可使种子休眠水平降低。有证据表明，HUB1 通过激活 *DOG1*、*NCED9*（*NINE-CIS-EPOXYCAROTENOID DIOXYGENASE 9*）和 *ABI4*（*ABA INSENSITIVE 4*）等种子休眠正向调控基因的表达。此外，组蛋白去乙酰化酶基因 *HDA19*（*HISTONE DEACETYLASE 19*）对种子休眠也具有正向调控作用。

二、种子休眠解除的分子基础

与 *HDA19* 基因功能相反，另一个组蛋白去乙酰化酶基因 *HD2B*（*HISTONE DEACETYLASE 2B*）对种子休眠起负调控作用。低温层积通过提高赤霉素含量解除种子休眠，*H2B* 在种子休眠解除过程中发挥重要作用。*HD2B* 上调赤霉素合成相关基因 *GA3ox1* 和 *GA3ox2* 表达，抑制赤霉素失活基因 *GA2ox2* 表达，提高赤霉素的含量。

组蛋白甲基转移酶 SUVH4［Su（var）3-9 homologs4，又称 KRYPTONITE］参与种子休眠的解除。*SUVH4* 基因表达受脱落酸和赤霉素调控，其编码蛋白是主要的 H3K9me2（H3K9 二甲基化）甲基转移酶，*suvh4* 突变体中 H3K9me2 几乎完全消失，该突变体种子休眠水平显著提高，种子休眠正向调控基因 *DOG1* 和 *ABI3* 被上调表达。

第四节　主要作物种子的休眠

一、禾谷类种子的休眠

（一）禾谷类种子的休眠原因

禾谷类种子的休眠与种被的影响有关。禾谷类种子是典型的颖果，其果皮和种皮融合在一起称为果种皮，小麦种子的休眠是由于果种皮阻碍了氧气的通透，水稻、大麦、燕麦颖果外面还包被着稃壳，同样使萌发时种胚的氧气供应受到阻碍。如果水稻去除稃壳，小麦用机械方法擦伤子粒的外层，或者采用过氧化氢处理，以改变种被的透性或提供氧气，种子就能很快萌发。

种被影响氧气供应的原因比较复杂，很可能与种被中存在一些易于氧化的化学成分的耗氧有关。例如种被细胞中含有很多易于氧化的酚类化合物，在多酚氧化酶的作用下，进入果种皮的氧气参与酚类化合物的氧化反应，氧被消耗而进不到胚部，致使种胚缺氧而休眠。这些成分在种子干燥过程中逐渐变化，使种子休眠慢慢解除。

（二）禾谷类种子休眠期的影响因素

种子的休眠期与遗传因素和环境因素有关，且与种子采收的时期和母本植株的生理因素亦有一定关系，后者使植株不同部位的种子休眠存在一定差异。种子休眠期主要受以下因素影响。

1. 遗传因素对禾谷类种子休眠期的影响　禾谷类种子的休眠现象是普遍的，但不同植物种子休眠的深度不同。一般而言，在主要作物中，以麦类尤其大麦、燕麦的休眠最为明显，水稻和玉米休眠较浅。同一作物不同类型、不同品种的休眠期也可能相差悬殊，有的没有休眠，收获后经过干燥的种子就能达到80%以上的发芽率，而有些品种的休眠期却可长达数月。例如皮大麦种子的休眠期常长于裸大麦；粳稻品种常有休眠期，而籼稻则以源自热带地区的品种及其杂交后代的休眠期明显，我国栽培的籼稻品种通常不存在休眠，在高温高湿条件下容易发生穗上发芽现象。小麦品种的种皮颜色和休眠期长短存在密切关系，赵同芳等（1956）证明红皮小麦品种的休眠期一般比白皮品种长。这种差异主要是由于红皮小麦种皮内存在色素物质，种皮较厚而透性较差。

2. 生理因素对禾谷类种子休眠期的影响　不同成熟度的种子休眠期存在显著差异，一般从乳熟期起，成熟度越高，休眠期越短。小麦乳熟期采收的种子，休眠期比完熟期采收的延长1个月以上（戴心维等，1976）。我国的籼稻种子一般不存在休眠期，但采收较早，成熟度较差的种子，也可以观察到明显的休眠现象（毕辛华等，1978）。种子着生部位不同，其成熟度和激素水平等生理状态不同，休眠深度也有差别。

3. 环境因素对禾谷类种子休眠期的影响　种子成熟期间的环境条件可以决定种子休眠的深度，而贮藏期间的环境条件可以影响种子休眠解除的速率。

种子成熟期间影响休眠期长短的主要环境因素是温度。Belderok（1961）发现，小麦蜡熟期时的温度是决定休眠深浅的重要因素，温度越高，休眠期越短，因此可以根据蜡熟期的温度来预测小麦种子在该年份的休眠深度。例如“浙麦1号”小麦的休眠期中等，在杭州的休眠期一般为1.5～3.5个月，但在某些年份休眠却不明显，这和成熟期间的温度有密切关系。

在种子贮藏过程中，由于温度和湿度不同，种子休眠期的长短有很大差异，高温能加速种子休眠的解除。Roberts将水稻种子贮藏在不同的温度条件下，结果在27℃、37℃和47℃条件下，解除休眠的时间分别为50 d、15 d和5 d。种子贮藏期间的湿度也会影响休眠期，甚至可能导致二次休眠，但与温度相比，湿度的影响较小。

氧气对于休眠的解除也具有重要作用。水稻种子在100%的氧气中贮藏，可比在普通大气中贮藏的种子休眠解除速率提高1倍，可见休眠解除是需氧的代谢过程。

二、豆类种子的休眠

（一）硬实及其生物学意义

由于种被不透水而不能吸胀发芽的种子称为硬实（hard seed）。硬实在植物界是常见的现象，广泛存在于豆科、藜科、茄科、旋花科、锦葵科、美人蕉科、苋科、椴树科等栽培作物及杂草种子中。农作物中硬实最常见于豆科，小粒豆科种子的硬实率很高，例如紫云英、苕子、苜蓿、草木樨、田菁、三叶草等种子的硬实率很高。硬实率的测定方法是，经 24 h 浸种后检查，不能吸胀的种子所占的比例（%）即为硬实率。硬实的顽固程度不同，有的在浸种数天内可以吸胀发芽，有的（如某些紫云英种子）甚至在水中浸泡 10 年以上，仍不能吸水。

硬实这种休眠形式对植物界种的延续和传播极为有利，它不仅能在较长的时期内保持种子的生活力，而且能在种子成熟、收获以后的不同时期内，由于环境条件的作用改变种皮透性，使不同的个体先后获得萌发能力。同一批种子掉落土中，由于种皮透性的差异，能在不同的年份或同一年份中的不同时期陆续出苗，因而增加其延续种族的可能性。研究种子的硬实问题在农业实践上对控制种子的休眠萌发和延长种子寿命均具重要的指导意义。

（二）硬实发生的原因

1. 种皮细胞含有较多的疏水性物质造成不透水 例如许多豆类硬实的种皮表层为 1 层角质层，此层紧密而富有光泽，随成熟度而增厚，难以透水；另一些植物种皮的栅状细胞（在角质层以下）特别坚固致密，在显微镜下观察，可见其外端有一条特别明亮的部分，称为明线（图 4-4）。许多学者认为该部分的物理结构和化学成分有别于其他部分，对种皮的不透水性具有特殊的意义。

2. 栅状细胞内的果胶质或纤维素果胶变性，使种皮硬化不透水 硬实的种皮细胞里含有大量果胶，当种皮细胞水分迅速失去时，会使果胶变性，种皮硬化，从而失去再吸水的能力，成为硬实。有些种子的种皮细胞层中有 1 个鞣质（单宁）层而造成不透水。

3. 特定部位或特殊的水分控制机制 羽扇豆、三叶草、紫云英等种子脐部有 1 个瘤状突起，称为种脐疤，它控制水分进出，起阀门的作用。当种子处于干燥条件下时，种脐疤收缩，通道打开，种子内部的水分可以逸出；而当种子处于潮湿条件时，则种脐疤吸胀，将通道关闭，外界水分于是难以进入（图 4-5）。

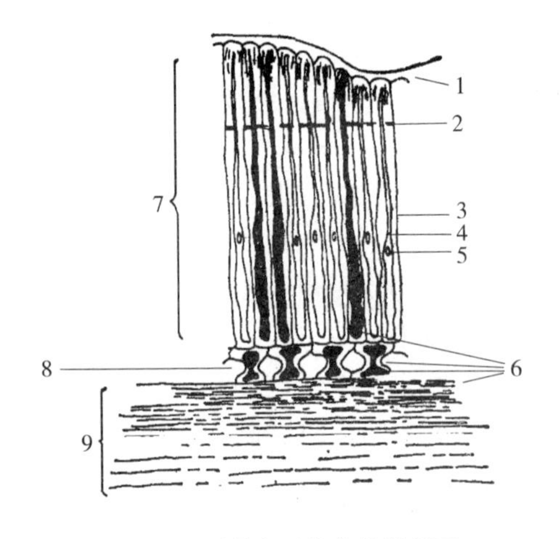

图 4-4 野豌豆种皮的纵剖面

1. 角质层 2. 明线 3. 细胞壁 4. 细胞腔 5. 细胞核 6. 醌类物质 7. 栅状细胞 8. 骨状石细胞 9. 压碎的薄壁细胞

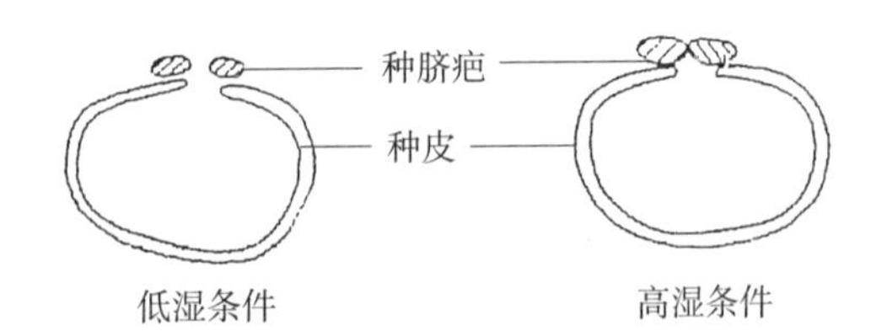

图 4-5 豆科硬实种脐疤在不同湿度条件下的状况（种子横剖面）

（引自叶常丰和戴心维，1994）

有些植物的种子与紫云英等豆类种子的情况类似，其透水受阻决定于某个部位的构造，例如旋花科的一些种通过发芽口吸水，此处通常阻塞。在棉花种子中，内脐（胚珠时期为合点）部位有木质素沉淀，称为合点帽，此部分结构控制水分的进入。

（三）硬实的发生与解除

1. 硬实的发生　影响种子形成硬实的因素很复杂。

（1）硬实受遗传因素控制　完熟种子的硬实率，紫云英一般为34%左右，野大豆为80%以上，而草原老鹳草和豆花牻牛儿苗高达100%；即使同一物种的不同品种之间也有所不同（杨期和等，2006）。

（2）硬实受成熟度的影响　硬实是种子成熟到一定程度才出现的，未充分成熟的种子不会发生硬实，种子愈老熟，则硬实率愈高。花期较长的作物，不同部位着生的种子因成熟度不同，硬实率也有差异。紫云英按植株不同结实部位的硬实率，上部种子最低，中部次之，基部最高。田菁延迟到成熟后期收获，硬实率显著增加，收获后经太阳晒干，硬实率进一步提高，可见种子收获后的干燥条件也影响硬实的形成。

（3）硬实受生长环境影响　同一品种在不同年份收获的种子，含有不同的硬实率。在同一年中，作物因生长期不同，种子硬实率亦有显著差异。例如秋大豆种子硬实率一般比夏大豆高，主要是由于秋大豆的成熟期正值干燥季节，对种皮硬化有一定作用。硬实受气温、降雨或灌溉次数、太阳辐射等因素的影响。灌水量越少，硬实率越高；太阳辐射越强，时间越长，硬实率越高。土壤中钙质多，成熟期间气候干燥往往造成大豆硬实粒增多（叶常丰和戴心维，1994）。

（4）硬实受贮藏环境影响　种子硬实率在贮藏期间也会发生一定的变化，主要受贮藏温度和湿度的影响。一般来说，在湿度较大的条件下贮藏不易产生硬实，在干燥条件下易产生硬实。有研究发现，6℃高湿条件下贮藏黄羽扇豆种子不会产生硬实，而在18℃干燥条件下贮藏，则导致较高的硬实率。

2. 硬实的解除　硬实的解除和环境条件也有密切关系。一般认为，温度变化、干湿交替和微生物的作用都会影响硬实的解除。其中，温度起着尤为重要的作用，而干湿交替在温度较高的土壤条件下也有一定影响。变温有利于降低硬实率。在没有植被覆盖的开阔地且覆土较浅（利于种子萌发与植株生长）的种子处于明显的变温环境中，而在植被覆盖的地方或覆土较深（不利于种子萌发与植株生长）的种子则处于恒温的环境。变温解除硬实导致的休眠并促进萌发，有利于植物的生存繁衍。

三、棉花种子的休眠

不同类型和品种的棉花种子休眠期存在很大差异。一般说来，陆地棉种子休眠明显，而海岛棉、亚洲棉和非洲棉几乎没有休眠或休眠很浅。成熟度低的种子休眠期长于充分成熟的种子，未开铃的棉铃种子休眠期长于开铃的种子。此外，成熟和贮藏期间的环境条件也影响棉子休眠期的长短，成熟时处于低温的种子休眠较深，高温干燥贮藏可大大缩短休眠期。

棉花种子的休眠原因主要是：①种皮透气性不良，萌发时会阻碍正常的气体代谢。②棉子中有一定数量的硬实，硬实率的高低取决于类型和品种特性。造成硬实的原因是进水口（主要是内脐）组织严密而阻止水分进入。以上这两种原因中，尤以种皮透气不良更重要。

上述原因均与种皮有关，因此休眠的棉子在剥去或切破种皮以后，都能迅速萌发。

四、油菜种子的休眠

不同类型的油菜种子休眠期差异悬殊，芥菜型油菜的休眠期最长，可长达数月；而成熟的甘蓝型油菜种子几乎不存在休眠；白菜型油菜种子的休眠期介于二者之间。白菜型油菜种子的休眠期又与种皮颜色有关，黑皮品种比黄皮品种休眠期长，因为鞣质等酚类物质的含量和状况影响种皮的透性（戴心维等，1989），挑破种皮可使种子萌发。

油菜种子的休眠期与种子成熟度密切相关，一般绿熟种子的休眠深于褐熟和完熟种子。成熟和贮藏期间的环境因素也会影响油菜种子的休眠，油菜果壳中存在的抑制物质和果壳开裂前的透性不良都能阻止种子萌发；成熟期间的高温促进果壳开裂并使抑制物质的含量降低，从而缩短休眠期。高温条件下贮藏的油菜种子休眠期明显缩短，例如芥菜型油菜品种“红叶芥”贮藏于10℃时休眠期是40 d，但在20～40℃条件下贮藏的种子休眠期可缩短到20 d以下（毕辛华等，1988）。

五、向日葵种子的休眠

新收获的向日葵种子休眠的原因主要是果种皮中含有萌发抑制物质。向日葵种子还有胚休眠（Corbineau et al.，1990）。在种子成熟过程中，休眠逐渐加深，达到峰点；以后开始脱水，脱水期间休眠逐渐变浅，收获、干燥后经历一段时间，休眠可以终结而获得萌发能力。向日葵种子的休眠解除对贮藏条件有特殊的要求和反应，通过休眠的速率是0℃＞24℃＞35℃＞15℃（Wallace et al.，1958）。低温预措不能使休眠种子萌发，但吸胀2 d后用乙烯处理，可以解除种子的休眠，而且随着乙烯浓度的提高，发芽率上升（Corbineau et al.，2003）。不良条件可以诱导向日葵种子产生二次休眠，发芽时，温度超过40℃，原先不休眠的种子进入休眠状态，被称为高温休眠，此时即使给予适宜的发芽条件，种子也不能萌发。

六、蔬菜种子的休眠

许多蔬菜种子在成熟之后，都要经过一定的休眠期才能萌发，但不同种类的蔬菜种子休眠原因不尽相同（表4-3）。

表4-3 主要蔬菜种子的休眠原因

类型	种	休眠原因
瓜果类	西瓜、黄瓜、甜瓜等	种皮透气性差
	冬瓜	种皮透水性差
	印度南瓜（*Cucurbita maxima*）	光的抑制或促进作用（同一波长的光只有一种作用）
	番茄	存在抑制物质
根菜类（包括块茎）	甘薯（真种子）	种皮透水性差
	马铃薯（块茎）	激素不平衡（休眠块茎内仅含极少量的生长促进物质，同时存在抑制物质）；种皮透气性差
	胡萝卜	胚未发育完成
	萝卜	种皮透气性差

（续）

类型	种	休眠原因
叶菜类	芹菜	发芽需光
	苋菜	发芽忌光
	莴苣（生菜）	发芽需光；种皮和胚乳的障碍；种子中存在抑制物质
	白菜、芥菜	种皮透气性差；发芽需光
	菠菜	吸胀种子（果实）表面的胶液影响透气；果皮中有草酸

第五节　种子休眠的调控

种子休眠对农业生产既有有利的一面，也有不利的一面。因此在不同的情况下，可以根据需要进行调控，或延长种子休眠期或解除种子休眠而促进种子萌发。

一、延长种子休眠

（一）品种选育

如果某作物品种仅有浅度休眠或者没有休眠，当成熟期间高温多雨时就容易导致种子收获前发芽（preharvest sprouting，PHS），或者在贮藏期间发芽，适当延长种子休眠期或者加深种子休眠是减少损失的重要措施，品种选育是实现这个目标的有效方法。小麦的红皮品种一般比白皮品种休眠期长，从一些优良的白皮品种中选取红皮的变异个体，就有可能得到休眠期较长的品种。用我国各地区有代表性的380个小麦品种进行休眠期测定的结果表明，白皮小麦中休眠期短的多（60%以上），长的很少（2%），红皮小麦休眠期过短与较长的各占约20%，中间长度的居多（60%以上）。红皮小麦主要分布于南方各地，麦收时高温多雨；白皮小麦主要分布在华北各地，这是长期人工选择的结果。以休眠期长的国际稻或非洲稻为亲本的后代，例如“科辐早”“蜀丰1号”和“蜀丰2号”都有明显的休眠期。

（二）分子调控

NCED是脱落酸合成的限速酶，Nonogaki等通过一个含脱落酸响应因子的启动子驱动*NCED*基因表达，使成熟种子中脱落酸大量积累，有效阻止了穗上发芽的发生。脱落酸8′-羟化酶是脱落酸分解的关键酶，Chono等（2013）筛选到脱落酸8′-羟化酶基因*TaABA8′-OH1-A*和*TaABA8′-OH1-D*同时突变的小麦品种“TM1833”，获得了*TaABA8′-OH1*基因低表达的小麦，该小麦胚中含有较高含量的脱落酸，可以抗穗上发芽。Schramm等（2013）通过EMS诱变软白春小麦“Zak”，发现了一个对脱落酸敏感性增强的基因*ERA*（*ENHANCED RESPONSE TO ABA*），分离到抗穗上发芽的小麦品系。此外，脱落酸和赤霉素信号通路的基因*MFT1*（*MOTHER OF FT AND TFL1*）也已被用于小麦抗穗上发芽小麦的选育。

（三）化学调控

田间喷药是调控休眠的一项可行的措施，例如小麦花后18 d用0.1%～0.2%青鲜素（MH）喷施可以抑制种子萌发。也可用催熟剂1%促麦黄（乙基碳原酸钠）于完熟前10 d（大麦于完熟前7 d）喷雾（张全德和潘炼，1983），可以达到促进成熟，提早收获，避过雨季而降低穗上发芽的目的。水稻可用0.1%乙烯利在齐穗至灌浆初喷洒催熟；油菜则用0.2%～0.4%乙烯利在终花后1周施用（沈惠聪，1979），药液用量均为750 kg/hm²。杂交水稻制种田可用抑萌剂，以减少和防止穗上发芽，提高种子质量。浙江大学采用丁香酚田间喷施处理杂交水稻制种成熟的F_1代种子，丁香酚的穗萌抑制效果随浓度上升而增强，2.0 g/L丁香酚对“钱优1号”和“Y两优689”穗上发芽的抑制率分别为43.4%和80.0%，而对收获种子的发芽率没有显著影响（胡琦娟，2016）。丁香酚可通过影响萌发过程酶（例如α淀粉酶）活性来抑制种子萌发，在内源激素水平上，丁香酚提高了种子吸胀初期（3～12 h）的脱落酸含量，丁香酚的抑制作用可以被一定浓度的赤霉酸（GA_3）所恢复。q-PCR分析种子吸胀过程中脱落酸合成关键酶NCED的5个基因（*OsNCED1*、*OsNCED2*、*OsNCED3*、*OsNCED4*、*OsNCED5*）和分解关键酶脱落酸8′-羟化酶的3个基因（*OsABA8OH1*、*OsABA8OH2*、*OsABA8OH3*）的表达情况，推测*OsABA8OH2*是丁香酚抑制水稻种子萌发过程中脱落酸分解代谢的主要脱落酸8′-羟化酶基因，而*OsNCED2*是丁香酚促进脱落酸合成作用的主要*NCED*基因。

马铃薯在贮藏过程中通过休眠，就会在播种前萌发，影响播种质量及食用品质，可与大蒜（蒜头）一起贮藏，利用大蒜中挥发出来的萌发抑制物质抑制马铃薯萌发。也可采用M-1（α-萘乙酸甲酯）处理，每吨用3 kg药粉分层撒于薯堆，播前将薯块暴晒一段时间，即可消除抑制作用，迅速萌发并长成正常幼苗。

二、缩短和解除种子休眠

解除种子休眠的方法很多，有化学试剂处理、物理机械方法处理、干燥处理等，可以针对不同作物种子休眠的原因选用合适的方法处理。

（一）化学调控

用化学试剂处理种子解除休眠的方法简单、快速，常用的化学试剂有赤霉素、过氧化氢、硝酸、硝酸钾、浓硫酸（表4-4）。

赤霉素能解除多种种子的休眠（表4-5）。其方法是用0.05%的赤霉素溶液湿润发芽床，此后加水保持发芽床的湿度进行发芽。亦可浸种，休眠浅的种子可用0.02%的赤霉素溶液，休眠深的可用0.1%的溶液。芸薹属可用0.01%或0.02%溶液浸种。用1 mg/L的赤霉素溶液浸泡马铃薯种薯切块5～10 min，然后催芽栽种，不但出苗快而齐，而且可减少种薯腐烂。

过氧化氢是一种强氧化剂，其处理种子可使种被轻微腐蚀，促进通气，提供较多的氧气。研究表明，过氧化氢的作用可能与活化磷酸戊糖代谢有关，从而加快种子萌发。用其处理禾谷类、瓜类和林木种子，效果良好。若用29%过氧化氢原液浸种的浸种时间，小麦为5 min，大麦为10～20 min，水稻为2 h。若用低浓度的过氧化氢，小麦为1%，大麦为1.5%，水稻为3%，浸种时间为24 h。

硝酸是一种强氧化剂，也有腐蚀皮壳提供氧气的作用，可用0.1 mol/L硝酸溶液浸泡水稻种子16～24 h，然后进行发芽。

硝酸钾处理多用于禾谷类和茄科的种子；浓硫酸对硬实的种皮有腐蚀作用，可改善种皮的透水性。采用浓硫酸处理种子，首先应测定硬实率，根据硬实率的高低确定处理时间。《国际种子检验规程》规定，将种子浸在酸液里，直至种皮出现孔纹，酸蚀可快可慢，故应注意检查种子。

表 4-4　解除种子休眠的化学物质及其适用范围

化学物质种类		适用范围
生长调节物质	赤霉素	对胚休眠及种皮透气性不良的种子和需光种子有效，有效范围为 10^{-5}～10^{-3} mol/L（Don，1977）
	细胞分裂素	在弱光下（非暗处）才能对莴苣有效；能抵消萌发抑制物质尤其脱落酸的作用（Khan et al.，1975）
	乙烯	对花生及某些杂草种子有效，有效范围为 0.1～200 μL/L（Ketring et al.，1977）；亦可解除苋菜等光敏感种子的休眠
氧化剂	次氯酸盐、过氧化氢、氧（除去种皮或高浓度氧）	对种皮透气性不良的种子及抑制物质容易氧化的种子有效（Hsiao，1979；Roberts et al.，1977；毕辛华等，1978；戴心维等，1976）
含氮化合物	硝酸、亚硝酸、羟胺、硫脲	对许多禾本科种子、双子叶杂草种子有效（Roberts et al.，1977；Esashi et al.，1979）；亦可解除光敏感种子休眠
呼吸抑制剂	氰化物、叠氮化合物、丙二酸盐、硫化氢、一氧化碳、氟化钠、碘乙酸、二硝基酚、羟胺	对胚休眠及种皮透气性不良的种子有效（Roberts et al.，1977）
有机溶剂	丙酮、乙醇、甲醇、乙醚、氯仿	对种皮透性不良的种子（例如某些禾本科杂草、牧草、豆科等硬实及其他）有效（Taylorson，1979）
硫氢化合物	2-巯基乙醇、2,3-二巯基丙醇、二硫苏糖醇	对大麦和燕麦种子有效，可促进磷酸戊糖途径，降低 C_6/C_1 比例（Roberts，1977）
植物产物	壳梭孢菌素等	对萌发抑制物质脱落酸引起休眠的莴苣种子有效，也能加速玉米、萝卜和棉花种子萌发
其他	二氧化碳、亚甲蓝、酚类、羟基、喹啉、丁二酮肟	40%以上二氧化碳对莴苣有效；亚甲蓝对减少大麦种子休眠有效，它是一种电子受体（Roberts，1977）

表 4-5　赤霉素破除作物种子休眠有效浓度

作物	有效浓度（mg/L）	处理方法
小麦	800	浸种 24 h
水稻	100	浸种 24 h
大麦	100～200	浸种 24 h
马铃薯（块茎）	0.5	切块浸泡 1～2 h
	1	切块浸 1 min
萝卜	500	浸种
棉	500	浸种
向日葵	25	浸种
莴苣	10～100	浸种

除以上激素和一些强氧化剂外，还有壳梭孢素（FC）、子叶素对解除某些蔬菜种子的原初休眠和阻止二次休眠非常有效。壳梭孢素兼有赤霉素和细胞分裂素的双重作用，也可解除脱落酸对种子萌发的抑制。作为第二信使的环腺苷酸（cAMP）对萌发的特殊作用也同样值

得注意。研究表明，油菜素内酯与赤霉素一样能够解除脱落酸诱导的种子休眠，同时能部分促进赤霉素缺陷或不敏感突变体种子的萌发。

（二）温度处理

温度处理可根据需要进行高温处理、低温处理或冷处理及变温处理，晒种或人工加温干燥也是重要的针对种皮透气性差、在农业生产上常用的可处理大量休眠种子的一种温度处理方式。

低温处理主要适用于因种被不透气而处于休眠的种子，这类种子因种被不透气，胚细胞得不到萌发所需要的氧气而不能萌发。低温条件下，水中氧的溶解度加大，水中的氧可随水分进入种子内部，满足胚细胞生长分化所需的氧，促进种子萌发。此法是将种子放在湿润的发芽床上，开始在低温下保持一段时间。麦类种子可在 5～10 ℃的条件下处理 3 d，然后置于适宜温度下萌发。有些休眠种子在规定的温度下萌发往往不好，可置于较低的温度下萌发，例如新收获的大麦、小麦、菠菜和洋葱等种子在 15 ℃条件下即可萌发良好。

急剧变温处理适用于种被透性差的种子，此类种子经急剧变温处理，种被因热胀冷缩作用而产生轻微的机械损伤，从而改善其通透性，促进萌发。一些牧草种子常采用 10～30 ℃的急剧变温处理，均可解除休眠，促进萌发。

（三）机械损伤

机械处理用解剖针或锋利的刀片，通过刺种胚、切破种皮或胚乳（子叶）或砂纸摩擦损伤种皮等处理，解除因种被透性差而引起的少量种子休眠。切去种皮者应为紧靠子叶顶端的种皮部分。水稻种子以出糙机除去稻壳比手剥效果好；大麦种子除去稃壳后再针刺种胚，解除休眠效果极好。新收的菠菜种子去掉果皮后置纸床于 20 ℃条件下萌发良好。向日葵种子剥去果皮也能促进萌发，如果再在子叶端切去小部分子叶则效果更佳。对小粒硬实种子则可用砂子擦破处理，使种皮产生机械损伤，促进透水而解除休眠。机械损伤的方法可有摩擦、研磨、碾磨等，但要注意不要损伤种胚。

（四）水处理

当果皮或种皮含有一种自然存在的萌发抑制物质时，可在发芽试验前将种子放在 25 ℃的流水中洗涤，即可除去萌发抑制物质，洗涤后应放在低于 25 ℃的条件下干燥。解除甜菜种子休眠可采用此法，甜菜多胚种子在流水中洗涤 2 h，遗传单胚种子需冲洗 4 h。

当种子因存在硬实而休眠时，可用温水浸种解除，同时具有杀菌消毒作用。水温和时间因硬实率和硬实的顽固程度而异，一般棉花种子放入 70～75 ℃的热水中搅拌后自然冷却放置约 1 昼夜。有些硬实率高的豆科绿肥和豆科木本种子，可用开水先烫 2 min，冷却浸种后再行发芽或播种。

（五）低温层积

许多林果类种子或具有坚实的果皮（例如核果、坚果）或具有坚实的种皮（例如松、柏等），直接将其播种时，发芽率很低。为达到一播全苗，需要在播前进行层积处理。具体方法是：首先浸种，种子用水漂洗或浸泡 3～5 min，去掉杂质和空粒。随后将干净的细砂加水至最大持水量的 50%～60%，拌匀。将种子和湿砂按 1∶5～10 的比例混匀或分层堆放在背阴干燥处，湿砂上加盖麻袋或草席。层积处理期间要求砂湿度为最大持水量的 50%～60%，处理的温度大多在 1～10 ℃，处理时间短的 30 d，长的需 180 d。但有些林木种子采用变温或较高温度处理，可缩短层积时间，例如红松种子低温层积需 200 d，变温处理需 90～120 d，

15℃处理需1～2个月。因此层积时应注意采用适宜的层积温度，为防止砂太干或湿度过大引起霉烂，一般每半月检查1次。

种子在层积处理期间，由于干湿冷热的微环境作用及微生物的腐蚀，其种被的机械约束力不断降低，通透性增强；同时胚得以充分分化、生长，萌发所需的同化物质增加，幼苗的生长力提高。层积处理促进了种子后熟的完成，解除了休眠，播种后将会很快萌发、出苗。

（六）改变萌发条件

许多作物的休眠种子并非绝对不能萌发，而是其萌发温度不同于非休眠种子，且萌发温度范围偏狭。若将它们置于一定温度条件下，可以提高其发芽率或使之萌发良好。例如新收获的大麦、小麦、菠菜、洋葱等的种子在15℃条件下即可萌发良好，玉米种子用35℃高温处理也是促进萌发的有效方法。水稻种子用35～37℃高温发芽，也可在一定程度上提高发芽率。

种子休眠的原因有多种，解除休眠的方法也不同，现将主要作物种子休眠的解除方法列于表4-6，以供参考。

表4-6　主要作物种子休眠的解除方法

作物	休眠解除方法
水稻	播前晒种2～3d；40～50℃处理7～10d；机械去壳；1%硝酸（HNO_3）浸16～24h；3%过氧化氢（H_2O_2）浸24h；赤霉素处理
大麦	播前晒种2～3d；39℃处理4d；低温预措；针刺胚轴（先撕去胚部稃壳）；1.5%过氧化氢浸24h；赤霉素处理
小麦	播前晒种2～3d；40～50℃处理数天；低温预措；针刺胚轴；1%过氧化氢浸24h；赤霉素处理
玉米	播前晒种2～3d；35℃发芽
棉花	播前晒种3～5d；去壳或破损种皮；硫酸脱绒（92.5%工业用硫酸）；赤霉素处理
花生	40～50℃处理3～7d；乙烯处理
油菜	挑破种皮；低温预措；变温发芽（15～25℃，每昼夜在15℃下保持16h，25℃保持8h）
各种硬实	日晒夜露；通过碾米机；温水浸种或开水烫种（如田菁用96℃处理3s）；切破种皮；浓硫酸处理（例如甘薯用98%硫酸处理4～8h；苕子用95%硫酸处理5～9min）；红外线处理
马铃薯（块茎）	切块或切块后在0.5%硫脲中浸4h；1%氯乙醇中浸半小时；赤霉素处理
甜菜	20～25℃浸种16h；25℃浸3h后略使之干燥，在潮湿状态下于25℃中保持33h；剥去果帽（果盖）
菠菜	0.1%硝酸钾（KNO_3）浸种24h
莴苣	赤霉素处理

思考题

1. 种子休眠的意义是什么？
2. 种子休眠的原因和机制各是什么？
3. 在农业生产中，如何调控种子休眠？
4. 阐述水稻、小麦、棉花种子的休眠原因。

第五章

种子萌发

种子萌发（seed germination）是种胚从生命活动相对静止状态恢复到生理活跃状态的生长发育过程。种子生理上把干燥种子吸水到种胚突破种皮的过程看作萌发。而从种子技术与应用的角度，种子萌发是指种胚恢复生长，并长成正常幼苗的过程。在这个过程中，种子不仅在形态结构上发生了多种变化，组织内部的生理代谢也变得旺盛，同时还表现出对外界环境条件的高度敏感。

第一节　种子萌发的过程

种子萌发过程是从种子吸水膨胀开始的一系列有序的生理过程和形态发生过程，大致可分吸胀（imbibition）、萌动（protrusion）、发芽（germination）和成苗（seedling establishment）4个阶段。

一、吸　　胀

吸胀是指种子吸水而体积膨胀的现象。吸胀是种子萌发的第一阶段。种子之所以能吸水膨胀，是因为干种子中含有大量亲水胶体，例如糖类、蛋白质等。这些物质在干种子中呈凝胶状态，一旦接触到水，由于亲水胶体对水分子的吸附，水分很快进入种子，种子体积逐渐增大。种子吸水膨胀直到细胞内的水分达一定的饱和状态，此时种子体积也达最大。

种子吸胀是一种物理现象而非生理作用，原因在于死种子同样可以吸胀，死种子中亲水胶体的含量和性质并没有显著变化，因而依然能够吸胀，也常能使种皮破裂。有时死种子的胚根能突破种皮，这种情形称为假萌动或假发芽。而活种子有时反而不能吸胀，例如硬实。因此种子能否吸胀不能指示种子有无生活力。

种子吸胀能力的强弱，主要受种子的化学成分和种皮结构的影响。富含蛋白质的种子的吸胀能力远强于含淀粉较多的种子。例如豆类作物种子的吸水量可接近或超过种子本身的干重，而禾本科作物种子吸水量一般约占种子干重的1/2；油料作物种子的吸水量则主要取决于含油量的多少，在其他化学成分相似时，含油量越高，吸水力越弱。另外，种皮完整性及结构组成与种子吸胀能力有着密切的关系，种皮致密而富含蜡质、脂质的种子吸水慢。

种子萌发期间，有生活力种子水分吸收呈现快→慢→快的S形曲线变化特点，通常可分为开始吸水期、吸水滞缓期、重新大量吸水期3个阶段（图5-1）。

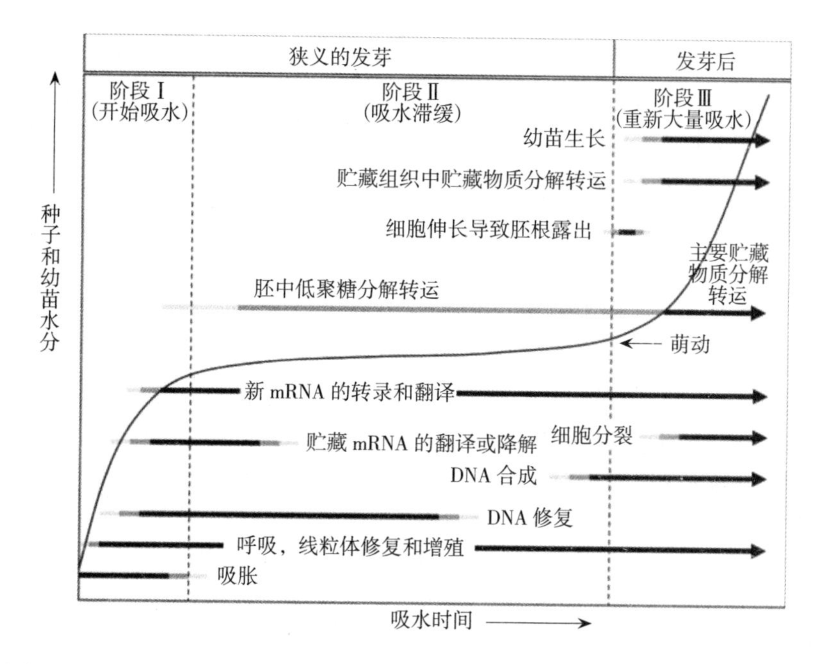

图 5-1　种子（狭义的）发芽（阶段Ⅰ和阶段Ⅱ）和幼苗早期生长（阶段Ⅲ）过程中随时间和水分含量变化的生理和代谢活动

（种之间会有差异，并受萌发条件影响。曲线显示水分吸收的典型模式）

（引自胡晋，2014）

开始吸水期为依赖原生质胶体吸胀作用的物理吸水阶段，此阶段的吸水与种子代谢无关。无论种子是否通过休眠，是否有生活力，都能吸水。通过吸胀吸水，活种子中的原生质胶体由凝胶状态转变为溶胶状态，使那些原来在干种子中结构被破坏的细胞器和不活化的高分子得到伸展与修复，表现出原有的结构和功能。

经第一阶段的快速吸水，原生质的水合程度趋向饱和，细胞膨压增加，阻碍了细胞的进一步吸水；另外，种子的体积膨胀受种皮的束缚，因而种子萌发在突破种皮前，有一个吸水暂停或速度变慢的阶段，即吸水滞缓期。此阶段吸水虽然暂时停滞，但种子内部的代谢活动开始活跃，在生物大分子、细胞器活化和修复的基础上，种胚细胞恢复生长。

在重新大量吸水期，在贮藏物质转化转运的基础上，胚细胞的生长与分裂引起种子外观可见的萌动。当胚根突破种皮后，有氧呼吸加强，新生器官生长加快，表现为种子的重新大量吸水和鲜重的持续增加。

种子在吸胀过程中会释放一定的热量，称为吸胀热。吸胀热的释放纯粹是一种物理作用，与呼吸作用无关，干燥的胶体物质吸水后都能放热，死种子也不例外，绝对干燥的胶体放热最多，随着种子膨胀度的提高，放热逐渐减少直至停止。

二、萌　　动

萌动（protrusion）是种子萌发的第二阶段。此阶段，种子吸水很少，在最初吸胀的基础上，吸水一般要停滞数小时或数天。但种子内部生理生化活动却开始变得异常旺盛（图 5-1）。这一时期，在生物大分子、细胞器活化和修复的基础上，酶的活性迅速提高，呼吸作用增强，营养物质的代谢也很强烈，大量贮藏物质被水解成小分子的可溶性物质，被胚吸收后作为构成新细胞的原材料。胚部细胞开始分裂、伸长，胚的体积增大，胚根胚芽向外生长达一定程度就会突破种皮，这种现象即称为萌动。种子萌动在农业生产上俗称为露白，表明胚部组织从种皮裂缝中开始显现出来的状况。

一般来说，种子萌动时，首先冲破种皮的是胚根，因其尖端正对着种孔（发芽口），当种子吸胀时，水分从种孔进入种子，胚部优先获得水分，并且最早开始活动。种子萌动时，胚的生长随水分供应情况而不同，当水分较少时，胚根先出；而当水分过多时，胚芽先出。这是因为胚根对缺氧条件的反应比胚芽更敏感。在少数情况下，有些无生命力的种子在充分吸胀后，胚根也会因体积膨大而伸出种皮以外，这种现象称为假萌动或假发芽。

种子从吸胀到萌动的时间因植物种类不同而异，种皮越薄，透性越好，萌动时间越短。在适宜的萌发条件下，油菜和小麦种子只需 1 d 左右，水稻和大豆种子则需 2 d 左右，玉米和西瓜种子则需 3 d 左右。至于果树林木种子，由于种壳坚硬，吸胀缓慢，或由于透性不良，种胚生长过程往往需时较长。

种子萌动期间，其生理状态与休眠期间相比，发生了显著的变化。胚部细胞的代谢机能趋向旺盛，对外界环境条件的反应非常敏感。此时若遇到异常条件（例如不良的温度、湿度、缺氧等），或各种不良的理化刺激，就会引起生长发育失常或活力降低，严重时会导致死亡。在适当的范围内，给予或改变某些条件，会对整个萌发过程及幼苗的生长发育产生一定的效应。

三、发　　芽

种子萌动以后，随着胚部细胞分裂、分化的明显加快，胚根、胚芽迅速生长，当胚根、胚芽伸出种皮并发育到一定程度，就称为发芽（germination）。我国在传统习惯上把胚根与种子等长、胚芽达到种子一半作为种子发芽的标准。根据我国实施的《农作物种子检验规程》和《国际种子检验规程》，在适宜的条件下，种子萌发并发育形成具有正常主要构造的幼苗才称为发芽。

处于发芽期间的种子，内部的新陈代谢极其旺盛，呼吸强度快速上升并达最高限度，以产生大量能量和代谢产物供幼苗生长。如果氧气供应不足，易引起缺氧呼吸而放出乙醇等有害物质，导致种胚窒息甚至中毒死亡。农作物种子在催芽不当或播种后受不良条件的影响时，常会发生这种情况。例如大豆、花生及棉花等大粒种子，在播种后由于土质黏重、密度过大或覆土过深、雨后表土板结，种子萌动会因氧供应不足时，呼吸受阻，生长停滞，幼苗无力顶出土面，发生烂种和缺苗断垄等现象。

种子发芽过程中放出的能量可为幼苗顶土和幼根入土提供动力。健壮饱满的种子出苗快而整齐，瘦弱干瘪的种子（例如超甜玉米）营养物质少，发芽时可利用的能量不足，即使播种深度适当，亦常常无力顶出而死亡；有时虽能出土，但因活力很弱，如遇恶劣条件天气，同样容易引起死苗。

四、成　　苗

种子发芽后，若条件适宜，其胚根、胚芽会迅速生长，长出根、茎、叶，形成幼苗。不同植物种子在萌发时，根据其子叶出土的状况，通常可分成两种类型的幼苗：子叶出土型和子叶留土型两类。

（一）子叶出土型

子叶出土型萌发（epigeal germination）是指由于下胚轴伸长而使子叶和幼苗中轴伸出地面的一种萌发类型。子叶出土型植物在种子萌发时，种胚初生根伸出后，下胚轴显著伸长，初期弯曲成拱形，顶出土面后逐渐伸直，最后将子叶和胚芽鞘带出土面，子叶变绿，展开并形成幼苗的第一个光合作用器官，随后上胚轴和顶芽生长（图 5－2）。单子叶植物中只有少数属于子叶出土型萌发，例如葱、蒜类等，90％的双子叶植物种子萌发均属子叶出土型，常见的有棉花、油菜、大豆、黄麻、烟草、蓖麻、向日葵、瓜类等。

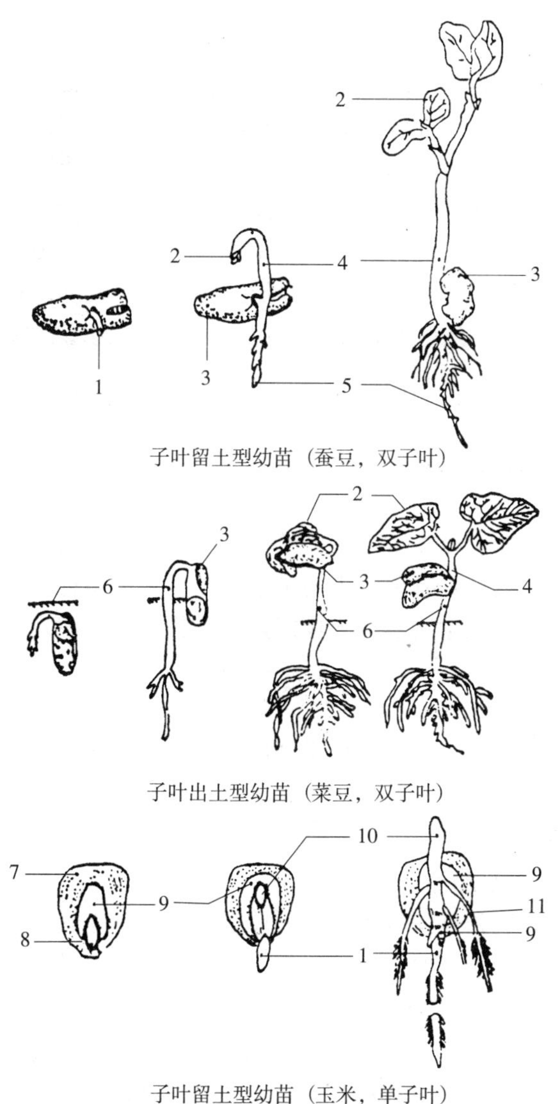

图 5－2　萌发种子长成的幼苗类型

1. 胚根　2. 第一真叶　3. 子叶　4. 上胚轴　5. 初生根　6. 下胚轴　7. 胚乳　8. 胚根鞘　9. 盾片　10. 胚芽鞘　11. 不定根

（引自毕辛华和戴心维，1993）

这类植物幼苗下胚轴的生长快慢和长度与出苗率常有密切关系。子叶出土型幼苗的优点是幼苗出土时顶芽包被在子叶中而受到保护，子叶出土后能进行光合作用，继续为生长提供能量，例如大豆的子叶能进行数日的光合作用，而棉花、萝卜等子叶能保持数周的光合功能。某些植物的子叶与后期生育有关，如棉花的子叶受到损害时，以后会减少结铃数，甚至完全不结铃；丝瓜的子叶受伤后，对开花期子房的发育会产生抑制作用。因此在作物移植或间苗操作过程中，应注意保护子叶的完整性，避免机械损伤。

（二）子叶留土型

子叶留土型萌发（hypogeal germination）是指子叶或变态子叶（盾片）留在土壤和种子内的一种萌发类型。子叶留土型植物种子萌发时，下胚轴几乎不伸长，上胚轴（包括顶芽和顶芽以下部分）伸长快，将芽顶出土面，顶芽随即长出真叶而成幼苗，子叶或变态子叶（盾片）留在土壤中的种皮内，直至内部贮藏养料消耗殆尽而逐渐解体（图 5－2）。大部分单子叶植物（例如禾谷类）和小部分双子叶植物（例如蚕豆、豌豆等）属于这种类型。

子叶留土型幼苗种子萌发时，穿土力较强，即使在黏重的土壤中，一般也较少发现闭孔现象。因此播种时可较子叶出土型种子播得略深。尤其在干旱地区更有必要将种子播得略深。禾谷类植物种子幼苗出土的部分实际上是子弹型胚芽鞘，胚芽鞘出土后在光照下开裂，内部的真叶才逐渐伸出，进行光合作用。如果没有完整胚芽鞘的保护作用，幼苗出土将受到阻碍。由于子叶或变态子叶（盾片）留土，幼苗的营养贮藏组织和部分侧芽仍保留在土中，因此如果土壤上面的幼苗部分受到昆虫、低温等的损害，仍有可能重新从土中长出幼苗。

第二节　种子萌发的生态条件

种子要正常萌发，萌发后要发育成正常的植株，必须具备内在条件和外界环境。内在条件是种子通过休眠或无休眠且具有生活力的种子，外界环境条件包括适宜水分、温度和充足的氧气供应。另外，光照、化学物质、土壤因素、生物因素对萌发亦有一定的影响。

一、水　　分

种子萌发的第一步是吸胀，只有在种子细胞内自由水增多的条件下，才能使种子中一部分贮藏物质变为溶胶，同时使酶活化或合成而起催化作用。因此水分是种子萌发的先决条件。

（一）种子萌发最低需水量

水分是种子萌发的先决条件。种子吸水后才会从静止状态转向活跃，在吸收一定量水分后才能萌发。不同种类种子萌发时对水分要求不同，可以用最低需水量表示。萌发最低需水量是指种子萌动时所含最低限度的水分占种子原重的比例（%）（亦可用含水量表示）。吸水的最低限度因作物种类而不同，例如含淀粉较多的种子，其最低需水量比含蛋白质较多的种子低。因此禾谷类作物种子在萌发前所吸收的水分，一般远比豆类作物种子少（表 5－1）。萌发最低需水量有多种表示方法，一般以种胚露出种皮 1 mm 时的种子含水量作为标准。

（二）种子水分吸收的影响因素

种子吸水的影响因素有很多，主要有种子化学成分、种皮透水性、种子结构等内因，以及外界水分状况、温度等外部因素。

表 5-1　作物种子萌发最低需水量

（部分引自叶常丰和戴心维，1994）

作物种类	最低需水量（%）	作物种类	最低需水量（%）
水稻	22.6	紫花苜蓿	53.7
小麦	60.0	向日葵	56.5
玉米	39.8	油菜	48.3
大麦	48.2	大麻	43.9
黑麦	57.7	亚麻	60.0
燕麦	59.8	棉花	50.0
荞麦	46.9	甜菜	120.0
扁穗雀麦	83.7	大豆	107.0
硬雀麦	53.0	蚕豆	157.0
苏丹麦	87.6	豌豆	186.0

注：以种胚露出种皮 1 mm 时的种子含水量作为标准。

种子吸水量由种子的化学成分决定，蛋白质类种子的吸水量高于淀粉类种子和脂肪类种子。不同种子种皮的透水性存在很大差异，影响水分的吸收速率，种皮结构越致密，透水性越差，吸水越缓慢。豆类种子水分主要通过种皮的发芽口进入内部，硬实种子由于种皮不透水而不能萌发。

温度是影响种子吸水的主要外界因素。温度越高，不仅吸水越快，而且吸水量也越大。一般来说，种子在低温下经过一段时间吸水，吸水量即达到最大限度，此后不再增加，也不能萌发；而在较高温度下吸水过程可持续到种子萌动和发芽。

外界水分状况对种子吸水的影响很大。有些种子在相对湿度饱和或接近饱和的空气中就能吸足水分发芽。在自然条件下，种子可吸收周围直径约 1 cm 的土壤水分。当种子周围土壤吸水力和渗透压上升时，种子的吸水量就显著降低，进而影响萌发。所以农业生产上应足墒播种，同时在施用种肥时应当注意不能过量。

（三）种子的吸胀损伤和吸胀冷害

当种子刚接触水分时，由于干种子细胞膜系统完整性差，细胞内部的糖、蛋白质、氨基酸、酚类物质及无机离子会发生渗漏现象。随着吸胀种子细胞膜的修复，内部物质的外渗逐渐减少。如果种子吸胀速度过快，细胞膜将无法得到修复甚至发生更大的损伤，种子内含物外渗加剧，导致种子成苗能力下降。这种现象称为吸胀损伤（soaking injury）。例如大豆等种皮较薄、蛋白质含量高的种子播种前不宜浸种，否则易出现吸胀损伤。

种子的安全萌发对吸胀的温度也有一定的要求。有些作物干燥种子（水分在 12%～14%，因作物而异）短时间在 0 ℃以上低温吸水，种胚就会受到伤害，再转移到正常条件下也无法正常萌发成苗，这种现象称为吸胀冷害（imbibition chilling injury）。与吸胀损伤相比，吸胀冷害造成的危害更为严重，吸胀冷害不仅发生在高寒地带和低温湿润地区，而且在干旱地区早春播种时也会发生。导致种子吸胀冷害的温度界限是在 15 ℃或 10 ℃以下，大豆、菜豆、玉米、高粱、棉花、番茄、茄子、辣椒等植物种子易受到吸胀冷害。应用聚乙二醇（PEG）引发或吸湿回干预处理等进行渗透调节，是避免种子吸胀冷害的有效技术措施。

二、温　　度

种子萌发时，种子内的一系列物质变化，包括胚乳或子叶内有机养料的分解，以及由有机物质和无机物质同化为生命的原生质，都是在各种酶的催化作用下进行的。而酶的作用需要有一定的温度才能进行，所以种子萌发要求一定的温度。只有在最适宜温度下种子才能正常、良好地萌发。

（一）种子萌发温度的三基点

各种植物种子萌发对温度要求都可用最低温度、最适温度和最高温度来表示。最低温度和最高温度分别是指种子至少有 50%能正常萌发的最低温度界限和最高温度界限，最适温度是指种子能迅速萌发并达到最高发芽率的温度。此即种子萌发的温度三基点，又称为三基点温度。大多数植物种子在 10～30℃范围内均能较好地萌发，但不同植物种子萌发的具体要求存在差异（表 5-2）。

表 5-2　主要植物种子萌发对温度的要求

植物种类	最低温度（℃）	最适温度（℃）	最高温度（℃）	植物种类	最低温度（℃）	最适温度（℃）	最高温度（℃）
水稻	8～14	30～35	38～42	黄瓜	12～15	30～35	40
高粱、粟、黍	6～7	30～33	40～45	西瓜	20	30～35	45
玉米	5～10	32～35	40～45	甜瓜	16～19	30～35	45
麦类	0～4	20～28	38～40	辣椒	15	25	35
荞麦	3～4	25～31	37～44	葱蒜类	5～7	16～21	22～24
棉花	10～12	25～32	40	萝卜	4～6	15～30	35
大豆	6～8	25～30	39～40	番茄	12～15	25～30	35
小豆	10～11	32～33	35～40	芸薹属蔬菜	3～6	15～28	35
菜豆	10	32	37	芹菜	5～8	10～19	25～30
蚕豆	3～4	25	30	胡萝卜	5～7	15～25	30～35
豌豆	1～2	25～30	35～37	菠菜	4～6	15～20	30～35
紫云英	1～2	15～30	39～40	莴苣	0～4	15～20	30
牧草	0～5	25～35	35～40	茼蒿	10	15～20	35
黄花苜蓿	0～5	15～30	35～37	杉木	8～9	20～25	32
圆果黄麻	11～12	20～35	40～41	马尾松	12～15	21～26	32
长果黄麻	16	25～35	39～40	欧洲赤松	8～9	21～25	35～36
烟草	10	24	30	扁柏	8～9	26～30	35～36
亚麻	2～3	25	30～37	红豆树	16～20	28～32	40～45
向日葵	5～7	30～31	37～40	山茱萸	6～8	10～19	21～25
油菜	0～3	15～35	40～41	桑树	20～22	25～30	34～35

注：由于各种作物的生态类型、品种间存在差异，本表仅供参考。

自然界，种子萌发的温度要求与作物的生育习性以及长期所处的生态环境有关。一般喜温或夏播作物种子萌发的温度三基点分别是 6～12℃、30～35℃和 40℃，而耐寒或冬播作物种子萌发的温度三基点分别是0～4℃、20～25℃和40℃。一般植物种子能在较大的温度范围内较好地萌发，但也有一些对萌发温度要求严格，例如蚕豆种子萌发的最适温度为25℃，莴苣、菠菜种子萌发的最适温度为15～20℃，因此这些冬播或耐寒植物种子在夏季高温条件下很难萌发。水稻、玉米、甜瓜、西瓜种子萌发的最适温度在30℃以上，辣椒种子萌发温度不能低于15℃，这类夏播或喜温植物种子在早春播种时应满足其对温度的需要。

同一植物的不同亚种、类型甚至不同品种种子萌发的温度也不尽相同。籼稻种子萌发最适温度是30～35℃，而粳稻种子萌发最适温度是30℃。此外，种子生理状态对萌发的温度也有一定的影响，处于休眠状态的植物种子萌发温度特殊而且偏窄，活力较低的种子适应的温度范围小，在不适温度下容易受害。

（二）变温对种子萌发的影响

许多植物种子在昼夜温度交替性变化的生态条件下萌发最好。种子萌发要求变温的往往是喜温、休眠和野生性状较强的一些植物种类，例如水稻、茄科蔬菜和许多牧草、林木种子。变温对促进休眠种子萌发特别有效，因此对未完成后熟的新种子或休眠种子采用变温发芽效果特别显著。此外，变温还能提高一些无休眠种子萌发的速率和整齐度。目前发芽试验常采用的变温为20～30℃或15～25℃，一般在24 h周期内，在低温下16 h，高温下8 h。

关于变温促进种子萌发的机制目前尚未认识清楚。可能原因有如下几点：①变温促进了气体交换。首先，变温能使种被胀缩受损，从而有利于水和氧气进入种子内部；其次，变温使得种子内外存有温差，促进气体交换；此外，低温下氧气在水中的溶解度大，随水进入种子的氧气较多，有利于呼吸。②变温可减少贮藏物质的呼吸消耗。③变温有利于激活某些酶的活性，促进酶的活动。

三、氧　　气

种子萌发是一个非常活跃的需氧生理过程。种子得到足够的水分和适当的温度后，就开始萌动，此时氧气的供应对萌发起着主导作用。在氧气充分的情况下，胚细胞呼吸作用逐渐加强，酶的活动逐渐旺盛，种子贮藏物质通过呼吸作用提供中间产物和能量，才能充分供应生长的需要。因此氧气也是种子必不可少的萌发条件。特别是在萌发初期，种子的呼吸作用十分旺盛，需氧量很大。

（一）种子萌发时氧气供应的影响因素

种子萌发时种胚的氧气供应受到外界氧气浓度、水中氧气的溶解度、种皮对氧气的透过性以及种子内部酶对氧的亲和力等因素的影响。

大气中氧气浓度为21%，能够充分满足种子萌发的需要。但土壤水分过多或通气不良，都会降低土壤空气的氧气含量，影响种子萌发。一般植物种子要求其周围空气中含氧量在10%以上才能正常萌发，当氧气浓度低于5%时，大多数植物种子不能萌发。因此播种前的浸种、催芽，需要加强人工管理，以控制和调节氧的供应，保证种子萌发的正常进行。

一般来说，限制氧气供应的主要因素是水分和种皮。若水分过多，当种子刚吸胀时由于表皮水膜增厚，会使氧气向种胚内部扩散的阻碍增加。有些种子（例如大麦、西瓜、南瓜、菠菜等）的种皮透气性本来就差，若萌发环境中水分过多，氧气供应进一步受阻，对种子萌发的影响更大。胚根突破种皮后，种被对氧气通透性的限制会消失。

（二）不同植物种子萌发对氧气需要的差异

种子萌发的需氧量与该植物的系统发育有关，长期生长在水田的水稻比长期生长在旱地的麦类需氧少得多。但种子如果长时间置于无氧的淹水条件下，即使已经萌发的种子（例如水稻），出苗也会受到严重影响，淹水时间越长，深度越深，受害越严重。

种子萌发需氧量也与种子的化学成分有关，一般脂肪类种子萌发需氧量高于淀粉类种子。因此在生产实践中，脂肪含量高的油料作物种子适宜浅播。棉花若播种过深或播后遇雨造成土壤板结，就难于顺利出苗，甚至会引起种子的大量霉烂。

（三）种子萌发过程需氧量的变化

种子萌发过程需氧量的变化规律与吸水相似。当种子开始吸水时，伴随吸湿迅速吸氧；当种子处于吸水滞缓期，吸氧缓慢但时间较长；当种子胚根突破种皮时，需氧量又急剧增加。如果此时氧气供应不足，且又处于高温条件下，种子会陷入缺氧呼吸，产生乙醇而毒害种胚。水稻催芽过程中操作不当时会发生这种事故，应特别注意。

四、其他因素

（一）光

大多数高等植物种子萌发时对光反应不敏感，在光照或黑暗条件下均能正常萌发。但也有一些植物种子萌发时对光敏感，需要在光照或黑暗条件下才能正常萌发。根据种子对光照反应的不同，可将种子分为需光种子（light-requiring seed）、光不敏感种子（non-photoblastic seed）和忌光种子（negatively-photoblastic seed）3 种类型。

1. 需光种子 需光种子又称为喜光种子，包括光敏感种子（light-sensitive seed）和光促进种子（light-promotive seed）两种类型，光对光敏感种子的萌发起决定性作用，为萌发必不可少的因素，例如烟草、芹菜、莴苣、早熟禾等。对光促进种子，光照可促进种子萌发，但不是必不可少的因素，例如桑、桉树、光叶天料木等。

2. 忌光种子 忌光种子又称为暗发芽种子，指光照对萌发起抑制作用的种子，这类种子萌发时需要黑暗，在有光的条件下反而不能萌发，例如洋葱、苋菜、鸡冠花、黑种草等。

3. 光不敏感种子 光不敏感种子又称为中性种子，指光照条件对其萌发无明显影响的种子，这类种子在光照和黑暗条件下均能正常萌发，大部分农作物种子属此类。

（二）二氧化碳

通常在大气中只含 0.03%的二氧化碳，在土壤中其浓度通常维持在 2%以下，因此它对种子萌发影响不大。当二氧化碳增至一定浓度（0.5%～5.0%）时，可促进丝瓜、苦瓜、黄瓜、西瓜、西葫芦等蔬菜种子的萌发。只有当萌发环境的二氧化碳增至很高的浓度（10%及以上）时，才会显著抑制种子萌发。有些植物种子萌发受二氧化碳的抑制需要更高的浓度，如燕麦种子，当二氧化碳浓度达 17%时仍能正常萌发，30%时种子萌发才受到抑制，达 37%时种子完全不发芽。

虽然高浓度二氧化碳抑制种子萌发，但其影响不如缺氧那么严重。因缺氧可使种子死亡，而高浓度二氧化碳易使种子萌发受抑制。此外，二氧化碳对萌发的抑制作用与温度及氧气的浓度有关，当环境温度不很适宜时或含氧较低时其阻碍效应尤为明显。

第三节　种子萌发的生理生化变化

种子萌发过程中，伴随着由种胚到种苗的形态变化，种子内部也在进行着一系列生理生化变化，包括细胞的活化与修复、酶的产生与活化、物质与能量的转化等，使胚细胞得以生长、分裂和分化。

一、细胞的活化和修复

在成熟的干种子细胞内部预存着一系列与种子萌发、生长代谢有关的酶和生物化学系统，但由于缺水而使其处于钝化或损伤状态。在种子萌发的最初阶段，细胞吸水后立即开始修复和活化活动。种子内部活化的系统有酶、细胞器等。种胚细胞一旦接触水分，呼吸强度就明显增高，但刚活化的细胞代谢系统的反应效率一般不高，例如线粒体的呼吸效率（消耗单位氧气产生 ATP 的量）较低。另外，种子刚接触水时细胞内含物透过膜的外渗较多，表明干种子内部细胞膜系统存在着某些损伤。除了细胞膜系统之外，在干种子中还发现 DNA、RNA（特别是 mRNA）分子也存在着损伤。因此种子在吸胀时细胞会发生相应的修复性代谢变化。活化和修复是在种子吸水的前两个阶段进行的。

（一）膜系统的修复

由双层的磷脂和蛋白质组成的正常的生物膜，每层分子的亲水基团与水分子结合，朝外排列，双层分子的疏水基朝内排列彼此衔接，具有完整的构造。但在种子成熟和干燥脱水时，当水分丧失到无足够水膜保护整个表面时，磷脂层及其间夹杂的蛋白质分子排列发生转向，亲水端朝内围绕剩下的水分排列，疏水端朝向外端。进一步干燥时，胶团会形成六角形的排列，从而产生很多不定的孔隙，膜成为不完整状态（图 5－3），以致种子吸水初期无法防止溶质从细胞内渗漏出去，依赖于膜的分隔作用的细胞功能将被破坏。蛋白质也因失水而破坏结构使功能丧失。吸水一定时间以后，种子内修补细胞膜的过程完成，变为完整的膜，恢复了其正常功能，溶质的渗出得到了阻止。现还发现，吸胀细胞新合成磷脂分子，在高水分下，磷脂分子在细胞膜上排列趋向完整。

膜的修复受到种子细胞水合速度和种子衰老程度的影响。溶质的大量外渗发生在种子快速吸水的前期。随着膜的修复，溶质的外渗量降低。而衰老种子膜系统受损或降解，膜的修复能力下降或完全丧失修复能力。浙江大学的研究发现，玉米膜联蛋白 ZmANN33 和 ZmANN35 主要分布在细胞质膜附近，参与种子吸胀萌发时细胞膜损伤的修复（He et al.，2019），通过分析正常条件（25 ℃）下吸胀种胚的转录组变化，共发现 651 个差异表达基因，主要涉及蛋白质代谢、转录调控、信号传导、能量产生等生理活动。

干燥种子中的线粒体外膜已破裂，变为不完整，使许多存在于线粒体膜上的呼吸酶分解、失活，不能行使其正常功能。线粒体膜的修复是种子吸水早期细胞内发生的重要活动。随着种子吸胀的进行，线粒体内膜的某些缺损部分重新合成，恢复完整，电子转移酶类被整合或活化并嵌入膜中，使氧化磷酸化的生物化学过程逐渐恢复正常。

（二）DNA 修复

在干燥种子中，细胞内 DNA 链上常出现裂口或断裂，在萌发早期由于酶（例如 DNA 连接酶）被活化，当有底物供应时，就能将 DNA 修复，变为完整的 DNA 结构。萌发过程

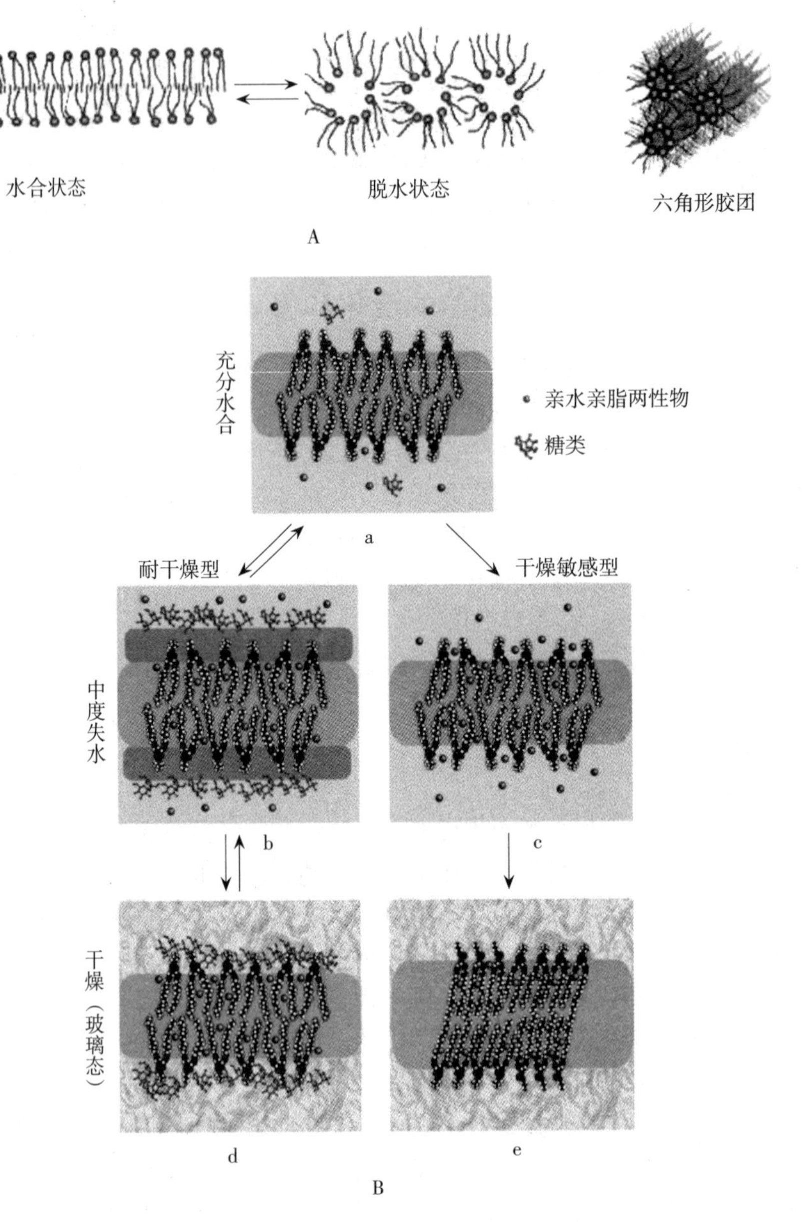

图 5－3　基于体外系统推测耐干燥型和干燥敏感型组织在干燥过程的细胞膜变化

A. 水合状态（脂肪酸分子两条疏水链朝内相对排列；脱水时，当无足够水膜保护整个表面时，脂肪酸分子亲水端围绕剩下的水分排列，疏水端朝外排列；进一步失水时，会形成六角形排列的胶团） B. 采用上述模型解释干燥过程中细胞膜的变化［a. 在充分水合细胞（膜脂分子处于稳定结晶状态） b. 中度失水时的耐干燥型细胞（释放溶质，例如糖类，优先保持膜表面水合，防止膜融合） c. 中度失水时的干燥敏感型细胞（其中缺少诸如糖类等溶质，无法阻止膜融合） d. 干燥时的耐干燥型细胞（水合层不再存在，其中的特殊糖类和蛋白质能替代水分子保持膜表面的水合——水替代假说，以维持磷脂分子间的空间，使膜保持液晶状态） e. 干燥时的干燥敏感型细胞（不能产生大量的糖类和蛋白质，不能形成水合层，导致膜磷脂分子叠合，使得膜变成凝胶态。在此时期，膜的流动性下降，发生细胞质的玻璃化，是一种极端黏稠的液态，恰当的分子重排被阻止。在凝胶态，膜的功能和物理完整性不能被修复，导致膜的永久损伤，一旦重新吸水，细胞质内含的溶质产生永久的渗漏）

（引自 Bewley et al.，2013；Hoekstra et al.，2001）

中，干种子中缺损的 RNA 分子一般被分解，而由新合成的完整 RNA 分子所取代。

以上的活化和修复能力，除受环境条件的影响外，还与种子的活力有密切关系。低活力的种子不仅修复能力低，而且损伤的程度比高活力的种子大得多，活力降低到一定水平时就无法修复，种子也就失去萌发能力。

二、种胚的生长和合成代谢

种子萌发最初的生长在种胚细胞内主要表现在活化和修复基础上，以及细胞器和膜系统的合成增殖。修复时原有线粒体的部分膜被合成，呼吸酶数量增加，呼吸效率大大提高。接着细胞中新线粒体形成，数量进一步增加。同时，细胞的内膜系统内质网和高尔基体也大量增殖。高尔基体运输多糖到细胞壁作为合成原料；内质网可以产生小液泡，小液泡的吸水胀大以及液泡间的融合，使胚根细胞体积增大。在许多情况下，胚根细胞的伸长扩大，就可直接导致种子萌动。

种子在萌发早期已开始了复杂的代谢过程。例如小麦种子吸胀 30 min 即利用种子预存的 RNA 合成蛋白质；新 RNA 分子的合成在吸胀后 3 h 开始，首先合成的种类是 mRNA。在一定量的新 RNA 积累的基础上，小麦种子中 DNA 的合成于吸胀的第 15 h 开始，在 DNA 复制后数小时，种胚细胞进行有丝分裂。

此外，干燥种子细胞内存在着酶蛋白、核糖核蛋白等复合体，在种子吸胀后开始水解参与生物化学过程。例如大麦干种子中的 β 淀粉酶以二硫键和蛋白质结合在一起或以两个双硫键与蛋白质结合在一起形成酶原，种子吸水后经蛋白酶水解才能形成活化的 β 淀粉酶。

三、贮藏物质的分解和利用

种子内部存在丰富的营养物质，在萌发过程中逐步地被分解和利用，通常称为贮藏物质动用。在种子吸胀萌动阶段，胚的生长先动用胚部或胚中轴（embryo axis）的可溶性糖、氨基酸以及仅有的少量贮藏蛋白。例如豌豆种子胚中轴的贮藏蛋白在萌发的前 2～3 d 内即被分解利用。但在贮藏组织（胚乳或子叶）中贮藏物质的分解需在种子萌动之后。淀粉、蛋白质、脂肪等大分子首先被水解成可溶性小分子，然后输送到胚的生长部位被继续分解和利用，一部分作为呼吸基质，一部分则在生长部位用于合成构成新细胞的材料（图 5－4）。

（一）淀粉的分解和利用

淀粉是粉质种子的主要贮藏物质，其降解产物是种子萌发过程中主要的物质与能量来源。淀粉降解有水解和磷酸化两种途径。在种子萌发早期，淀粉磷酸化酶活性高，磷酸化途径是淀粉转化的主要途径。在种子萌发后期，如禾谷类种子吸胀 24～48 h 后，α 淀粉酶、β 淀粉酶活性增强，水解途径则成为淀粉降解的主要途径。

1. 水解途径　种子中贮藏淀粉的水解需要 α 淀粉酶（α-amylase）、β 淀粉酶（β-amylase）、α－葡萄糖苷酶（α-glucosidase）、极限糊精酶（limit-dextrinase）和 R 酶等多种酶相互作用，才能把淀粉彻底水解为葡萄糖。

天然淀粉粒中的直链淀粉和支链淀粉首先在 α 淀粉酶的作用下，无差别地随机切断糖链内部的 α－1,4 糖苷键，释放出的低聚糖被 α 淀粉酶进一步水解，直到产生葡萄糖和麦芽糖。由于 α 淀粉酶不能断裂支链淀粉的 α－1,6 糖苷键，因此经 α 淀粉酶分解的支链淀粉先产生葡萄糖、麦芽糖和大分子的极限糊精。然后在专一性作用于支链淀粉 α－1,6 糖苷键的脱支

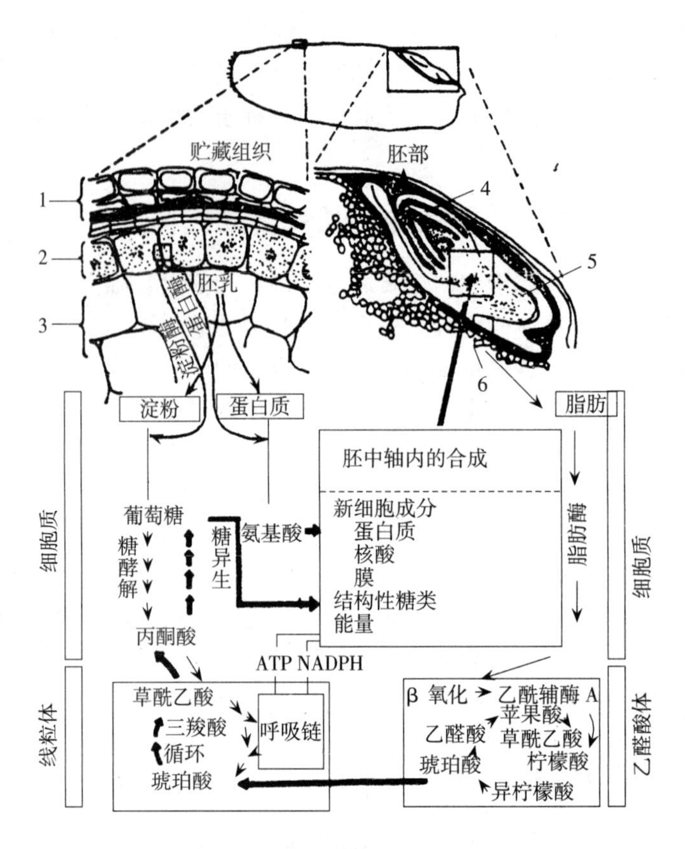

图 5－4　种子中主要贮藏物质的分解利用

→ 表示分解　➡ 表示合成

1. 果皮　2. 糊粉层　3. 淀粉层　4. 胚芽　5. 胚根　6. 盾片

（引自 Cardwell，1984）

酶（包括极限糊精酶和 R 酶）的作用下，将极限糊精水解为麦芽糖和葡萄糖。β 淀粉酶不能直接分解天然淀粉粒，只能在 α 淀粉酶分解的基础上断裂开非还原端的麦芽糖。

2. 磷酸化途径　在磷酸化途径中，淀粉磷酸化酶结合一个硫酸盐作用于多聚糖链非还原端的倒数第二个和最后一个葡萄糖残基之间的 α－1,4 糖苷键，释放一个 1－磷酸葡萄糖分子。直链淀粉可被完全磷酸化分解，支链淀粉可被分解成由一个 α－1,6 糖苷键分支连接的 2～3 个葡萄糖分子的极限糊精。但该酶不直接作用于淀粉粒，因此淀粉粒首先必须由其他酶部分降解。

禾谷类种子萌发时，首先在盾片及胚芽鞘中产生赤霉素，运到糊粉层后，诱导糊粉层细胞产生 α 淀粉酶，进入胚乳使其水解，水解后的可溶性物质再经盾片输送进生长中的胚（图 5－5）。禾谷类种子的盾片在萌发过程中具有分泌和消化吸收的功能。

（二）蛋白质的分解和利用

种子蛋白质的分解是分步进行的。第一步是贮藏蛋白可溶化，非水溶性贮藏蛋白不易直接被分解成氨基酸，首先被部分水解形成水溶性分子较小的蛋白质；第二步是可溶性蛋白完全氨基酸化，可溶性蛋白被肽链水解酶（包括肽链内切酶、羧肽酶、氨肽酶）水解成氨基酸。这种蛋白质水解的阶段性在双子叶种子中表现得特别明显。

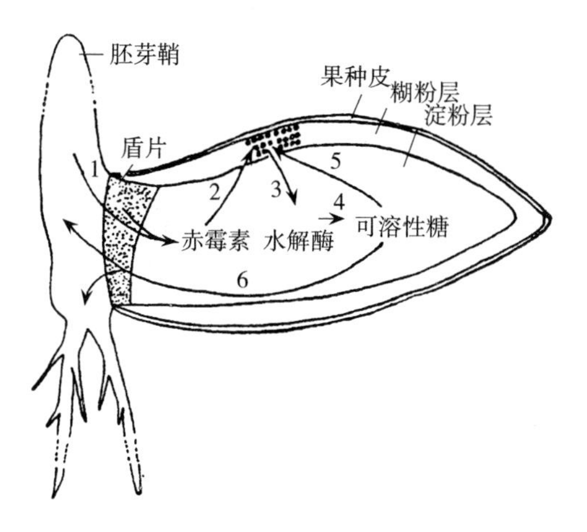

图 5-5　萌发大麦种子内部赤霉素（GA）的产生和 α 淀粉酶的生成与胚乳分解的关系
1. 胚芽鞘和盾片产生赤霉素（GA）　2. 赤霉素由胚部转移到糊粉层　3. 赤霉素诱导糊粉层合成包括 α 淀粉酶等水解性酶类，这类酶合成后分泌到胚乳中　4. 水解酶分解胚乳，产生可溶性糖等　5. 胚乳的水解产物反馈调节水解酶的合成　6. 可溶性糖等被输送到胚的生长部位，作为营养起作用
（引自 Jones 和 Armstrong，1971）

多肽 —(氨肽酶 / 羧肽酶)→ 氨基酸

多肽 —(肽链内切酶)→ 小单位多肽 —(肽水解酶)→ 氨基酸

贮藏蛋白质水解产生的氨基酸，可被再用于新蛋白质的合成，或被去氨基后为呼吸氧化提供碳架。

禾谷类种子蛋白质的分解主要发生在胚乳淀粉层、糊粉层、胚中轴和盾片几个部位（Bewley 和 Black，1985）。

在胚乳淀粉层，其中分解贮藏蛋白的蛋白水解酶来源于糊粉层和淀粉层自身。除水解贮藏蛋白外，蛋白酶还水解酶原，活化预存的一些酶，如胚乳中的 β 淀粉酶；另外还水解糖蛋白，帮助促进胚乳细胞壁的溶化。

糊粉层受赤霉素的诱导而合成蛋白酶，其中部分蛋白酶就地水解蛋白质，分解产生的氨基酸作为合成 α 淀粉酶的原料。

盾片中存在着肽水解酶，因此胚乳中水解产生的肽链由盾片吸收之后水解成氨基酸。胚中轴也有蛋白水解酶，能水解少量贮藏蛋白。此外，胚部还有大量贮藏蛋白水解酶参与种子生长中蛋白质的代谢转化。

（三）脂肪的分解和利用

种子萌发时，脂肪体中的脂肪直接由位于脂肪体膜上的脂肪酶（lipase）催化水解为脂肪酸和甘油。产生的脂肪酸在乙醛酸体中进行 β 氧化，生成乙酰辅酶 A 进入乙醛酸循环。乙醛酸循环产生的琥珀酸转移到线粒体中通过三羧酸循环形成草酰乙酸，再通过糖酵解逆转化异生为蔗糖，输送到生长部位。脂肪水解的另一产物甘油能在细胞质中迅速磷酸化，即与 ATP 反应生成磷酸甘油，随后经脱氢作用生成磷酸二羟丙酮，磷酸二羟丙酮可循糖酵解进入三羧酸循环及呼吸链而被彻底氧化，另外也可循糖酵解的逆方向异生成糖。整个脂肪代谢所涉及的细胞器及相互关系如图 5-6 所示。在有些植物种子中脂肪酸也可进行 α 氧化途径，α 氧化的酶系统存在于线粒体中。

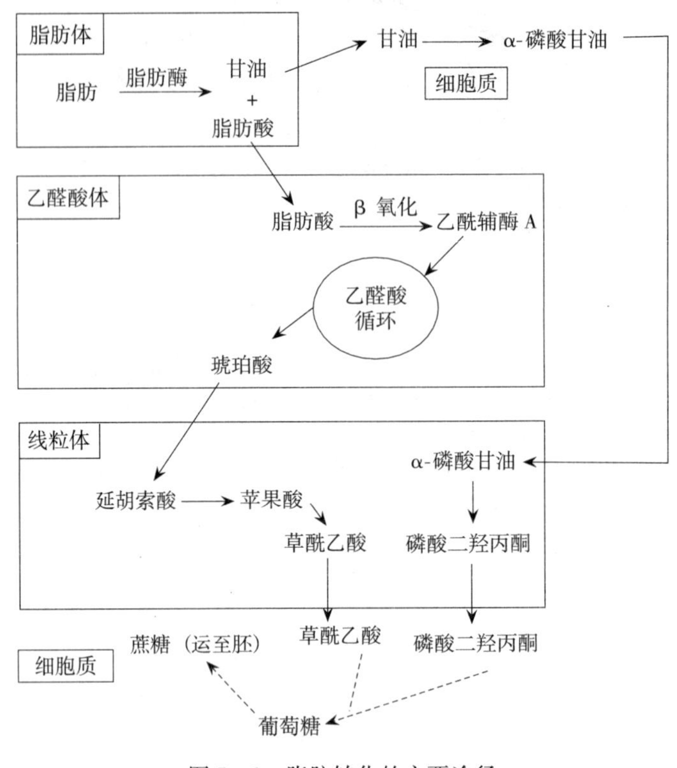

图 5-6　脂肪转化的主要途径

在萌发时水解产生的脂肪酸中，优先被分解利用的一般是不饱和脂肪酸。因此萌发中随脂肪的水解，酸价逐渐上升，而碘价逐渐下降。许多植物种子内部预先贮藏一部分有活性的脂肪酶，当种子萌发时，脂肪酶的活性明显上升。在萌发代谢中，一般首先利用的是种子中的淀粉和贮藏蛋白，而脂肪分解利用发生在子叶高度充水、胚根胚芽显著生长时期。

此外，种子萌发过程中还有许多物质参与代谢，如各种激素、维生素、同工酶、RNA、DNA、矿物质等，缺少任何一种物质或生物化学过程，种子都不可能完成萌发、形成健壮幼苗。

四、呼吸作用和能量代谢

胚的萌动及幼苗的生长不仅需要大量营养物质，而且也需要大量生物能量，因而种子能否萌发及幼苗生长得好坏与能量产生的呼吸作用密切相关。

吸胀种子在萌发过程中的主要呼吸途径是糖酵解、三羧酸循环和磷酸戊糖途径。许多研究资料表明，种子在吸水初期是糖酵解途径占优势，促进丙酮酸的生成，其后则以磷酸戊糖途径占优势，促进葡萄糖的氧化。磷酸戊糖途径产生的 NADPH 是还原性生物化学合成所需的氢和电子的重要供体，途径的中间产物是许多生物化学物质（例如核苷酸、芳香族化合物）合成的重要原料，在幼苗的生长中起重要的作用。

种子的呼吸基质在萌发初期主要是干种子中预存的可溶性蔗糖及一些棉子糖类的低聚糖，到种子萌动以后，呼吸作用才逐渐转向利用贮藏物质的水解产物。

种子呼吸是在线粒体上进行的，线粒体在种子吸胀后呼吸活性明显提高。吸胀后线粒体的发育不仅包括干种子中预存线粒体的修复和活化，而且还包括吸胀后新线粒体在细胞内的合成和增殖。随着线粒体的发育，不同作物种子内 ATP 含量具有相似的变化模式。干种子中 ATP 含量较低，吸胀后 ATP 含量迅速增加，之后在种子萌动前保持相对稳定（ATP 合成的速率和利用的速率达到平衡）；种子萌动后，ATP 含量进一步上升。ATP 含量与种子代谢强度、活力和萌发条件有密切关系。一般衰老种子吸胀后 ATP 含量增加很缓慢，萌发条件不良时 ATP 的产生受阻甚至停止。

种子萌发过程中能量利用受到种子本身的活力、化学成分以及环境条件的适宜程度等因素的影响。在实践中，能量利用效率可用物质效率这个指标来衡量。

$$
\begin{aligned}
\text{物质效率} &= \frac{\text{黑暗条件下长成幼苗的干重}}{\text{种子发芽期间消耗的干重}} \times 100\% \\
&= \frac{\text{黑暗条件下长成幼苗的干重}}{\text{种子发芽前干重}-\text{发芽后剩余物干重}} \times 100\%
\end{aligned}
$$

不同的种类种子比较，油质种子的物质效率较高，而淀粉种子较低。同一作物的种子则表现为高活力种子，适宜条件下发芽的种子，其物质效率较高。因此物质效率也是种子活力的指标。

第四节　促进种子萌发的方法

提高播种种子的田间萌发成苗能力和整齐度，特别是在逆境下的萌发和成苗能力，对农作物生产有积极的意义。提高种子萌发成苗能力的一些技术（例如解除休眠促使萌发等）在有关章节中已有介绍。近年来，国内外也有一些新的种子播前处理技术，以达到提高种子发芽率的目的。在此，做简要介绍。

一、物理方法处理

物理方法处理通常有磁场处理、超声波和等离子体处理。电磁等物理因素处理的作用在于提高种子活力，具体表现为提高发芽率和田间出苗率，特别是对于陈种子和活力低的种子效果更明显。

（一）磁场处理

种子的磁场处理（magnetic filed treatment）方法主要有两种，一种是应用磁场直接处理于种子，另一种是磁化水处理。磁场直接处理是用铁、钴、镍等合金制成永久磁场，通过调节距磁场的距离以获得不同的场强，将种子置于其间进行处理。磁化水处理是让水以一定的流速通过磁场切割磁力线，以获得经磁场处理的水，即磁化水，国外已有专门用于磁场处理种子的种子促活机。

磁场处理种子的参数主要是场强和时间。不同作物种子对场强大小的敏感性不同，不同场强所产生的效应也不同。微弱的磁场能促进种子中酶的活化，提高发芽势，例如用 50 mT 磁场处理水稻种子，发芽势和发芽率分别增加 14%和 8%；用 90 mT 经 1～2 次磁场切割处理的水浸种，水稻种子发芽率可提高34%，小麦种子发芽率可提高58%～69%。磁化作用除对发芽势、发芽率有影响外，对根系的生长、芽的生长也有较大影响。

（二）超声波和等离子体处理

利用16.5 kHz的超声波处理10 min，水稻种子发芽率和发芽势分别提高20.5%和7.1%，小麦和棉花种子发芽率提高10%～20%。在盐胁迫下，冷等离子体处理能促进水稻种子萌发和幼苗生长，显著提高两个水稻品种盐胁迫下的抗氧化酶活性，降低了活性氧和丙二醛含量（Sheteiwy et al.，2019）。

二、化学物质处理

现已发现有许多不同种类的化学物质能够改善种子萌发生理，特别是促进种子在不良田间条件下的萌发和成苗。

植物生长调节剂处理不但可促进一般条件下的种子萌发，而且在一些情况下可改善种子在逆境下的萌发成苗能力。目前常用的植物生长调节剂包括：萘乙酸（NAA）、吲哚乙酸（IAA）、2,4-滴等生长素类物质，GA_3、GA_4 等赤霉素类物质，细胞激动素、6-苄基腺嘌呤（6-BA）、玉米素等细胞分裂素物质等。油菜素内酯（BR）对种子萌发亦有明显的促进作用。例如小麦种子在萘乙酸或赤霉酸溶液中浸泡后，在高盐度条件下的发芽率明显提高。小麦种子用油菜素内酯处理后，在低温下的萌发成苗能力显著提高。

由于赤霉素、细胞分裂素等植物生长调节剂水溶性较弱，可利用有机溶剂渗入法来提高药剂的处理效果。首先可将一定量的植物生长调节物溶于丙酮或二氯甲烷，然后种子在药液中浸1～4 h。这些溶解在有机溶剂中的植物生长调节剂就能透过种皮渗入种子内部。浸种后，在室温下干燥16 h有机溶剂即可挥发，用真空干燥法挥发时间可缩短至1～2 h。干燥后种子再吸胀时，已渗入种子内的生长调节剂会快速扩散到胚内部起萌发促进作用。这种处理对大多数植物种子的萌发均有促进效果。

在实践中，大量营养元素和微量营养元素处理的合理应用也能促进种子的萌发成苗。例如水稻种子的锌素处理、小麦种子的铜素处理、豆类种子的钼处理，不但能促进种子萌发，而且可明显提高后期作物的产量。另外，过氧化氢处理也能促进许多种子的萌发，如用0.3%过氧化氢播前浸种处理能大幅度提高杂交稻种子的发芽率。

三、吸湿回干处理

种子的吸湿回干（rehygdration-dehydration）处理，也称为湿干交替处理，是让种子吸收一定水分后，再令其脱水干燥。吸湿回干处理的种子内部生理生化过程受到促进，包括大分子的活化、线粒体活性提高等，有利于加速种子萌发，而且对植株的生长发育和产量均有促进作用（Heckel，1964）。最近的研究证明，吸湿回干处理可以明显提高大豆种子抗吸胀冷害的能力，能够增强小麦和番茄种子在盐胁迫下的萌发能力，提高番茄种子萌发的高温耐性。番茄种子在人工老化前后进行吸湿回干处理能够有效地保持种子活力并改善衰老种子的性能。吸湿回干处理利于修复破损的生物膜，可增强抗氧化作用，抑制过氧化伤害。

吸湿回干处理的方法是将作物种子置于10～25 ℃ 的条件下吸水处理数小时后用气流干燥至原来的重量，这个过程可重复进行。根据作物种子种类不同，吸湿回干过程可进行1～3个周期，处理中种子吸胀的时间要严格控制，在25 ℃ 以下吸胀时间不宜超过6～8 h，否则，已经启动的DNA的合成将因为干燥而受到不利的影响。

吸湿回干处理，既有利于种子内部的活化和修复，又避免了直接浸种可能带来的吸胀伤害或浸种时间过长带来的缺氧呼吸的伤害。吸湿回干处理后播种的种子吸水力强，抗旱耐寒性增强。还有一些改良的吸湿回干处理方法，例如发芽前在高湿度的空气中让种子缓慢吸水而提高其水分促进活化的湿化处理（Ellis et al.，1990）；也有将干种子在水中浸1～5 min，捞起保湿数小时再干燥的浸润晾干处理。

思考题

1. 种子萌发分哪几个阶段？各有何特点？
2. 种子萌发过程发生哪些变化？
3. 种子萌发需要哪些条件？
4. 什么是种子吸胀损伤和吸胀冷害？
5. 有哪些方法可促进种子萌发？

第六章

种 子 活 力

第一节 种子活力的概念和意义

一、种子活力的概念

种子活力（seed vigour）是种子质量的重要指标，也是种用价值的主要组成部分，它与种子田间出苗密切相关，甚至有人把种子活力作为种子质量的同义词。

种子活力不像发芽率那样是一个单一的指标，而是描述若干特性的概念，不同学者对种子活力的定义有差异。2004年出版的《国际种子检验规程》将活力定义为："种子活力是在一个广泛的环境下，衡量发芽率可接受的种子批的活性和表现的那些种子特性的综合表现。"北美洲官方种子分析者协会（AOSA）（McDonald，1980）采用了较为简单直接的定义："种子活力是指在广泛的田间条件下，决定种子迅速整齐出苗和长成正常幼苗潜在能力的总称。"以上两个定义的基本内容十分相似。概括地说，种子活力就是种子的健壮程度和生产潜能。健壮的种子（高活力种子）萌发、出苗整齐、迅速，对不良环境抵抗能力强，生产潜能高。健壮度差的种子（低活力种子）在适宜条件下虽能萌发，但萌发缓慢，在不良环境条件下出苗不整齐，甚至不出苗。

因此与种子活力有关的各方面特性表现有：①种子萌发和幼苗生长的速率和整齐度；②在不良条件下种子的出苗能力；③贮藏后的表现，特别是萌发能力的保持。种子活力可持续影响植物生长，作物整齐度、产量和产品质量。

二、种子活力与种子生活力的关系

种子生活力（viability）是指种子的发芽潜在能力和种胚所具有的生命力，通常是指一批种子中具有生命力（即活的）种子数占种子总数的比例（%）。种子发芽力是指种子在适宜条件下（实验室可控制的条件下）发芽并长成正常植株的能力，通常用发芽势和发芽率表示。广义的种子生活力应包括种子发芽力。

关于种子活力与发芽力之间的关系，Isely已于1957年以图解表示（图6-1）。图中中间那条最长的粗横线是区别种子有无发芽力的界线，也是活力测定的分界线，在此线以上，表明种子具有发芽能力，即属于发芽试验的正常幼苗，在此范围内，可以适用活力测定，即将这些具有发芽力的种子划分成为高活力和低活力种子。在图中间最长的粗横线以下是属于无发芽力的种子，其中部分种子虽能发芽，但发芽试验时属不正常幼苗，在计算种子发芽率时，将它们列入不发芽种子，当然也是缺乏活力的种子，至于那些种子检验时的死种子则更无活力可言。

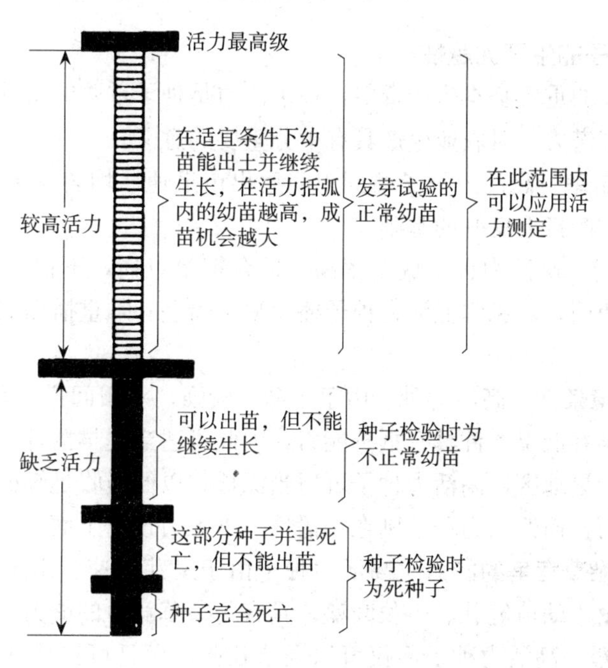

图 6-1　种子活力与发芽力的相互关系

（引自 Isely，1957）

种子活力与种子发芽力（生活力）对种子衰老的敏感性有很大的差异（图 6-2）。当种子衰老达 X 水平时，种子发芽力并未下降，而活力则有下降；当衰老发展到 Y 水平时，发芽力开始下降，而活力则表现严重下降；当衰老至 Z 时，其发芽力尚有 50%，而活力仅为 10%，此时种子已没有实际应用价值。

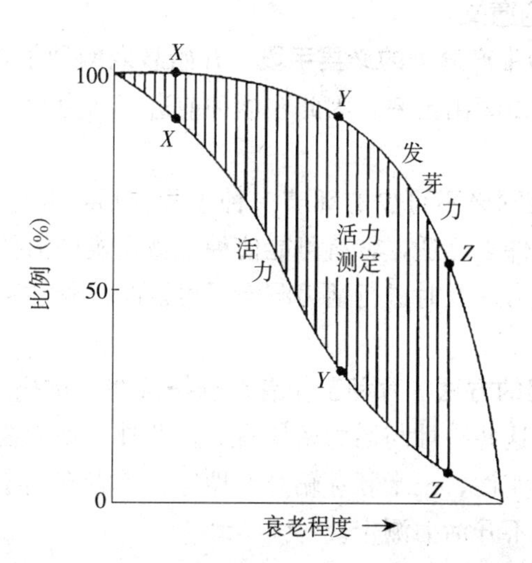

图 6-2　种子衰老过程中发芽力（生活力）与活力的相互关系图解

（引自 Delouche 和 Caldwell，1960）

三、种子活力的重要意义

（一）高活力种子的生产优越性

种子是农业生产的重要基本生产资料，种子活力是种子重要的质量，高活力种子具有明显的生长优势和生产潜力，对农业生产具有十分重要的意义。

1. 提高田间出苗率 高活力种子播到田间后出苗迅速、均匀一致，保证全苗壮苗和作物的田间密度，为增产打下良好的基础。

2. 节约播种费用 高活力种子成苗率高，适合精量点播，不仅可以减少播种量，而且可节省间苗的人工费用，避免因低活力种子播后缺苗断垄必须重播而额外增加的种子及人力物力等费用。

3. 抵御不良环境条件 高活力种子由于生命力较强，对田间逆境具有较强的抵抗能力。高活力种子一般对早春低温条件具有抵抗能力，因此可适当提早播种，并达到适当早收和提高产量的目的。在干旱地区，高活力种子可适当深播，以便吸收足够的水分而萌动发芽，并有足够能量顶出土面，而低活力种子则在深播情况下无力顶出土面。

4. 增强与病虫杂草竞争的能力 高活力种子由于发芽迅速、出苗整齐，可以逃避和抵抗病虫危害。同时由于幼苗健壮、生长旺盛，具有与杂草竞争的能力。

5. 增加作物产量 高活力种子不仅可以全苗壮苗，而且可提早和增加分蘖及分枝，增加有效穗数和果枝，因而可以明显增产。据美国对大豆、玉米、大麦、小麦、燕麦、莴苣、萝卜、黄瓜、南瓜、青椒、番茄、芦笋和蚕豆共13种作物的统计资料，高活力种子可以增产20%～40%。

6. 提高种子耐藏性 高活力种子可以较好抵抗各种贮藏逆境，例如高温、高湿等不良条件。因此当需要进行较长时期贮存的种子或作为种质资源保存的种子，应选择高活力的种子。

（二）种子活力测定的意义

1. 保证田间出苗率和生产潜力的必要手段 开始衰老的种子，其发芽率尚未表现降低，但活力却表现较低，影响田间出苗率。因此在播种前进行活力测定，选用高活力种子是非常必要的。

2. 种子产业中质量控制必不可少的环节 种子收获后，要进行干燥、清选、加工、贮藏等处理过程。若某些条件不合适，就有可能使种子遭受机械损伤，使种子因遭受机械损伤和生理衰老而降低种子活力。及时进行活力测定，可及时改善加工、处理条件，保持和提高种子活力。

3. 育种工作者应采用的方法 育种工作者在选择抗寒、抗病、早熟、丰产的新品种时，都应进行活力测定。因为这些特性与活力密切有关。此外，他们要选择某些有利于出苗的形态特征，如大豆下胚轴坚实性、玉米胚芽鞘开裂性等，前者有利于幼苗顶出土面，后者不利于幼苗出土，凡此等均离不开活力测定。

4. 研究种子衰老机制的必要方法 种子从形成发育、成熟收获直至播种的过程中，无时无刻不在进行变化，生理工作者要采用生理生化及细胞学等方面的种子活力测定方法，研究种子衰老机制及改善和提高活力的方法。

第二节　种子活力的影响因素

一、遗传因素对种子活力的影响

植物的遗传特性（基因型）对种子和幼苗活力有明显影响。不同作物和品种由于其种子结构、大小及形态特征和发芽特性等不同，其活力水平有较大的差异。

（一）不同作物和不同品种对种子活力的影响

不同作物由于其种子大小、发芽特性受基因控制，当其发芽率相同的情况下，田间出苗率或成苗率常会不一样。通常大粒种子萌发期间具有丰富的营养物质，具有较高的能量，幼苗顶出土面的能力较强。同一作物不同品种由于生理特性不同其活力水平也有差异。

（二）杂种优势对种子活力的影响

在农业生产上利用杂种优势增加作物产量和改进产品的品质。杂种优势在种子活力方面也有明显表现。通常杂种 F_1 代的活力较其双亲为高，杂交玉米、杂交水稻、杂交小麦及白菜等作物均有相似的表现。

关于种子活力所表现的杂种优势，分析其原因主要是由于种子萌发和幼苗生长过程中线粒体互补作用，促进蛋白质、RNA 和 DNA 的迅速合成。另一种解释认为是由于杂种具有更为经济合理的呼吸代谢效率所致。目前，有关杂种优势的机制还有待深入研究。

（三）种皮破裂性和种皮颜色对种子活力的影响

种皮对种子具有保护作用，某些豆科作物种子（例如大豆、菜豆等的种子），成熟后有种皮自然破裂的特性，降低了种皮保护作用，导致种子衰老，从而降低活力。这种性状是受基因控制的，是可以遗传的。与此有关的另一性状是种皮的颜色，通常白色种皮与种皮破裂性有连锁遗传关系。例如白色菜豆种皮有自然破裂特性，而有色菜豆则种皮不易破裂。

（四）子叶出土与否对种子活力的影响

不同作物种子发芽时子叶出土特性不同，通常子叶出土型与子叶留土型是受两个基因控制的。双子叶植物子叶出土型的种子（例如大豆、菜豆等的种子），具有 2 片肥大的子叶，遇黏重、板结土壤就难于顶出土面或者子叶易被折断，降低了田间出苗率，这类种子不适宜深播。子叶留土型的种子（例如蚕豆、豌豆），虽然也有两片肥大子叶，由于子叶不出土而是由形似针矛的幼芽顶出土面，受黏重板结土壤影响小，故出苗率高。

（五）硬实对种子活力的影响

在许多情况下硬实并非是人们所需要的特性，因硬实种皮具有不透水性，使种子吸水缓慢，发芽延迟，发芽整齐度及出苗率降低。但近年来育种工作者将硬实基因引入某些品种，增强种皮保护作用，使种子衰老延缓，并防止种子吸胀时营养物质的渗出。硬实性相当容易从某些品种中消除，可以选择硬实性较低的品种或者选择具有一定硬实性的品种。通常硬实性是由数个基因控制的。

（六）对机械损伤的敏感性对种子活力的影响

当种子采用机械收获和加工时，对机械加工的敏感性因作物或品种而不同，是受遗传基因控制的。机械损伤因种皮性质和种子形态而异。芝麻种皮薄且软，易受机械损伤；亚麻则种皮厚且坚硬，能抗机械损伤。从种子形状看，扁平形的种子（芝麻、亚麻等）较圆形种子（芸薹属）更易受机械损伤。芸薹属种子不仅种子圆形且子叶折叠，能保护生长组织（胚根、胚轴），减少机械损伤。大豆种子大小影响机械损伤程度，大粒品种较小粒品种损伤为大。种子机械损伤降低了种子耐藏性和田间出苗率。因此有人建议，应该通过育种途径，选择具有抵抗损伤性能的品种，促进和改善种子质量。

（七）化学成分对种子活力的影响

要改进玉米营养品质，就要提高玉米赖氨酸含量，但高赖氨酸品种的种子往往小而皱缩，活力降低。因此育种工作者企图探索一种既能控制营养品质而又不降低活力的基因。研究发现在玉米中凡带有 *A1* 基因的种子较缺少这种基因的种子具有更高的活力。因此提出可以通过选择分离出的大粒种子而改善种子质量。玉米种子的含糖量也会影响种子活力，甜玉米种子含糖量高，胚乳皱缩，不耐贮藏，种子活力低。

（八）幼苗形态结构对种子活力的影响

某些作物某些品种的幼苗形态特性影响田间出苗率。大豆幼苗下胚轴特性影响种子的活力。有的大豆品种具有下胚轴较为坚实的遗传特性，使子叶易于顶出土面，有利于出苗和成苗。有的玉米品种具有胚芽鞘开裂的遗传特性，使种子难于出土，降低田间出苗率，并影响以后植株的生长发育。因此育种工作者应注意选择有利的特性，淘汰不利的特性，提高种子活力。

（九）低温发芽性对种子活力的影响

不同作物或品种对低温适应能力不同，有的品种低温发芽时胚根易裂开而影响出苗，有些大豆和玉米品种萌发期间抗寒力强，低温发芽性好，田间出苗率高。

（十）作物成熟期对种子活力的影响

育种工作者培育新品种时，常常注意一个影响种子产量和质量的遗传特性——作物成熟期，应选育适合当地气候条件的成熟期适当的品种。有的品种成熟期较迟，可能产量有所增加，但活力则会降低。因成熟期延长时遭受不良环境条件的机会增加，例如成熟遇高温或低温、多雨或干旱均会使种子发育成熟受到影响，或加速种子衰老而降低种子活力。

二、环境因素对种子活力的影响

（一）土壤肥力和母株营养对种子活力的影响

一般认为土壤肥力对种子活力影响不大，氮、磷、钾肥料三要素在土壤中含量对作物产量影响较大，而对种子活力影响较小。研究表明，适当提高土壤含氮量，可以提高小麦种子蛋白质含量，增加种子大小和重量，提高种子活力和产量。但土壤中含有高氮和高磷会降低甜菜种子的活力。当土壤缺硼时，豌豆种子不正常幼苗增加；当土壤中钼的含量较高时大豆种子活力降低。花生种子对矿物质特别敏感，当土壤中缺硼和钙时，其种子发育不正常，子叶发生缺绿现象，幼苗下胚轴肿胀；土壤缺锰会使豌豆胚芽损伤、子叶空心。土壤缺钙、缺镁条件下产生的种子易发生幼根破裂和种皮破裂，降低种子活力。总之，不同作物种子对土壤的肥力要求和反应不同。

母株缺乏营养会影响种子发芽力和活力。当辣椒母株在明显缺氮、磷、钾、钙的培养液中生长时，除磷以外缺乏其他元素均明显降低了种子活力。豌豆植株于低磷培养液中生长，其产生的种子含磷量低，活力也低。来自低钙母株的大豆、菜豆、蚕豆种子，其幼苗易遭受颈腐病，认为这是由于胚部分生组织中不能动员足够钙的数量，使下胚轴和胚芽细胞缺钙所致；母株缺钼、缺镁均会使后代缺素而降低种子活力。

（二）栽培条件对种子活力的影响

栽培密度与种子质量密切有关。农业生产上采用密植来增加株数和穗数，从而增加作物产量。但密植对留种田块并不适宜，通常密植会降低种子大小和重量，降低种子活力；更为严重的是密植会影响田间通风透光，增加田间温度和湿度而有利于病害蔓延，促使植株早衰，致使种子发育不良而降低种子活力。

适当灌溉会促进作物生长发育和种子饱满度，提高种子活力。种子发育期间过分干旱缺乏灌溉，则使种子变轻和皱缩而影响种子活力。

（三）发育成熟期间的气候条件对种子活力的影响

凡是影响母株生长的外界条件对种子活力及后代均有深远影响。种子成熟期间的温度、水分、相对湿度是影响种子活力的重要因素。为了生产优质种子，必须选择环境适宜的地区建立专门的种子生产基地。应选择在种子成熟季节风和雨少、天气晴朗、土壤肥沃、有适当灌溉条件的地区为宜。

（四）成熟度对种子活力的影响

大量资料表明，种子成熟度与种子某些特性（例如种子大小、重量和活力）密切相关。一般种子活力水平随着种子的发育而上升，至生理成熟达最高峰。例如甜瓜种子开花后22～47 d分期采收，种子发芽力随着种子成熟度提高而增加。

种子成熟度与开花顺序密切有关，因此不同部位的种子成熟度也有差异。芹菜、胡萝卜等伞形花序，通常低位花成熟度高，种子发育好，粒大，而高位花则成熟度较低，粒小。十字花科等无限花序，其种子不同部位的成熟度有差别，表现为下部＞中部＞上部，其种子活力的差别与成熟度相同。

棉花下部果枝的棉铃成熟早，如未及时采收，种子易自然衰老而降低活力。中部棉铃则成熟充分，及时采收，种子质量好而活力高。植株上部棉铃成熟度差，活力也低，不宜留种。故在生产实践中均以腰花（中部花）留种。杂交水稻种子过熟收获时，种子活力会降低。

（五）机械损伤对种子活力的影响

种子在收获后，必须经过干燥、精选、装袋、运输和贮藏等过程，这些过程都可引起种子间或种子与金属碰撞而造成机械损伤。种子机械损伤的程度往往与收获时的种子水分有关。据试验，玉米种子水分为14%时，机械损伤仅为3%～4%；当水分为8%时，机械损伤达70%～80%。另一试验表明，玉米水分在14%～18%时损伤较轻，种子水分较低（8%～12%）和较高（20%）时损伤均较重。大豆情况相似，水分12%～14%时损伤较轻，水分8%～12%及18%～20%时损伤较重。这是因为种子水分低时质地较脆易破损或折断，水分过高时种子质软易擦伤或碰伤。机械损伤严重则会损坏种胚，使种子不能萌发或幼苗畸形，轻则破损种皮，降低种皮保护作用，加速种子衰老，并易遭微生物、仓库害虫危害，最终导致种子失去活力。

（六）干燥过程对种子活力的影响

种子成熟采收后应及时进行干燥，延迟干燥和干燥温度过高都会使种子活力降低。常用干燥方法是提高温度，降低环境相对湿度，使种子水分下降。种质资源则往往采用干燥剂降低种子环境相对湿度来使种子水分降低。但如干燥不当（干燥温度过高或干燥剂比例过高），会使种子脱水过速，导致种子胚细胞损伤。加温干燥损伤，通常油菜种子小于谷类作物种子，小麦低于水稻种子，籼稻低于粳稻。

（七）贮藏对种子活力的影响

种子贮藏的时间、方法和贮藏期间的环境条件（温度、湿度和氧气等的水平）不同对种子活力均有影响。在种子贮藏期间，由于种子本身带有微生物，促使呼吸作用加强和有毒物质累积，加速种子衰老，导致活力下降。有些病原微生物在种子萌发期间侵害种胚，使幼苗腐烂，影响田间出苗率，特别在低温、潮湿土壤中萌发，危害尤大。种子虫害直接破损种子，并促进贮藏种子的呼吸代谢，加速种子衰老过程，严重时使种子失去萌发和出苗能力。

第三节　种子活力与种子衰老的关系

种子是活的有机体，它与其他生物一样有生长、发育和衰老过程。种子活力与种子的衰老存在密切关系，即种子活力水平高则衰老程度低。因此种子活力与种子衰老之间的关系是现代活力和活力测定的主要生物学基础。种子达到生理成熟即具有最高的生活力和活力，由于种子本身的遗传特性和环境条件不同，种子活力的降低和衰老程度的增高会发生明显差异。

①种子的活力和衰老是相互作用的两个方面，种子衰老增强，则活力下降。

②种子衰老不可避免，它从生理成熟就开始（甚至在发育期间遇到不良条件活力就会降低），最终活力下降程度因环境条件而异。控制种子本身的状态和环境条件，可延缓活力降低的速度。

③种子衰老是逐渐加深和伤害积累的结果。在衰老前期，种子通过某些处理，可以进行修复，恢复活力，但当衰老程度很深时，种子就失去修复能力，最终丧失活力。

④种子基本的变质是细胞膜、细胞器和细胞核内物质作用能力的改变。

⑤种子衰老程度较低时，即在失去发芽力之前，表现发芽速率和生长速率及整齐度、健壮度均逐渐下降，且出苗时对环境条件的敏感性增加，即抵抗逆境能力下降。当衰老程度较低时，对种子生活力和发芽影响不大，而对活力则有影响，因此可用活力测定的方法了解衰老的程度。

⑥种子衰老的结果表现在生产性能降低，最终和最大的危害是种子失去萌发能力。从种子检验角度来看是失去长成正常幼苗的能力。

种子衰老导致种子活力、生活力下降以致生命力丧失，其机制是相当复杂的。从图 6－3 中可见种子活力的降低及生命力丧失的机制，可概括为两方面，一是外因的直接作用或间接影响，二是内在的演变过程。二者又有密切联系，外因为内部变化的诱发因子和条件。归根到底，种子衰老的实质在于细胞结构与生理功能上的一系列错综复杂的变化，既有物理变化又有生理生化变化，一种变化与另一种变化可能是互为因果的，也可能是齐头并进的。因此要积极有效地控制种子活力，就必须从分子生物学、细胞学、生理学等多角度出发，全面系统地了解种子衰老的实质所在。

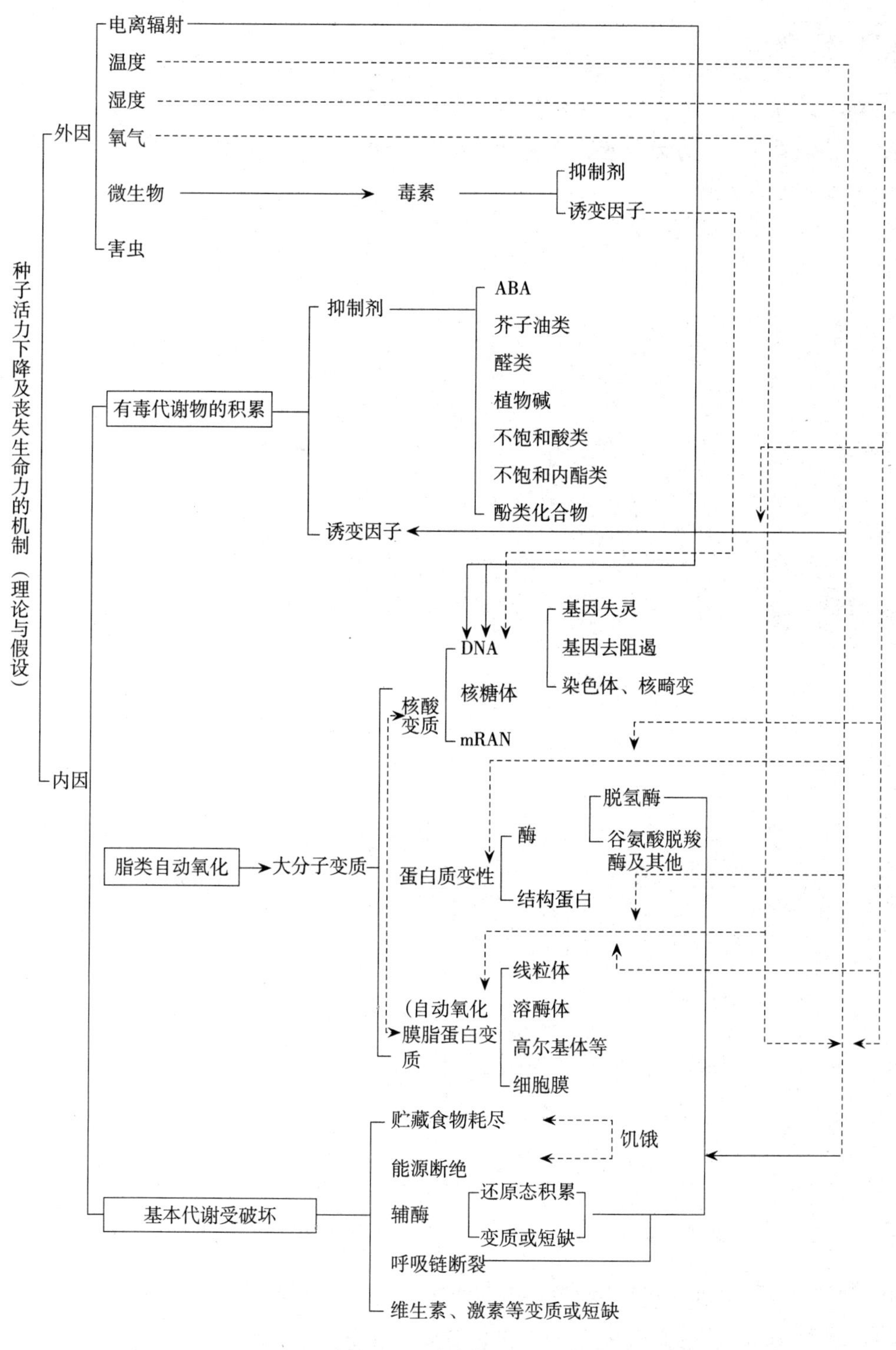

图 6-3　种子衰老机制

（引自郑光华，2004）

思考题

1. 种子活力与种子生活力有何区别和联系？
2. 根据影响种子活力的因素，论述获得高活力种子的途径与措施。
3. 种子活力的实质是什么？
4. 种子活力测定有何意义？

第七章

种子寿命

第一节　种子寿命及其差异

一、种子寿命的概念

种子寿命（seed longevity）是指种子在一定环境条件下能够保持生活力的期限，即种子存活的时间。目前所指的种子寿命是一个群体概念，指一批种子从收获到发芽率降低到50%时所经历的时间。种子寿命又称为该批种子的平均寿命，也称为半活期。将半活期作为种子寿命的指标，是因为一批种子死亡量的分布呈正态分布，半活期正是一批种子死亡的高峰。

在农业生产上，用半活期概念作为种子寿命的指标显然是不适宜的。这是因为当一批种子发芽率严重下降时，无法用加大播种量来弥补因衰老导致生产潜力下降所造成的损失。处于半活期的种子，虽然还有50%能发芽，但这些种子的活力水平已很低，在田间条件下无法长成正常幼苗，已完全失去了种用价值。因此农业生产上种子寿命的概念（又称为使用年限），应指在一定条件下种子发芽率保持在国家颁布的质量标准以上的期限，即种子在一定条件下能保持80%以上发芽率的期限。

二、种子寿命的差异

种子的寿命因植物种类不同有很大的差异，短则数小时，长则可达千年、万年。大多数农作物种子的寿命在几年至十几年。关于长寿命种子的研究已有不少报道。早在1923年，我国辽东半岛的普兰店河流域就发现过古莲子，不仅发芽而且长成了正常的植株；1952年北京植物园又派人前去挖掘，收到古莲子保存至今，经^{14}C测定，这些古莲子的寿命为1 040±210年。又据报道，1984年5月，北京西郊温泉乡太舟坞村一鱼塘中，未种而忽生满塘荷花，经研究，是埋在地下580±70年的古太子莲萌发所致。1967年美国报道，世界上最长命的种子为北极的羽扇豆，估测的寿命为1万年，是在北美育空河中心地区冻土层的旅鼠洞中发现的，共有20粒，其中6粒长出了正常植株。迄今为止，没有人能够对各种作物种子的寿命计算出一个稳定的、绝对不变的数值来。由于生产活动的需要，人们主要依据种子在自然条件下的相对寿命进行分类。早在1908年，Ewart就根据他在实验室中给予“最适贮藏条件”观察到的1 400种植物种子寿命的长短将种子分为短命种子、中命种子和长命种子3大类。短命种子的寿命一般在3年以内，多是一些林木、果树类种子，例如杨、柳、榆、板栗、扁柏、坡垒、可可、柑橘类等的种子；农作物中，短命种子很少，只有甘蔗、花生、苎麻、辣椒、茶等。中命种子也称为常命种子，其寿命为3～15年，主要有禾本科种子（例如水稻、裸大麦、小麦、玉米、高粱、粟等的种子）以及部分豆科种子（例如大豆、菜豆、豌豆等的种子），另外还有中棉、向日葵、荞麦、油菜、番茄、菠菜、葱、洋葱、大蒜、胡萝卜等的种子。长命种子的寿命为15～100年或更长，以豆科种子居多（例如绿豆、蚕豆、紫云英、刺槐、皂荚等的种子），还有陆地棉、埃及棉、南瓜、黄瓜、西瓜、烟草、茄子、芝麻、萝卜等的种子。实际上，依据种子寿命长短划分的种子类型之间并没有严格的界限，各种植物种子的寿命往往因贮藏条件的变化而发生改变。例如花生种子，在充分干燥后贮藏在密闭条件下，其生活力可以保持8年以上不降低。短命的美国榆树种子，其水分降至3%时置于－4℃密封保存，可成功地延长其寿命达15年。

农业种子寿命的长短与其在农业生产上的利用年限呈正相关，即农业种子的寿命越长，其在农业生产上的利用年限也就越长。种子寿命长，可以减少繁种次数以降低种子生产费用，同时有利于保持种质的典型性状和纯度，可以合理调节余缺，减少报废损失。

第二节　种子寿命的影响因素

种子寿命的长短受遗传特性、种子发育状况、贮藏条件等多种内外因素的影响。深入了解种子寿命的影响因素，有利于有效地延长种子寿命。

一、种子特性对种子寿命的影响

种子本身的遗传特性、种被结构、种子化学成分、种子的生理状态、种子的物理性质等因素都与种子寿命的长短息息相关。

（一）种子本身的遗传特性对种子寿命的影响

种子寿命受遗传因素影响很大。一些植物的种子寿命很长，一些植物的种子寿命很短。即使在同一植物种内，不同品种或基因型间的种子寿命差异也很大。1953年Haterkamp测定了同一条件下贮藏32年的5种谷类作物种子的发芽率，结果表明大麦＞小麦＞燕麦＞玉米＞黑麦。其中，3个小麦品种的壮苗率分别为96%、80%和72%，5个玉米品种的壮苗率分别为70%、53%、23%、19%和11%。随着生物技术的快速发展，通过基因工程将长寿命的相关基因转入中寿命种子或短寿命种子的植物中，或通过一些影响贮藏的基因［例如脂肪氧化酶（lipoxygenase，Lox）基因］的缺失，可获得长寿命植物种子，此类研究预计在不远的将来会有所突破。

（二）种被结构对种子寿命的影响

种被包括种皮、果皮及其附属物，是种子内外气体、水分、营养物质交换的通道，也是微生物、害虫侵害种子的天然屏障。种被结构坚韧、致密，具有蜡质、角质层的种子，特别是硬实，其寿命较长。具有历史记载的长命种子，例如古莲子、苋菜子、羽扇豆等都具有透水性、透气性差的种皮。反之，种被薄、结构疏松、无保护结构和组织的种子，其寿命较短。花生和黄瓜种子含油量都较高，但花生种子远不如黄瓜种子寿命长，这是因为花生种子种皮薄而脆，而黄瓜种子种皮比较坚硬。花生种子以荚果的形式贮藏，其寿命会比以种仁的形式贮藏明显长。

种被的保护性能也影响种子收获、加工、干燥、运输过程中遭受机械损伤的程度，凡遭受严重机械损伤的种子，其寿命均明显缩短。如种皮破裂的小麦种子比健全种子发芽率低4%，贮藏9年后，发芽率降低至12%。

在大豆、菜豆等多种作物中，种皮的颜色与种皮的致密程度和保护性能相关，深色种皮的品种，其种子寿命比浅色品种长。

（三）种子化学成分对种子寿命的影响

糖类、蛋白质和脂肪是种子3大类贮藏物质，其中脂肪比其他两类物质更容易水解和氧化，常产生许多有毒物质（例如丙二醛、游离脂肪酸等）。磷脂水解氧化后，细胞膜的完整性下降，种子很容易死亡，种子寿命变短。丙二醛、游离脂肪酸等对细胞有强烈的毒害作用。据研究，豌豆种子中若丙二醛浓度增加到0.5 μmol/kg，蛋白质合成速度将下降一半；棉花种子中游离脂肪酸含量若达到5%，种子全部死亡。因此含油量高的脂肪类种子比淀粉类种子和蛋白质类种子难贮藏，寿命更短。例如豆科植物中的绿豆和豇豆比花生和大豆的脂肪含量少，寿命明显长。禾谷类作物中，玉米种子的胚较大，且含脂肪多，因此比其他禾谷类种子更难贮藏。

含油酸、亚油酸等不饱和脂肪酸较多的脂肪类种子，寿命更短，因为含不饱和脂肪酸较多的脂肪更易氧化分解。据报道，脂肪氧化酶基因缺失的种子，由于种子中脂肪的氧化酸败不易发生，因而有利于种子生活力的保持。

蛋白质含有较多的亲水基团，蛋白质含量高的种子，其吸湿性一般较强。这种类型的种子的水分容易变高，高水分导致呼吸作用加强且易受微生物的侵染，从而种子寿命变短。种子中可溶性糖含量高时，种子的生理活动比较活跃，有利于微生物的活动和蔓延，加速生活力的降低，种子寿命比较短。

（四）种子的生理状态对种子寿命的影响

种子若处于活跃的生理状态，其耐藏性是很差的。生理状态活跃的指标是种子呼吸强度。凡未充分成熟的种子、受潮受冻的种子、已处于萌动状态的种子、发芽后又重新干燥的种子，均由于旺盛的呼吸作用而寿命大大缩短。据研究，受潮种子的呼吸强度比干燥时增加10倍，这样的种子由于各种水解酶已活化，即使再干燥到原来的程度，其呼吸强度仍然维持较高水平而无法下降。因此尽量将种子生理活动维持在低水平，是延长种子寿命的必要条件之一。

（五）种子的物理性质对种子寿命的影响

种子的大小、硬度、完整性、吸湿性等因素均对种子寿命产生影响，因为这些因素归根结底影响种子的呼吸强度。小粒种子、瘦粒种子和破损种子，其比表面积大，且胚部占整粒种子的比例较高，因而呼吸强度明显高于大粒种子、饱满种子和完整的种子，其寿命较短。吸湿性强的种子，其水分高而微生物较多，呼吸强度也高，容易引起种子衰老。因此在种子收获后进行干燥和清选加工，是保证种子安全贮藏、提高种子活力和延长种子寿命的有效方法。

（六）胚的性状对种子寿命的影响

在相同条件下，一般大胚种子或者胚占整个子粒比例较大的种子，其寿命较短。因为胚部含有大量可溶性营养物质、水分、酸和维生素，是种子呼吸的主要部位。例如大麦胚的呼吸强度（以CO_2计）为715 $mm^3/(g \cdot h)$，而胚乳（主要是糊粉层）的呼吸强度为76 $mm^3/(g \cdot h)$，胚的呼吸强度几乎是胚乳的10倍。此外，胚部结构松软，水分高，容易遭受仓库害虫和微生物的侵袭。因此大胚种子往往寿命比较短。在禾谷类作物中，玉米种子的胚较大，且含脂肪多，比其他禾谷类种子贮藏难度大。

二、环境因素对种子寿命的影响

种子贮藏的环境因子（例如湿度、温度、光、气体等）均对种子寿命有很大影响，其中湿度和温度影响最大。适宜的贮藏环境可以延长种子寿命。相反，若贮藏条件变劣，种子寿命就会变短。

（一）湿度和水分对种子寿命的影响

湿度和水分是影响种子寿命的关键因素。在贮藏环境条件下，种子水分随着贮藏环境湿度而变化。因为种子若不是密闭贮藏，它必定和周围环境的水汽产生交换而达到平衡水分状态。如果环境湿度较高，种子将会吸湿而使水分增加，而种子水分是影响贮藏种子寿命的最关键因素。种子水分和种子呼吸强度关系最为密切。当种子中出现自由水时，种子的呼吸强度激增；同时自由水的出现使种子中的酶得以活化，使各种生理过程尤其是物质的分解过程加速进行，物质损耗加速，如果超过一定限度，还会使种子发热甚至萌动，这样的种子很难再安全贮藏。因此种子水分越高其寿命越短，尤其当种子水分超过安全贮藏水分时，种子寿命大幅度下降。Harrington（1972）曾指出：种子水分在5%～14%时，水分每上升1%，种子寿命缩短一半（后经 Roberts 等人修正为水分每上升 2.5%，种子寿命缩短一半）。

对于正常型种子来说，充分干燥并贮存于干燥条件下是使种子活力长期保持的基本条件。据试验，对许多正常型植物种子来说，最适宜于维持种子活力的种子水分为 1.5%～5.5%，因种类而异。但这样低的水分容易引起种子吸胀损伤和增加硬实率，播种以前需要进行适当的处理以防止这些不良现象的发生（Roberts，1989）。例如大白菜种子水分降至0时无明显损伤；大豆种子，只要在萌发前预先进行湿度梯度平衡防止吸胀损伤，水分可以降到3%～4%；籼稻种子水分可降至5%，粳稻种子水分可降至7%。众多研究表明，一些正常型种子贮藏期间水分愈低，种子呼吸代谢水平愈低，就愈有利于寿命的延长。

顽拗型种子需要有较高的水分才能保持其生命力，若水分过低就会受到伤害和死亡，例如某些林木、果树种子需要较高水分贮藏，茶子需保持水分在25%以上，橡实需保持水分在30%以上。

（二）温度对种子寿命的影响

贮藏温度也是影响种子寿命的关键因素之一。Harrington（1959）研究温度与种子寿命关系时指出：在0～50℃范围内，种子贮藏环境温度每升高5℃，种子寿命缩短一半（后经 Roberts 等修正为温度每上升6℃，种子寿命缩短一半）。在水分得到控制的情况下，贮藏温度越低，正常型种子的寿命就越长。低温贮藏的种子呼吸作用弱，物质代谢水平低，能量消耗少，细胞内部的衰老速率也降低，从而能较长时间保持生活力从而延长种子寿命。相反，若种子贮藏在高温状态下，呼吸作用强烈，尤其在种子水分较高时，呼吸作用更加强烈，造成营养物质大量消耗，仓库害虫和微生物活动加强，脂质氧化加剧，严重时可引起蛋白质变性和胶体的凝聚，使种子的生活力迅速下降，导致种子寿命大大缩短。

种子干燥时的温度也会影响种子寿命。温度过高会使种子失水过快，给种胚细胞造成无形的内伤而导致种子寿命缩短。据报道，水稻种子在45℃下干燥1h，爆腰率为12%左右；而在55℃下干燥1h，爆腰率达26%左右。爆腰（即米粒中部发生裂痕）使种子受到损伤，种子的寿命缩短。

种子水分和贮藏温度对种子寿命的影响存在互作效应。种子水分高，但贮藏温度较低时，种子寿命仍较长；种子水分高且贮藏温度较高时，种子寿命较短。表 7-1 比较了几种温度和湿度条件下，几种作物种子寿命的变化趋势。显然，在高温高湿条件下，种子寿命缩短。

表 7-1 不同温度和湿度下种子贮藏 1 年后的发芽率（%）

（引自毕辛华和戴心维，1993）

作物	原始发芽率（%）	相对湿度（%）	温度（℃）			
			5	10	20	30
莴苣	63	35	67	53	32	2
		55	50	22	3	0
		76	36	0	0	0
洋葱	66	35	55	35	29	15
		55	53	16	3	4
		76	27	13	1	0
番茄	93	35	94	91	90	91
		55	90	89	89	83
		76	88	76	45	10

（三）气体对种子寿命的影响

据研究，氧气会促进种子的衰老和死亡；而氮气、氦气、氩气和二氧化碳则延缓低水分种子的衰老进程，但使高水分种子加速衰老和死亡。氧气可促进种子的呼吸作用，加速种子内部贮藏物质消耗及有害物质的积累，所以不利于种子的安全贮藏。相反，增加二氧化碳、氮气等气体的浓度，降低氧气浓度，不但能抑制种子呼吸，还能有效地抑制仓库害虫和微生物活动，从而延长种子的寿命。在低温低湿条件下进行密闭贮存，可以使种子的呼吸代谢维持在较低水平，延长种子寿命。但当种子水分和贮藏温度都较高时，密闭会迫使种子转入缺氧呼吸而产生大量有毒物质，使种子窒息死亡。遇到这种情况，应该立即通风摊晾，使种子水分和温度迅速下降。

（四）光对种子寿命的影响

强烈日光中的紫外线，对种胚有杀伤作用，且强光与高温相伴，种子经强烈而持久的日光照射后，也容易丧失生活力，这当然和种子的特性和水分有关。但一般室内散射光对种子寿命无显著影响。小粒而颜色深的种子放在夏季强烈的日光下暴晒，最初降低其发芽势，继续晒可将胚部细胞杀死，但大粒而种皮颜色较浅的种子受害较轻。可见，要久藏的作物种子不宜暴晒，即使是有稃壳紧紧包住的水稻种子，亦往往由于暴晒时温度过高而发生爆腰和增加裂壳现象，这种现象必然会影响种子的寿命。杂交稻夏季繁种，其种子如果用水泥地晒种，午间强烈阳光会使晒场温度过高，造成种子发芽率、发芽势及发芽指数下降，如用竹垫晒种或避开午间高温可减轻对种子的损伤（胡晋等，1999）。大豆和花生的去壳种子尤其不宜高温暴晒，以免种皮开裂，加速脂肪氧化，降低其耐藏性。

第三节　种子衰老及其机制

种子是一个活的有机体，它的形成、发展到衰老死亡，是由不可抗拒的自然法则决定的。种子一旦达到生理成熟，便开始经历衰老过程，活力逐渐降低。不管贮藏条件如何理想，贮藏时间超过一定限度，种子生命便会终止。种子从生命力旺盛时期经历逐渐衰老过程到最后死亡，其间是一个复杂的量变到质变的连续过程。种子衰老也是一个种子生活力不断下降的渐进和积累的过程。伴随着种子生活力下降，所表现出的形态变化、物理化学反应、生理生化代谢以至遗传上的一系列变化（又称为综合效应）称为衰老。

一、种子衰老的形态特征

发生衰老的种子，往往在种子和幼苗的形态方面出现衰老的特征。许多作物种子随着衰老进程其种皮颜色逐渐加深，光泽度降低，渐趋暗淡无光，油脂种子有走油现象。衰老种子的发芽率往往比较低，萌发迟缓，对不良环境的抵抗力降低，幼苗生长缓慢，最终表现为出苗率降低，苗期延长，弱苗、小苗、白化苗和畸形苗增多。

随着种子衰老，细胞内各种细胞器均发生一系列变化。线粒体在种子衰老早期，其间质表现色浓而稠密，外形不规则，内部出现空隙。当衰老进一步加重时，内嵴收缩变小，更为严重时，双层膜破损，线粒体膨胀，间质稀薄色淡。质体受衰老的影响，轻度衰老时外膜变形，在萌发初期能恢复正常，但随着衰老的加深变为肿胀、内膜损伤、间质密度下降，固有功能丧失。在种子衰老时，高尔基体亦有解体现象，数量减少。

二、种子衰老的机制

目前关于种子衰老的原因与机制有许多解释，但还没有一个统一完满的解释。综合大量的研究结果，有关种子衰老机制的假说可归纳为以下几种。

（一）膜系统损伤

细胞膜和细胞器的完整性是生活细胞进行正常代谢的基础和前提，因而也是种子活力的具体体现。在种子成熟、干燥、贮藏过程中，由于细胞失水、收缩，组成膜的磷脂和蛋白质也发生转向、收缩，导致膜的连续界面不能保持，逐步失去膜结构的完整性，种子的代谢活性降低。当种子萌发吸胀时，随着水分的进入，细胞逐渐水合，细胞膜和细胞器很快得到修复，内含物的渗漏得到抑制，从而保证生理代谢的正常进行，使种子得以正常萌发、生长。

当种子发生衰老时，膜系统的损伤程度比非衰老种子严重得多，膜渗漏现象明显。更严重的是，衰老种子对膜的修复重建能力弱，修复过程缓慢，甚至不能建立起完整的膜结构，造成膜系统永久性损伤。膜的永久性损伤造成大量可溶性营养物质及生理活性物质外渗，不仅严重影响正常代谢活动的进行，使种子难以正常萌发，而且外渗物质造成微生物大量繁殖，导致萌发中的种子严重发霉、腐烂。膜是许多酶的载体以及主要生理活动的场所（例如呼吸作用主要在线粒体膜上进行），膜的破坏使酶无以依附，它的功能亦随之丧失。

进一步研究表明，种子衰老过程中膜的损伤主要是由膜脂的氧化引起的。细胞膜由膜脂（磷脂）和蛋白质组成，组成膜脂的脂肪酸的性质直接影响膜的稳定性和细胞的受伤害程度。

脂肪酸的氧化发生在不饱和脂肪酸的双键上，氧化的结果使双键断裂，会导致膜脂分解，衰老种子膜脂的含量明显下降就是例证。反应中还伴随丙二醛的产生，丙二醛可与酶蛋白结合使酶钝化，也可与核酸结合引起染色体变异。脂质氧化不管是酶催化还是自然发生，都可以产生有毒害作用的超氧自由基（O_2^-），它又与过氧化氢作用产生单线态的氧、羟自由基（HO·）等高能量氧化剂。活跃的自由基和高能量氧化剂的产生会进一步引起酶、核酸及膜的损伤，导致细胞分裂和伸长受阻，幼苗生长缓慢或根本不生长。这可能是油质种子不耐贮的主要原因。

种子水分过低、贮藏温度高将使脂质的自动氧化作用增强，而抗氧化剂（例如维生素E、维生素C、谷胱甘肽等）可抑制或终止膜脂氧化作用，超氧化物歧化酶（superoxide dismutase，SOD）、过氧化氢酶（catalase，CAT）和过氧化物酶（peroxidase，POD）可降低或消除超氧自由基和过氧化氢（H_2O_2）对膜脂的攻击能力。许多研究表明，长命种子（例如莲等）的种胚内不仅含有较高活性的超氧化物歧化酶、过氧化氢酶和过氧化物酶，而且许多此类酶的同工酶具有很高的耐热性，故能长时间保持种子活力，衰老缓慢。

（二）生物大分子变化

在种子贮藏过程中，核酸、蛋白质等生物大分子的变化与种子衰老有关。

1. 核酸的变化　衰老种子中核酸的变化主要表现为原有核酸的解体以及新核酸合成的受阻。有研究表明，老化的大豆种子与新鲜种子相比，DNA、RNA 的合成能力下降；水稻种子丧失生活力时，RNA 总量与多聚腺苷 RNA 含量降低；老化的木豆种子的 DNA 和 RNA 含量降低；人工老化玉米种子的发芽率和活力的降低与种子萌发早期（0～24 h）DNA 的合成降低显著相关。

2. 蛋白质的变化　种子衰老往往伴随着蛋白质含量的降低。在水稻、油菜和大葱种子贮藏的生理生化变化研究中，都有可溶性蛋白质含量随贮藏时间延长而减少的报道。衰老种子中，蛋白质分子也常发生变性。蛋白质是由氨基酸组成的肽链，但是只有由二硫键、氢键等次级键维持的高级空间结构才具有一定的功能。但这些次级键易被高温、脱水、射线、某些化学物质破坏，使原有的严密有序的空间结构变得疏松、紊乱，最终导致蛋白质变性。

衰老种子中，酶的活性也发生变化。大多数研究者认为，衰老种子中易丧失活性的酶主要有 DNA 聚合酶、RNA 聚合酶、超氧化物歧化物、过氧化氢酶、过氧化物酶、ATP 酶、脱氢酶、细胞色素氧化酶、谷氨酸脱羧酶等。而某些水解酶（例如核酸酶、蛋白酶）、酸性磷酸酯酶、磷酸化酶、肌醇六磷酸酶、多胺氧化酶等活性反而增强。

（三）有毒物质积累

种子衰老过程中，由于种子内部代谢功能失调而引起的有毒物质的逐渐积累，使正常生理活动受到抑制，是导致种子衰老的原因之一。脂肪氧化产生的醛、酮、酸类物质，蛋白质分解产生的多胺，脂质过氧化产生的丙二醛等均会对种子活细胞产生毒害作用。其他许多代谢产物，例如游离脂肪酸、乳酸、香豆素、肉桂酸、阿魏酸、花楸碱等多种酚、醛类、酸类化合物和植物碱，均对种子有毒害作用。另外，微生物分泌的毒素对种子的毒害作用也不能低估，尤其在高温高湿条件下更是如此。例如贮藏真菌分泌的黄曲霉素能诱发种子染色体畸变。胚是有毒物质积累的主要场所，但胚乳也有有毒物质的积累。

种子衰老的原因和机制还有多种：内源激素不平衡；基因突变和 DNA 损伤；亚细胞结构（例如线粒体、微粒体）破坏，无法维持独立结构而丧失其功能；胚部可溶性养分消耗，在贮藏温度和种子水分较高时微生物和仓库害虫造成危害等。总之，种子衰老过程是一个从量变到质变的过程，随着衰老的程度而有不同的表现和特点，最终导致种子死亡。一批种子的衰老，可能是一种原因造成的，但多数情况下是多种因素综合影响的结果。种子衰老通常是先产生生物化学变化，后产生生理变化，可分为生化衰老和生理衰老两个阶段（图 7－1）。

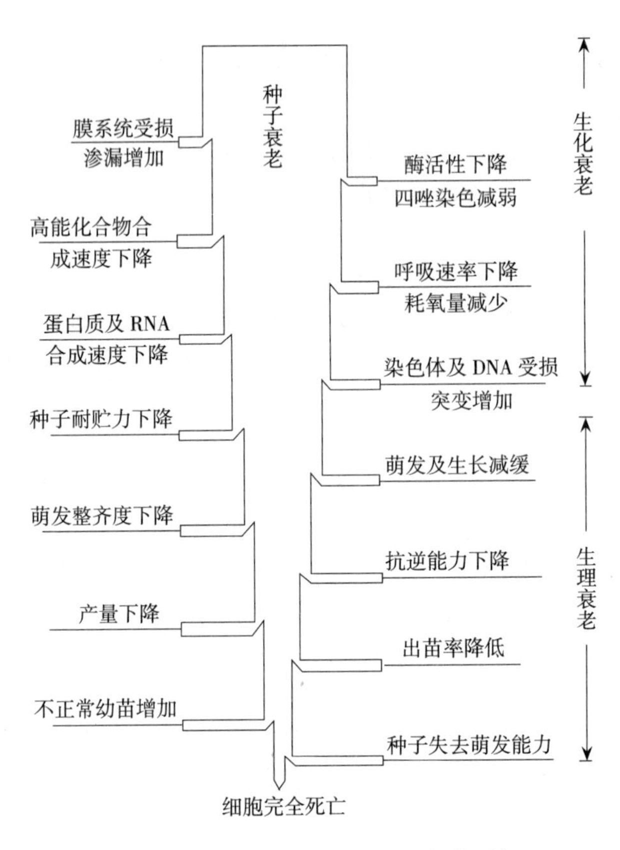

图 7－1　种子衰老的生化生理变化顺序

（引自陶嘉龄和郑光华，1991）

第四节　陈种子的利用

陈种子是指经过较长时间（一般一年以上）贮藏的种子。陈种子能否在生产上应用，首先取决于种子的衰老程度。在最适条件下，经过长期贮藏而仍然保持旺盛生活力（如 90%以上）的种子，仍可作为种用，反之，不能作种用。据报道，在 4 ℃干燥条件下贮藏 13 年的番茄种子，播种后仍能长成正常的植株；而同样的种子在室温经 13 年贮藏后，发芽率已降低到 6%，所长成的植株发育畸形。又如发芽率已降低到 50%或更低的衰老大麦种子，在成长植株中发现有 4%的叶绿体突变。因此，对于长时间贮藏的种子，如果发芽率没有明显降低，仍可以在生产上应用。据我国各地农民经验，萝卜用陈种子播种能抑制地上部徒长而促进地下根的肥大；蚕豆种子用陈种子播种可使植株矮壮，节间缩短，每节结荚数和每荚数增加；绿豆用陈种子播种也有增产效果。

但这里必须强调，当种子发芽率显著下降，特别是下降到50%以下时，种子已经衰老严重，其存活的部分可能含有一定频率的自然突变，不能在生产上作种子使用，但作为育种材料，有一定的利用价值，因为育种家有可能从中选出更好的品种。

第五节　种子寿命的预测

对于种子未来寿命的预测，已研究多年，但直到目前，也只能通过对种子寿命变化规律的了解和总结，应用数理统计的方法，推导出一个相对合理的方程式，然后再利用这个方程式来测算保存在稳定贮藏条件下的种子寿命。此方面的研究进展不大，下面介绍两种种子寿命的预测方程。

一、根据温度和水分预测种子寿命

（一）种子寿命预测方程式

一个种子群体中所有种子死亡期是呈正态分布的，如果已探明前半期的变化规律，就可推测到后半期的变化趋势。Roberts（1972）根据贮藏期间农作物种子在各种不同温度和水分条件下寿命的变化规律，应用数理统计的方法，推导出一个预测正常型种子寿命的对数直线回归方程式，即

$$\lg P_{50}=K_v-C_1m-C_2t$$

式中，P_{50}为种子半活期即平均寿命（d），m为贮藏期间的种子水分（%），t为贮藏温度（℃）；K_v、C_1和C_2为随作物不同而改变的常数（表7-2）。

根据上述方程式，可从贮藏温度和水分的任何一种组合求出保持50%生活力的期限；或者根据所预期要求保持生活力的期限，求出所需的贮藏温度或种子水分。

农业上要求保持较高的种子生活力（例如90%种子能正常发芽），则需要根据相应的贮藏试验结果，推导出保持90%发芽率的方程式。然后根据不同的种子水分和贮藏温度求出预先计划的贮藏期限，或者反过来推算种子水分或贮藏温度（表7-3）。

表7-2　几种作物种子的K_v、C_1、C_2常数值

作物	K_v	C_1	C_2
水稻	6.531	0.159	0.069
大麦	5.067	0.108	0.050
小麦	6.745	0.172	0.075
蚕豆	5.766	0.139	0.056
豌豆	6.432	0.158	0.065

（二）种子寿命预测列线图

根据上述方程，为了查用方便，可将各种作物种子的生活力与其相应的种子水分和贮藏温度的比例关系，绘制成各种作物的列线图（图7-2和图7-3）。从列线图查得某一作物种子在不同水分和贮藏温度组合下，生活力降低到某个水平的时间；或者在所要求时间内保持某个生活力水平以上的各种贮藏温度和种子水分的组合。现将最常用的两种使用方法介绍如下。

表 7-3　水稻种子在一定温度和湿度条件下生活力降低到 90%的时间（年）

（引自 Roberts，1972）

种子水分（%）	贮藏温度（℃）								
	−10	−5	0	5	10	15	20	25	30
4	1 606	726	328	148	67	30	14	6	3
6	722	349	158	71	32	15	7	3	1
8	371	168	76	34	15	7	3	1	1
10	179	81	36	16	7	3	2	1	1
12	86	31	18	8	4	2	1	—	—
14	41	19	8	4	2	1	—	—	—
16	20	9	4	2	1	—	—	—	—
18	10	4	2	1	—	—	—	—	—

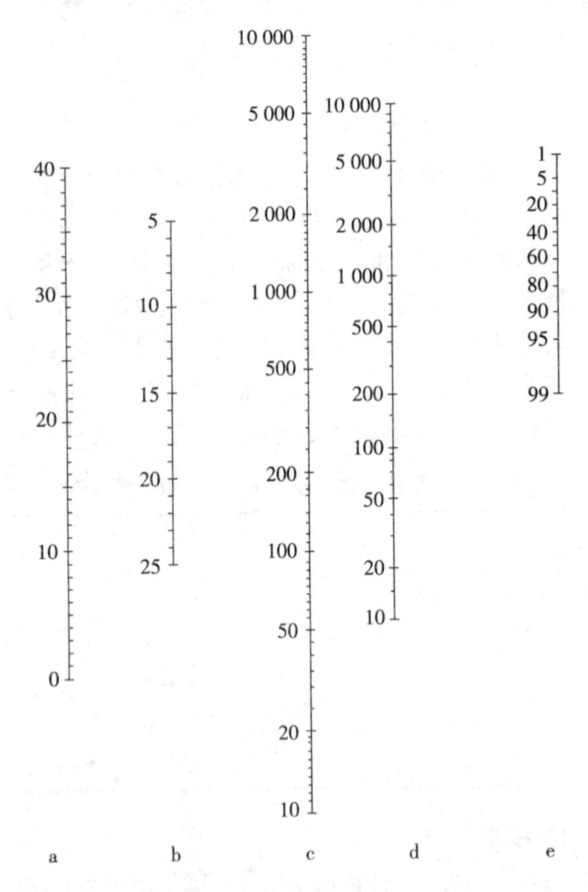

图 7-2　水稻种子生活力列线图

a. 温度（℃）　b. 水分（湿度%）　c. 平均存活期（d）

d. 生活力降低到指定比例时期（d）　e. 存活率（%）

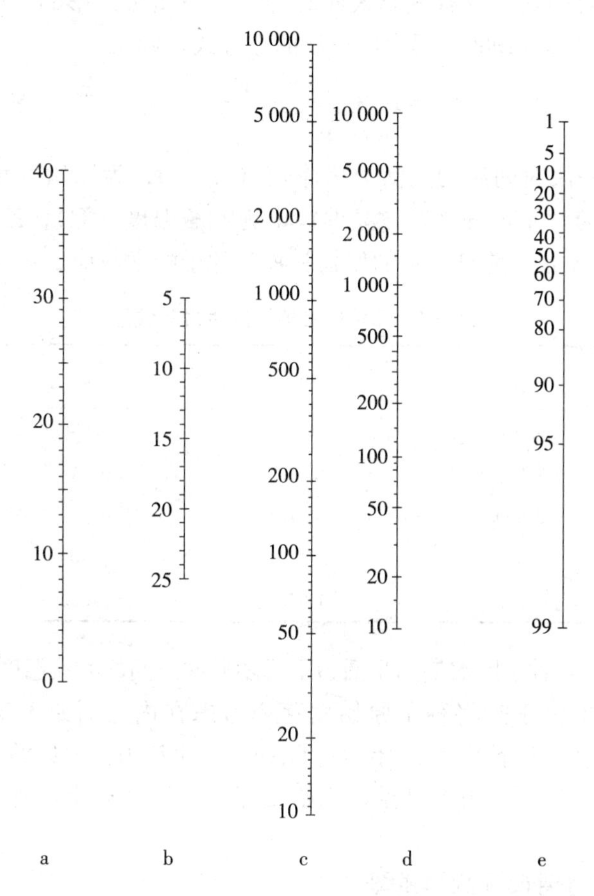

图 7-3　小麦种子生活力列线图

a. 温度（℃）　b. 水分（湿度%）　c. 平均存活期（d）

d. 生活力降低到指定比例时期（d）　e. 存活率（%）

1. 查任何一组温度和水分的组合，生活力降低到任一水平的时间　用一支直尺搁在所给的温度（比例尺 a）和水分（比例尺 b）上，记下在比例尺 c 上所示的数值［平均存活期（d)］。以比例尺 c 上的此点为轴心，把直尺转到比例尺 e 上所要求的存活率数值，此尺在 d 尺上所示数值就是生活力降低到所选比例所需的时间。

2. 查出所要求贮藏时间内，保持所要求生活力以上的各种温度和水分的组合　在比例尺 e 上选取所要求生活力的最低水平，在比例尺 d 上选取所要求的贮藏时间，用一直尺通过这两点，并记下在比例尺 c 上所示数值。以比例尺 c 上此点为轴心，把直尺转到比例尺 a 和比例尺 b，其尺上所指的位置就是所要求的贮藏时间内生活力降低到所选取数值时的贮藏温度（比例尺 a）和种子水分（比例尺 b）数值的组合。显然，当贮藏温度和种子水分二者中的一个确定另一个数值也就确定了。

二、修正后的种子寿命预测方程式和列线图

（一）修正后的种子寿命预测方程式

Roberts 和 Ellis 的上述种子寿命预测方程和列线图，由于仅仅考虑到水分和温度这两

个影响种子寿命的重要因素，没有顾及入库时种子本身质量的影响，因而预测结果不够精确。后来 Ellis 和 Roberts（1980）提出修正后的方程式，即

$$V = K_i - \frac{P}{10^{K_E - C_W \lg m - C_H t - C_Q t^2}}$$

式中，V 为贮藏一段时间后的生活力概率值（%），K_i 为原始发芽率概率值（%），P 为贮藏时间（d），m 为种子水分（%，湿重），t 为贮藏温度（℃）；K_E、C_W、C_H 和 C_Q 为已测得的常数。表 7-4 是目前已测定的作物和牧草种子的常数值。

表 7-4　几种作物种子生活力常数值

作物	K_E	C_W	C_H	C_Q
大麦	9.983	5.896	0.040	0.000 428
鹰嘴豆	9.070	4.820	0.045	0.000 324
豇豆	8.690	4.715	0.026	0.000 498
洋葱	6.975	3.470	0.40	0.000 428
大豆	7.748	3.979	0.053	0.000 228

上述方程可理解为：种子贮藏期间生活力下降随贮藏时间、贮藏温度和种子水分而变化。

上述方程最重要的修正是将种子原始发芽率考虑在内。例如大麦种子原始发芽率为 99.5%，水分 10%，在 4℃下贮藏 20 年后仍有 96%的生活力。若原始发芽率为 90%，在相同情况下其生活力仅为 70%。由此可见，原始发芽率的细微变化，通过长期贮藏后将会导致显著差别。

（二）修正后的种子寿命预测列线图

为了简化计算过程，根据上述方程可以绘制成各种作物种子寿命预测列线图（图 7-4），图 7-4 中共有 8 个比例尺组成，可以做多种预测。

如图 7-4 中虚线表示原始发芽率为 99.5%、水分为 10%的大麦种子，贮藏在 4 ℃条件下，预测 20 年后的生活力。用一直尺搁在比例尺 a 的 4 ℃处和比例尺 b 的 10%水分处，延长线相交于比例尺 c 上平均寿命为 8 400 d 处；以该点为轴心，把尺转到比例尺 d 上的 7 300 d（即 20 年）处，其延长线相交于比例尺 e 上的 0.8 处；在比例尺 f 上找出相同数值 0.8，再以该点为轴心转动尺子。在比例尺 h 上找出该种子的原始发芽率为 99.5%，两点连线相交于比例尺 g 上的 96%处，即是预测到 20 年后该批种子生活力为 96%。若另一批大麦种子原始发芽率为 90%，在比例尺 h 上找出 90%，则比例尺 f 上的 0.8 处和 90%的连线相交于比例尺 g 上的 70%处，预测到 20 年后该大麦种子生活力仅为 70%。

假如贮藏温度是变动的，可用下列公式进行修正。

$$t_e = \frac{\lg\left(\frac{\sum[W \times \text{anti}\lg(tC_2)]}{100}\right)}{C_2}$$

式中，t_e 为有效温度（℃），t 为记录温度（℃），W 为每种温度所处时间的比例（%）；C_2 为常数。常见作物 C_2 值，水稻为 0.069，大麦为 0.075，小麦为 0.050，蚕豆为 0.056，豌豆为 0.065。

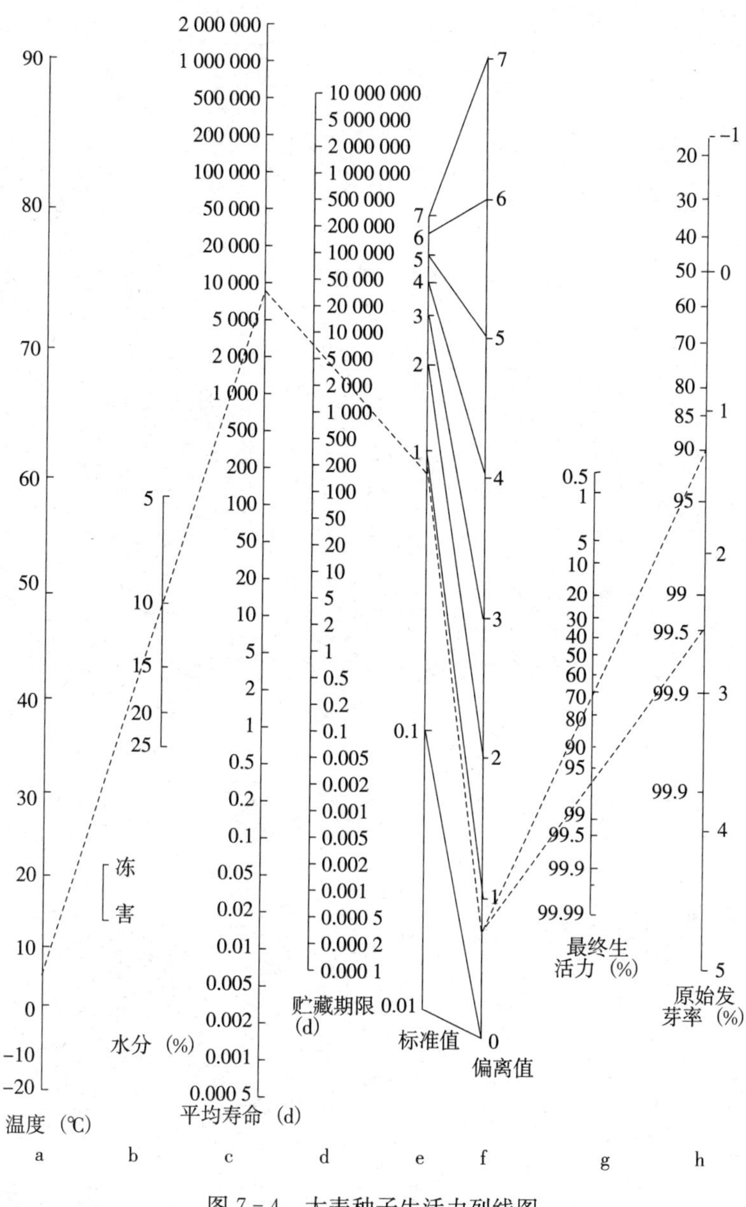

图 7-4　大麦种子生活力列线图

思考题

1. 什么是种子的寿命？不同种类种子间寿命有何差异？
2. 哪些因素会影响种子的寿命？
3. 种子衰老的机制是什么？
4. 生产上应如何合理利用陈种子？

SECTION 2 | 第二篇

种子加工贮藏

第八章

种子物理特性

种子的物理特性（physical property）是指种子本身具有的或在移动堆放过程中反映出来的各种物理属性，包括两类：①单粒特性，可根据单粒种子进行测定，例如子粒的形状、大小、硬度和透明度等；②群体特性，可根据一个种子群体进行测定，例如重量（一般用千粒重或百粒重表示）、容重（volume weight）、相对密度（relative density）、密度（density）、孔隙度（porosity）、散落性（flow movement）等。了解各种种子的物理特性，对做好种子加工、贮藏等工作，具有重要的指导意义。

第一节　种子的容重和相对密度

种子的容重和相对密度是反映种子质量的综合指标，二者与种子的成熟度、饱满度、干燥度等有关，可用于同作物不同品种种子质量的比较。

一、种子容重

种子容重是指单位容积内种子的绝对重量，单位为g/L。种子容重受多种因素影响，例如种子颗粒大小、形状、整齐度、表面特性、内部组织结构、化学成分（特别是水分和脂肪含量）以及混杂物的种类和数量等。凡颗粒细小、参差不齐、外形圆滑、内部充实、组织结构致密、水分及脂肪含量低、淀粉和蛋白质含量高以及混有重的杂质，容重较大；反之则容重较小。

由于容重所涉及的因素较为复杂，测定时必须做全面的考量，以免造成错误结论。例如原先质量优良的种子，可能因收获后清理不够细致，混有许多轻的杂质而降低容重；瘦小皱瘪的种子，容重会因水分高而增大（这一点与饱满充实的种子相反）；油料作物种子可能因脂肪含量特别高，容重反而较低。水稻种子因带有稃壳，一般不将其容重作为检验项目。

一般情况，种子水分越低，则容重越大，这和绝对重量有相反的趋势。但种子水分超过一定限度，或发育不正常的种子，关系则不明显。

种子容重在生产上的应用相当广泛，在贮存、运输工作上可根据容重推算一定容量内的种子重量，或一定重量的种子所需的仓容和运输时所需车厢数目，计算时可应用下列公式（实际中可用容重器测定）。

$$体积=\frac{重量}{容重}$$

二、种子相对密度

种子相对密度（以往称为比重）为一定绝对体积的种子重量与同体积的水的重量之比，亦即种子的绝对重量（g）与其绝对体积（mL）之比。

就不同作物或不同品种而言，种子相对密度因形态构造（有无附属物）、细胞组织的致密程度以及化学成分等不同而有很大差异。就同一品种而言，种子相对密度随成熟度和充实饱满度而变化。大多数作物的种子成熟越充分，内部积累的营养物质越多，则子粒越充实，相对密度就越大。但油料作物种子恰好相反。因此种子相对密度不仅是一个衡量种子质量的指标，在某种情况下，还可作为种子成熟度的间接指标。

种子在高温高湿条件下，经长期贮藏，由于连续不断的呼吸作用，消耗掉一部分贮藏物质，可使相对密度逐渐下降。表 8-1 为一些农作物种子的容重和相对密度。

测定种子相对密度最简便的方法是用有精细刻度的 5～10 mL 的小量筒，内装 50%酒精约 1/3，记下酒精（或水）所达到的刻度，然后称适当重量（一般为 3～5 g）的净种子样品，小心放入量筒中，再观察酒精平面升高的刻度，即为该种子样品的体积，代入下式，求出种子相对密度。

$$种子相对密度=\frac{种子重量（g）}{种子绝体积（mL）}$$

表 8-1 一些农作物种子的容重和相对密度

（引自浙江农业大学种子教研组，1959）

作物种类	容重（g/L）	相对密度	作物种类	容重（g/L）	相对密度
稻谷	460～600	1.04～1.18	大豆	725～760	1.14～1.28
玉米	725～750	1.11～1.22	豌豆	800	1.32～1.40
小米	610	1.00～1.22	蚕豆	705	1.10～1.38
高粱	740	1.14～1.28	油菜	635～680	1.11～1.18
荞麦	550	1.00～1.15	蓖麻	495	0.92
小麦	651～765	1.20～1.53	紫云英	700	1.18～1.34
大麦	455～485	0.96～1.11	苕子	740～790	1.35
裸麦	600～650	1.20～1.37			

第二节　种子的密度和孔隙度

一、种子密度

一定体积的种子堆是由种子体积和孔隙体积所构成。种子实际体积占种子堆体积的比率（%），称为种子密度（即种子的密实程度）。

测定种子密度，首先要测定种子的绝对重量（即千粒重）、绝对体积（即千粒实际体积）及容重，然后代入下式即得。

$$种子密度=\frac{绝对体积\times容重}{绝对重量}\times100\%$$

由前述已知种子相对密度为“绝对重量/绝对体积”，因此上式亦可写成

$$种子密度=\frac{种子容重}{种子相对密度}\times 100\%$$

从上述种子密度的计算公式看，密度与容重呈正比，而与相对密度呈反比，似乎种子相对密度越大，则密度越小。实际上，因为相对密度可以影响容重，相对密度大，容重也往往相应增大，密度亦随之提高。

二、种子孔隙度

一定体积的种子堆中孔隙体积占种子堆体积的比率（%），称为种子孔隙度，其可直接通过下式计算求得。

$$孔隙度=100\%-密度$$

种子堆的孔隙度大小会影响种子堆中空气的流通状况。孔隙度大的种子堆空气流通比较顺畅，产生的热量和水汽容易散发；投药熏蒸时，药气容易深入种子堆内部。如果种子堆的孔隙度小，热量容易积累，种子发热时必须强制机械通风；在投药时也必须安放探管使药剂进入种子堆内部。

种子密度与孔隙度二者之和恒为100%，二者关系为此消彼长。密度较大的种子，其孔隙度较小。不同作物种子以及同作物不同品种种子的密度和孔隙度均存在很大差异，这主要决定于种子颗粒的大小、均匀度、种子形状、种皮松紧程度、是否带稃壳或其他附属物、内部细胞结构及化学组成（表8-2）。此外还与种子水分、入仓条件及堆积厚度等有关。

表8-2　几种作物种子的密度和孔隙度（%）

（引自特里斯维亚特斯基，1951）

作物	密度	孔隙度	作物	密度	孔隙度
稻谷	35～50	50～65	玉米	45～65	35～55
小麦	55～65	35～45	黍稷	50～70	30～50
大麦	45～55	45～55	荞麦	40～50	50～60
燕麦	30～50	50～70	亚麻	55～65	35～45
黑麦	55～65	35～45	向日葵	20～40	60～80

第三节　种子的散落性和自动分级

一、种子散落性

种子群体具有一定程度的流动性。当种子从高处落下或向低处移动时，形成一股种子流的特性，称为种子的散落性。

当相当数量的种子从一定高度自然落在一个平面上时，会形成一个圆锥体，圆锥体的斜面与底部所成的角度，称为种子的静止角（angle of repose）或自然倾斜角，可作为衡量种子散落性大小（好与差）的指标。散落性较大的种子（例如豌豆），静止角较小；散落性较小的种子（如水稻），静止角较大（图8-1）。

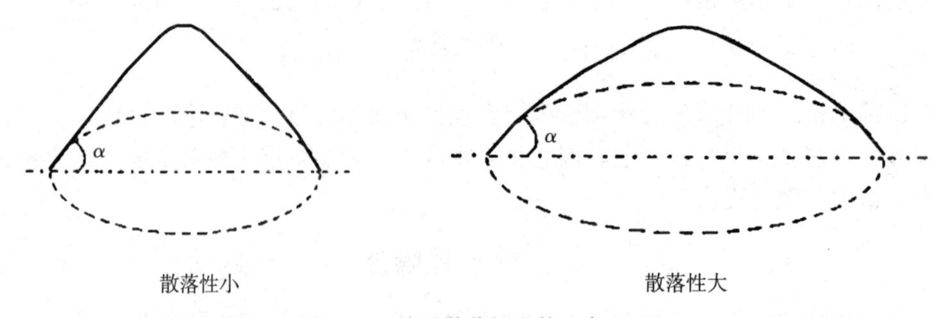

图 8-1 种子散落性和静止角（α）

种子散落性的大小，与种子的形态特征、夹杂物、水分、收获后的处理和贮藏条件等有密切关系。凡种子颗粒较大，形状近球形而表面光滑，则散落性较大，例如豌豆、油菜等的种子；如因收获方法不当或清选粗放而混有各种杂物，或种子受到机械损伤，则散落性大为减小。种子水分越高，其散落性越小。因此在测定种子的静止角时，必须同时考虑种子水分，一般情况下，同品种的种子，可从静止角的大小估计其水分高低。

种子在贮藏过程中，若贮藏条件不当，易引起种子回潮、发热、发酵、发霉或发生仓库虫害，散落性就会显著减小，严重时种子成团结块，有时使整个种子堆形成直壁，完全失去散落性。所以在种子贮藏期间，定期检查了解散落性的变化情况，可大致预测种子贮藏的稳定性，以便必要时采取有效措施。

静止角的测定可采用多种简易方法。通常用长方形的玻璃皿一个，内装种子样品约1/3，将玻璃皿慢慢向一侧横倒（转动 90°角），使其中所装种子成一斜面，然后用半径较大的量角器测得该斜面与水平面所成的角度，即为静止角。

表示种子散落性的另一指标是自流角（angle of auto-flowing）。把种子摊放在其他物体平面的一端，并将种子一端慢慢提起形成一斜面，种子在斜面上开始滚动时的角度和绝大多数种子滚落时的角度之差，即为种子的自流角。种子自流角的大小，在很大程度上随斜面的性质而异（表 8-3）。种子自流角还在一定程度上受种子水分、净度及完整度的影响。因此测定自流角时应在有关因素比较一致的情况下进行，否则容易造成较大误差。

表 8-3 几种作物种子的静止角和自流角

（引自浙江农业大学种子教研组，1981）

作物	静止角（°）	自流角（°）			
		薄铁皮	粗糙三合板	涂磁漆三合板	平板玻璃
籼谷	36～39	26～32	33～43	22～32	26～31
粳谷	40～41	26～31	35～47	20～27	27～31
玉米	31～32	24～36	27～36	18～24	22～31
小麦	34～35	22～29	26～35	17～23	24～30
大麦	36～40	21～27	29～37	18～24	25～31
裸麦	38～40	21～26	30～41	19～23	26～30
大豆	31～32	14～22	16～23	11～17	13～17
豌豆	26～29	12～20	21～26	12～20	13～18

种子的静止角和自流角在生产上具有一定实践意义。例如建造种子仓库，就要根据种子散落性估计散装堆放时仓壁所承受的侧压力大小，作为选择建筑材料与构造类型的依据。侧压力可用下式求得。

$$P=\frac{1}{2}mgh^2\tan^2\left(45°-\frac{\alpha}{2}\right)$$

式中，P 为每米宽度仓壁上所承受的侧压力（N/m），m 为种子容重（g/L 或 kg/m^3），g 为重力加速度（9.806 65 m/s^2），h 为种子堆积高度（m），α 为种子静止角（°）。

假定建造一座贮藏小麦种子的仓库，已测得小麦的静止角为 30°～34°，容重为 750 kg/m^3，在仓库中堆积高度以 2 m 为最大限度，则可应用上式求出仓壁所承受的侧压力 P=4.9 kN/m（因静止角小，侧压力大，所以 α 取 30°），表明该仓库种子堆积高度的仓壁在每米宽度上将承受 4.9 kN 左右的侧压力。

在种子清选、输送及贮藏过程中，常利用种子散落性来提高工作效率，保证安全，减少损耗。例如自流淌筛的倾斜角应稍大于种子的静止角，使种子顺利地流过筛面，起到自动筛选除杂的效果；用皮带输送机运送种子时，其坡度应调节到略小于种子的静止角，以免种子发生倒流。

二、种子自动分级

种子堆在移动和散落过程中，其中各个组成部分都受到外界环境条件和本身物理特性的综合作用而发生重新分配，即性质相近似的组成部分趋向聚集于相同部位而失去原来的均匀性，使质量和成分的差异程度增加，这种现象称为自动分级（auto-grading）。

种子堆之所以会发生自动分级现象，主要由于各个组分具有不同的散落性，同时受其他复杂因素的影响，例如种子堆移动方式、落点高低以及仓库类型等。通常人力搬运倒入仓库的种子，落点较低而随机分散，一般不发生自动分级现象；种子用包装方法入库，则不存在自动分级的问题。严重的自动分级现象往往发生在机械化大型仓库中，种子数量多，移动距离大，落点比较高，散落速度快，就特别容易引起种子堆各组分的重新分配。显而易见，种子的净度和整齐度越低，则发生自动分级的可能性越大。当种子流从高处向下散落形成一个圆锥形的种子堆时，充实饱满的子粒和沉重的杂质，大多数集中于圆锥体的顶端部分或滚到斜面中部，而瘦小皱瘪的子粒和轻浮的杂质，则多分散在圆锥体的四周而积聚于基部，如表 8-4 所示。

表 8-4 种子装入圆筒仓内的自动分级

（引自胡晋，2010）

从种子堆上取样的部位	容重（g/L）	重量（g）	破碎粒（%）	不饱满粒（%）	杂草种子（%）	有机杂质（%）	轻杂质（%）	尘土（%）
顶部	704.1	16.7	1.84	0.09	0.32	0.14	0.15	0.75
斜面中部	708.5	16.9	1.57	0.11	0.21	0.04	0.36	0.32
基部	667.5	15.2	2.20	0.47	1.01	0.65	2.14	0.69

而在小型仓库中，种子进仓时落点低，流动距离短，受空气浮力作用小，轻杂质由于本身滑动的可能性小，就容易积聚在种子堆的顶端，而滑动性较大的大型杂质和大粒杂草种

子，则随饱满种子一齐冲到种子堆的基部，这种自动分级现象在散落性较大的小麦、玉米、大豆等种子中更为明显。

种子从仓库中流出或运输过程中不断震动时，同样也会发生自动分级现象，使种子堆差异性增加，这在很大程度上影响种子检验结果的正确性。因此种子检验时必须正确采用扦样技术，严格遵守技术规程，选择适当的取样部位，增加点数，分层取样，使种子堆各个组成部分有同等被取样的机会，这样才能保证检验结果是种子质量真实情况的反映。

在生产上要防止由于种子自动分级造成的各种不利影响，首先必须要提高进仓前清选工作的技术水平。其次在种子入仓时，如遇大型仓库，可在仓顶安装一个金属锥形匀布器，以抵消由于自动分级所产生的不均衡性。在种子出仓时，可在圆筒仓出口处的内部上方安装一个锥形罩，当仓内种子移动时，中心部分会带动周围部分同时流出，使各部分种子混合起来，不致因流出先后而导致种子质量差异较大。

第四节　种子的导热性和比热容

一、种子导热性

种子堆传递热量的性能称为种子导热性（thermal conductivity）。热量在种子堆内的传递方式有二，一是靠子粒间彼此直接接触（传导传热），速度缓慢；二是靠子粒间隙里气体的流动（对流传热）。一般情况下，由于静止种子堆内气体流动较慢，导热性差，这在生产上会带来两种相反的作用。在贮藏期间，如果种子本身温度比较低，由于导热不良，就不易受外界气温上升的影响，对种子安全贮藏有利。但在外界气温较低而种子温度较高时，由于导热很慢，种子不能迅速冷却而持续进行旺盛的呼吸作用，促使种子生活力迅速下降甚至丧失。因此种子经干燥后，必须经过一个冷却过程，并使种子水分进一步散发。

种子导热性的强弱通常用导热量来表示。种子导热量是指单位时间内通过单位面积静止种子堆的热量。它取决于种子特性、水分、堆装所受压力以及不同部位的温差等条件。由于在相同温度条件下，水的导热系数远超过空气。因此当仓库类型和结构相同，贮藏的种子数量相近时，在密闭条件下，种子水分越高，热的传导越快；种子堆的孔隙度越大，热的传导越慢。亦即干燥而疏松的种子在贮藏过程中不易受外界高温的影响，能保持比较稳定的种子温度。反之，潮湿紧密的种子，容易受外界温度变化的影响。

计算导热量可采用傅里叶定理，但需要知道种子的导热系数。种子的导热系数是指1 m厚的种子堆，当表层和底层的温差相差1℃时，在每小时内通过该种子堆每平方米表层面积的热量，其单位为kJ/(h·m·℃)。作物种子的导热系数一般都比较小，大多数在0.418 4～0.836 8 kJ/(h·m·℃)，并随种子温度和水分变化而有增减。一般作物种子的导热系数介乎水与空气之间，在20℃时，空气的导热系数为0.090 8 kJ/(h·m·℃)，而水的导热系数为2.133 8 kJ/(h·m·℃)。当仓库的类型和结构相同，贮藏的种子数量相近时，在不通风的密闭条件下，种子水分越高，则热的传导越快；种子堆的空隙度越大，则热的传导越慢，亦即干燥而疏松的种子在贮藏过程中不易受外界高温的影响，能保持比较稳定的种温；反之，潮湿紧密的种子，容易受外界温度变化的影响，温度波动较大。

在大型仓库中，如果进仓的种子温度高低悬殊，种子堆温度较高部分的水分将以水汽状态逐渐转移到温度较低的部分而吸附在种子表面，使种子回潮。因此种子入库时，不但要考虑水分是否符合规定标准，而且还须注意种子温度是否基本一致。

另一方面，生产上往往可以利用种子的导热性较差这一特性，使它成为有利因素。例如在高温潮湿的气候条件下收获的种子，须加强通风，使种子温度和水分逐步下降，直到冬季可达到稳定状态。来年春季气温上升，空气湿度增大时，将仓库保持密闭，直到炎夏，种子仍能保持接近冬季的低温，因而可以避免夏季高温影响而确保贮藏安全。

二、种子比热容

比热容（specific heat capacity）简称比热（specific heat），是单位重量物质的热容量。种子比热容是指1kg种子升高1℃时所需的热量，其单位为kJ/(kg·℃)。种子比热容的大小决定于种子的化学成分（包括水分在内）及各种成分的比例。由于水的比热容比一般种子干物质的比热容要高出1倍以上，因此水分越高的种子，其比热容亦越大。种子主要化学成分的比热容，干淀粉为1.548 1kJ/(kg·℃)，脂肪为2.050 1kJ/(kg·℃)，干纤维为1.338 8kJ/(kg·℃)，水为4.184 0kJ/(kg·℃)。绝对干燥的作物种子的比热容大多数在1.673 6kJ/(kg·℃)左右，例如小麦和黑麦均为1.548 1kJ/(kg·℃)，向日葵为1.644 3kJ/(kg·℃)，亚麻为1.661 0kJ/(kg·℃)，大麻为1.552 2kJ/(kg·℃)，蓖麻为1.840 9kJ/(kg·℃)。

了解种子的比热容，可推算一批种子在秋冬季节贮藏期间放出的热量，并可根据比热容、导热系数和当地的月平均温度来预测种子冷却速度。通常一座能容2.5×10^5 kg的仓库，种子温度从进仓时30℃降到秋冬季15℃以下，放出的总热量可达数百万千焦，须装通风设备以加速降温。同样，在春夏季种子温度随气温上升，亦需吸收大量的热量，可密闭仓库以减缓升温，这样有助于保持种子长期处在较低的温度条件进行安全贮藏。

刚收获的作物种子，水分较高，比热容亦较大，如直接进行烘干，则使种子升高到一定温度所需的热量较大，即消耗燃料较多；而且不可能一次完成烘干的操作过程，如果加温太高，会导致种子死亡。因此种子收获后，放在田间或晒场上进行预干，是最经济而稳妥的办法。

第五节　种子的吸附性和吸湿性

一、种子吸附性

种子吸附性（absorbability）是指种子具有吸附其他物质气体分子的性能。种子胶体具有多孔性的毛细管结构，在种子的表面和毛细管的内壁可以吸附其他物质的气体分子。当种子与挥发性农药、化肥、汽油、煤油、樟脑等物质存放在一起时，种子的表面和内部会逐渐吸附此类物质的气体分子，分子浓度越高和存放时间越长，吸附量越大。不同种子吸附性的差异主要决定于种子内部毛细管内壁的吸附能力，因为毛细管内壁有效表面的总和超过种子的外部表面积20倍左右。

种子在一定条件下能吸附气体分子的能力称为吸附容量，而在单位时间内能吸附气体的数量称为吸附速率。被吸附的气体分子亦可能从种子表面或毛细管内部释放出来，这个过程称为解吸作用。一个种子堆在整个贮藏过程中，所有子粒对周围环境中的各种气体都在不断地进行吸附作用与解吸作用，如果条件固定不变，这两个相反的作用可达到平衡状态。当种子移置于不同环境中时，种子内部的气体分子就开始向外扩散，或者由外部的气体分子向种子内部扩散。如果种子贮藏在密闭状态中，经过一定时间，就可达到新的平衡。

农作物种子吸附性的强弱取决于多种因素，主要包括以下几个。

（1）种子的形态结构　凡组织结构疏松的，吸附性较强；表面光滑、坚实或被有蜡质的，吸附性较弱。

（2）吸附面积的大小　子粒有效面积越大，吸附性越强。当其他条件相同时，子粒越小，比表面越大，其吸附性越强。此外，胚部较大的和表面露出较多的种子，其吸附性也较强。

（3）气体的浓度　环境中气体的浓度越高，种子内部与外部的气体压力相差越大，吸附性越强。

（4）气体的化学性质　凡是容易凝结的气体（例如水汽），以及化学性质较为活泼的气体（例如氧气），一般都易被吸附。

（5）温度　吸附是放热过程，解吸则是吸热过程。在气体浓度不变的条件下，温度下降，有利于吸附；温度上升，有利于解吸。

二、种子吸湿性

种子对于水汽的吸附和解吸性能称为种子吸湿性（hygroscopicity），吸湿性是吸附性的一种具体表现。

水汽和其他气体一样，吸附和解吸过程都是通过水汽的扩散作用而不断地进行的。首先是水分子以水汽状态从种子外部经过毛细管扩散到内部，其中一部分水分子被吸附在毛细管的有效表面，或进一步渗入组织细胞内部与胶体微粒密切结合，成为种子的结合水（束缚水）。外部水汽继续向内扩散，会使毛细管中的水汽压力逐渐加大，结果水汽凝结成水，称为液化过程。外部的气态水分子继续扩散进去，直到毛细管内部充满游离状态的水分子，形成游离水（自由水）。

如果种子收获后遇到潮湿多雨季节，空气湿度接近饱和状态，种子吸附水汽，内部的生理过程趋向旺盛，往往引起种子的发热变质。当潮湿种子摊放在比较干燥的环境中时，由于外界的水汽压力比种子内部低，水分子从种子内部向外扩散。有时遇到高温干燥的天气，种子水分可达到安全贮藏水分以下，这种情况在盛夏和早秋季节经常会发生。

据研究，在同样的温度和相对湿度条件下，种子吸湿达到平衡的水分始终低于解吸达到平衡的水分，这种现象称为吸附滞后效应。种子贮藏过程中，若干种子吸湿回潮，水分升高，以后即使大气湿度恢复到原来水平，种子解吸水汽后的水分也不能下降至原有水平。

种子吸湿性的强弱主要决定于种子的化学组成和细胞结构。含亲水胶体越多的种子吸湿性越强，含脂肪较多的种子吸湿性较弱。禾谷类作物种子由于胚部含有较多的亲水胶体物质，其吸湿性比胚乳部分强得多，因此在比较潮湿的气候条件下，胚部往往成为每颗种子发霉变质的起始点。在贮藏上解决这个问题的根本措施是干种子密闭贮藏，以隔绝外界水分的侵入。

思考题

1. 如何测定种子的散落性？
2. 种子的容重和相对密度在生产上有何意义？
3. 种子的吸附性和吸湿性与种子贮藏有何关系？
4. 种子的导热性与种子贮藏有何关系？

第九章

种子加工和处理

种子加工是指从收获到播种前对种子采取的各种处理，包括干燥、清选、精选分级、包衣、包装等一系列工艺过程。其目的是改进和提高种子质量，保证种子安全贮藏，促进田间成苗和产量。

第一节　种子干燥

种子干燥（seed drying）是利用一定的自然条件或机械设备，使种子内部水分不断向表面扩散和表面水分不断蒸发来降低种子水分的过程。种子收获后必须及时干燥，将水分降低到安全贮藏标准，以保持种子的生命力和活力，提高种子的商品性和种用价值。

一、种子干燥的特性和原理

（一）种子干燥特性

1. 种子的胶体特性　种子是活的有机体，又是一团凝胶，具有空间网状结构，在低温潮湿的环境中能吸附水汽，在高温干燥的环境中能解吸水汽，这种吸附和解吸水汽的能力称为传湿力。种子传湿力的强弱取决于种子的生物胶体特性，其主要与种子的化学成分、细胞结构和外界温度及湿度有关。传湿力强的种子，干燥起来比较容易。

2. 干燥介质的特性　要使种子干燥，必须使种子受热，将种子中的水分汽化后排出，从而达到干燥的目的。这就需要有一种物质与种子接触，把热量带给种子，使种子受热，并带走种子中汽化出来的水分，这种物质称为干燥介质。常用的干燥介质是常温空气、加热空气、煤气（烟道气和空气的混合体）。

介质在种子干燥中既是载热体，又是载湿体，起到双重作用。在干燥中，介质获得热能，温度上升，与种子接触后，将热量传给种子，使种子升温；当温度降低时，介质又能把种子释放的热量带走，使种子降温。此时介质起到载热体的作用。种子温度升高后，汽化的水分子进入介质，随介质的流动被带走，此时介质起载湿体的作用。

（二）种子干燥原理

1. 种子干燥原理　种子干燥是通过种子内部水分不断向表面扩散和表面水分不断蒸发汽化来实现的。当空气相对湿度低于种子平衡水分时，种子便向空气中释放水分，直到种子水分与该条件下的空气相对湿度达到新的平衡时，种子水分才不再降低。种子水分与空气所产生的蒸汽压相等时，种子水分不发生增减，处于吸附和解吸的平衡状态，则不能起到干燥作用。只有当种子水分高于平衡水分时，水分才会从种子内部不断散发出来，使种子逐渐失去水分而干燥。种子内部的蒸汽压超过空气的蒸汽分压越大，干燥作用越明显。种子干燥就是不断降低空气蒸汽分压，使种子内部水分不断向外散发的过程。

水分在种子内部的移动主要通过种子内部的毛细管进行的。种子内部水分的移动现象，称为内扩散。内扩散又分为湿扩散和热扩散。种子干燥过程中，表面水分蒸发，破坏了种子水分平衡，使其表面水分小于内部水分，形成了湿度梯度，而引起高水分向低水分的方向移动，这种现象称为湿扩散。种子受热后，表面温度高于内部温度，形成温度梯度。由于存在温度梯度，水分随热源方向由高温处移向低温处，这种现象称为热扩散。在干燥过程中，如果升高温度，种子表面的水分被汽化进入空气，种子表面的水分就小于种子内部的水分，因而湿扩散使水从内部往种子表面扩散；与此同时，升高温度会使种子表面温度高于种子内部温度，热扩散使水分从种子表面向种子内部扩散，但是由于种子干燥过程中加热温度较低，种子体积较小，种子内部和表面温度梯度不是很大，热扩散对水分向外移动的影响不大。

2. 种子干燥的影响因素

（1）相对湿度对种子干燥的影响　温度不变时，干燥环境中的相对湿度决定了种子的干燥速度和含水量。空气的相对湿度越小，空气的水汽量离饱和越远，能容纳的水汽越多，越有利于种子表面水分的蒸发和种子干燥，其干燥的推动力大，干燥速度快，水分下降快。

（2）温度对种子干燥的影响　干燥的温度高，一方面具有降低空气相对湿度、增加持水能力的作用；另一方面能使种子水分迅速蒸发。在相同的相对湿度下，温度高时干燥的潜在能力大。但是如果温度过高，会影响种子的活力。

（3）气流速度对种子干燥的影响　种子干燥过程中，存在吸附于种子表面的汽膜层，阻止种子表面水分的蒸发。所以必须用流动的空气将其带走，使种子表面水分继续蒸发。空气的流速高，则种子的干燥速度快，干燥时间短，但会加大风机功率和热能的损耗。所以在提高气流速度的同时，要考虑热能的充分利用和风机功率保持在合理的范围，降低种子干燥成本。

（4）种子生理状态对种子干燥的影响　刚收获的种子含水量较高，新陈代谢旺盛，进行干燥时宜缓慢，或进行先低温干燥后高温干燥的二次干燥。如果采用高温快速一次干燥，反而会破坏种子内的毛细管结构，引起种子表面硬化，内部水分不能通过毛细管向外蒸发。在这种情况下，种子持续处在高温中，会使种子体积膨胀或胚乳变得松软，丧失种子生活力。

（5）化学成分对种子干燥的影响　种子的化学成分不同，其组织结构差异很大，干燥时也应区别对待。水稻、小麦（软粒）等粉质种子，组织结构较疏松，毛细管粗大，传湿力较强，容易干燥，可以采用较严的干燥条件，干燥效果也较明显。大豆、菜豆等蛋白质种子，其组织结构较致密，毛细管较细，传湿力较弱，但种皮却很疏松易失水。如果在高温、快速的条件下进行干燥，子叶内的水分蒸发缓慢，种皮内的水分蒸发很快，容易使种皮破裂，不易贮藏，因此必须采用低温慢速的条件进行干燥。油菜等油质种子含有大量的脂肪，为不亲水性物质。这类种子的水分比上述两类种子容易散发，可以用高温快速的条件进行干燥，但也要考虑油菜种子种皮松脆易破，热容量低的特性。

二、种子干燥方法

（一）自然干燥

自然干燥就是利用日光、风等自然条件，使种子的水分降低，达到或接近种子安全贮藏水分标准。在晾晒时一般可摊成 5～20 cm 厚，大粒种子可摊铺 15～20 cm 厚，中粒种子可摊铺 10～15 cm 厚，小粒种子可摊 5～10 cm 厚。另外，晒种子最好摊成波浪形，形成种子垄，增加种子层的表面积，这样晒种比平摊降水快。此外，在晒种时应经常翻动，使上下层干燥均匀。在南方炎夏高温天气下，应避免在中午或下午在水泥晒场或柏油场地晒种，因此时晒场表面温度太高，会伤害种子。

自然干燥分脱粒前自然干燥和脱粒后自然干燥，干燥方法也不相同。

1. 脱粒前自然干燥　脱粒前的种子干燥可以在田间进行，也可在场院、晾晒棚、晒架、挂藏室等处，利用日光曝晒或自然风干等办法降低种子的水分。例如玉米果穗收割前可采用"站秆扒皮"方法晾晒；高粱收割后可用刀削穗头晒在高秆垛码上；小麦、水稻可捆紧竖起，穗向上堆放晒干。对一些暂时不能脱粒或数量较少又无人工干燥条件的种子，可采用搭晾晒棚、挂藏室、搭晾晒架等方法，将植株捆成捆挂起来，例如玉米穗制成吊子挂起来。

2. 脱粒后自然干燥　脱粒后自然干燥就是子粒的自然晾晒，方法古老简单，日光中的紫外线有杀菌作用，此外晒种还可以促进种子的成熟，提高发芽率。晾晒种子是在晴天有太阳光时将种子堆放在晒场（场院）上。晒场常见的有土晒场和水泥晒场两种，水泥晒场具有场面较干燥和场面温度易于升高、晒种的速度快、容易清理的优点。

（二）通风干燥

对新收获的较高水分种子，因遇到阴雨天气或没有热空气干燥机械时，可利用送风机将外界低温干燥空气吹入种子堆中，把种子堆间隙的水汽和呼吸热量带走，以达到种子变干和降温的目的。这是一种暂时防止潮湿种子发热变质，抑制微生物生长的干燥方法。

通风干燥是利用外界的空气作为干燥介质，因此种子水分下降程度受外界空气相对湿度的影响。一般只有当外界相对湿度低于 70%时，采用通风干燥才是经济有效的方法。在南方潮湿地区或北方雨天，因为外界大气湿度不可能很低，不适合采用通风的方法干燥种子。

（三）加热干燥

这是一种利用加热空气作为干燥介质（干燥空气）直接通过种子层，使种子水分汽化并被带走，从而干燥种子的方法。在温暖潮湿的热带、亚热带地区，特别是大规模种子生产单位或长期贮藏的蔬菜种子，需利用加热干燥方法。加热干燥速度比通风干燥速度快，是目前种子干燥的主要方法。

在加热干燥时，对空气介质进行加温，以降低介质的相对湿度，提高介质的持水能力，并使介质作为载热体向种粒提供蒸发水分所需的热量。加热干燥种子时应注意：①切忌种子和加热器直接接触，否则种子易被烤焦、灼伤而丧失生活力；②严格控制种子温度，大多数作物种子烘干温度不宜超过 43℃，随种子水分下降，可以适当提高温度；③种子加热干燥期间设置缓苏阶段，主要原因是高温或比较高的温度长时间干燥种子，种子内部和外部之间的温度、水分分布不均匀，种子内部水分向外移动的速度大大低于表面水分汽化速度时，易引起表皮干爆裂或内部出现爆腰现象。

种子干燥的方法还有很多，例如除湿干燥（干燥剂干燥、热泵干燥）是利用常温或高于常温 3～5℃、相对湿度很低的空气作为干燥介质进行干燥；冷冻干燥是使种子在冰点以下的温度发生冻结，通过升华作用除去水分以达到干燥的目的；辐射式干燥是利用可见光或不可见光的光波传递能量使种子升温进行干燥，如远红外干燥、高频与微波干燥。

三、种子干燥机械

常用农业种子加热干燥机械主要可分为堆放式分批干燥机械和连续流动式干燥机械两大类型。

（一）堆放式分批干燥机械

堆放式分批干燥的方法是使种子处于静止状态下进行干燥，其设备结构比较简单，具有建造容易、热效率高、干燥成本低、操作简单等优点。堆放分批式干燥机械的另一个特点是，玉米穗和粒状种子（例如小麦、水稻和其他作物种子等）都能用同一设备进行干燥，干燥机械利用率高。常用的堆放式分批干燥机械有简易堆放式干燥机械、斜床堆放式干燥机械（图 9－1）、多用途堆放式干燥机械等种类。

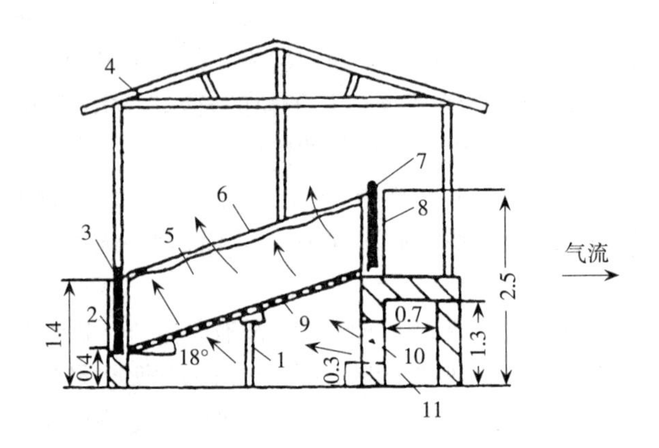

图 9－1　斜床堆放式干燥机械（单位：m）

1. 支架　2. 出料口　3. 出料口挡板　4. 棚盖　5. 种子层　6. 床壁
7. 进料口挡板　8. 进料口　9. 种床　10. 进风口　11. 扩散风道

（二）连续流动式干燥机械

虽然堆放分批式干燥机械结构简单、用途广、费用低，但生产效率低，劳动强度大，因此对于水稻、小麦或脱粒后的高水分种子，采用连续流动式干燥机械进行干燥更为合适。在干燥过程中，为了使种子能够均匀受热，提高生产率，种子在于燥机中必须流动，进行连续干燥。高水分的种子不断加入干燥机，经干燥后又连续排出。因此这种干燥方法称为连续流动式干燥。连续流动式干燥机械生产能力大，干燥效果也比较好，并易与其他加工机械配套。连续流动式干燥机械的种类很多，但其原理基本一致。目前常用的连续流动式干燥机有圆仓循环式干燥机（图 9－2）、径向通风干燥机、连续式干燥机、通风带式干燥机等。按其结构不同又可分为滚动式干燥机、百叶窗式干燥机、风槽式干燥机、塔式干燥机等种类。

在连续流动式干燥机械中，加热气体的流动方向与种子移动方向的配合有多种形式，彼此以相同方向运动的称为顺流式，彼此以相反方向运动的称为对流式，二者以互相垂直方向运动的称为错流式。

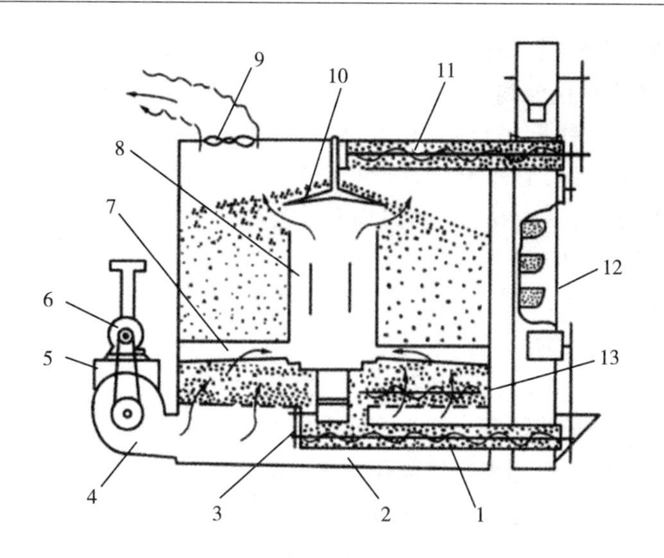

图 9-2　圆仓循环式干燥机

1. 仓底出料装置　2. 热风室　3. 循环机构　4. 通风机　5. 加热器　6. 风机电机　7. 水平风槽　8. 竖风筒　9. 排湿风扇　10. 物料均布器　11. 仓顶进料装置　12. 斗式提升机　13. 公转出料装置

（引自王许玲等，2010）

第二节　种子清选

一、种子清选的目的和意义

（一）种子清选的目的

种子清选的目的一方面是清除混入种子中的茎、叶、穗、损伤种子的碎片、杂草种子、泥砂、石块、空瘪子等混杂物，以提高种子纯净度，并为种子安全干燥和包装贮藏做好准备；另一方面是种子的精选分级，去除种子中质量低劣的种子，即不饱满的、虫蛀或衰老的种子，以提高种子的精度级别和利用率，提高发芽率和种子活力。

（二）种子清选的意义

1. 降低劳动强度，提高工作效率　采用机械化清选种子，不但可以降低工人的劳动强度，而且大幅提高了工作效率，加工后的质量也更加稳定。

2. 有利于种子的贮藏和运输　种子经清选后，减少了种子中的混杂物，进一步提高了种子质量，延长种子的贮藏年限；种子净度得到提高，包装密闭好，减少因运输、混杂以及变质引起的损耗。

3. 便利于后续的种子加工与处理　种子清选有利于种子包衣、丸粒化与精密点播，提高工作效率。

4. 提高了种子的商品性和市场竞争力　种子清选加工后，净度高、质量好而受到农民的欢迎。

二、种子清选原理

种子清选是利用种子本身的各种物理特性，将饱满度不同的种子、质量不同的种子分离开来。种子物理特性主要包括：外形尺寸、相对密度、空气动力学特性、密度、颜色等。

（一）按种子的大小特性分离

1. 种子形状和大小 种子大小通常以长度（l）、宽度（b）和厚度（a）3个尺寸来表示（图9-3）。$l>b>a$ 的为扁长形种子，例如水稻、小麦、大麦等的种子；$l>b=a$ 的为圆柱形种子，例如小豆等的种子；$l=b>a$ 的为扁圆形种子，例如野豌豆等的种子；$l=b=a$ 的为球形种子，例如豌豆等的种子。

2. 不同形状筛孔的分离原理 根据种子形状和大小，可选用不同形状和大小规格的筛孔进行分离，把种子与夹杂物分开，也可把不同长短和大小的种子进行精选分级。

（1）按种子宽度进行分离时选择圆孔筛 圆孔筛的筛孔只有一个量度，就是直径，它应小于种子的长度，大于种子的厚度。因为筛面上的种子层有一定的厚度，当筛子运动时有垂直方向的分向量，种子可以竖起来通过筛孔，这说明筛孔对种子的长度不起限制作用。对于麦类作物种子，它的厚度小于宽度，筛孔对种子厚度也不起限制作用。所以对圆孔筛来说，它只能限制种子的宽度。种子宽度大于筛孔直径的，留在筛面上；宽度小于筛孔直径的，则通过筛孔落下（图9-4）。

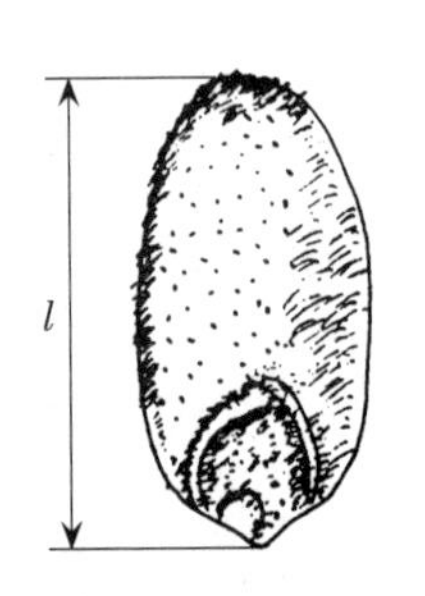

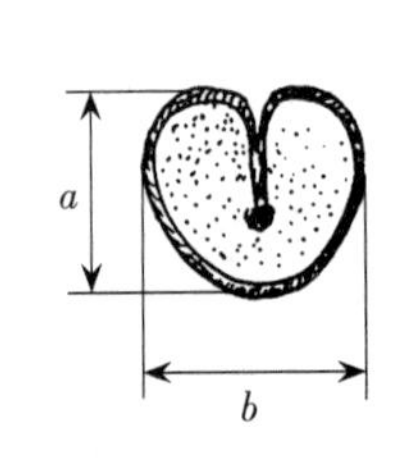

图9-3 小麦种子的尺寸
l. 长度 b. 宽度 a. 厚度
（引自胡晋，2001）

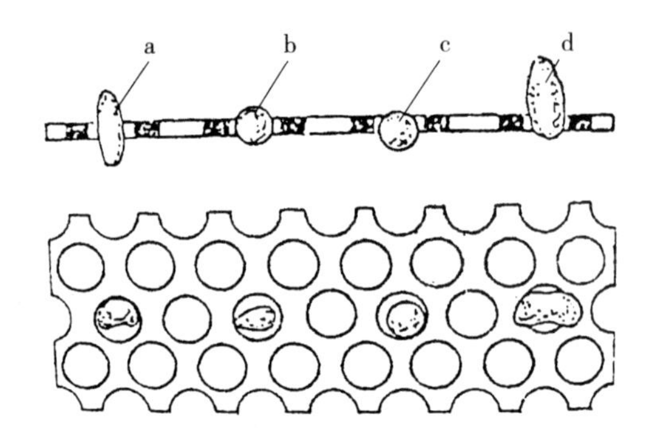

图9-4 圆孔筛清选种子的原理
a、b、c. 种子宽度小于筛孔直径（能通过筛孔）
d. 种子宽度大于筛孔直径（不能通过筛孔）
（引自胡晋，2001）

（2）根据种子的厚度进行分离时选择长孔筛 长孔筛的筛孔有长和宽两个量度，由于筛孔的长度大于种子的长度（大2倍左右），所以只有筛孔宽度起限制作用。麦类作物种子的宽度大于厚度，种子可侧立起来以厚度方向从筛孔落下，所以种子的长度和宽度不起限制作用。只有按厚度分离，种子厚度大于筛孔宽度的留在筛面上，小于筛孔宽度的落于筛下。这种筛子工作时，只需使种子侧立，不需竖起，种子做平移运动即可。因此这种筛子可用于不同饱满度种子的分离（图9-5）。

（3）根据种子的长度进行分离时选择窝眼筒 窝眼筒是用金属板制成的、内壁上有圆形窝眼的圆筒，可水平或稍倾斜放置。喂入筒内的种子，其长度小于窝眼口径的，就落入圆窝内，并随圆筒旋转上升到一定高度后落入分离槽中，随即被搅龙运走。长度大于窝眼口径的种子，不能进入窝眼，沿窝眼筒的轴向从另一端流出。窝眼筒可以将小于种子（小麦）长度的夹杂物（草子等）分离出去，也可以将大于种子长度的夹杂物（大麦等）分离出去。前一情况窝眼筒窝眼口径小于种子长度，而后一情况窝眼筒窝眼口径大于种子长度（图9-6）。

窝眼盘的分离原理与窝眼筒类似。

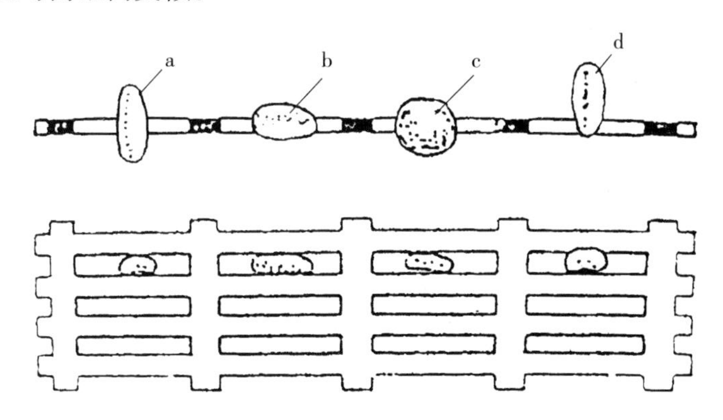

图 9－5　长方孔筛清选种子的原理

a、b、c. 种子厚度小于筛孔宽度（能通过筛孔）　d. 种子厚度大于筛孔宽度（不能通过筛孔）

（引自胡晋，2001）

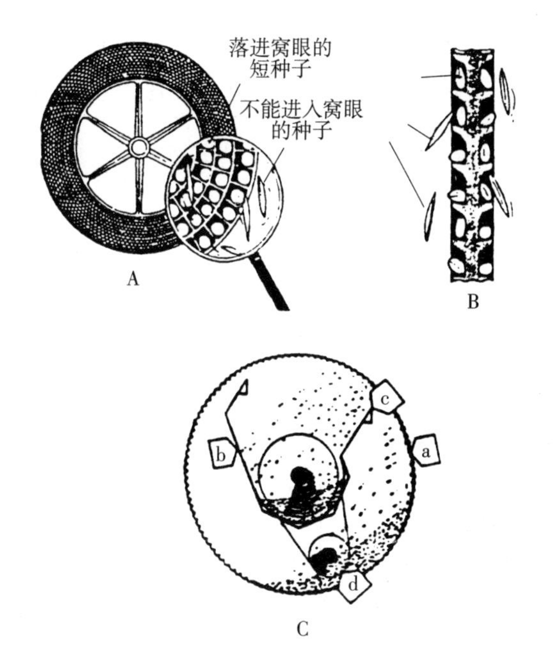

图 9－6　窝眼盘和窝眼筒的分离作用

A. 窝眼盘　B. 分选作用　C. 窝眼筒构造和分选过程

a. 种子落入窝眼筒壁　b. 收集调节　c. 分选调节　d. 输送搅龙

（二）按种子的空气动力学特性分离

可按种子和杂物对气流产生的作用力大小进行分离。任何一个处在气流中的种子或杂物，除受本身的重力外，还承受气流的作用力。气流对种子的作用力 P（N）的大小可用下列公式表示。

$$P=k\rho Fv^2$$

式中，k 为阻力系数（表 9－1），ρ 为空气密度（kg/m^3），F 为种子在垂直于相对速度方向上的最大截面积（迎风面积）（m^2），v 为种子对气流的相对运动速度（m/s）。

如果种子处在上升的气流中，当 $P>G$（种子的重力）时，种子向上运动；当 $P<G$ 时，种子落下；当 $P=G$ 时，种子即飘浮在气流中，达到平衡状态，此时的气流速度等于飘浮速度（v_p）（图 9－7）。飘浮速度是指种子在垂直气流的作用下，当气流对种子的作用力等于种子本身的重力而使种子保持飘浮状态时气流所具有的速度（也称为临界速度）（表 9－1），可用来表示种子的空气动力学特性。

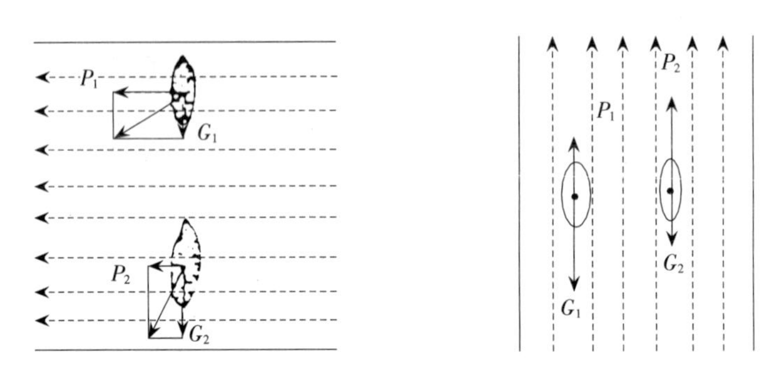

图 9－7　种子按气体动力学分离的原理

表 9－1　种子流动时的阻力系数（k）及空气临界速度

作物名称	阻力系数（k）	临界速度（m/s）
小麦	0.184～0.265	8.9～11.5
大麦	0.191～0.272	8.4～10.8
玉米	0.162～0.236	12.5～14.0
黍	0.045～0.078	9.8～11.8
豌豆	0.190～0.229	15.5～17.5

目前利用空气动力特性分离种子的方式有：垂直气流分离、平行气流分离、倾斜气流分离和抛扔分离 4 种方式。

（三）按种子的相对密度分离

种子的相对密度因作物种类、饱满度、水分以及受病虫危害程度的不同而有差异，相对密度差异越大，其分离效果越好。在生产上多采用相对密度清选机进行分选，适用于大量种子的清选。

种子重力清选分离的前提条件是种子分层，只有物料充分分层，才能使密度不同的颗粒完全分离。当需要分离的种子密度差异较小时，物料分层比较困难。物料被分层后，下层相对密度较大的颗粒在摩擦力作用下向台面高边移动，上层相对密度较小的颗粒向台面低边移动，垂直的分层现象结合水平分离。当物料到达排料端时，分离过程基本结束，此时，相对密度较大物料集中在台面高端，相对密度较小物料集中在台面低端，相对密度居于大小之间的混合区的物料集中在台面中间。

按相对密度进行种子清选包含两个步骤：首先，喂入工作台面上的混合物料在垂直面内分层，外形尺寸相同的种子可以按照不同的密度进行分层，密度相同的种子可以按照不同的外形尺寸进行分层，使子粒较大、相对密度较大的种子位于底层，子粒较小、相对密度较小的种子位于上层。然后在工作台倾角与往复振动的综合作用下出现边分层边产生横向位移的现象，由不同出口排出，达到清选分离的作用。

对于少量种子，也可以采用液体密度法进行分离，首先配置一定密度的液体（水、盐水、黄泥水等），将种子放入搅拌后静置，当种子的密度大于液体的密度时，种子就下沉；反之则浮起。

（四）按种子表面光滑特性分离

采用按种子表面光滑特性分离的方法，一般可以剔除杂草种子和谷类作物中的野燕麦。但是设计这种机械主要用于豆类中剔除石块和泥块，也能分离未成熟和破损的种子。例如清除豆类种子中的菟丝子和老鹳草，可以把种子倾倒在一张向上移动的布上，随着布的向上转动，杂草种子被带向上，而光滑的种子向倾斜方向滚落到底部（图 9－8）。根据分离的要求和被分离物质状况可采用不同性质的斜面。斜面的角度与分离效果密切相关，若需分离的物质的自流角与种子的自流角有显著差异，其分离效果较好。

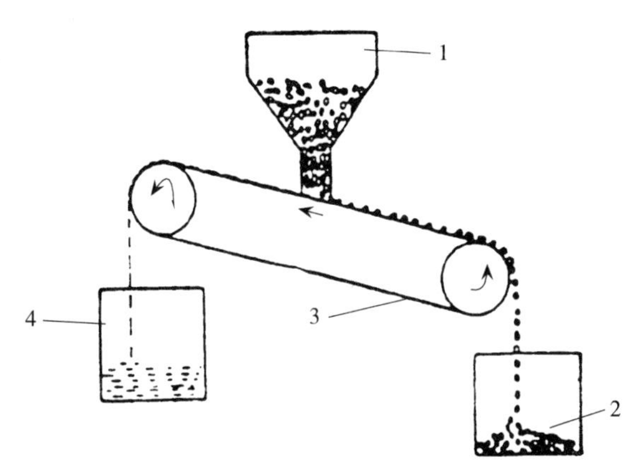

图 9－8 按种子表面光滑程度分离
1. 种子漏斗 2. 圆的或光滑种子
3. 粗帆布或塑料布 4. 扁平的或粗糙种子

此外，也可利用磁性分离机进行分离。对被加工物料表面实施铁粉预处理后，一般表面粗糙种子可吸附磁粉，当用磁性分离机清选时，磁粉和种子混合物一起经过磁性滚筒，光滑的种子不粘或少粘磁粉，可自由地落下，而杂质或粗糙种子粘有磁粉则被吸附在磁性滚筒表面，随滚筒转到下方时被刷子刷落（图 9－9）。这种清选机一般都装有 2～3 个滚筒，以提高清选效果。

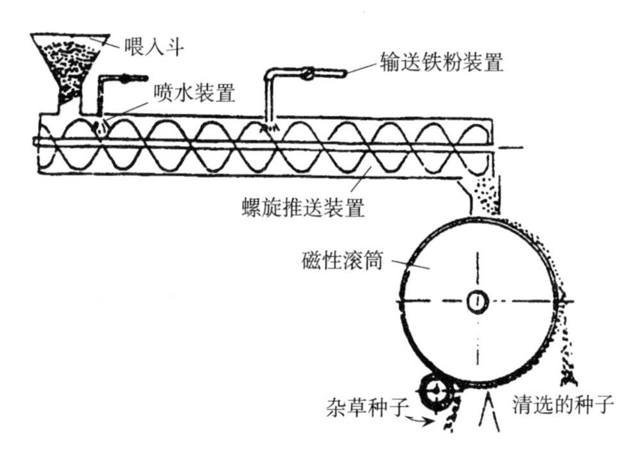

图 9－9 磁性分离机

（五）按种子色泽分离

根据种子颜色分选时，可采用光电分选机，根据种子表面颜色的不同，将成熟度好的子粒与成熟度较差的子粒分离开，或是将好种子与病变的种子分开（例如豆类种子）。利用色泽分离是根据种子颜色明亮或灰暗的特征达到分离目的的。要分离的种子通过一段照明的光亮区域，在那时每粒种子的反射光与事先在背景上选择好的标准光色进行比较。当种子的反射光不同于标准光色时，即产生信号，这种子就从混合群体中被排斥落入另一个管道而分离（图 9－10）。

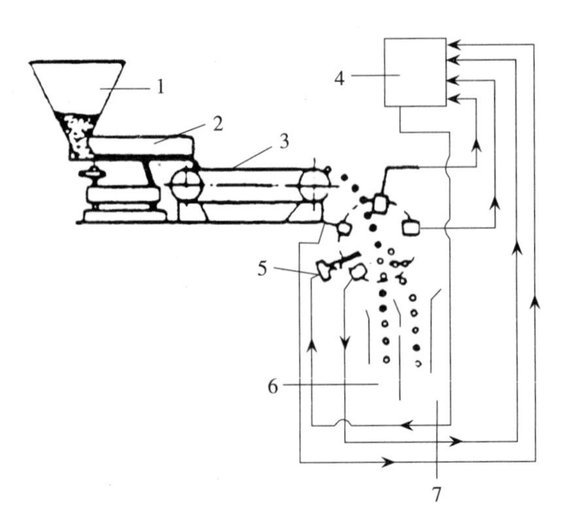

图 9－10　光电色泽种子分离机
1. 种子漏斗　2. 振动器　3. 输送器　4. 放大器
5. 气流喷口　6. 优良种子　7. 异色种子

（六）按种子弹性分离

螺旋分离机是根据种子的弹性特征和表面形状的差异分离种子与杂质的，可用于分离豌豆、大豆或是白菜、甘蓝等圆形种子中的杂质。例如由于饱满的大豆种子弹力大、跳跃能力较大、弹跳得较远，而混入的水稻、麦类或压扁大豆种子弹力较小而弹跳得较近，当混合物沿着弹力螺旋分离器滑道下流时，饱满大豆种子跳跃到外面滑道，进入弹力大种子盛接盘，而水稻、麦类或压扁种粒跳跃入内滑道，滑入弹力小种子盛接盘，得以分离（图 9－11）。

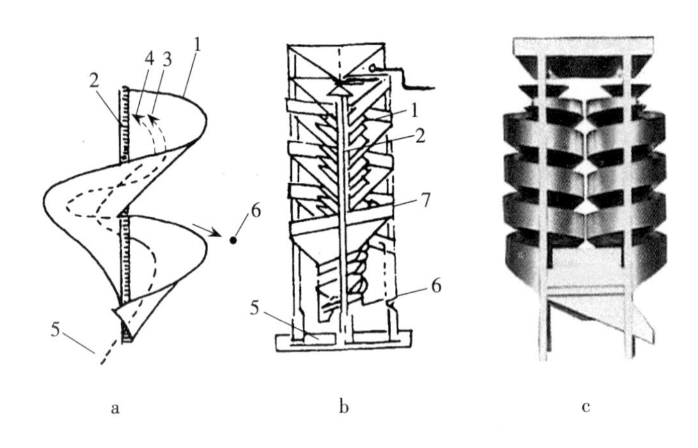

图 9－11　螺旋分离机
a. 弹性作用原理　b. 外貌　c. 实物　1. 螺旋槽　2. 轴　3、6. 球形种子
4. 非球形种子　5. 非球形种子出口　7. 档槽

（七）根据种子负电性进行分离

一般种子不带负电。当种子衰老后，种子负电性增加，因此带负电性高的种子活力低，而不带负电或带负电低的种子活力高。现已设计成种子静电分离器（图 9－12）。当种子混合样品通过电场时，凡是活力低的带负电的种子被正极吸引到一边落下而得以剔除，达到选出高活力种子的目的。

（八）根据种皮破损特性进行分离

如图 9－13 所示，利用特殊的类似窝眼筒的滚筒，筒内代替窝眼的是锋利尖锐的钢针，甜豌豆种皮损伤皱褶的种子在滚筒旋转过程中被钢针戳住种皮，种子挂在针上。当挂有种子的钢针随滚筒旋转上升到一定高度后，种子由于本身的重力作用或被刷子刷落，种子落入输送槽中被推运器送出而分离。也可以用于清除带虫眼的豌豆种子。

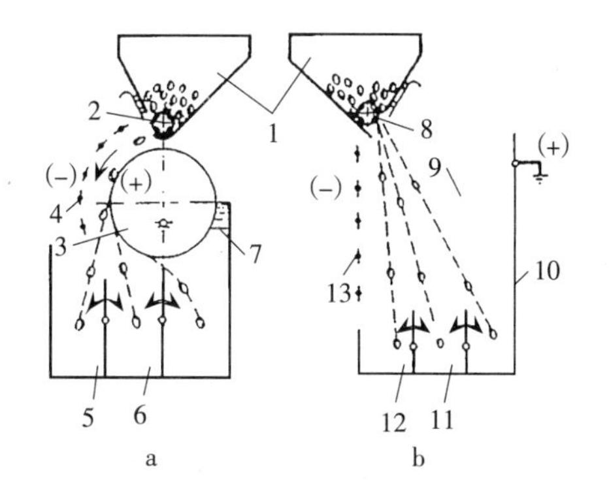

图 9-12　利用种子负电性分离原理

a. 静电转筒　b. 电晕放电箱　1. 漏斗　2、8. 喂入阀门　3. 静电转筒　4. 电极　5、6、11、12. 盛接器　7. 毛刷　9. 箱　10. 电晕放电电极　13. 穿孔电极

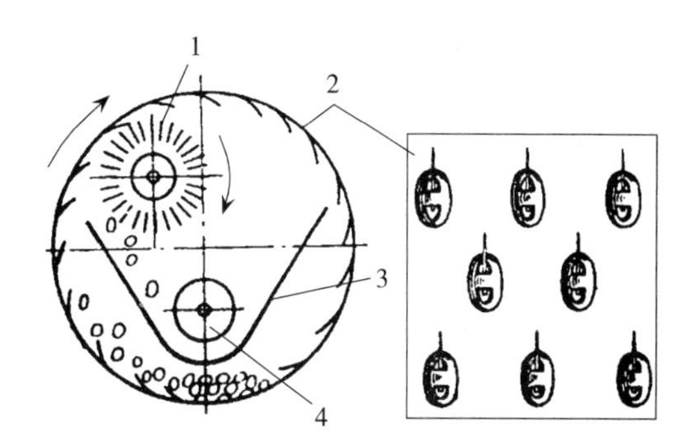

图 9-13　针式滚筒结构和工作原理

1. 钢丝刷　2. 针式滚筒　3. 输送槽　4. 搅龙

三、种子清选机械

(一) 风筛清选机

风筛清选机就是将风选与筛选装置有机地结合在一起形成的清选机械，利用种子的尺寸特性进行筛选，清除种子中的大杂质和小杂质；利用种子的空气动力学特性进行风选，清除种子中的颖壳、灰尘。目前最常用的是 2～4 层筛和 1～2 条风选管路组成的风筛清选机。

风筛清选机又分为初清机、基本清选机和复式清选机。

1. 风筛清选机的主要结构　风筛清选机可分为喂料部、风选部、筛选部以及机架和行走部 4 部分（图 9-14）。

(1) 喂料部　喂料部由喂料箱、喂入辊和喂入辊转速调节手柄等组成。通过喂入辊转速调节手柄调节喂入辊转速，满足不同种子的喂入量要求，起到强制喂料作用。

(2) 风选部　风选部由风机、前吸风道、后吸风道、前沉降室、后沉降室、风量调节机构等部分组成。前吸风道除去颖壳、尘土等轻杂质，后吸风道除去轻瘪粒、虫蛀粒、茎秆等轻杂质。

(3) 筛选部　筛选部主要由筛箱、筛体、上筛、下筛、清筛机构、排杂槽等部分组成。筛箱吊在机架上，由曲柄连杆机

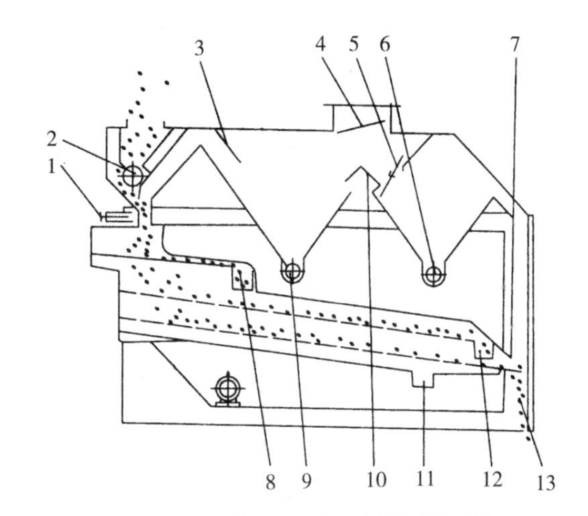

图 9-14　5X-4.0 型风筛清选机结构

1. 喂入辊转速调节手柄　2. 喂入辊　3. 前吸风道调节阀　4. 主风门　5. 后吸风道调节阀　6. 后吸风道杂余搅龙　7. 调风板　8. 大杂质　9. 前吸风道杂余搅龙　10. 风压平衡调节阀　11. 小杂质　12. 中杂质　13. 后吸风道

（引自谷铁城等，2001）

构带动做往复运动。

（4）机架和行走部　机架和行走部由机架、行走轮、牵引杆等组成。

2. 风筛清选机的工作流程　根据待选种子的物理特性，选好各层筛片，开动机器，在喂入辊的旋转作用下，喂料箱中的物料通过前吸风道，落到上筛面上。物料在降落过程中，上升气流把其中的尘土等轻杂质带走，进入前沉降室，由于沉降室截面增大而气流速度降低，轻杂质下落，由前吸风道杂余搅龙排出。落到上筛面上的种子，小于上筛筛孔尺寸的落到中筛面上，而大于上筛筛孔尺寸的较大杂质通过大杂质出口排出机体外。落到中筛面上的种子，小于中筛筛孔尺寸的落到下筛面上，而大于中筛筛孔尺寸的通过杂质出口排出机体外。落到下筛面上的种子，小于下筛筛孔尺寸的落到小杂质滑板上，通过小杂质出口排出机体外，下筛筛面上的好种子在筛面运动中，穿过后吸风道时，病弱、虫蛀、未成熟等较轻子粒通过后吸风道进入沉降室，由后吸风道杂余搅龙排出。好种子通过好种出口排出机体外。

（二）重力式清选机

重力式清选机是按种子与杂质的密度差异进行清选的。在尺寸、形状和表面特征上与好种子非常接近的不良种子和混杂物，如虫蛀、变质的、发霉的或腐烂的种子其外形尺寸与好种子相同，但其密度小。混杂在种子中的土块、砂粒，与种子外形尺寸相同，通常密度大。与种子密度不同的混杂物或异类种子可通过重力式清选机得到分离。

1. 重力式清选机的主要结构　重力式清选机主要由机座和框架、一台或多台风机、压力空气室、工作台面（导风板、匀风板）、喂料斗、驱动系统、排料系统等组成（图 9－15）。重力式清选机有三角形台面和矩形台面两种，二者的工作原理相同，主要差别在于轻物料与重物料由喂料口经工作台面到各自的排出口的距离不同。三角形台面适合于重杂质含量较多的种子清选，矩形台面适合于轻杂质含量多的种子的清选。

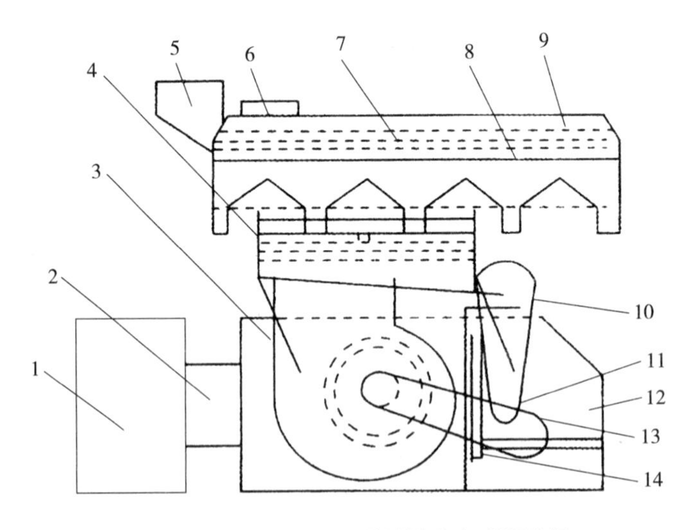

图 9－15　5TZ－1500 型通用重力式清选机

1. 吸入箱　2. 风量调节机构　3. 风机　4. 振动框架　5. 喂料斗　6. 除尘口　7. 导风板　8. 振动台架　9. 工作台面　10. 偏心调节机构　11. 电机　12. 机座　13. 风机电机　14. 无级变速装置

（引自谷铁城等，2001）

2. 重力式清选机的工作流程　启动机器，调整电磁振动给料机频率，使物料层铺满工作台面，轻种子与重种子开始分层、分离，使好种子向台面高处移动。调整台面工作频率，直到好种子顺利从排料端排出。逐步加大风机风量，适当打开排料口和风机风门，使生产过程稳定。

种子从喂料斗落到筛面，紧靠喂料斗的分层区域。筛面的振动及穿过台面的气流作用形成合力，使种子分出层次。一旦种子分层，筛面的振动作用开始推动与筛面接触的较重的种子，从进料端至排料端向高处走。而较轻的种子从进料端至排出端向低处走。在种子抵达筛面的排料端时，分离即完成，较重的种子集中在筛面的高处，而较轻的种子集中在筛面的低处，其他种子在中间。

（三）窝眼筒精选机

窝眼筒精选机是根据种子长度尺寸进行分离的清选设备，能将混入好种子中的短杂质清除，或将混入的长杂质分离开来，按不同长度进行分级，主要适用于麦类、玉米、水稻等种子。

该机由喂入装置、机架、窝眼筒、传动装置、输送装置、集料槽装置等部分组成（图 9-16）。窝眼筒清选机工作时，窝眼筒做旋转运动，喂入筒内的种子，在转入窝眼筒的底部时，短小的种子（或杂质、草子），陷入窝眼内并随旋转的筒体上升到一定高度，因自重而落到集料槽内，并被槽内搅龙排出，而未入窝眼的物料，则沿筒内壁向后滑移从另一端流出。当去长杂质时好种子和短杂质由窝眼带起落入集料槽而被排出，而长杂质沿窝眼筒轴向移动从另一端排出，将种子与长杂质分开。

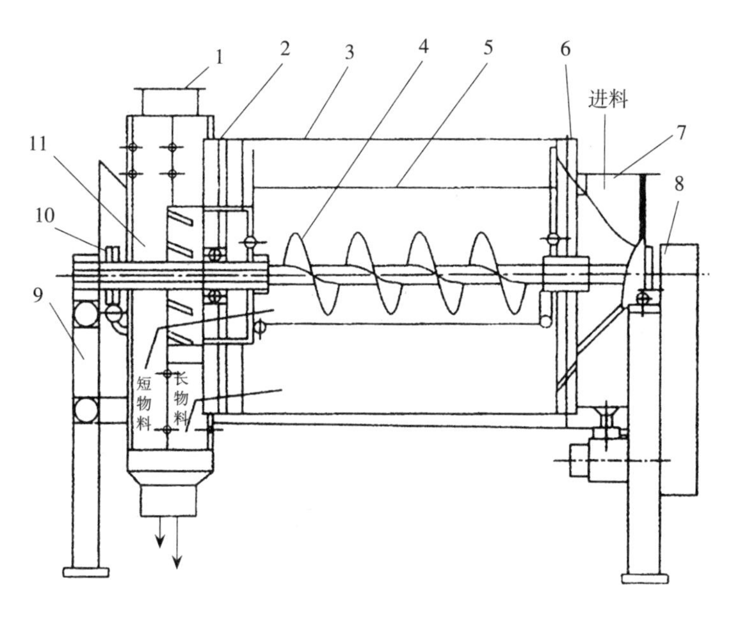

图 9-16　窝眼筒精选机结构

1. 吸尘口　2. 后幅盘　3. 窝眼筒　4. 短物料螺旋输送器及传动轴　5. 集料槽　6. 前幅盘　7. 进料管　8. 传动装置　9. 机架　10. 集料槽调节装置　11. 排料装置

（引自谷铁城等，2001）

第三节　种子处理

种子处理是指在种子加工过程中或者在种子播种前对种子进行的各种物理处理、化学处理和生物处理。种子处理的目的是提高种子活力、提高适播性和增强苗期抗病、抗虫能力，最终提高产量。种子处理已是当前农业生产中不可缺少的一项种子加工技术，也是提高种子商品性的重要手段之一。关于解除休眠和促进非休眠种子萌发方面的处理，已在有关章节中提及，这里介绍另外几种重要的种子处理方法。

一、种子包衣

（一）种子包衣的概念和意义

1. 种子包衣的概念　种子包衣（seed coating）是指利用黏着剂或成膜剂，将杀菌剂、杀虫剂、微量元素肥料、植物生长调节剂、着色剂、填充剂等非种子材料，包裹在种子外面，使种子呈球形或基本保持原有形状，以适于机械匀播，并提高抗逆性、抗病性，加快萌发，促进成苗，增加产量，提高质量的一项种子新技术。目前生产上主要有包膜（film coating）和丸化（pelleting）。

（1）种子包膜　种子包膜是利用成膜剂，将杀菌剂、杀虫剂、微量元素肥料、染料等非种子物质包裹在种子外面，形成一层薄膜。种子经包膜后，基本保持原来形状，但其大小和重量的变化范围，因种衣剂类型有所不同。一般这种包衣方法适用于大粒和中粒种子，例如玉米、棉花、大豆、小麦等作物的种子。

（2）种子丸化　种子丸化是利用黏着剂，将杀菌剂、杀虫剂、染料、填充剂等非种子物质黏着在种子外面，做成在大小和形状上没有明显差异的球形单粒种子单位。这种包衣方法主要适用于小粒农作物、蔬菜等的种子，例如油菜、烟草、芹菜、番茄、胡萝卜、葱类、白菜、甘蓝、甜菜等的种子，可保证精量播种质量。

近年来，出现了种子包衣程度（包裹的材料）介于丸化和包膜之间的包衣方法，称为种子包壳或薄层丸化（encrusting）。种子丸化可增加种子重量2～50倍或更多，包壳或薄层丸化增加种子重量0.1～2.0倍，种子包膜可增加种子重量少于0.1倍。实践中，薄层丸化种子与包膜种子常难以区分。

2. 种子包衣的意义　种子包衣是以种子为载体、种衣剂为原料、包衣机为手段，集生物、化工、机械等技术于一体的综合新技术，其主要意义是改进种子的播种性能；有效防控作物苗期病虫害；克服逆境危害，促进幼苗生长；减少环境污染；节省种子和药肥，降低成本。

（二）种衣剂的成分

种衣剂（种子包衣的材料）有复合型、生物型、特异性等。目前使用的种衣剂由活性成分和非活性成分组成。

1. 活性成分　种衣剂的活性成分主要包括杀虫剂、杀菌剂、除草剂、生长调节剂、营养物质、有益微生物等，是种衣剂直接发挥作用的有效成分。常用的杀虫剂、杀菌剂主要有：甲拌磷、辛硫磷、福美双、多菌灵、萎锈灵、苯菌灵、甲霜灵、咪鲜胺、三唑醇、吡虫啉、乙拌磷等，以及具有特定防治作用的生物源农药等。常用生长调节剂主要包括生长素类、赤霉素类及生长延缓剂等，例如吲哚乙酸（IAA）、萘乙酸（NAA）、生根粉（ABT）、赤霉酸（GA_3）及三唑类延缓剂等广谱性植物生长调节剂。常用营养物质包括 $ZnSO_4$、$CuSO_4$、KH_2PO_4、尿素等。

2. 非活性成分　种衣剂除含有活性成分外，还需要有其他配用助剂，以保持种衣剂的理化特性。这些助剂包括包膜种子用的成膜剂、交链剂、乳化湿润悬浮剂、抗冻剂、防腐剂、酸度调整剂、胶体保护剂、渗透剂、黏度稳定剂、扩散剂、警戒色染料等。常用成膜剂主要有多糖类高分子化合物（如羧甲基淀粉钠、可溶性淀粉、磷酸化淀粉、氧化淀粉乙酸酯等淀粉衍生物，以及聚丙烯接枝共聚物等）、纤维素衍生物（例如羧甲基纤维素钠、羟丙基甲基纤维素、羟丙基纤维素、乙基纤维素等）和高分子共聚化合物（例如聚苯乙烯、聚乙烯醇、聚乙二醇、聚乙酸乙烯酯、聚乙烯吡咯烷酮、聚甲基丙烯酸盐等）3 类。交链剂的作用是促进成膜剂在种子表面交链固化成膜。乳化湿润悬浮剂的作用是使种衣乳化、湿润和悬浮均匀。警戒色染料有若达明 B、酸性大红 GR、酸性红 G、苹果红、草绿等。

（三）种子包衣机械

大批量种子包衣需采用包衣机械加工处理。种子包衣作业是把种子放入包衣机内，通过机械的作用把种衣剂均匀地包裹在种子表面的过程。种子包衣属于批量连续式生产。为了保证种子包衣的质量，要求种衣剂性能好，操作人员的工艺技术水平高，包衣机具性能好更是关键。

1. 按搅拌方式分类　按搅拌方式，种子包衣机械可分为螺旋搅拌式包衣机和滚筒式包衣机。螺旋搅拌式包衣机的工作部件是搅拌装置，用来向前输送种子，有的包衣机在搅龙部分安装有翻转片，用于增加对种子的搅拌作用。滚筒式包衣机的工作部件是一个圆筒，内部装有促进种子翻动的抄板。

2. 按药液雾化方式分类　按药液雾化方式，种子包衣机械可分为气体雾化式包衣机、高压雾化式包衣机和甩盘雾化式包衣机。气体雾化式包衣机用高压空气吹击药液使之雾化，因此必须配备 1 台高压空气压缩机。高压雾化式包衣机通过药泵使药液增加压力，加压后的药液通过喷嘴时雾化。甩盘雾化式包衣机用高速旋转的甩盘使药液撞击空气而雾化，目前国内主要生产和使用的都是这种包衣机。

3. 按加料和加药液方式分类　按加料和加药液方式，种子包衣机械可以分为机械翻倒自流式和定量泵加液式，国内种子包衣机主要采用的是前者。

二、种子引发

（一）种子引发的概念和意义

种子引发（seed priming）最早由英国的 Heydecker 教授于 1973 年提出。种子引发的原理是控制种子的吸水作用至一定水平，即允许预发芽的代谢作用进行，但防止胚根伸出，控制种子缓慢吸水使其停留在萌发吸胀的第二阶段，使种子处在细胞膜、细胞器、DNA 的修复，酶活化准备发芽的代谢状态（Heydecker et al.，1975）。胚根伸出前，种子有忍耐干燥的能力，引发后的干燥不会带来损伤，因此引发后的种子可以通过干燥降低水分，引发种子干燥后可以贮藏或播种。

种子引发基于吸胀与水势的关系，水势越低，种子吸水停留在第二阶段的时间越长。当利用渗透溶质［例如聚乙二醇（polyethylene glycol，PEG）或盐］渗透引发使吸胀介质的水势降得足够低，或提供给种子的水分总量被限制（基质引发或水引发），胚根伸出被阻止，然而发芽代谢在吸水第二阶段可以继续。吸胀的第二阶段可以通过降低水势来延长。过度引发会损伤胚根尖，使随后的幼苗生长变差。经引发的种子，在有足够的水分时，能快速吸胀，缩短吸水第二阶段的时间（图 9－17），较快地从吸水转向胚根伸出和生长。这就缩短了从播种到出苗的时间，促进了出苗的整齐度。这些优点使得种子引发技术普遍用于高价值的蔬菜和花卉种子上，不管是移栽还是直播作物，快速和一致的萌发有助于作物的田间管理。引发也能提高逆境条件（如低温或盐逆境下）种子发芽能力。

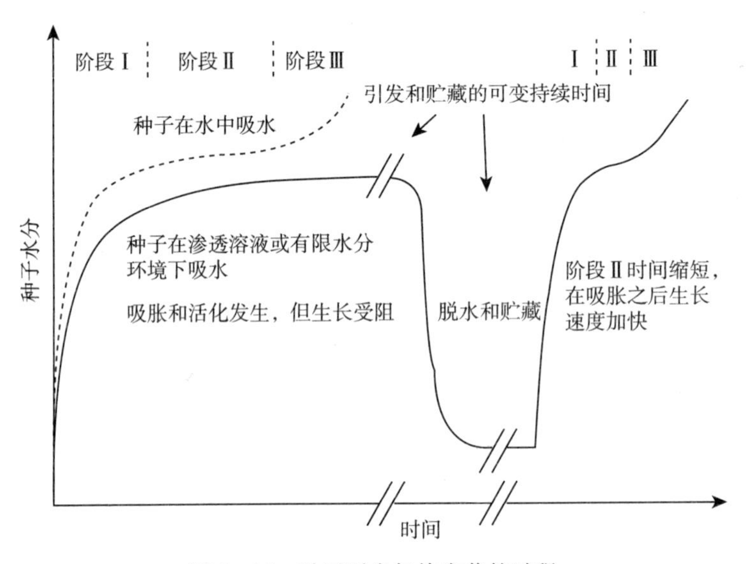

图 9－17　种子引发加快发芽的过程

（二）种子引发的效应

种子引发可提高活力，尤其在逆境（例如低温、高温、干旱、盐渍、淹水胁迫等条件下）能加速萌发，提高发芽率，而且出苗整齐一致，出苗率或成苗率高，进而增加作物产量。种子引发还可减轻种子热休眠，克服远红外光的抑制作用。例如芹菜、莴苣种子在高温下萌发时容易进入热休眠状态，通常温度在 25～30 ℃时萌发就受到抑制，当温度高于 35 ℃时很少有种子萌发。用聚乙二醇引发、无机盐小分子引发都能显著提高其发芽率、发芽势和发芽指数，即解除热休眠。种子引发可防止幼苗猝倒病，提高陈种子、未成熟种子的活力，免除吸胀冷害的发生。

（三）种子引发方法和技术

1. 渗调引发　渗调引发（osmopriming）是以溶质作为引发剂的，通过控制吸水介质水势来调节种子水分吸收，种子可放于溶液湿润的滤纸上或浸于通气或不通气的溶液中。

播种前将种子放入渗透势较高的溶液中，其吸水的速率大为降低，使种子能在充裕的时间和较好的条件下进行萌发的早期生理生化准备，避免田间可能出现的吸胀冷害、吸胀损伤等现象。最常用的引发剂是相对分子质量为 8 000 的聚乙二醇（PEG），它是一种高分子有机化合物，无毒，黏度大，溶液通气性差，不能透过细胞壁进入细胞。很多种类物质可以用于种子引发，应用单一药剂进行处理的有 Na_2HPO_4、$Al(NO_3)_3$、$Co(NO_3)_2$、KNO_3、K_3PO_4、NaCl、$MgSO_4$、KH_2PO_4、NH_4NO_3、$Ca(NO_3)_2$、$NaNO_3$、KCl、甘油、甜菜碱、甘露醇、山梨糖醇、脯氨酸、聚乙二醇、交联型聚丙烯酸钠（SPP）；也可以几种药剂混合作为处理溶液，例如 $KNO_3+K_3PO_4$、$KNO_3+KH_2PO_4$、$KH_2PO_4+(NH_4)_3PO_4$、PEG+NaCl、K_3PO_4+BA（苄基腺嘌呤）、PEG+链霉素、PEG+四环素、PEG+壳梭孢菌素、PEG+金霉素、PEG+福美双、PEG+福美双+苄基青霉素、PEG+$GA_{4\sim7}$+乙烯利，甚至用海藻悬液进行引发。

2. 固体基质引发 固体基质引发（solid matrix priming）通过种子与固体颗粒、水以一定比例在闭合的条件下混合，控制种子吸胀达到一定的水分，但防止种子胚根的伸出。大部分水被固体基质所吸附，干种子表现负水势而从固体基质中吸水直至平衡。

理想的引发固体基质应具备下列要求：①具有较高的持水能力；②对种子无毒害作用；③化学性质稳定；④水溶性低；⑤表面积和体积大，容量小；⑥颗粒大小、结构和空隙度可变；⑦引发后易与种子分离。目前常用的固体基质有蛭石、页岩、烧黏土、软烟煤、聚丙烯酸钠、合成硅酸钙等。胡晋等（2005）提出用砂作为引发固体基质并获得国家发明专利。在固体基质引发中，所用的液体成分除水外，还有聚乙二醇溶液和小分子无机盐溶液。种子与固体基质的比例通常为 1∶1.53 左右，加水量常为固体基质干重的 60%～95%。

3. 滚筒引发 位于英国 Wellesbourne 的园艺研究国际组织发明了滚筒引发（drum priming）新技术，采用水代替通常用的聚乙二醇或其他药剂作为引发溶液，通过控制直接吸水方法来控制种子的水势。

滚筒引发是先将种子放置在铝质的滚筒内，然后喷入水汽，滚筒以水平轴转动，速度为 1～2 cm/s。种子在滚筒内吸水 24～48 h，混合非常均匀一致，这个时期结束时种子饱满而表面干燥。为获得最佳的引发效应，应控制好种子吸水程度。每批种子的吸水量和吸水速率需采用计算机系统控制。一般而言，种子在滚筒内吸湿 5～15 d，然后用空气流干燥种子。概括起来，滚筒引发包括 4 个阶段：①校准，确定种子的吸水量；②吸湿，加水至校准的水平使种子吸湿 1～2 d；③培养，吸湿种子在滚筒内保持 1～2 周以增加引发的效果；④干燥，以便种子回复或接近引发前的含水量。

4. 生物引发 生物引发（bio-priming）是将种子生物处理与播种前控制吸水方法相结合的种子处理新技术。生物引发是利用有益微生物作为种子的保护剂，而不是利用传统的抗生素。通常，有益微生物不能与田间原有的大量存在的病原微生物竞争，通过生物引发，使种子上的有益微生物大量增殖布满种皮，并能较快和有效地繁殖和保护发育中的幼苗根系。美国公司已商业化试用生物引发的蔬菜种子产品。生物引发可通过固体引发、渗调引发等技术进行。据报道，甜玉米种子用带有荧光假单胞菌（*Pseudomonas fluorecens*）AB254 的 1.5%甲基纤维素悬浮液包衣，回干后进行引发。引发种子很少出现猝倒病。

种子引发的技术还有很多，例如水引发、起泡柱引发、搅拌型生物反应器引发等。

三、其他种子处理

1. 种子颗粒 种子颗粒（seed granule）是一种加工后成为近似圆柱形的种子单位，每个颗粒包有 1 个以上的种子，相互黏结在一起。黏结物中可以含有杀虫剂、杀菌剂、染料或其他添加剂。

2. 种子带 种子带（seed tape）是用纸或其他材料制成的狭带，种子随机排列成簇状或单行，可以铺在田间。制作时，将种子在胶液中浸渍，再铺在纸带上，干后将纸带卷成圆筒。使用纸带时，使种子在适宜温度下吸湿促其萌发，萌发后可将纸带铺在田间。

3. 种子毯　种子毯（seed mat）是用纸或其他材料制成很薄但面积较大的毯状物，种子以条状、簇状或随机散布在整片种子毯上，可铺在田间。种子毯制作和使用方法与种子带类似。

以上处理主要用于小粒蔬菜和草坪草种子。

第四节　种子包装

一、种子包装材料

经清选、干燥、精选等程序加工的种子，通过合理包装，可防止种子混杂、病虫害感染、吸湿回潮、种子衰老，以提高种子商品特性，保持种子旺盛活力，便于安全贮存和运输及销售。

不同包装材料对种子发芽率、种子活力等指标有不同的影响。目前市场上应用比较普遍的种子包装材料主要有麻袋、编织袋、纸袋、金属罐、聚乙烯和聚氯乙烯、铝箔、聚乙烯铝箔复合袋、纸袋等。

1. 麻袋　麻袋主要适用于短期内主要农作物库存种子的包装，强度好，通气性好，透湿容易，但防湿、防虫和防鼠性能较差。

2. 编织袋　编织袋用于种子库存、运输或小包装销售等，有一定韧性、强度，防湿性能不佳，一般在其内衬加聚乙烯袋以增强防湿效果。

3. 金属罐　金属罐适于短期、中期或长期贮藏种子包装，适宜于高速自动化包装和封口，是较适合的种子包装容器。其强度很高，透湿率为零，防湿、防光、防淹水、防有害烟气、防虫、防鼠性能好。

4. 聚乙烯和聚氯乙烯　聚乙烯和聚氯乙烯多孔型塑料有一定的透气性，不能完全防湿，密封在里面的干燥种子会慢慢吸湿，其厚度需在 0.1 mm 以上，适于有效期只有 1 年左右的种子包装。

5. 铝箔　铝箔水汽透过率很低，0.899×10^{-5} m（0.35 mil）厚铝箔在 37.8 ℃和 100%相对湿度下，在 24 h 内可透过水汽 0.29 g，1.27×10^{-5} m（0.5 mil）铝箔在同样条件下透过水汽为 0.12 g，更厚的铝箔几乎已不透过水汽。单独用铝箔包装种子的效果不好。

6. 聚乙烯铝箔复合袋　聚乙烯铝箔复合袋应用广泛，适于保存期在 1 年左右短期种子的包装。其强度适中，透气、透湿率非常低。最内层及最外层为聚乙烯薄膜，中间铝箔有微小孔隙，防湿效果好。用这种袋装种子，1 年内种子水分不会发生变化。

7. 纸袋　纸袋经常用于少量半年以内临时贮藏种子的包装。多用漂白亚硫酸盐纸或牛皮纸制成，其表面覆上一层洁白陶土以便印刷。许多纸质种子袋系多层结构，由几层光滑纸或皱纹纸制成，多层纸袋因用途不同而有不同结构。普通多层纸袋的抗破力差，防湿、防虫、防鼠性能差，在非常干燥时会干化，易破损，不能保护种子生活力。

二、种子包装材料和容器的选择

包装容器要按种子种类、种子特性、种子水分、保存期限、贮藏条件、种子用途、运输距离、地区等因素来选择。麻袋、布袋有坚固耐磨的特点，常用于大量种子的贮藏和运输包装。多孔纸袋或编织袋一般于要求通气性好的种子种类（如豆类），或数量大，贮存在干燥低温场所，保存期限短的批发种子的包装。小纸袋、聚乙烯袋、聚乙烯铝箔复合袋、铁皮罐等通常用于零售种子的包装。钢皮罐、铝盒、塑料瓶、玻璃瓶、聚乙烯铝箔复合袋等容器可用于价高或少量种子长期保存或品种资源保存的包装。

在高温高湿的热带和亚热带地区的种子包装应尽量选择严密防湿的包装容器，并且将种子干燥到安全包装保存的水分，封入防湿容器以防种子生活力的丧失。

三、防湿容器包装种子的安全水分

种子在密封前，务必将种子水分降低至一定标准，这是种子安全贮藏的关键。根据安全包装和贮藏原理，种子水分降低到与25%相对湿度平衡的水分时，种子寿命可延长，有利于保持种子旺盛的活力。但这种水分因种子种类不同而有差异（表9-2）。如果不能达到干燥程度，则会加速种子的衰老死亡。因为高水分种子在这种密闭容器里，由于呼吸作用很快耗尽氧气而积累二氧化碳，最终导致无氧呼吸而中毒死亡。所以防湿密封包装的种子必须干燥到安全包装的水分，才能达到保持种子原有活力的效果。密封容器中封入硅胶等干燥剂，可以在贮藏期间进一步降低种子水分，延长种子寿命。

表9-2　封入密闭容器的种子上限水分

作物种子名称	上限水分（%）	作物种子名称	上限水分（%）	作物种子名称	上限水分（%）	作物种子名称	上限水分（%）
农作物和牧草种子		蔬菜种子		蔬菜种子		花卉种子	
大豆	8.0	四季豆	7.0	球茎甘蓝	5.0	藿利蓟	6.7
甜玉米	8.0	菜豆	7.0	韭葱	6.5	庭芥	6.3
大麦	10.0	甜菜	7.5	莴苣	5.5	金鱼草	5.9
玉米	10.0	硬叶甘蓝	5.0	甜瓜	6.0	紫菀	6.5
燕麦	8.0	抱子甘蓝	5.0	芥菜	5.0	雏菊	7.0
黑麦	8.0	胡萝卜	7.0	洋葱	6.5	风铃草	6.3
小麦	8.0	花椰菜	5.0	葱	6.5	羽扇豆	8.0
糖甜菜	7.5	块根芹	7.0	皱叶欧芹	6.5	勿忘草	7.1
苜蓿	6.0	甜芹	7.0	欧洲防风	6.0	龙面花	5.7
三叶草	8.0	莙荙菜	7.5	豌豆	7.0	钓钟柳	6.5
剪股颖	9.0	甘蓝	5.0	辣椒	4.5	矮牵牛	6.2
早熟禾	9.0	白菜	5.0	西葫芦	6.0	福禄考	7.8
羊茅	9.0	细香葱	6.5	萝卜	5.0		
梯牧草	9.0	羽衣甘蓝	5.0	芜菁甘蓝	5.0		
六月禾	6.0	黄瓜	6.0	菠菜	8.0		
紫羊茅	8.0	茄子	6.0	南瓜	6.0		
黑麦草	8.0	番茄	5.5	西瓜	6.5		
		芜菁	5.0	其他	6.0		

四、种子标签

2016年农业部颁发了《农作物种子标签和使用说明管理办法》，其中指出，种子标签是指印制、粘贴、固定或者附着在种子、种子包装物表面的特定图案及文字说明。在我国境内销售的农作物种子应当附有种子标签和使用说明。

（一）种子标签应标注的内容

种子标签应当标注下列内容：作物种类、种子类别、品种名称；种子生产经营者信息，包括种子生产经营者名称、种子生产经营许可证编号、注册地地址和联系方式；质量指标、净含量；检测日期和质量保证期；品种适宜种植区域、种植季节；检疫证明编号；信息代码。

（二）标签上应加注的内容

属于下列情形之一的，种子标签除标注规定内容外，应当分别加注以下内容。

①主要农作物品种，标注品种审定编号；通过两个以上省级审定的，至少标注种子销售所在地省级品种审定编号；引种的主要农作物品种，标注引种备案公告文号。

②授权品种，标注品种权号。

③已登记的农作物品种，标注品种登记编号。

④进口种子，标注进口审批文号及进口商名称、注册地址和联系方式。

⑤药剂处理种子，标注药剂名称、有效成分、含量及人畜误食后解决方案；依据药剂毒性大小，分别注明“高毒”并附骷髅标志、“中等毒”并附十字骨标志、“低毒”字样。

⑥转基因种子，标注“转基因”字样、农业转基因生物安全证书编号。

种子标签可以与使用说明合并印制。种子标签包括使用说明全部内容的，可不另行印制使用说明。应当包装的种子，标签应当直接印制在种子包装物表面。可以不包装销售的种子，标签可印制成印刷品粘贴、固定或者附着在种子上，也可以制成印刷品，在销售种子时提供给种子使用者。

五、种子包装方法和包装机械

（一）种子包装方法

目前种子包装主要有按种子重量包装和种子粒数包装两种。一般农作物和牧草种子采用重量包装。其每个包装重量，按农业生产规模、播种面积和用种量进行包装，例如美国大田作物种子每袋50～100 lb（1 lb=0.453 592 kg），蔬菜花卉种子每袋25～100 lb，其他小粒种子可每袋1～5 lb。我国根据农户生产规模、各地区间差异、作物种类的不同，杂交水稻种子每袋1～5 kg，玉米种子每袋1.5～10 kg，蔬菜种子有每袋4 g、8 g、20 g、100 g、200 g等不同的包装。目前随着种子质量提高和精量播种需要，采用了粒数包装，例如比较昂贵的蔬菜和花卉种子，每袋100粒或200粒等包装，玉米种子也有用每袋8 000粒包装。因此为适应种子定量和定数包装的需要，种子包装机械也相应有两种类型。

（二）种子包装的工艺流程和机械

1. 种子包装工艺流程　种子包装工艺流程主要为散装仓库→加料箱→称量或计数→装袋（或容器）→封口（或缝口）→贴（或挂）标签等程序。

先进国家和我国的一些地区，种子包装已基本上实现自动化或半自动化操作。种子从散装仓库，通过重力或空气提升器、皮带输送机、升降机等机械运送到加料箱中，然后进入称量设备，当达到预定的重量或体积时，即自动切断种子流，接着种子进入包装机，打开包装容器口，种子流入包装容器，最后种子袋（或容器）经缝口机缝口或封口和粘贴标签（或预先印上），即完成了包装操作。

2. 种子包装机械

（1）种子定量包装机　种子定量包装机自动化程度高、速度快、可靠性强。各种型号都具备容积初步计量、电子振动补料、电子称量、智能称量仪显示重量、显示工作步骤的功能，具有易于检查和故障分析的特点。

一般各种类型的种子包装机械都是通用的，可以对不同作物类型种子、不同大小的种子进行包装。以玉米种子定量包装机为例，不但可以用于玉米种子的包装，而且可以用于各种豆类、小麦、花生、高粱等各种谷物和杂粮杂豆等种子的包装。

种子定量包装机的工作过程：标定重量→调节标定重量的相应容积→喂料→采用容积初步计量→振动精确补料→智能称量仪显示重量→达到标定重量后自动停止补料→套袋封包→感应开下料仓门→电子控制系统自动置零→往复操作。

种子定量包装机常常与现代化大型种子加工设备成套使用，配套有上料设备、输送带、封包机等。其中上料设备是定量包装机的主要辅助设备，目前国内的上料设备有组合螺旋提升机、斗式提升机、吸式提升机、绞笼式提升机等。输送带和封包机都是自动化设备。

（2）种子定数包装机　目前蔬菜小粒种子采用定数包装的越来越多，尤其是用于制种的亲本种子（例如甜瓜、三倍体无子西瓜等父母本种子）的包装。

先进的种子定数包装机，只要将精选种子放入漏斗，经定数的光电计数器，流入包装袋，自动封口。然后自动移动到出口，由人工装入定制纸箱，整个包装程序即完成，效率很高。

思考题

1. 种子干燥的基本原理是什么？
2. 种子清选原理有哪些？
3. 简述种子处理和包衣的目的。
4. 种子包衣方法分哪几类？
5. 简述种子引发的效果。

第十章

种 子 贮 藏

第一节　种子呼吸作用

种子从收获至再次播种前需要经过或长或短的贮藏阶段。种子贮藏（seed storage）期限的长短，因作物种类、种子水分、贮藏条件等而不同，种子呼吸和后熟作用与种子的安全贮藏及贮藏时间长短有密切关系。

一、种子呼吸作用的特点

种子是活的有机体，时刻都在进行着呼吸作用，即使是非常干燥或处于休眠状态的种子，呼吸作用仍在进行，只是强度减弱。了解种子呼吸作用及其影响因素，对控制呼吸作用和做好种子贮藏工作具有重要的实践意义。

（一）种子呼吸作用的概念和部位

1. 种子呼吸作用的概念　种子呼吸作用是指种子内部活的组织在酶和氧的参与下，将本身的贮藏物质进行一系列的氧化还原反应，最后放出二氧化碳和水，同时释放能量的过程。它为种子提供生命活动所需的能量，促使种子有机体内生物化学反应和生理活动正常进行。种子呼吸作用的状况是贮藏期间种子维持生命活动的集中表现，因为贮藏期间不存在同化过程，而主要进行分解作用和衰老过程。

2. 种子呼吸作用的部位　种子呼吸作用是种子内部活组织特有的生命活动，例如禾谷类种子中只有胚部和糊粉层细胞是活组织，因此种子呼吸作用在胚和糊粉层细胞中进行。种胚虽仅占整粒种子的3%～13%，但它却是呼吸最活跃的部分，其次是糊粉层。果种皮和胚乳经脱水干燥后，细胞已经死亡，无呼吸作用，但果种皮和通气性有关，也会影响种子呼吸的性质和强度。

（二）种子呼吸的性质

种子呼吸的性质根据是否有外界氧气参与分为两类：有氧呼吸（aerobic respiration）和无氧呼吸（anaerobic respiration，又称为缺氧呼吸）。

1. 有氧呼吸　有氧呼吸也即通常所指的呼吸作用，以葡萄糖为呼吸底物，其过程可以简述为

$$\underset{\text{葡萄糖}}{C_6H_{12}O_6} + \underset{\text{氧气}}{6O_2} \longrightarrow \underset{\text{二氧化碳}}{6CO_2} + \underset{\text{水}}{6H_2O} + \underset{\text{能量}}{2\ 870.224\ kJ/mol}$$

2. 无氧呼吸　无氧呼吸一般指在缺氧条件下，种子中活细胞通过酶的催化作用，将种

子贮存的某些有机物质分解成为不彻底的氧化产物，同时释放出较少能量的过程。其代表反应为

$$C_6H_{12}O_6 \longrightarrow 2C_2H_5OH + 2CO_2 + 100.416\,kJ/mol$$

葡萄糖　　　酒精　　二氧化碳　　能量

一般无氧呼吸产生酒精，但马铃薯块茎、甜菜块根、胡萝卜和玉米种胚则产生乳酸，其反应为

$$C_6H_{12}O_6 \longrightarrow 2CH_3COCOOH + 4H \longrightarrow 2CH_3CHOHCOOH + 75.312\,kJ/mol$$

葡萄糖　　　丙酮酸　　　乳酸　　　能量

有氧呼吸和无氧呼吸在开始阶段是相同的，直到糖酵解形成丙酮酸后，由于氧的有无而形成不同途径。在有氧情况下，丙酮酸经三羧酸（TCA）循环，最后完全分解为二氧化碳和水；在缺氧情况下，丙酮酸不经三羧酸循环，而直接进行酒精发酵或乳酸发酵、丁酸发酵等。

种子呼吸的性质因环境条件、作物种类和种子质量而不同。干燥、果种皮紧密、完整饱满的种子处在干燥、低温和密闭缺氧的条件下，以无氧呼吸为主，呼吸强度低；反之则以有氧呼吸为主，呼吸强度高。种子在贮藏过程中，两种呼吸方式往往同时存在，通风透气的种子堆，一般以有氧呼吸为主，但种子堆底部、内部深处仍存在无氧呼吸。通气不良或氧气供应不足时，则无氧呼吸为主。水分高的种子堆，由于呼吸旺盛，种子堆内温度升高，如果通气不良，便会产生乙醇（酒精），当其积累过多时往往会抑制种子呼吸，甚至使胚中毒死亡。

（三）种子呼吸作用的生理指标

种子呼吸作用主要用呼吸强度（亦称呼吸速率 respiratory rate）和呼吸系数（亦称呼吸商 respiratory quotient，RQ）两个指标来衡量。

1. 种子呼吸强度　种子呼吸强度是指在单位时间内，单位重量种子所放出的二氧化碳量或吸收氧气的量，常用单位是 mg/(g·h)。

种子贮藏过程中，无论有氧呼吸还是无氧呼吸，呼吸强度增加均对种子有害。种子长期处在有氧呼吸条件下，释放的水分和热能会加速贮藏物质的消耗和生活力的丧失。水分较高的种子贮藏期间若通风不良，种子呼吸放出的一部分水汽会被种子吸收，而释放出来的热能则积聚在种子堆内不易散发出来，因而加剧种子的代谢作用；在密闭缺氧条件下，呼吸强度越高，越易造成缺氧而产生和积累有毒物质，导致种子窒息而死亡。因此对水分高的种子，入仓前应充分干燥。

2. 种子呼吸系数　种子呼吸系数是指种子在单位时间内，放出二氧化碳与吸收氧气的体积之比，是表示种子中呼吸底物的性质和氧气供应状态的一种指标。

种子呼吸系数因呼吸底物、氧气供应状况而异。例如呼吸底物中氧与碳的比值等于 1（例如糖类），氧化完全，则呼吸系数为 1。如果呼吸底物氧与碳的比值小于 1（例如脂肪和蛋白质），则呼吸系数小于 1。呼吸底物为有机酸时，呼吸系数则大于 1。种子缺氧呼吸时，呼吸系数大于 1；而有氧呼吸时，呼吸系数等于 1 或小于 1。所以从呼吸系数的变化也可判定种子的呼吸状况。

二、种子呼吸强度的影响因素

种子呼吸强度的大小，因作物、品种、成熟度、种子大小、完整度、生理状态和收获期

而不同，同时还受水分、温度、通气状况等环境因素影响。

1. 水分对种子呼吸强度的影响 种子呼吸强度随水分的增加而提高（图 10-1）。潮湿的种子呼吸作用旺盛，干燥的种子则非常微弱。因为酶随种子水分的增加而活化，把复杂的物质转变为简单的呼吸底物。所以种子水分越高，贮藏物质的水解作用越快，呼吸作用越强烈，氧气的消耗量越大，放出的二氧化碳和热量越多。可见种子中游离水的增多是种子新陈代谢强度急剧增加的决定因素。

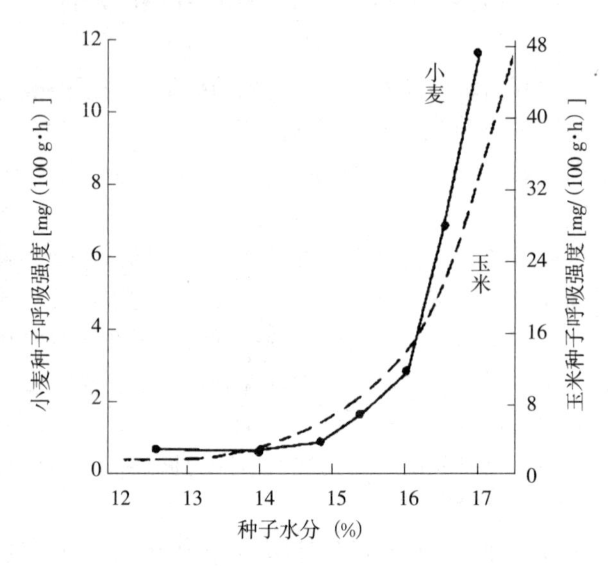

图 10-1 不同水分的玉米和小麦种子的呼吸强度（以 CO_2 计）
（引自潘瑞炽等，1984）

2. 温度对种子呼吸强度的影响 在一定温度范围内，种子的呼吸作用随着温度的升高而加强，高水分的种子尤为明显，超过一定温度又开始下降。在最适温度下，原生质黏滞性较低，酶的活性强，呼吸旺盛；而温度过高，酶和原生质遭受损害，使生理作用减慢或停止。例如小麦种子，呼吸强度在 0～55 ℃范围内逐渐增强，温度超过 55 ℃，呼吸强度又急剧下降。

水分和温度都是影响呼吸作用的重要因素，二者相互制约。干燥的种子即使在较高温度条件下，其呼吸强度要比潮湿的种子在同等温度下低得多；同样，潮湿的种子在低温条件下的呼吸强度比在高温下低得多。因此干燥和低温是种子安全贮藏和延长种子寿命的必要条件。

3. 通气对种子呼吸强度的影响 空气流通的程度可以影响种子的呼吸强度和呼吸方式。无论种子水分和种子温度高低，在通气条件下的呼吸强度均大于密闭贮藏（表 10-1）。种子水分和温度愈高，通气对呼吸强度的影响愈大。但高水分种子，若贮藏于密闭条件下，由于呼吸旺盛，很快便会把种子堆内部间隙中的氧气耗尽，被迫转向无氧呼吸，结果使大量氧化不完全的有害物质积累，导致种子迅速死亡。因此高水分种子尤其是呼吸强度大的油料作物种子不能密闭贮藏，要特别注意通风。水分不超过临界水分的干燥种子或低温贮藏的种子，由于呼吸作用非常微弱，对氧气的消耗很慢，密闭贮藏则有利于保持种子生活力。在密闭条件下，种子发芽率随着种子水分提高而逐渐下降（表 10-2）。

表 10-1　通气对大豆种子呼吸强度的影响 [μg/(100g·周)，CO_2]

温度（℃）	水分（%）					
	10.0		12.5		15.0	
	通气	密闭	通气	密闭	通气	密闭
0	100	10	182	14	231	45
2～4	147	16	203	23	279	72
10～12	286	52	603	154	827	293
18～20	608	135	979	289	3 526	1 550
24	1 073	384	1 667	704	5 851	1 863

表 10-2　通气状况对水稻种子发芽率的影响（常温库贮藏 1 年）（%）

（引自胡晋等，1988）

材料	原始发芽率	入库水分	贮藏方法	
			通气	密闭
珍汕 97A	94.0	11.4	73.0	93.5
		13.1	73.5	74.5
		15.4	71.5	19.0
汕优 6 号	90.3	11.5	70.2	85.6
		13.0	67.0	83.0
		15.2	61.0	26.5

通气对种子呼吸的影响还与温度有关。种子处在通风条件下，温度越高，呼吸作用越旺盛，生活力下降越快。因此生产上为有效地长期保持种子生活力，除干燥、低温外，进行合理的密闭或通风是必要的。

4. 遗传特性对种子呼吸强度的影响　种子的呼吸强度受作物、品种类型等遗传特性影响。一般而言，大胚种子的呼吸强度高于小胚种子。种子化学成分也影响种子的呼吸强度，例如油料种子的呼吸强度最高，其次为蛋白质种子，淀粉种子呼吸强度最低。同种作物种子，杂交种子呼吸强度一般高于常规种子。呼吸强度较高的作物种子也是比较难贮藏的种子。

5. 本身状态对种子呼吸强度的影响　凡是未充分成熟、不饱满、损伤、冻伤、发过芽、小粒和大胚的种子，呼吸强度高，反之呼吸强度低。因为未成熟、受潮、冻伤以及发过芽的种子含有较多的可溶性物质，酶活性较强；损伤、小粒的种子接触氧气面积相对大；大胚种子的胚部活细胞所占比例较大，所以种子呼吸均比较旺盛。

为此，种子入仓前应进行清选，剔除杂质、破碎粒、未充分成熟粒、不饱满粒和虫害粒，并进行精选分级，以提高贮藏种子稳定性和一致性。

6. 仓库害虫和微生物对种子呼吸强度的影响　如果贮藏种子感染了仓库害虫和微生物，一旦条件适宜便大量繁殖，由于它们活动的结果，放出大量的热能和水汽，间接地促进种子呼吸作用。同时，种子、仓库害虫和微生物三者的呼吸构成种子堆的总呼吸，会消耗大量氧气，释放大量的二氧化碳，也间接地影响种子的呼吸方式。在密封条件下，由于仓库害虫本身的呼吸，使氧气浓度降低，从而阻碍仓库害虫继续发生，即所谓自动驱除，这就是密封贮藏所依据的原理之一。

7. 化学物质对种子呼吸强度的影响 二氧化碳、氮气和氨气以及磺胺类杀菌剂、氯化苦等气体和熏蒸剂对种子呼吸作用也有影响。浓度高时往往会影响种子的发芽率。例如种子堆内二氧化碳浓度积累至12%时，就会抑制小麦和大豆的呼吸作用；若提高种子水分，二氧化碳含量为7%时就有抑制作用。

综上所述，在种子贮藏期间，应尽可能把种子的呼吸作用控制在最低限度，使种子处于极弱的生命活动状态，能有效保持种子生活力和活力。

第二节　种子仓库及其设备

种子仓库是贮藏种子的场所。仓库环境条件的好坏直接影响种子活力和贮藏寿命。因此了解种子仓库建设标准和类型，开展科学保养，合理使用种子仓库设备，是确保种子安全贮藏的先决条件。

一、种子仓库的选址和建设标准

（一）种子仓库的选址

新建种子仓库选址时，应充分调查、了解当地的地形地貌和水文地质资料、气候、水电、服务范围、贮藏种子种类、当地生产特点、远景规划等情况，然后论证该地段是否适宜建造种子仓库，以及计划建设仓库的类型和大小。种子仓库选址，应符合以下要求。

①种子仓库选址必须符合当地土地利用总体规划和城市规划要求。

②种子仓库地基选择坐北朝南、地势高燥的地段，地段土质要坚实稳固。

③种子仓库要建在铁路、公路或水路运输线附近，要尽量接近种子生产基地，以便于种子的运输。

④所选种子仓库地址要具备种子库所需电力、给排水等建设条件，且要远离烟雾、粉尘、废气等污染源以及易燃易爆场所。

⑤所选种子仓库地址要具备足够的场地，可建水泥晒场、种子检验室等配套设施。要以不占用耕地或尽可能地少占用耕地为原则。

（二）种子仓库的建设标准

种子仓库工艺设计和设备选型应贯彻高效、节能原则，采用成熟的新技术、新工艺和先进的设备，提高种子加工、贮藏、检验等设施机械化、自动化和智能化水平。具体要求如下。

1. 要牢固安全 种子仓库应能承受种子对地面和仓壁的压力，以及风力和不良气候的影响，要选用结实耐用的建筑材料。

2. 具备防潮性能 种子具有较强的吸湿性，故要求种子仓库应具有防潮性能。通常最易引起种子受潮的是地坪返潮、仓库壁和墙根透潮、房屋渗漏。因此种子仓库地坪和仓壁（至少在贮种线以下的仓壁）要用隔湿性能好的建筑材料建造，地坪上有垫木。种子仓库一般可使用沥青防水，其防潮效果好，成本低，坚固耐用。种子仓房要建在高燥处，四周排水通畅；仓库内地坪应高于仓库外60 cm以上；屋檐要有适当宽度，仓库外沿墙脚砌泻水坡，并经常保持外墙及墙基干燥，防止雨水积聚渗入墙内。

3. 具有隔热性能和防火设计　种子仓库的建造需要具有良好的隔热性能，以减少仓库外温度的影响。同时，根据国家标准《建筑设计防火规范》（GB 50016—2014），种子仓库火灾危险性类别应为丙类，耐火等级不应低于三级。设计时还应注意不同仓房间的防火间距，仓库外按要求装配消防设备。

4. 具备密闭和通风性能　密闭的目的是隔绝雨水、潮湿、高温等不良气候对种子的影响，并使药剂熏蒸杀虫达到预期的效果。通风主要通过门窗或风道来实现，门窗以对称设置为宜，窗户以翻窗形式为好，关闭时能做到密闭可靠。新建种子仓库尽可能配套建设机械通风设备。

5. 具备防虫、防杂、防鼠、防雀的性能　种子仓库内房顶应设天花板，内壁四周需平整，并用石灰刷白，便于查清虫迹。仓库内不留缝隙，便于清理种子，防止混杂。仓库门需装防鼠板，窗户应装铁丝网，以防鼠雀进入。

6. 种子仓库附近应设晒场、保管室、检验室等建筑物　晒场面积大小视种子仓库容量而定，一般以相当于仓库面积的 1.5～2.0 倍为宜。保管室大小可根据仓库实际需要和器材多少确定。检验室需设在安静而光线充足的地区。同时，还可以根据需要预留种子熏蒸室和种子机械烘干设备等建设用地。

二、种子仓库类型

我国的种子仓库类型较多，目前主要以房仓式为主，另外还有机械化圆筒仓、土圆仓，低温仓库、恒温恒湿种质库、常温库等。下面介绍生产中应用较多的几种子仓库类型。

（一）房式仓

房式仓是我国目前已建种子仓库中数量最多、容量最大的一种类型。其外形如一般住房，大多为平房。房式仓的建筑形式及结构比较简单，造价较低，但其机械化程度较低，流通费用较高，不宜作周转仓使用。目前建造的大部分是钢筋水泥结构的房式仓，其结构较牢固，密闭性能好，能达到防鼠、防雀、防火的要求。房式仓内无柱子，仓顶均设天花板，内壁四周及地坪都铺设防潮的沥青层。这类种子仓库适宜于贮藏散装或包装种子。房式仓的容量为 1.5×10^5～1.5×10^6 kg。

（二）机械化圆筒仓

机械化圆筒仓的仓体呈圆筒形，一般由 10 多个筒体排列组成，仓体高大，包括进出仓输送装置、工作塔、筒仓等设施。进出仓输送装置是将种子输送进工作塔或从筒仓中将种子输送出来，工作塔用来升运和清理种子，工作塔后面设有筒仓体用于贮藏种子。工作塔可以固定，也可以移动。筒仓一般用钢筋混凝土制成，也可用热镀锌或合金的薄钢板装配或卷制而成，仓底一般为锥斗式。一般筒仓高为 15 m，半径为 3～4 m，每个筒仓可贮藏种子 2.0×10^5～2.5×10^5 kg。筒仓内设有遥测温湿仪、通风装置和除尘装置。这类种子仓库机械化程度高，高度密闭，贮藏种子效果好，仓库容量大，占地面积小，但造价高，技术性强。一般在大的种子公司或种子加工生产基地有此类种子仓库。

（三）低温仓库

低温仓库也称为低温库或冷库，是根据种子安全贮藏必需的低温、干燥、密闭等基本条件而建造的。低温仓库的形状和结构基本与房式仓相同，但构造严密，其内壁四周与地坪不仅有防潮层，而且墙壁及天花板都有很厚的隔热层。低温库不能设窗，库房出入口设有缓冲间，采用防潮隔热门。种垛底部可设 18 cm 高的透气垫仓板，仓房内两种垛间留有 60 cm 过道，种垛四周边离墙体 50 cm，以利于取样、检查和防潮。仓房内备有降温和除湿机械，以保证种温控制在 15 ℃以下，相对湿度维持在 65%左右。低温仓库是目前较理想的种子仓库，一般用于贮藏原种、自交系、杂交种等价值较高的种子。低温仓库造价比较高，须配置成套的制冷除湿设备。

（四）恒温恒湿种质库

恒温恒湿种质库利用人为或自动控制的制冷设备及装置保持和控制种子仓库内的温度和湿度等贮藏环境，延长种子寿命，保持种子活力，长期贮存作物种质的仓库，又称为种质资源库（基因库）。恒温恒湿种质库主要有：①贮藏期为 50 年的超长期贮藏库，其温度为 −18 ℃，相对湿度为 40%左右；②贮藏期为 30 年以上的长期贮藏库，其温度为 −10 ℃以下，相对湿度为 30%～40%；③贮藏期为 15 年左右的中期贮藏库，其温度为 0～5 ℃，相对湿度为 30%～40%；④贮藏期为 1～3 年的短期贮藏库，其温度为 10～15 ℃，相对湿度为 50%～60%。以上这些贮藏库都需配备制冷除湿设备。

三、种子仓库设备

种子仓库应配备有种子检测、装卸和输送、机械通风、种子加工、熏蒸、消防等设备，以及麻袋、编织袋、苫布、箩筐、扫帚等仓库用器具。

（一）检测设备

为了掌握种子在贮藏期间的动态和种子出入仓库时的质量，必须对种子进行检测。检测设备按所需测定的项目设置，例如测温仪、测湿仪、温度湿度遥测仪、水分测定仪、烘箱、发芽箱、容重器、放大镜、显微镜、手筛等。现在常用温度湿度遥测仪，可实时监测种子堆各部位和袋装种子堆垛不同部位的温度和湿度变化情况。

（二）装卸和输送设备

装卸和输送设备是种子仓库的重要组成部分。按其工作原理可分为气力输送设备和机械输送设备两大类。

1. 气力输送设备　气力输送设备根据气流输送种子的方式可分为吸送式、压送式和混合式 3 种类型。吸送式气力输送设备可以从几处向一处集中输送，也可以在一个气力输送中完成多个作业机的输送任务。压送式气力输送设备工作时，种子输送是靠风机的压出段所产生的气流压力完成的。混合式气力输送设备是由吸气式气力输送设备和压送式气力输送设备组合而成的，具有两种类型的共同特点。

2. 机械输送设备　机械输送设备主要有皮带输送机、斗式升运机、刮板输送机、堆包机等。

（1）皮带输送机　皮带输送机是把种子向水平方向或稍有倾斜的方向输送的设备，有固定式和移动式两种。

（2）斗式升运机　斗式升运机是把种子垂直向上输送的输送装置，由皮带轮、料斗、外罩等组成。

（3）刮板输送机　散装种子作业时，刮板机将种子刮到输送机上，可减少人工入料程序。刮板输送机可随时移动（图 10 - 2）。

（4）堆包机　堆包机也称为平板升运机，种子包装运输作业时，可减少人工扛袋或抬袋工作，减轻劳动强度，解放劳动力，而且加速运输过程（图 10 - 3）。

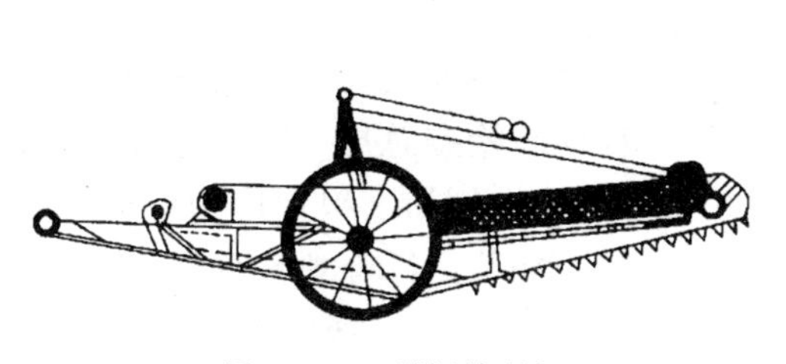

图 10 - 2　刮板输送机
（引自董海洲，1997）

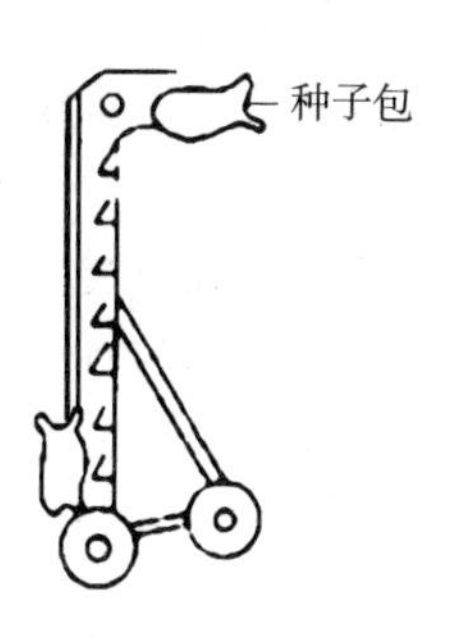

图 10 - 3　堆包机
（引自胡晋，2010）

（三）机械通风和制冷设备

当自然通风不能降低仓库内温度、湿度时，应迅速采用机械通风。通风机械主要包括风机（鼓风、吸风）及通风管道（地下、地上两种）。一般情况下的通风方法以吸风比鼓风为好。低温仓库需要制冷和除湿设备。

（四）种子加工设备

种子加工设备包括清选、干燥、精选、药剂处理和计量（数）包装等 5 大部分。清选设备又可分为粗选设备和精选设备两种。干燥设备除了晒场之外，还应有种子烘干机。药剂处理设备主要有消毒机、药物拌种机、种子包衣机等。计量包装机可完成种子定量或定数包装。

（五）熏蒸、消防设备

熏蒸、消防设备是种子仓库必不可少的设备。熏蒸设备有投药器、各种型号的防毒面具、防毒服等。消防设备主要有各种灭火器、消防栓、干砂等。

第三节　种子入库

种子入库包括入库前的准备、种子包装和合理堆放等工作。它直接影响种子贮藏期间的安全。

一、种子入库前的准备

（一）种子仓库准备

种子仓库的准备一般包括种子仓库的检查、清仓、消毒、计算仓容等工作。

1. 种子仓库检查　种子仓库使用前要全面检查和维修，确定种子仓库是否安全、门窗是否完好、防鼠防雀等措施是否到位。如有问题，及时进行修理。

2. 清仓　清仓包括清理仓库和仓库内外整洁两方面工作。清理仓库就是将种子仓库内的异品种种子、杂质、垃圾等清除干净，同时清理仓具，修补墙面，嵌缝粉刷。铲除仓库外杂草，排去污水，清理垃圾，使仓库内外环境清洁。

3. 消毒　种子仓库消毒有喷洒和熏蒸两种方法。不论是旧仓库还是新仓库，消毒工作都要在补修墙面和嵌缝粉刷前进行。空仓消毒可用敌百虫、敌敌畏等防护剂和磷化铝等熏蒸剂处理。

4. 计算仓容 计算仓容是为了有计划地贮藏种子，合理使用和保养种子仓库。在不影响种子仓库操作的前提下，测算出种子仓库的可使用面积、可堆高度、容积等，再根据存放种子的种类确定种子仓库容量。

（二）种子准备

1. 种子入库的标准 由于我国南北各地气候条件相差太大，种子入库的标准也不能强求一致。各类种子入库的标准可参考国家质量监督检验检疫总局、国家标准化管理委员会2008年和2010年重新修订发布的农作物种子质量标准，例如《粮食作物种子 第1部分：禾谷类》(GB 4401.1—2008)、《经济作物种子 第1部分：纤维类》(GB 4407.1—2008)、《经济作物种子 第2部分：油料类》(GB 4407.2—2008)、《粮食作物种子 第2部分：豆类》(GB 4404.2—2010)、《粮食作物种子 第3部分：荞麦》(GB 4404.3—2010)、《粮食作物种子 第4部分：燕麦》(GB 4404.4—2010)、《瓜菜作物种子 第1部分：瓜类》(GB 16715.1—2010)、《瓜菜作物种子 第2部分：白菜类》(GB 16715.2—2010)、《瓜菜作物种子 第3部分：茄果类》(GB 16715.3—2010)、《瓜菜作物种子 第4部分：甘蓝类》(GB 16715.4—2010)、《瓜菜作物种子 第5部分：绿叶菜类》(GB 16715.5—2010)、《绿肥种子》(GB 8080—2010)。凡不符合入库标准的种子，必须重新进行清选、干燥或分级处理，检验合格后才能入库贮藏。

2. 种子入库前的分批 种子在入库之前，不但需要按照作物种类、品种严格分开，还要根据产地、收获期、种子水分、纯度及净度的不同分别堆放和处理。一般来说应注意要做到“五分开”，即：①不同的作物、品种要分开，以利于种子加工保管，防杂保纯；②干种子与湿种子要分开，严防干种子与湿种子混贮；③不同等级种子要分开，不可混等贮藏；④质量不同的种子要分开，入库种子应按不同的纯净度、不同的成熟度分开堆放；⑤新陈种子要分开，新种子有后熟作用，陈种子质量较差，新陈种子混堆，必将降低质量。

二、种子入库堆放

种子入库是在清选和干燥后进行的，入库前还要做好标签和卡片。标签上要注明作物、品种、等级、生产年月、经营单位等，并将其拴牢在包装袋外。卡片上填写好作物、品种、等级、生产年月、经营单位后装入种子袋里，或放置在种子堆内。种子在入库时，也要过磅、登记，按种子分批原则分别堆放，防止混杂。种子堆放的方式有袋装堆放和散装堆放两种。

（一）袋装堆放

袋装堆放是指用麻袋、布袋、编织袋等盛装种子后进行的堆放。此种堆放特点便于通风，防止混杂，同时便于再运输和调拨。堆垛的形式要依据种子仓库的条件、贮藏目的、种子质量、入库季节等情况确定。为了便于检查和管理，堆垛时要使种垛距离墙壁在0.5 m或以上，种垛与种垛之间相距在0.5 m或以上。种垛高度和种垛宽度要根据种子情况来定。一般是水分较高的种子，为了便于通风散去种堆内的热量和水汽，种垛宽度是越窄越好。堆垛要与仓库的门窗相平行，如果种子仓库的门窗是南北对开，为利于空气流通，种垛的方向也应为南北向。堆垛时每袋种子的袋口要朝里，以免感染虫害和散口倒堆，种垛底部有垫仓板，离地约20 cm，以利于通气防潮。

1. 实垛法 实垛法的袋与袋之间不留距离，有规则地依次堆放，宽度一般以4列为多

(列指袋包的长度)，也可以堆成2列、6列、8列等。长度视仓库而定，有时堆满全仓(图10-4)。堆垛时两头要堆成半非字形，以防倒垛。实垛法仓容利用率较高，但对种子质量要求很严格，一般适宜于冬季低温入库的种子或临时性存放的种子。

2. 非字形及半非字形堆垛法　这种方法是按照非字或半非字排列堆放种袋。例如非字形垛是第一层形如非字，中间并列各竖着平放2包，左右两侧各横着平放3包。第二层是第一层的中间两排与两边换位排成。第三层的堆法和第一层的相同(图10-5)。半非字形是非字形的减半。这种堆垛方法的优点是通风性能好，不易倒塌，便于检查。

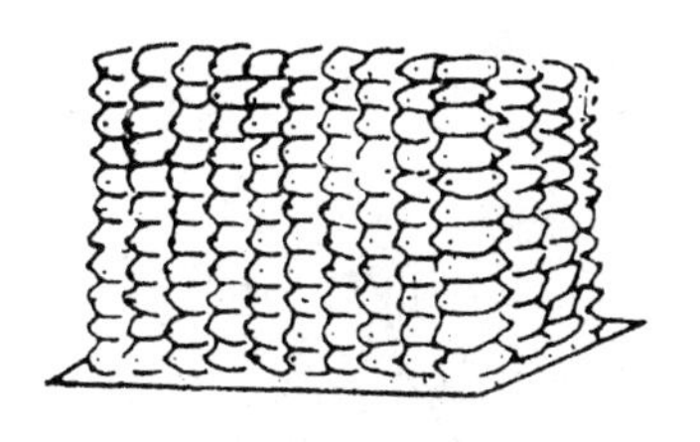

图10-4　实　垛
(引自胡晋，2010)

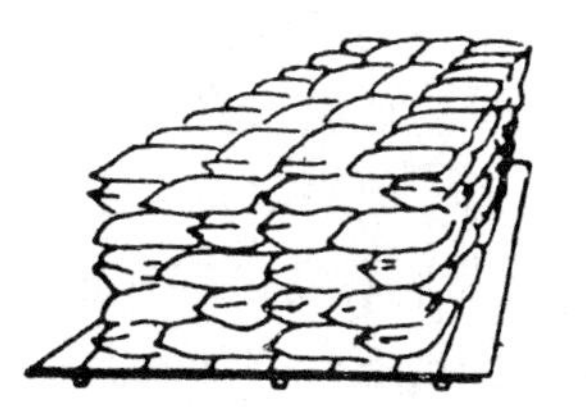

图10-5　非字形垛
(引自胡晋，2010)

3. 通风垛　这种堆垛法空隙较大，便于通风散湿散热，多半用于保管高水分种子。夏季采用此法，便于逐包检查种子的安全情况。通风垛的形式有井字形、口字形、金钱形、工字形等多种。堆时难度较大，应注意安全，不宜堆得过高，宽度不宜超过两列。

(二) 散装堆放

在种子数量较多、种子仓库容量不足等条件下，多采用散装堆放。这种贮藏方式对种子要求严格，只适用于净度高和充分干燥的种子。

1. 整仓散堆和单间散堆　这类堆放方式种子仓库利用率高，堆放的种子高度一般是2～3m。由于这种方式堆放的种子量大，在严格控制种子入库标准的同时，要加强管理。

2. 围包散堆　围包散堆适用于仓壁不十分坚固、没有防潮层的仓库。堆放前用同一批的同品种种子做成麻袋包装，用包离仓壁0.5m堆成围墙，在围包内散放种子，大豆、豌豆种子的围墙高一般为2.5m左右，不宜过高，并防止塌包。围墙沿要高于种子面10～20cm，种子平整。堆围包墙时要包包靠紧，层层骑缝，同时由下而上逐层缩进3cm左右(图10-6)。

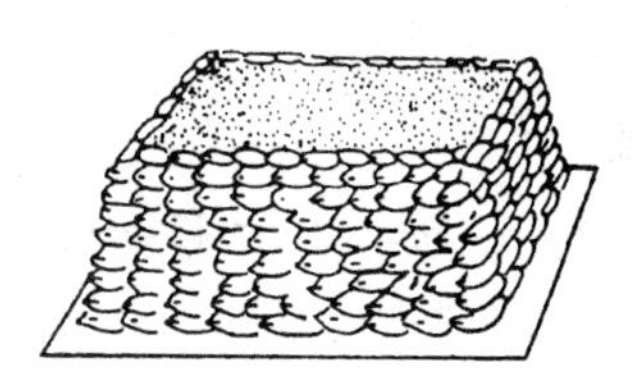

图10-6　围包散堆
(引自胡晋，2010)

3. 围囤散堆　在品种多而数量又不大的情况下多用围囤散堆法。堆放时边堆边围囤，围囤高度在2m左右，围沿应高出种子面10～20cm，围囤直径不超过4m。

第四节　种子贮藏期间的变化

种子在贮藏期间，基本上处于低温干燥密闭的状态，生理活动很弱。但是种子本身具有较强吸湿性，管理不当，就会发生结露、发热、霉变、结块等现象，严重影响到种子的活力和发芽力。因此了解种子贮藏期间的各种变化规律，有利于采取相应措施做好种子的安全贮藏工作。

一、种子温度和水分的变化

在种子贮藏期间，对种子影响最大的环境因素是温度和水分。种子温度和水分可随着外界空气的温度和相对湿度的变化而变化。一般情况下，大气温度和湿度的变化导致仓库内温度和湿度发生相应变化，仓库内温度和湿度的变化又导致种子温度和水分的变化。大气温度和湿度、仓库内温度和湿度、种子堆温度和湿度统称为三温三湿，其变化规律主要指一年中和一天中温度和湿度的变化规律。如果种子堆温度和湿度变化偏离了这种变化规律，而发生异常现象，就有发热的可能，应采取必要的措施加以处理。

种子处在干燥、低温、密闭条件下，其生命活动极为微弱。但隔湿防热条件较差的仓库，会对种子带来不良影响。根据观察，种子的温度和水分是随着空气的温度和湿度而变化的，但其变化比较缓慢，一天中的变幅较小，一年中的变幅较大。种子堆的上层变化较快而变幅较大，中层次之，下层变化较慢而变幅较小。图 10－7 为房式仓散装稻谷温度年的变化，在大气温度上升季节（3—8 月），种子温度也随之上升，但种子温度低于仓库内温度和大气温度；在温度下降季节（9 月至翌年 2 月），种子温度也随之下降，但略高于仓库内温度和大气温度。种子水分则往往是在低温期间和梅雨季节较高，而在夏秋季较低。

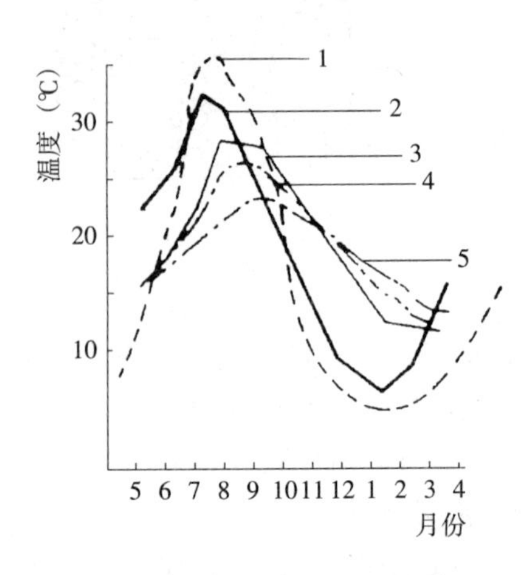

图 10－7　房式仓大量散装稻谷各层温度的年变化
1. 大气温度　2. 仓库内温度　3. 上层温度
4. 中层温度　5. 下层温度

二、种子发热

（一）种子发热的原因

1. 种子呼吸放热　新收获的或受潮的种子，呼吸旺盛，释放出大量的热能，积聚在种子堆内，引起发热。

2. 微生物和害虫的迅速生长和繁殖引起发热　在相同条件下，仓库害虫和微生物释放的热量远比种子高得多。种子本身呼吸放热和微生物放热，是导致种子发热的主要原因。此外，仓库害虫大量聚集在一起，其呼吸和活动摩擦会产生热量。

3. 种子堆放不合理发热　种子堆各层之间或局部与整体之间温差过大，造成水分转移、结露等情况，也能引起种子发热。

总之，发热是种子本身的生理生化特点、环境条件和管理措施等综合影响造成的结果。

（二）种子发热的种类

根据种子堆发热部位和发热面积可将种子发热分为以下 5 种类型。

1. 上层发热　上层发热一般发生在近表层 15～30 cm 厚的种子层，发生时间一般在初春或秋季。秋季气温下降，新入仓种子的呼吸旺盛，放出大量水汽。外界气温逐渐下降导致仓壁温度下降，使靠仓壁的种子温度和空气温度随之降低，近墙壁的低温空气下沉而形成一股向下气流；由于种子堆中央受仓壁影响小，种子温度和其间的空气温度仍较高，种子堆中央的高温空气上升而形成一股向上气流；因此近仓壁的向下的气流，经过底层，由种子堆的中央转而向上，通过温度较高的中心层，再到达顶层中心较冷部分，再与四周近仓壁的向下气流形成回路。在此气流循环回路中，种子堆中水汽随气流流动，热水汽向上运动在上层遇冷而凝结，使此部位水分增高，令种子和微生物呼吸增强，引起发热（图 10－8）。若不及时采取措施，顶部种子层将会发生败坏。初春气温逐渐上升，而经过冬季的种子层温度较低，两者相遇，上表层种子容易造成结露而引起发热。

2. 下层发热 下层发热发生在接近地面的一层种子，多半由于晒热的种子未经冷却就入库，遇到冷地面发生结露引起发热，或因地面渗水使种子吸湿返潮而引起发热。开春后，热空气沿仓壁上升，冷空气在中心部位下沉，形成回路。在此气流循环中，种子堆中水汽随气流流动，遇地面较冷种子层而凝结，使下层种子水分增高，引起发热（图 10－9）。

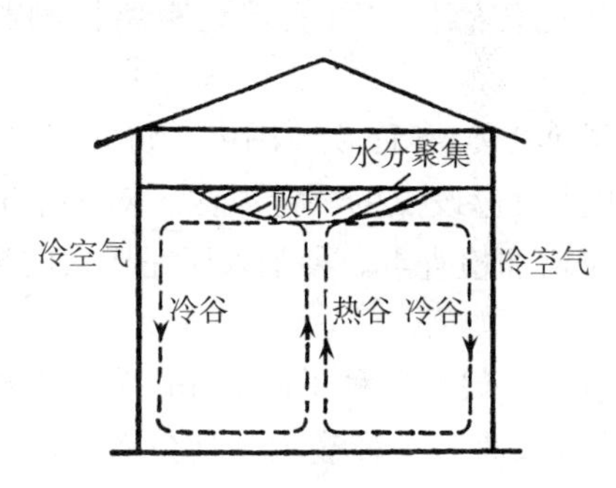

图 10－8 外界气温较低时引起上层种子水分增加

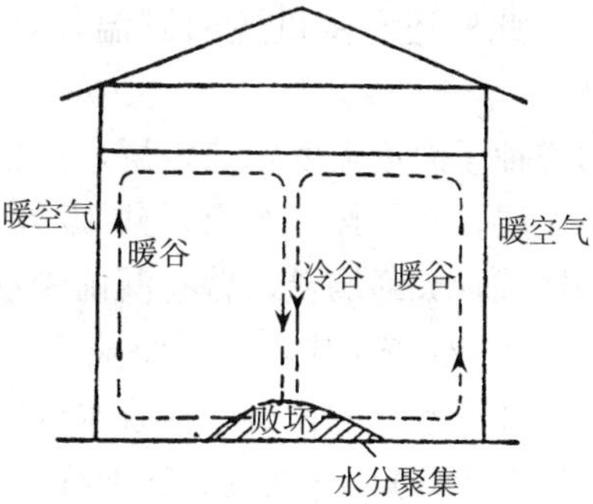

图 10－9 外界气温较高时引起底层种子水分增加

3. 垂直发热 在靠近仓壁、柱子等部位，当冷种子遇到仓壁或热种子接触到冷仓壁或柱子形成结露，并产生发热，这种现象称为垂直发热。前者发生在春季朝南的近仓壁部位，后者多发生在秋季朝北的近仓壁部位。

4. 局部发热 这种发热通常呈窝状，多半由于入库时分批种子的水分不一致、整齐度差、净度不同、某些仓库害虫大量繁殖或者种子自动分级等原因所引起，因此发热部位不固定。

5. 整仓发热 上述 4 种发热情况中的任何一种，如果不及时制止或迅速处理，都有可能导致整个仓库的种子发热，尤其是下层种子发热最容易发展成为整仓发热。

（三）种子发热的预防措施

根据发热原因，可采取如下预防措施。

1. 严把种子入库质量关 种子入库前必须严格进行清选、分级、干燥、冷却等处理。

2. 做好清仓消毒，改善仓库贮藏条件 种子仓库必须具备通风、密闭、隔湿、防热等条件，使种子长期处于低温、密闭、干燥的条件下，确保安全贮藏。

3. 加强管理，勤于检查 应根据气候变化规律和种子生理状况，制定具体的管理措施，及时检查，及早发现问题，采取对策，加以制止。种子发热后，应根据种子结露、发热的严重情况，采用翻耙、开沟等措施排除热量，必要时进行翻仓、摊晾、过风等办法降温散湿。发过热的种子必须进行种子发芽率检查，已丧失生活力的种子应改作他用。

第五节　种子贮藏期间的管理

一、常温库管理

种子常温库是指具有防潮、隔热及通风功能，不加设控制温度、湿度设备的贮藏种子库房。种子在常温库贮藏期间应做好种子仓库检查、种子贮藏管理等工作，并建立相应的管理制度，确保种子安全贮藏。

（一）种子仓库检查

1. 种子仓库检查的内容　种子仓库检查是种子贮藏期间一项重要的工作，主要包括温度、水分、发芽率、虫霉、鼠雀及仓库设施安全情况等。

（1）种子温度的检查　检查温度的仪器有曲柄温度计、杆状温度计、遥测温度仪等。曲柄温度计适用于包装种子，杆状温度计适用于散装贮藏种子，遥测温度仪适用于大型种子仓库。此外还有微机巡回测温仪，采用热敏电阻作为传感器，可实现远距离检测和自动监测。

检查种子温度需要定点定层，例如散装种子在种子堆 100 m^2 面积范围内，将它分成上、中、下 3 层，每层设 5 个点，共 15 处。包装种子则用波浪形设点的测定方法。对于平时有怀疑的区域，如靠墙壁、曾有漏雨渗水处等部位，都应增加检查点。种子入库完毕后的半个月内，每 3 d 检查 1 次，以后每隔 7～10 d 检查 1 次。

（2）种子水分的检查　检查水分同样需要划区定点，一般散装种子以 25 m^2 为一个检查区，采用 3 层 5 点 15 处的方法取样。袋装种子则以堆垛大小，把样袋均匀地分布在堆垛的上、中、下各部，并成波浪形设点取样。从各点取出的样品混匀后，再取混合样品进行测定。对怀疑的检查点，所取的样品要单独测定。水分检查的时间原则上是一、四季度每季度检查 1 次，二、三季度每月检查 1 次。仓库条件较差的潮湿季节应增加测定次数，种子每次整理以后，也应测定水分。

（3）种子发芽率和种子活力的检查　一般种子发芽率应每 4 个月检查 1 次，同时根据气温变化情况，在高温或低温之后，以及药剂熏蒸前后都应增加检查 1 次，种子出仓前 10 d 应检查 1 次。贮藏期间检查种子的活力非常必要。活力测定方法较多，简单的可用发芽指数、活力指数、平均发芽时间来判断。

（4）虫霉的检查　检查仓库害虫时，一般采用筛检法，即在一个检查点取样 1 kg，经过一定时间的振动筛理，把虫子筛下来，然后分析其虫种及活虫头数，计算虫害密度，再决定防治措施。检查蛾类害虫，可用撒谷看蛾飞目测统计。检查害虫的周期，冬季温度在 15 ℃以下时，每 2～3 个月检查 1 次；春季和秋季温度在 15～20 ℃时每月检查 1 次，温度超过 20 ℃ 时每月检查 2 次；夏季高温时应每周检查 1 次。检查霉烂的方法一般采用目测和鼻闻，检查部位应注意种子易受潮的底层、墙根、柱基等阴暗潮湿部位，以及容易结露和杂质集中的部位。

（5）鼠雀检查　查鼠雀主要是观察仓内有无鼠雀粪便和活动留下的足迹，以及有无鼠洞。

（6）仓库设施检查　检查仓库地坪的渗水、房顶的漏雨、灰壁的脱落等情况。同时对门窗启闭的灵活性和防雀网、防鼠板的坚牢程度进行检查。

2. 种子仓库检查的步骤　种子仓库检查是一项较细致的工作，应有计划有步骤地进行，以便能及时发现问题，全面掌握情况。其步骤如下：①打开仓门后，先闻有无异味，然后再看门口、种子堆表面等部位有无鼠雀的足迹及墙壁等部位是否有仓库害虫；②划区设点，安放测温、测湿仪器；③扦取样品，供水分、发芽率、虫害、霉变等测定；④获取温度、湿度测定结果；⑤察看仓库内外有无倾斜、缝隙和鼠洞；⑥根据以上检查情况，进行分析，提出意见，如有问题及时处理。

（二）合理通风

通风是种子贮藏期间的一项重要仓库管理工作。种子入库后，进行合理通风，是提高种子安全贮藏的一种有效方法。

不论采用哪种通风方式，通风之前均须测定仓库内外的温度和相对湿度的大小，以决定能否通风。通风的原则主要掌握以下几种情况：①遇雨天、刮台风、浓雾等天气，不宜通风；②一天内，以7:00—9:00和17:00—20:00通风为宜，后半夜不能通风；③当外界温度和湿度均低于仓库内时，可以通风；④当仓库外温度与仓内温度相同，而仓库外湿度低于仓库内时，通风以散湿为主；当仓库内和仓库外湿度基本上相同而仓库外温度低于仓库内时，通风以降温为主；⑤仓库外温度高于仓库内而相对湿度低于仓库内，或者仓库外温度低于仓库内而相对湿度高于仓库内，这时能不能通风，就要看当时的绝对湿度，如果仓库外绝对湿度高于仓库内，不能通风，反之就能通风。

（三）种子仓库管理制度

为规范种子贮藏管理，种子企业应制定种子仓库管理制度，主要包括以下内容。

1. 岗位责任制度　明确种子仓库行政、保管人员、种子贮藏技术人员等工作人员的责任和义务。种子贮藏技术人员要有较强的事业心和责任心，业务素质和管理水平较高，并接受有关部门的定期考核和培训。

2. 安全保卫制度　种子仓库要建立值班制度，组织人员巡查，及时消除不安全因素，做好防火、防盗工作，保证不出事故。

3. 清洁卫生制度　种子仓库内外须经常打扫、消毒，保持清洁。要求做到仓库内“六面光”（房式仓四面墙壁和上下两面），仓库外“三不留”（杂草、垃圾和污水）。种子出仓时，应做到出一仓（囤）清一仓（囤），防止混杂和感染病虫害。

4. 检查和评比制度　检查内容包括大气温度、仓库内温度、种子温度、大气湿度、仓库内湿度、种子水分、发芽率、虫霉情况、鼠雀情况、仓库设施等。并开展仓库种子贮藏期间无虫、无霉变、无鼠雀、无事故、无混杂的“五无”评比，交流贮藏保管经验。

5. 建立档案制度　每批种子出入库，都应将其来源、数量、质量状况及其处理意见、每次检查的记录等逐项登记入册，并同步建立电子档案，发现问题，及时采取措施。

6. 财务会计制度　每批种子进出仓库，必须严格实行审批手续和过磅记账，账目要清楚，账、物、卡（含标签）要相符，对种子的余缺做到心中有数，不误农时，对不合理的额外损耗要追查责任。

二、低温库管理

低温库是指采用制冷、除湿设备，控制温度低于15℃，相对湿度小于65%的贮藏种子的建筑物。低温库贮藏种子与普通常温库相比，除了要做好与常温库相同的管理工作以外，还应该做好低温库设备管理工作，制定更严格的仓管制度、更规范完善的管理流程，并采集贮存必要的信息，建立技术档案等管理工作。

（一）低温库设备管理

低温种子库内主机及其附属设备是创造低温低湿条件的重要设施。通常要做好下列管理工作。

①制定正确使用设备的规章制度，加强操作人员的技术培训。做到“三好”（管好、用好、修好）、“四会”（会使用、会保养、会检查、会排除故障）。

②健全设备的检查、维修和保养制度。

③做好设备的备品、配件管理。

④精心管理好智能温湿度仪器。

⑤建立机房岗位责任制，及时、如实记录好机房工作日志。

（二）低温库的技术管理

1. 建立严格的仓库贮藏管理制度

①种子入库前，彻底清仓，按照操作规程严格消毒或熏蒸。种子垛底必须配备透气木质（或塑料）垫架。两垛之间、垛与墙体之间应当保留一定间距。

②把好入库前种子质量关。种子入库前做好翻晒、精选与熏蒸等工作。种子水分达不到国家规定标准、无质量合格证的种子不准入库。种子入库时间安排在清晨或晚间，种子温度与仓库温度的差距必须低于5℃。中午不宜安排种子入库。若室外温度或种子温度较高，宜将种子先存放于缓冲室，待冷却后再安排入库。

③合理安排种垛位置，提高仓库利用率。

④低温库室密封门尽量少开，即使要查仓库，也要多项事宜统筹进行，减少开门次数。

⑤严格控制仓库温度和湿度。通常仓库内温度控制在15℃以下，相对湿度控制在65%左右，并使温度和湿度保持稳定状态。

⑥建立库房安全保卫制度，加强防火工作，注意用电安全。

⑦种子入库后不能马上开机降温，应先通风降低湿度，否则降温过快易造成结露。

⑧种子在高温季节出库时，须进行逐步增温或通过过渡间，使之与外界气温相接近，以防结露。但每次增温幅度不宜超过5℃。

2. 收集和贮存主要种子信息　所要收集和贮存的主要种子信息有：①按照国家颁布的种子检验规程，获取每批种子入库时初始的发芽势、发芽率、水分、净度及主要性状的检验资料；②种子贮存日期、质量和位置（库室编号及位点编号）；③若为寄存单位贮存种子，双方共同封存的样品资料。

3. 收集和贮存主要监测信息　所要收集和贮存的主要监测信息有：①种子贮藏期间，本地自然气温、相对湿度、降水量等重要气象资料；②仓库内每天定时、定层次、定位点的温度和相对湿度资料；③种子贮藏过程中，种子质量检验的有关监测数据；④有条件地方应用物联网技术，将温度计、湿度仪、摄像头等各种设备与互联网连接，实现智能化仓库管理。

（三）技术档案管理

低温库的技术档案，包括工艺规程、装备图纸、机房工作日志、种子入库出库清单、仓库内温度和湿度测定记录、种子质量检验资料以及有关试验研究资料等。这些档案，是低温库成果的记录和进行生产技术活动的依据和条件。每个保管季节结束以后，必须做好工作总结，并将资料归档、分类与编号，由专职人员保管，不得丢失。

第六节 主要作物种子贮藏方法

自然界植物种类繁多，种子的形态和生理各具特点，因此其贮藏特性也不一致。本节主要介绍水稻、玉米、小麦、油菜、大豆、棉花及顽拗型种子的贮藏方法。

一、水稻种子贮藏方法

水稻种子俗称稻谷，米粒外面包裹有内稃和外稃，稃壳外表面粗糙被有茸毛。水稻种子具有散落性差、通气性较好、耐热性差、种子自身保护性强、因类型和品种不同耐藏性差异明显等贮藏特性。水稻种子有稃壳保护，比较耐贮藏，只要适时收获，及时干燥，控制种子温度和水分，注意防虫，一般可达到安全贮藏的目的。水稻种子在贮藏过程中要掌握以下方法和技术要点。

（一）提高种子质量，严防混杂，冷却入库

1. 适时收获 过早收获的水稻种子成熟度差，瘦秕粒多而不耐贮藏。过迟收获的种子，在田间日晒夜露呼吸消耗物质多，甚至穗上发芽。所以必须充分了解品种的成熟特性，适时收获。

2. 科学干燥 未经干燥的稻种堆放时间不宜过久，否则容易引起发热或萌动甚至发芽。收获时，水分较高的水稻种子脱粒后应及时干燥到安全水分以下。采用自然日光干燥时，早晨出晒不宜过早，应事先预热场地，尤其摊晒过厚的种子。机械烘干时，温度控制在 43 ℃以下，降水速度应控制在 5%之内，否则影响种子发芽率。

3. 冷却入库 经过高温曝晒或加温干燥的种子，只有冷却后才能入库。否则种子堆内部温度过高，时间过长会引起种子内部物质变性而影响发芽率。此外，热种子遇到冷地面还可能引起结露。

4. 防止混杂，提高净度 水稻品种繁多，有时在晒场上同时晒几个品种，容易造成品种混杂。出晒后，应在场地上标明品种名称，以防差错。入库时要按品种有次序地分别堆放。且必须对进库种子清选除杂，剔除破损粒、秕粒、病虫粒，提高种子贮藏稳定性。

（二）控制入库种子水分和贮藏温度

水稻种子的安全水分标准，应根据作物类型、保管季节与当地气候特点确定。在生产上，一般粳稻可高些，籼稻可较低；晚稻可高些，早中稻可较低；气温低时可高些，气温高时可较低。需要经过高温季节的水稻种子，水分控制严格一些；进入低温季节的水稻种子，水分可适当放宽一些。通常是温度为 30～35 ℃时，种子水分应掌握在 13%以下；温度在20～25 ℃时，种子水分可掌握在 14%以内；温度在 15～10 ℃时，水分可放宽到 15%～16%；温度在5 ℃以下时，水分则可放宽到 17%。但是 16%～17%水分的水稻种子只能暂时贮藏，应抓紧时间进行翻晒降水。水稻种子质量标准要求水分不高于 13%（籼稻）和 14.5%（粳稻）。

（三）加强检查管理

1. 做好早稻种子的降温和晚稻种子的降水工作 早稻种子入库一般在立秋以后，此时昼夜温差大，易导致仓库温度上升和上层种子水分上升。因此在入库后的 2～3 周内须加强

检查，并做好通风降温工作。晚稻种子入库一般已进入冬季低温阶段，对种子入库水分要求宽些，但不能超过16%，即使已经入库也要降到13%以下，否则会引起生活力降低。

2. 做好“春防面，夏防底”的工作 春季要预防面层种子结露，夏季要预防底层种子霉烂。经过冬季贮藏的水稻种子，温度已经降得较低，当春季外界气温回升时，种子温度与气温相差较大，容易发生结露。到了夏季，地坪和底层温度还低，湿热空气扩散现象使底层水稻种子水分升高，不及时处理会导致底层种子霉烂。

3. 做好治虫和防霉工作 仓库害虫通常在水稻种子入仓前已感染种子，如果贮藏期间条件适宜，就迅速大量繁殖，造成极大损害。水稻仓库害虫防治主要采用磷化铝熏蒸，少量种子也可采用日光暴晒高温杀虫。

种子上寄附的微生物种类较多，但是危害贮藏种子的主要是真菌中的曲霉和青霉。温度降至15℃，相对湿度低于65%，种子水分低于13.5%时，大多数霉菌受到抑制。采用密闭贮藏法对抑制好气性霉菌能有一定效果，但对能在缺氧条件下生长活动的霉菌则无效。

（四）少量水稻种子贮藏

对于数量不多的水稻种子，可以采用干燥剂密闭贮藏法。通常用的干燥剂有生石灰、氯化钙、硅胶等。氯化钙、硅胶的价格较贵，但吸湿后可以烘干再用。生石灰较经济，适用于广大种子专业户。

（五）水稻种子低温贮藏

水稻种子需要贮藏1年左右时，可利用温度低的天然大型山洞仓来贮藏，但须注意防湿。房式仓贮藏的种子可充分利用冬季自然低温，在气温较低时，将种子堆通风降温，把种子堆内温度降到10℃左右。如果种子贮藏期在1年以上，可采用低温低湿库贮藏，种子温度不超过15℃，水分控制在13%以下，仓内相对湿度不超过65%。

二、玉米种子贮藏方法

玉米种子具有种胚大，呼吸旺盛；种胚中脂肪多，容易酸败；种胚带菌量多，易遭虫霉危害；玉米制种聚集地西北地区种子易遭受低温冻害，玉米穗轴上种子的成熟度存在差异等贮藏特性。玉米种子贮藏有穗藏法和粒藏法两种。一般常年相对湿度低于80%的丘陵山区和我国北方，以果穗贮藏为宜；常年相对湿度较高的地区可采用子粒贮藏。但考虑到果穗贮藏占仓容较大和运输上的困难，种子仓库多以子粒贮藏为主。

（一）果穗贮藏法

因玉米果穗贮藏占地面积大，只适用小品种的贮藏。果穗贮藏要注意控制水分，以防发热和冻害。冬季果穗水分一般控制在14%以下为宜。干燥果穗的方法可采用站秆扒皮、日光曝晒和机械烘干法。曝晒法过去较普遍，近年来种子企业多采用果穗烘干线烘干，种子温度控制在40℃以下，连续烘干72～96 h，一般对种子发芽率无影响。

（二）子粒贮藏法

子粒贮藏法仓容利用率高，如果种子仓库密闭性能良好，种子又处于低温干燥条件下，则可长期贮藏。玉米种子子粒贮藏法的技术要点如下。

采用子粒贮藏法的玉米种子，可先将果穗贮藏后熟15～30 d再脱粒，增强贮藏稳定性。子粒贮藏的种子水分，一般不宜超过13%，南方则在12%以下才能安全过夏。据各地经验，散装堆高随种子水分而变，水分越低，堆越高。种子水分在13%以下时，堆高为3.0～3.5 m，可密闭贮藏。种子水分在14%～16%时，堆高为2～3 m，需间歇通风。种子水分在16%以上时，堆高为1.0～1.5 m，需通风，且保管期不超过6个月。有条件的企业可采用低温低湿库贮藏，种子温度不超过15℃，水分控制在13%以下，仓库内相对湿度不超过65%。

在我国南方温暖湿润地区，玉米种子的安全贮藏一般是采用低水分干燥密闭贮藏的方法。此外，少量玉米种子也可采用超干贮藏。

三、小麦种子贮藏方法

小麦种子属于颖果，具有吸湿性强、易生虫霉变、通气性差、耐热性强、后熟期长等贮藏特性。小麦种子安全贮藏时间的长短，取决于种子水分、温度和贮藏设备的防潮性能。小麦种子主要采取如下贮藏方法和技术。

（一）干燥密闭贮藏法

试验表明，小麦种子水分低于12.0%，种温不超过25℃时，小麦种子可安全贮藏。种子水分超过12.0%，种温超过30℃时便会降低发芽率，水分越高发芽率下降越快。因此小麦种子收获后要趁晴好天气及时出晒或采用机械烘干，入库种子水分应掌握在10.5%～11.5%，贮藏期间水分应控制在12.0%以下，然后密闭贮藏。少量种子可以用缸、坛、木柜、铁桶等容器密闭贮藏。

（二）密闭压盖防虫贮藏法

对于数量较大的全仓散装种子，密闭压盖贮藏对于防治麦蛾有较好的效果。一般在入库以后和开春之前压盖效果最好。具体做法：先将种子堆表面耙平，然后用2～3层麻袋覆盖在上面，可起到防湿、防虫作用。种子入库压盖后，要勤检查，以防后熟期“出汗”发生结顶。到秋冬季交替时，应揭去覆盖物降温，但要防止表层种子发生结露。

（三）热进仓贮藏法

热进仓贮藏法就是利用小麦种子具有耐热特性而采用的一种贮藏方法，对于杀虫和促进种子后熟有很好的效果。具体做法：选择晴朗天气，将小麦种子进行曝晒，当种子水分降至12%以下，种温达到46℃以上，但不超过52℃时，趁热迅速将种子入库堆放，覆盖2～3层麻袋密闭保温，将种温保持在44～46℃，经7～10 d后掀掉覆盖物，进行通风散热直到与仓库温度相同为止，然后密闭贮藏即可。

为提高小麦种子热进仓贮藏效果，必须注意以下事项：①严格控制水分和温度；②种子入库后严防结露；③抓住有利时机迅速降温；④通过后熟期的种子不宜采用热进仓贮藏法。

四、油菜种子贮藏方法

油菜属于十字花科植物，其种子较小。油菜种子具有吸湿性强，易回潮；通气性差，易发热霉变；油分高，易酸败；螨类在油菜贮藏期，能引起种子堆发热等贮藏特性。针对以上特性，油菜种子贮藏一般采取如下技术。

（一）适时收获，及时干燥，选择适宜贮藏器具

油菜种子收获以在花薹上角果有70%～80%呈现黄色时为宜。太早收获时嫩子多，水分高，内容欠充实，较难贮藏；太迟收获时角果容易爆裂，造成损失。脱粒后要及时干燥，冷却进仓贮藏。油菜种子不宜用塑料袋贮藏，以编织袋、麻袋贮藏为宜。

（二）清选去杂，保证种子质量

种子入库前，应进行清选，清除泥砂、尘芥、杂质、病菌之类，可增强贮藏期间的稳定性。此外，对水分及发芽率进行一次检验，以掌握油菜种子在入库前的质量情况。

（三）严格控制种子入库水分

油菜种子入库的水分应根据当地气候特点和贮藏条件确定。大多数地区一般贮藏条件而言，水分在 9%～10%；在高温多湿以及仓库条件较差时，水分控制在 8%～9%。含油量高的品种，水分要求更低。

（四）控制种子温度

油菜种子的贮藏温度，应根据季节严加控制，夏季一般不宜超过 28～30 ℃，春秋季不宜超过 13～15 ℃，冬季不宜超过 6～8 ℃。种子温度高于仓库温度如超过 3～5 ℃就应采取措施，进行通风降温。

（五）合理堆放

油菜种子散装的高度随水分高低而增减，水分在 7%～9%时，可堆 1.5～2.0 m 高；水分在 9%～10%时，只能堆 1.0～1.5 m 高；水分在 10%～12%时，只能堆 1 m 左右；水分超过 12%时，应进行晾晒后再进仓。散装的种子可将表面耙成波浪形或锅底形，增加油菜种子与空气接触面积，有利于堆内湿热的散发。

油菜种子如采用袋装贮藏，应尽可能堆成各种形式的通风桩，例如工字形、井字形等。油菜种子水分在 9%以下时可堆高 10 包，种子水分在 9%～10%时可堆 8～9 包。

（六）加强检查

油菜种子属于不耐贮藏的种子，即使在仓库条件好的情况下仍须加强管理和检查。一般在 4—10 月，水分在 9%以下，每天检查 1 次；在 11 月至翌年 3 月之间，水分在 9%～12%的种子每天检查 1 次，水分在 9%以下时可隔天检查 1 次。

五、大豆种子贮藏方法

大豆种子含有较高的蛋白质和脂肪，种子具有吸湿性强、导热性差、易丧失生活力、蛋白质易变性、脂肪易酸败、破损粒易生霉变质、易发生浸油和红变等贮藏特性。为了保证大豆种子的安全贮藏，一般采取如下贮藏技术。

（一）适时收获，充分干燥精选

一般要求长期安全贮藏的大豆种子水分必须控制在 12%以下，如超过 13%，就有霉变的危险。大豆种子应在豆叶枯黄脱落，摇动豆荚时互相碰撞发出响声时及时收割。收割后，以带荚干燥为宜，日晒 2～3 d，待荚壳干透有部分爆裂时，再行脱粒。大豆种子机械烘干时，要合理掌握烘干温度和时间，一般出机种子温度应低于 40 ℃。干燥过后的大豆种子还要进行精选，剔除破损粒、瘦秕粒、虫害粒、霉变粒、冻伤粒等异常豆粒以及其他杂质，以提高入库种子质量和贮藏的稳定性。

（二）低温密闭贮藏

大豆种子导热性差，在高温情况下又易引起红变，常采取低温密闭贮藏的方法。一般可趁寒冬季节，将大豆转仓或出仓冷冻，使种子温度充分下降后，再进仓密闭贮藏。有条件的地方可将种子存入低温库、地下库等，效果会更佳，但地下库要做好防潮去湿工作。

（三）及时倒仓过风散湿

秋末冬初新收获的大豆种子需要进行后熟作用，放出大量的湿热，如不及时散发，就会引起发热霉变。为了达到长期安全贮藏的要求，大豆种子入库 3～4 周内，应及时进行倒仓过风散湿，并结合过筛除杂，以防止出汗、发热、霉变、红变等异常情况的发生。

（四）定期检查

入库初期要把温度检查列为重点，使库房温度保持在 20 ℃以下，温度过高时应立即通风降温。大豆入库后每 20 d 检查 1 次种子水分，种子水分超出安全水分时，要及时翻晒。大豆晒后不能趁热贮藏，防止发热回潮。

我国南方春大豆 7—8 月收获到次年 3—4 月播种，贮藏期经过秋季的高温不利于大豆种子安全贮藏，冬、春季一般多雨，空气湿度大，露置的种子容易吸潮。因此少量种子最好用坛子、缸等盛装密封，以防受潮。大量种子只要水分在安全水分以内，用麻袋包装放在防潮的专用仓库里贮藏即可。

六、棉花种子贮藏方法

棉花种子种皮厚而坚硬，一般表面附着短绒，具有耐藏性好、通气导热性差、带菌多、含脂肪高、易酸败等贮藏特性。棉花种子由于容重小，占库容，目前主要采用常温库贮藏。为提高种子入库质量，一般选择霜前花的棉子作种子，棉花种子贮藏应掌握以下技术环节。

（一）合理堆放

棉子可采用包装和散装。一般来说，小包装好于大包装，大包装好于散装，小垛好于大垛。堆放不宜过高，一般只可装满仓库容量的一半左右，最多不能超过 70%，以便通风换气。棉子入库最好在冬季低温阶段冷子入库，可延长低温时间。但是当堆内温度较高时，则应倒仓或低堆，并在种子堆内设置通气装置，以利通风散热。

（二）严格控制水分和温度

一般情况下，棉花种子入库后，贮藏期间正值低温季节，只需采用密闭贮藏，防止湿度较大的空气侵入，即可达到安全贮藏。华北地区冬春季温度较低，棉子水分在 12%以下，用露天围囤散装堆藏。水分超过 13%时，要降到安全水分以下，才能入库。华中、华南地区，温度和湿度较高，采用散装堆藏法的安全水分要求达到 11%以下，堆放时不宜压实，仓内须有通风降温设备，在贮藏期间，保持种子温度不超过 15 ℃。长期贮藏的棉子水分必须控制在 10%以下。

（三）熏蒸杀虫

棉子入库前如果发现棉红铃虫，可在轧花后进行高温曝晒，或用热蒸汽熏蒸，这样有利于安全贮藏。热蒸汽熏蒸时，将 55～60 ℃的热蒸汽通入种子堆约 30 min，待检查幼虫已死，即可停止。也可在仓库内沿壁四周堆高线以下设置凹槽，在槽内投放杀虫药剂，当越冬幼虫爬入槽内时便可将其杀死。

（四）检查管理

1. 温度检查 在 9—10 月应每天检查 1 次。入冬以后，水分在 11%以下时每隔 5～10 d 检查 1 次，水分在 12%以下时应每天检查。

2. 防火 棉子有短绒，本身脂肪含量又高，遇到火种容易引起燃烧。在管理上要严禁火种接近仓库，仓库周围不能堆放易燃物品，种子仓库内禁止吸烟等。

（五）脱绒棉子的保管

脱绒棉子经过脱绒机械或硫酸处理过，种皮脆、薄，机械损伤多，透水性增加，比较容易受外界温度和湿度的影响，不耐贮藏。在贮藏过程中容易引起发热现象。应加强管理多检查，在堆法上采用包装通风垛或围囤低堆等通风形式更为有利。

七、顽拗型种子贮藏方法

根据种子贮藏特性，可以将自然界的种子划分为两类种子：顽拗型种子和正常型种子。顽拗型（异端型）种子（recalcitrant seed）是对干燥和低温敏感的种子，这类种子不耐干燥，一般也不耐零度以上的低温，在自然条件下贮藏寿命短。正常型（正规型）种子（orthodox seed）是指能在干燥、低温条件下长期贮藏的植物种子，这些种子在自然条件下贮藏，寿命较长。产生顽拗型种子的植物主要有 2 类：①水生植物，如水浮莲和菱；②具有大粒种子的木本多年生植物，包括若干重要的热带作物（例如橡胶、可可、椰子）、多数的热带果树（例如油梨、杧果、山竹子、榴梿、红毛丹、波罗蜜）、一些热带林木（例如坡垒、青皮、南美杉）和一些温带植物（例如橡树、板栗、七叶树）。

顽拗型种子具有易产生干燥损伤、不耐低温、易发生冷害、微生物生长旺盛、呼吸作用强、贮藏期间易发芽等贮藏特性。因此用常规方法不能长期贮藏顽拗型种子，其贮藏的关键措施为控制水分、防止发芽和适宜低温。常见的顽拗型种子贮藏方法主要有以下几种。

（一）适温保湿贮藏法

适温保湿贮藏法是根据顽拗型种子贮藏特点及其贮藏的影响因素而设计的一种短期贮藏方法。在实际中应用主要是吸胀贮藏法和水浸贮藏法。贮藏要点是使顽拗型种子水分保持在饱和水合度下，贮藏环境闭合但不密封，仍保持气体交换；同时贮于相对低温中，但防止遭受零摄氏度以上低温冷害；采用杀菌剂处理，置于保湿环境中。该方法可防止脱水伤害和低温伤害，能有效解决顽拗型种子的运输和短期贮藏问题，但长期保存效果不佳。

（二）种子超低温保存法

超低温保存法被认为是长期保存顽拗型种子种质资源的最有前途的方法。在理论上，采用超低温保存生物材料，可以最大限度地抑制生理代谢活动，降低衰老速率，达到长期保存种质资源的目的。用液氮保存顽拗型种子，难度较大，以往均认为尚无真正的顽拗型种子在 −196 ℃贮存成功实例。1992 年，浙江农业大学种子教研室对茶树和樟树的种子进行超低温保存研究，获得成功。茶子超低温保存的最适水分为 13.83%，在液氮内经 118 d 保存，发芽率达 93.3%，且均成苗（Hu et al.，1994）。

（三）离体保存法

离体保存法是指在无菌的环境条件下进行植物组织和细胞培养，然后将培养得到的能再生成小植株的中间繁殖体在人工控制的条件下培养或保存，以达到长期保存种质资源目的的方法。常用的离体保存方法有常温保存和限制生长保存。对不同顽拗型种子而言，离体贮藏可以弥补种子贮藏的缺陷。

（四）离体胚或胚轴超低温保存法

由于顽拗型种子在液氮中保存难度较大。目前许多试验采用离体胚或胚轴进行贮藏，并结合组织培养技术。保存过程一般为：材料（如胚）分离→消毒→防冻剂处理→冷冻→贮藏→解冻→恢复生长。

影响植物种质超低温保存的因素有很多，主要包括材料类型、发育时期、脱水方法、冰冻保护剂的种类、降温速度、解冻方式、恢复生长培养基种类、生长调节剂组分和条件。实验证明，离体胚和离体胚轴是顽拗型种子超低温保存的理想材料。超低温保存主要有预冷法、两步法、玻璃化法、包埋脱水法、微滴冻法等方法。由于玻璃化法细胞内外没有冰晶形成，样品各部分连同保护剂都进入了相同的玻璃化状态，因此它是目前最有效保存种质资源的方法之一。

第七节　作物种质资源的保存

一、种质资源保存的意义和方式

1. 种质资源保存的意义　作物种质资源，又称为品种资源、遗传资源、基因资源等，是培育作物优质、高产、抗病（虫）、抗逆新品种的物质基础，是人类社会生存与发展的战略性资源，是提高农业综合生产能力、维系国家食物安全的重要保证，是我国农业得以持续发展的重要基础。作物种质资源不仅为人类的衣、食等方面提供原料，为人类的健康提供营养品和药物，而且为选育新品种，开展生物技术研究提供丰富的基因来源。保护、研究和利用好作物种质资源是我国农业科技创新和增强国力的需要，是争取国际市场、参加国际竞争的需要。

2. 种质资源保存的方式　种质资源保存的方式主要有原生境保存和非原生境保存。

（1）原生境保存　原生境保存是指在原来的生态环境中，就地进行繁殖保存种质，例如通过建立自然保护区或天然公园等途径来保护野生及近缘植物物种，包括建立种质资源保护区和保护地。

（2）非原生境保存　非原生境保存是指种质保存于该植物原生长地以外的地方，包括建立各种类型的种质库（保存种子）、种质圃（保存植株）和试管苗库（保存组织培养物）等。非原生境保存采取何种保存途经主要取决于种质资源的生物学特性。对于以种茎、块根和植株繁殖保持种性的无性繁殖作物，主要通过建立田间种质圃或试管苗种质库加以保存。

非原生境保存是目前的主要保存方式，利用种质资源库（冷藏库、超低温库、组织培养室）等保存设施长期保存种子、花粉、器官、组织、细胞等种质材料，可以大批量贮藏种质材料于一个较小的可以人工控制的空间，并能安全地保存种质 30～50 年或以上，具有种质不易丢失、便于交换和利用等特点。随着生物技术的发展，一些研究者已着手建立基因文库保存 DNA 片段，把保存种质建立在分子水平上。

二、种子种质的保存方法

在诸多可供保存的材料中，种子是最主要和最普遍采用的材料，绝大多数种子植物都可以用种子贮存的方式保存种质资源。世界各国相继建立了现代化低温种质库来保存以种子为繁殖体的种质。现代化低温库都具有良好的防潮、隔气和保温功能，并配备现代制冷、除湿设备，为种子创造了低温干燥的贮存条件。此外，通过对种子入库保存之前的一系列前处理，例如种子生活力检测、熏蒸、干燥和密封包装，使种子贮存寿命大大延长。

（一）种子种质贮存的基本要求

以保存种质资源为目的的种子贮存，与一般商品种子的保存要求大不相同。为了保存作物遗传资源，种子贮存的基本要求是延长种子寿命，保持种子活力，维持种质的遗传完整性。维持种质的遗传完整性是指种质携带的全部信息在后代能正确、完善地传递，在贮存期间不发生明显的遗传漂移。

在贮存环境方面，采取低温低湿条件和密封贮藏设施。种子要及时干燥到安全贮存水分，选用成熟、饱满、无伤、无病虫的优质种子，可以延长种子贮存寿命。哈林顿提出了保存种质资源的5个理想条件：相对湿度为15%和－20℃下温度；空气中氧气少，二氧化碳多；避光；贮藏室无辐射；种子水分为4%～6%。

（二）种子种质贮存的方法和技术

1. 干燥密封保存　干燥密封保存是在常温条件下在密封的容器中加适量干燥剂保存种子的方法。容器可以是干燥器、玻璃瓶、铝罐等。干燥剂可以是生石灰、氯化钙、硅胶等，一般种子与干燥剂的比例以1∶2为宜。可用凡士林密封干燥器，然后存放在温度较低而干燥的地方。此法不仅可使种子干燥，还能降低种子水分（贮藏期间可更换干燥剂），但贮藏期不能过长，一般保存3～5年仍能保持较高的发芽率。

2. 低温保存　种子干燥后进行密封包装，然后置于低温下（例如一般冷库、冰箱内）进行贮藏。此方法控制低温不控制湿度，因此包装容器或材料包装种子后都要求能密封，否则会引起种子水分的变化。如果在容器内放入适量干燥剂，保存效果会更好。

3. 种质库保存　种质库也称为基因库。种质库内有先进的控温控湿设备，是目前理想的保存种子种质的条件。依贮藏期分为短期库、中期库和长期库

长期保存库温度为－18℃±1℃，相对湿度小于50%。种子水分干燥脱水至5%～7%，大豆8%，一般作物种子寿命可保持50年以上。每隔10年进行1次生活力监测，如果发芽率下降，则应重新进行繁殖再留种贮藏。一般不作分发材料用，仅在必要时提供给中期保存库分发。

中期保存库的温度一般为－4℃±2℃，相对湿度不高于50%，种子入库水分为10%～12%，其种子贮藏寿命在10～20年。每5年应进行1次生活力监测。中期保存库的保存种质材料可随时供种分发给国内育种、科研和教学等单位使用，同时也供国际交换使用。

有的国家在建种质库时，附设有短期保存库，它是个工作库，温度为10～20℃，相对湿度在50%左右。长期保存库和中期保存库内存放种子多用铝箔袋或铝盒密封包装。

我国现有农作物长期库1座、复份库1座、中期库39座。据报道，至2018年长期保存的资源总量达49.5万份（200余种作物，隶属810种或亚种）。国家种质库设有种质保存区、前处理加工区和研究试验区3部分。保存区共分成12间冷库，其中5间长期贮藏冷库，6间中期贮藏冷库和1间临时存放冷库。长期贮藏冷库的贮藏温度控制在－18℃±2℃，相对湿度控制在50%以下，主要用于长期保存从全国各地收集来的作物品种资源，包括农家种、野生种和淘汰的育成品种等，预期寿命20年以上。中期贮藏冷库的贮藏温度是－4℃±2℃，相对湿度不大于50%，其种子贮藏寿命在10～20年。保存在中期贮藏冷库的资源可随时提供给科研、教学及育种单位研究利用及其国际交换。临时存放冷库（4℃）供送交来的种子在入中长期贮藏冷库之前临时存放。国家种质库在接纳到种子后，需对种子进行清选、生活力检测、干燥脱水等入库保存前处理，然后密封包装存入－18℃冷库。入库保存种子的初始发芽率一般要求高于85%，种子水分干燥脱水至5%～7%（大豆为8%），干燥条件为25～35℃、相对湿度小于30%（或15～20℃、相对湿度为10%～15%）。

思考题

1. 种子呼吸的影响因素有哪些？
2. 如何做好种子的入库工作？
3. 种子贮藏期间的变化有哪些？如何进行管理？
4. 如何管理种子低温库？
5. 如何贮藏好水稻、玉米种子？

SECTION 3 | 第三篇

种子检验

第十一章 种子检验和种子质量

第一节 种子检验及其发展历程

一、种子检验的概念和目的

（一）种子检验概念

种子检验（seed testing）是指对种子质量进行的检测评估，是对真实性和纯度、净度、发芽率、生活力、活力、种子健康、水分和千粒重等项目进行的检验和测定。根据检测得到种子的质量信息，用于指导农业生产、商品交换和经济贸易活动。种子检验学是研究种子质量检测的理论和技术，应用科学、先进的方法对种子质量进行正确分析测定，判断其质量的优劣，评定其种用价值的一门应用科学。

（二）种子检验目的

开展种子检验，其最终目的就是通过对种子真实性和纯度、净度、发芽率、生活力、活力、种子健康、水分和千粒重等项目进行检验和测定，选用高质量的种子播种，杜绝或减少因种子品质造成的缺苗减产的危险，减少盲目性和冒险性，控制有害杂草的蔓延和危害，充分发挥栽培质量的丰产特性，确保农业生产安全。

二、种子检验发展历程

（一）国际种子检验发展历程

种子检验最早起源于欧洲。1869 年德国诺培博士（Friedrich Nobbe）在德国的萨克森州（Saxony）建立了世界上第一个种子检验站，并进行了种子的真实性、种子净度和发芽率等项目的检验工作。他总结前人工作经验和自己的研究成果，编写了《种子学手册》并于 1876 年出版。因此诺培博士成为国际公认的种子科学和种子检验的创始人。

1871 年丹麦建立了种子检验室。随后，奥地利、荷兰、比利时、意大利等国也相继建立了类似的种子检验室。1875 年欧洲各国在奥地利召开了第一次欧洲种子检验站会议，主要讨论了种子检验的要点和控制种子质量的基本原则。1876 年美国建立了北美洲第一个负责种子检验的农业研究站。但有组织的种子检验工作是在 1896 年后才开始。1897 年美国颁布了标准种子检验规程。1890 年和 1892 年北欧国家分别在丹麦和瑞典召开了制定和审议种子检验规程的会议。在 20 世纪初叶，亚洲和其他洲的许多国家也陆续建立了若干种子检验站，开展种子检验工作。

1906 年，第一次国际种子检验大会在德国举行。1908 年美国和加拿大两国成立了北美洲官方种子分析者协会（AOSA）。1921 年欧洲种子检验工作者在法国举行了大会，成立了欧洲种子检验协会（ESTA）。1924 年全世界种子检验工作者在英国举行第四次国际种子检验大会，正式成立了国际种子检验协会（International Seed Testing Association，ISTA），其总部设于瑞士的苏黎世。

1931 年应国际种子贸易协会的要求，国际种子检验协会制定了《国际种子检验规程》和国际种子检验证书。1953 年统一了发芽和净度的定义后，其制定的《国际种子检验规程》被全世界各国广泛承认和采纳。国际种子检验协会已成为全球公认的有关种子检验的权威标准化组织。

截至 2015 年，国际种子检验协会有 207 个实验室会员（其中 127 个已通过国际种子检验协会检验室认可）、43 个个人会员、56 个准会员，来自全球 77 个国家和地区。目前，国际种子检验协会下设有 18 个技术委员会：先进技术委员会、堆装与扦样委员会、种子科学与技术编辑委员会、花卉种子检验委员会、乔木与灌木种子委员会、发芽委员会、遗传改良委员会、水分委员会、命名委员会、能力检测委员会、净度委员会、规程委员会、种子健康委员会、统计委员会、种子贮藏委员会、四唑委员会、品种委员会和活力委员会。国际种子检验协会还制定种子检验室认可标准，开展种子实验室能力验证项目和种子检验室认可评价工作，授权通过认可的检验室签发国际种子检验证书，也是公认的国际互认组织。

国际种子检验协会成立以来，已先后召开了 30 多届大会，组织种子科技联合研究和技术交流，制定并不断修订《国际种子检验规程》，编辑出版了会刊《种子科学与技术》（*Seed Science and Technology*）、《新闻公报——国际种子检验》（*ISTA News Bulletin—Seed Testing International*）以及有关种子刊物和有关手册。目前，出版的主要资料有《净种子定义手册》（第三版，2010）、《幼苗鉴定手册》（第三版，2009）、《水分测定手册》《种子扦样手册》（第二版，2004）、《活力测定方法手册》（第三版，1995）、《四唑测定工作手册》《电泳测定手册》《生长箱与温室测定程序》《植物固定学名索引》（第五版，2007）、《花卉种子检验手册》《种子检验自制仪器手册》《真菌检测：常见实验室种子健康测定方法》《种传真菌：常规种子健康分析进展》《种子检验容许误差和测定精确度手册》《种子检验统计手册》《利用真菌病原体鉴定品种的方法》《年检验 2 000～5 000 个种子样品检验室的设计》《化学快速鉴定技术》、《种子检验方法确认手册》《国际种子检验协会种子检验室认可标准》（第五版，2007）、《热带和亚热带乔木与灌木种子手册》等。

根据各国的种子检验实践，在 20 世纪 70 年代以前，绝大部分种子检验机构由政府设立并开展种子检验活动，其中不少地区还实行了强制检验的方式。随着种子产业化的快速发展，种子公司的种子检验工作在 20 世纪的 80—90 年代得到了全面的加强。在 20 世纪 90 年代以后，国际组织和各国立法机构纷纷实行改革，在种子检验领域引入认可制度。1995 年国际种子检验协会决定私有检验室和种子公司可以成为其会员，1996 年启动种子检验室认可的质量保证项目，2004 年正式承认认可检验室的结果。经济合作与发展组织（OECD）在 2005 版《种子认证方案》中列入了有关种子检验室认可的内容，允许在国际种子认证活动中使用认可种子检验室的结果，还允许推行种子扦样员和田间检验员认可制度。

（二）我国种子检验发展历程

中华人民共和国成立前我国根本没有专门的种子检验机构，中华人民共和国成立之初种子检验工作是粮食部和商检机构代检。1956 年农业部种子管理局内设种子检验室，主管全国的种子检验工作。1957 年为适应农业迅速发展的需要，农业部种子管理局组织浙江农学院等单位数名教师和检验人员在北京举办了种子检验学习班。同年又委托浙江农学院定期举办全国种子干部讲习班。同时积极引进苏联的种子检验仪器和技术、编写有关教材，1961 年，浙江农业大学种子教研组编写出版了《种子贮藏与检验》，1980 年又出版了《种子检验简明教程》，翻译出版了 1976 年版、1985 年版、1993 年版、1996 年版《国际种子检验规程》。

自从改革开放以来，特别是 1978 年国务院转发了农业部《关于加强种子工作的报告》以后，全国各地成立了种子公司并逐步健全种子检验机构，恢复和加强种子专业和技术培训。1981 年成立了全国种子协会，并建立了种子检验分会和技术委员会。1982 年成立了全国农作物种子标准化技术委员会。1983 年发布了国家标准《农作物种子检验规程》（GB 3543—83），1984 年和 1987 年发布了 GB4404 等农作物种子质量标准。随着国际种子科技交流的发展，先后邀请美国、英国、丹麦、澳大利亚和国际种子检验协会等国家和机构的种子检验专家来华讲学，同时也派出我国专家出国进修，并开始翻译国际种子检验协会《国际种子检验规程》和有关书籍，引入国外先进和实用的种子检验仪器设备，有力地推动了我国种子检验技术的发展。

1989 年国务院发布了《中华人民共和国种子管理条例》，明确推行种子质量合格证制度，同时随着《中华人民共和国标准化法》《中华人民共和国计量法》和《中华人民共和国产品质量法》的实施，种子质量监督检验工作也全面开展。1995 年国家技术监督局发布了与 1993 年版《国际种子检验规程》接轨的《农作物种子检验规程》（GB/T 3543—1995），使种子检验结果具有可比性，随后在浙江农业大学开展了学习和贯彻该规程的技术培训。由于 1996 年和 1999 年发布的强制性农作物种子质量标准的规范性引用，与国际接轨的种子检验方法得到了广泛的实施，极大促进了我国种子检验技术的进步。

1996 年我国实施种子工程以后，建设了 39 个部级种子检验中心和 80 多个部级种子检验分中心，在全国范围内初步形成了种子质量监督检测网络。每年开展的市场种子质量抽检工作，有力地强化了我国农业播种种子的质量，有效地保证农业生产的丰收。

2015 年发布的《种子法》，明确了农业行政主管部门负责种子质量监督工作，实行种子质量检验机构和种子检验员考核制度，实施种子企业种子标签真实承诺与国家监督抽查相结合的制度。同时，国家还将继续投资建设种子质量监督检验网络，积极推进与国际接轨的种子标准化工作，探索种子认证试点工作。近年来，种子检验技术和仪器有了较快的发展，种子检验的科学研究水平也在不断深入。

第二节　种子检验的内容和程序

我国于 1983 年颁布第一个《农作物种子检验规程》。其主要内容和技术引自苏联种子检验技术。根据国家标准局尽量采纳国际标准和靠拢国际标准的精神，我国等效采用 1993 年版《国际种子检验规程》，编制和颁布了《农作物种子检验规程》（GB/T 3543.1～7—1995），这也是目前我国正在执行的国家标准。鉴于国内外种子检验技术和仪器的不断发展，为了与国际接轨，目前我国正在对现有《农作物种子检验规程》进行修订。

一、种子检验内容

种子检验内容从过程看，可分为扦样、检测和结果报告3部分。扦样是种子检验的第一步，由于种子检验是破坏性检验，不可能将整批种子全部进行检验，只能从种子批中随机抽取小部分规定数量的具代表性的样品供检验用。检测就是从具有代表性的供检样品中分取试样，按照规定的程序对包括种子水分、净度、发芽率、品种纯度等种子质量特性进行测定。结果报告是将已测定质量特性的测定结果汇总、填报和签发。

种子检验内容从测定项目看，有净度分析（包含其他植物种子数目测定）、发芽试验、纯度鉴定、水分测定、生活力测定、种子健康测定、重量测定、活力测定等。前4项测定项目是我国目前种子质量标准的判定依据。

二、种子检验程序

种子检验应根据种子检验规程的程序图，按步骤进行操作。我国种子检验程序详见图11-1。种子检验程序不是固定的，依检测项目而变，如果不做净度分析，净种子可直接来自送验样品。若同时进行其他植物种子数目测定和净度分析，可用同一份送验样品，先做净度分析，再测定其他植物种子数目。

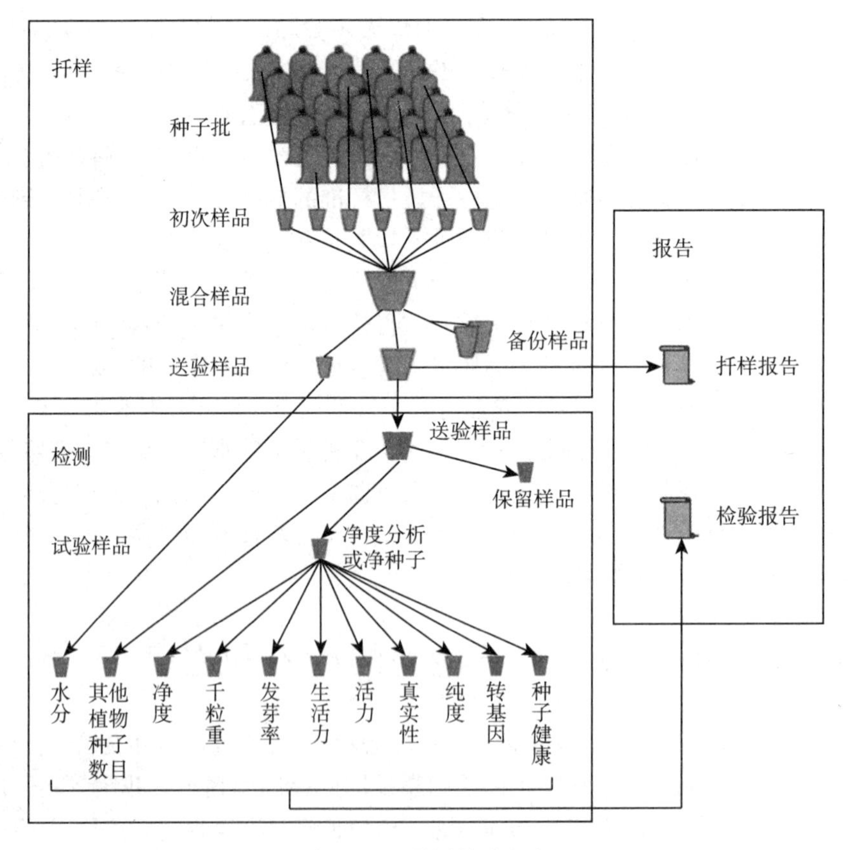

图11-1　种子检验程序

三、种子检验结果报告

种子检验报告是指按照种子检验规程进行扦样与检测而获得检验结果的一种证书表格。

签发检验报告的条件是：①签发检验报告机构目前从事检测工作并且是考核合格的机构；②被检种属于《农作物种子检验规程》所列举的一种；③检验按规定的方法进行；④种子批与《农作物种子检验规程》规定的要求相符合；⑤送验样品按《农作物种子检验规程》要求扦取和处理。

报告上的检测项目所报告的结果只能从同一种子批同一送验样品所获取，供水分测定的样品需要防湿包装。上述第④条和第⑤条的规定只适用于签发种子批的检验报告，对于一般委托检验只对样品负责的检验报告，不做要求。

第三节　种子质量和种子标准化

一、种子质量

种子质量（seed quality）是由种子不同特性综合而成的一种概念。农业生产上要求种子具有优良的品种特性和优良的种子特性。种子质量通常包括品种质量和播种质量两个方面的内容。品种质量（genetic quality）是指与遗传特性有关的质量，可用真和纯 2 个字概括。播种质量（sowing quality）是指种子播种后与田间出苗有关的质量，可用净、壮、饱、健、干和强 6 个字概括。

1. 真　真是指种子真实可靠的程度，可用真实性表示。如果种子失去真实性，不是原来所需要的优良品种，其危害小则不能获得丰收，大则会延误农时，甚至颗粒无收。

2. 纯　纯是指品种典型一致的程度，可用品种纯度表示。品种纯度高的种子因具有该品种的优良特性而可获得丰收。相反，品种纯度低的种子由于其混杂退化而明显减产。

3. 净　净是指种子清洁干净的程度，可用净度表示。种子净度高，表明种子中杂质（无生命杂质及其他作物和杂草种子）含量少，可利用的种子数量多。净度是计算种子用价的指标之一。

4. 壮　壮是指种子萌发出苗齐壮的程度，可用发芽力、生活力表示。发芽力、生活力高的种子萌发出苗整齐，幼苗健壮，同时可以适当减少单位面积的播种量。发芽率也是种子用价的指标之一。

5. 饱　饱是指种子充实饱满的程度，可用千粒重（和容重）表示。种子充实饱满表明种子中贮藏物质丰富，有利于种子萌发和幼苗生长。种子千粒重也是种子活力指标之一。

6. 健　健是指种子健全完善的程度，通常用病虫感染率表示。种子病虫害直接影响种子发芽率和田间出苗率，并影响作物的生长发育和产量。

7. 干　干是指种子干燥、耐藏的程度，可用种子水分表示。种子水分低，有利于种子安全贮藏和保持种子的发芽力和活力。因此种子水分与种子播种质量密切相关。

8. 强　强是指种子强健，抗逆性强，增产潜力大，通常用种子活力表示。活力强的种子，可早播，出苗迅速、整齐，成苗率高，增产潜力大，产品质量优，经济效益高。

种子检验就是对品种的真实性和纯度，种子净度、发芽力、生活力、活力、健康状况、水分和千粒重进行测定分析。在种子质量分级标准中以品种纯度、净度、发芽率和水分 4 项指标为主，作为必检指标，也作为种子收购、种子贸易和经营质量分级和定价的依据。

二、种子标准化的概念和内容

（一）种子标准化的概念

种子标准化（seed standardization）是通过总结种子生产实践和科学研究的成果，对农作物优良品种和种子的特征、种子生产加工、种子质量、种子检验方法及种子包装、运输、贮存等方面，做出科学、合理、明确的技术规定，制定出一系列先进、可行的技术标准，并在种子生产、使用、管理过程中贯彻执行。简单地说，种子标准化就是实行品种标准化和种子质量标准化。品种标准化是指大田推广的优良品种符合品种标准（即保持本品种的优良遗传特征和特性）；种子质量标准化是指大田所用农作物优良品种的种子质量达到国家规定的质量标准。

施行种子标准化的目的是为农业发展提供优质种子，确保农业生产健康稳定地发展。因此种子标准化工作是推进农业现代化，发展高效农业，提高种子质量，改善农产品质量，保证农业可持续发展的有效措施。

（二）种子标准化的内容

一般认为，我国的种子标准化一般包括5方面内容：优良品种标准（特征、特性）、种子生产技术规程、种子质量分级标准、种子检验规程以及种子包装、运输和贮藏标准。

1. 优良品种标准 每个优良品种都具有一定的特征特性。品种标准就是将某个品种的形态特征和生物学特性及栽培技术要点做出明确叙述和技术规定，为引种、选种、品种鉴定、种子生产、品种合理布局及田间管理提供依据。目前，农业农村部已经对主要农作物审定品种实行标准样品管理制度，标准样品由品种选育单位提供。标准样品作为审定通过品种的实物档案，由国家农作物种子质量检验中心进行统一封存保管，形成共享的DNA指纹图谱信息，作为鉴定品种真实性和纯度的依据。

2. 种子生产技术规程 各种农作物对外界环境条件要求不同，繁殖方式、繁殖系数等也各不相同，因此不同作物类型之间其种子生产技术要求有较大的差异。应根据各自特点，制定各种农作物的种子生产技术规程，使种子生产单位遵照执行，这是克服农作物优良品种混杂退化，防杂保纯，提高种子质量的有效措施。在种子加工过程中，应根据种子特征特性的差异，制定种子清选、分级、干燥、包衣等的技术标准，确保加工过程不仅不会伤害种子，而且能提高种子质量。

3. 种子质量分级标准 种子质量优劣直接影响作物产量和产品质量。衡量种子质量优劣的标准就是种子质量分级标准。目前我国将种子分为育种家种子、原种及大田用种3个等级。不同等级的种子对品种纯度、净度、发芽率、水分等质量指标有不同的要求。种子质量分级标准是种子标准化最重要和最基本的内容，也是种子管理部门用来衡量和考核原种和大田用种生产、种子经营和贮藏保管等工作的标准。有了这个标准，种子标准化工作就有了明确的目标。

4. 种子检验规程 种子质量是否符合规定的标准，必须通过种子检验才能得出结论，因此种子检验规程与种子质量分级标准是种子标准化的两个最基本内容。种子检验的结果与所采用的检验方法关系极为密切，不同方法得到的结果可能有所差异。为了使种子检验获得普遍一致和正确的结果，就要制定一个统一的、科学的种子检验方法，即种子检验规程。

5. 种子包装、运输和贮藏标准　种子收获后至播种前常有一个贮藏阶段，种子出售、交换或保存时，必然有包装和运输的过程。因此必须制定种子包装、运输和贮藏的技术标准，并在包装、运输和贮藏的过程中实行，以保证种子质量，防止机械混杂，方便销售。

三、种子质量分级

种子质量的构成指标较多，我国在评价种子质量时，选出了对种子质量影响最大的 4 项指标进行评价，这 4 项指标是：品种纯度、净度、发芽率和水分，其中又以品种纯度指标作为划分种子质量级别的依据。我国最早于 1984 年颁布粮食、蔬菜、林木和牧草种子质量标准，随着我国农业的发展和种子检验规程的重新修订，1996 年重新修订和颁布了粮食作物（禾谷类和豆类）、经济作物（纤维类和油料类）、瓜菜作物（瓜类）等主要农作物种子质量标准。2008 年和 2010 年又先后重新修订和颁布了主要农作物种子质量标准，常规种子级别只分原种（basic seed）和大田用种（qualified seed）两类，纯度达不到原种标准的降为大田用种，达不到大田用种的，则为不合格种子；杂交种不分级，只有大田用种；净度、发芽率和水分 3 项中有 1 项达不到标准的，则为不合格种子。详见表 11－1 至表 11－12。

种子质量标准对种子的要求并不包括种子质量的全部内容，在我国只采用种子的纯度、净度、水分和发芽率 4 项指标，因此符合种子质量标准的种子（即合格种子）并不证明种子完全没有质量问题，特别是诸如种子的健康状况等没有在种子质量标准中体现。质量标准是指种子生产者和经营者必须承诺的质量指标，按品种纯度、净度、发芽率和水分指标标注。国家或地方种子质量有标准的，生产者和经营者承诺的指标不能低于规定的标准。

表 11－1　禾谷类作物种子质量国家标准（%）

（引自 GB 4404.1—2008）

作物种类	种子类别		纯度不低于	净度不低于	发芽率不低于	水分不高于
稻	常规种	原种	99.9	98.0	85.0	13.0（籼）
		大田用种	99.0			14.5（粳）
	不育系、恢复系、保持系	原种	99.9	98.0	80.0	13.0
		大田用种	99.5			
	杂交种	大田用种	96.0	98.0	80.0	13.0（籼） 14.5（粳）
玉米	常规种	原种	99.9	99.0	85.0	13.0
		大田用种	97.0			
	自交系	原种	99.9	99.0	80.0	13.0
		大田用种	99.0			
	单交种	大田用种	96.0	99.0	85.0	13.0
	双交种	大田用种	95.0			
	三交种	大田用种	95.0			
小麦	常规种	原种	99.9	99.0	85.0	13.0
		大田用种	99.0			

（续）

作物种类	种子类别		纯度不低于	净度不低于	发芽率不低于	水分不高于
大麦	常规种	原种	99.9	99.0	85.0	13.0
		大田用种	99.0			
高粱	常规种	原种	99.9	98.0	75.0	13.0
		大田用种	98.0			
	不育系、保持系、恢复系	原种	99.9	98.0	75.0	13.0
		大田用种	99.0			
	杂交种	大田用种	93.0	98.0	80.0	13.0
粟、黍	常规种	原种	99.8	98.0	85.0	13.0
		大田用种	98.0	98.0	85.0	13.0

注：长城以北和高寒地区的稻、玉米、高粱种子水分允许高于13.0%，但不能高于16.0%，若在长城以南（高寒地区除外）销售，水分不能高于13.0%。稻杂交种质量指标适用于三系和两系稻杂交种子。

表11-2　纤维类作物种子质量国家标准（%）

（引自GB 4407.1—2008）

作物种类	种子类型	种子类别	纯度不低于	净度不低于	发芽率不低于	水分不高于
棉花常规种	棉花毛子	原种	99.0	97.0	70.0	12.0
		大田用种	95.0			
	棉花光子	原种	99.0	99.0	80.0	12.0
		大田用种	95.0			
	棉花薄膜包衣子	原种	99.0	99.0	80.0	12.0
		大田用种	95.0			
棉花杂交种亲本	棉花毛子		99.0	97.0	70.0	12.0
	棉花光子		99.0	99.0	80.0	12.0
	棉花薄膜包衣子		99.0	99.0	80.0	12.0
棉花杂交一代种	棉花毛子		95.0	97.0	70.0	12.0
	棉花光子		95.0	99.0	80.0	12.0
	棉花薄膜包衣子		95.0	99.0	80.0	12.0
圆果黄麻	原种		99.0	98.0	80.0	12.0
	大田用种		96.0			
长果黄麻	原种		99.0	98.0	85.0	12.0
	大田用种		96.0			
红麻	原种		99.0	98.0	75.0	12.0
	大田用种		97.0			
亚麻	原种		99.0	98.0	85.0	9.0
	大田用种		97.0			

表 11-3　油料类作物种子质量国家标准（%）

（引自 GB 4407.2—2008）

作物种类	种子类别	纯度不低于	净度不低于	发芽率不低于	水分不高于
油菜常规种	原种	99.0	98.0	85.0	9.0
	大田用种	95.0			
油菜亲本	原种	99.0	98.0	80.0	9.0
	大田用种	98.0			
油菜杂交种	大田用种	85.0	98.0	80.0	9.0
向日葵常规种	原种	99.0	98.0	85.0	9.0
	大田用种	96.0			
向日葵亲本	原种	99.0	98.0	90.0	9.0
	大田用种	98.0			
向日葵杂交种	大田用种	96.0	98.0	90.0	9.0
花生	原种	99.0	99.0	80.0	10.0
	大田用种	96.0			
芝麻	原种	99.0	97.0	85.0	9.0
	大田用种	97.0			

表 11-4　豆类作物种子质量国家标准（%）

（引自 GB 4404.2—2010）

作物种类	种子类别	纯度不低于	净度不低于	发芽率不低于	水分不高于
大豆	原种	99.9	99.0	85.0	12.0
	大田用种	98.0			
蚕豆	原种	99.9	99.0	90.0	12.0
	大田用种	97.0			
赤豆（红小豆）	原种	99.0	99.0	85.0	13.0
	大田用种	96.0			
绿豆	原种	99.0	99.0	85.0	13.0
	大田用种	96.0			

注：长城以北和高寒地区的大豆种子水分允许高于 12.0%，但不能高于 13.5%。长城以南的大豆种子（高寒地区除外）水分不得高于 12.0%。

表 11-5　荞麦种子质量国家标准（%）

（引自 GB 4404.3—2010）

作物种类	种子类别	纯度不低于	净度不低于	发芽率不低于	水分不高于
苦荞麦	原种	99.0	98.0	85.0	13.5
	大田用种	96.0			
甜荞麦	原种	95.0	98.0	85.0	13.5
	大田用种	90.0			

表 11-6　燕麦种子质量国家标准（%）

（引自 GB 4404.4—2010）

作物种类	种子类别	纯度不低于	净度不低于	发芽率不低于	水分不高于
燕麦	原种	99.0	98.0	85.0	13.0
	大田用种	97.0			

表 11-7　瓜类作物种子质量国家标准（%）

（引自 GB 16715.1—2010）

作物种类	种子类别		纯度不低于	净度不低于	发芽率不低于	水分不高于
西瓜	亲本	原种	99.7	99.0	90.0	8.0
		大田用种	99.0			
	二倍体杂交种	大田用种	95.0	99.0	90.0	8.0
	三倍体杂交种	大田用种	95.0	99.0	75.0	8.0
冬瓜	原种		98.0	99.0	70.0	9.0
	大田用种		96.0		60.0	
甜瓜	常规种	原种	98.0	99.0	90.0	8.0
		大田用种	95.0		85.0	
	亲本	原种	99.7	99.0	90.0	8.0
		大田用种	99.0			
	杂交种	大田用种	95.0	99.0	85.0	8.0
哈密瓜	常规种	原种	98.0	99.0	90.0	7.0
		大田用种	90.0		85.0	
	亲本	大田用种	99.0	99.0	90.0	7.0
	杂交种	大田用种	95.0	99.0	90.0	7.0
黄瓜	常规种	原种	98.0	99.0	90.0	8.0
		大田用种	95.0			
	亲本	原种	99.9	99.0	90.0	8.0
		大田用种	99.0		85.0	
	杂交种	大田用种	95.0	99.0	90.0	8.0

表 11-8　白菜类作物种子质量国家标准（%）

（引自 GB 16715.2—2010）

作物种类	种子类别		纯度不低于	净度不低于	发芽率不低于	水分不高于
结球白菜（大白菜）	亲本	原种	99.9	98.0	85.0	7.0
		大田用种	99.0			
	杂交种	大田用种	96.0	98.0	85.0	7.0
	常规种	原种	99.0	98.0	85.0	7.0
		大田用种	96.0			

（续）

作物种类	种子类别	纯度不低于	净度不低于	发芽率不低于	水分不高于
不结球白菜	原种	99.0	98.0	85.0	7.0
	大田用种	96.0			

表 11-9　茄果类作物种子质量国家标准（%）

（引自 GB 16715.3—2010）

作物种类	种子类别		纯度不低于	净度不低于	发芽率不低于	水分不高于
茄子	亲本	原种	99.9	98.0	75.0	8.0
		大田用种	99.0			
	杂交种	大田用种	96.0	98.0	85.0	8.0
	常规种	原种	99.0	98.0	75.0	8.0
		大田用种	96.0			
辣椒（甜椒）	亲本	原种	99.9	98.0	75.0	7.0
		大田用种	99.0			
	杂交种	大田用种	95.0	98.0	80.0	7.0
	常规种	原种	99.0	98.0	80.0	7.0
		大田用种	95.0			
番茄	亲本	原种	99.9	98.0	85.0	7.0
		大田用种	99.0			
	杂交种	大田用种	95.0	98.0	85.0	7.0
	常规种	原种	99.0	98.0	85.0	7.0
		大田用种	95.0			

表 11-10　甘蓝类作物种子质量国家标准（%）

（引自 GB 16715.4—2010）

作物种类	种子类别		纯度不低于	净度不低于	发芽率不低于	水分不高于
结球甘蓝	亲本	原种	99.9	99.0	80.0	7.0
		大田用种	99.0			
	杂交种	大田用种	96.0	99.0	80.0	7.0
	常规种	原种	99.0	99.0	85.0	7.0
		大田用种	96.0			
球茎甘蓝	原种		98.0	99.0	85.0	7.0
	大田用种		96.0			
花椰菜	原种		99.0	98.0	85.0	7.0
	大田用种		96.0			

表 11-11 叶菜类作物种子质量国家标准（%）

（引自 GB 16715.5—2010）

作物种类	种子类别	纯度不低于	净度不低于	发芽率不低于	水分不高于
芹菜	原种	99.0	95.0	70.0	8.0
	大田用种	93.0			
菠菜	原种	99.0	97.0	70.0	10.0
	大田用种	95.0			
莴苣	原种	99.0	98.0	80.0	7.0
	大田用种	95.0			

表 11-12 绿肥种子质量国家标准（%）

（引自 GB 8080—2010）

作物种类	种子类别	纯度不低于	净度不低于	发芽率不低于	水分不高于
紫云英	原种	99.0	97.0	80.0	10.0
	大田用种	96.0			
毛叶苕子	原种	99.0	98.0	80.0	12.0
	大田用种	96.0			
光叶苕子	原种	99.0	98.0	80.0	12.0
	大田用种	96.0			
蓝花苕子	原种	99.0	98.0	80.0	12.0
	大田用种	96.0			
白香草木樨	原种	99.0	96.0	80.0	11.0
	大田用种	94.0			
黄香草木樨	原种	99.0	96.0	80.0	11.0
	大田用种	94.0			

思考题

1. 如何正确理解种子质量的概念？
2. 种子检验与种子质量有何关系？
3. 种子检验整个流程是怎样的？
4. 种子质量分级采用哪些指标？

第十二章

扦　　样

第一节　扦样的目的和原则

一、扦样的目的和意义

扦样（sampling）通常是利用一种专用的扦样器或徒手，从袋装或散装种子批取样的工作。扦样的目的是从一个种子批中，扦取适当数量、能代表整个种子批的样品。在这些样品中各种成分出现的概率，仅仅取决于它在种子批的含量。

扦样是种子检验最关键的环节，其正确与否，样品是否有代表性，直接影响种子检验结果的准确性。检验结果准确性取决于扦样技术和检验技术，而扦样是先决条件，如果未按规定程序进行扦样，样品没有代表性，即使检验技术正确，也难以获得正确的检验结果。错误的检验结果，将给农业生产造成难以估量的损失。因此要高度重视扦样工作，必须保证送验样品能准确地代表该批种子，同样在实验室分样时，也要尽可能设法获得有代表性的试验样品。

二、扦样的基本原则

扦样的基本要求是保证获得有代表性的样品。为此，应遵循以下扦样原则。

1. 被扦种子批均匀一致　只有种子质量均匀的种子批，才有可能扦取代表性样品。对种子质量不均匀，或存在异质性的种子批应拒绝扦样。如果对种子批的异质性发生怀疑，可按异质性方法测定其质量是否均匀一致。

2. 扦样点要随机、均匀分布　扦样频率符合规定要求。扦样点应均匀分布在整个种子批，扦样点既要有垂直分布，也要有水平分布。

3. 每个扦样点扦出种子数量应基本相等　选用适宜的扦样器进行扦取，各个扦样点扦取的初次样品的种子数量应基本相等。

4. 由合格扦样员扦样　扦样应由受过专门训练、具有扦样经验的持证扦样员进行，以确保能够按照扦样程序扦取有代表性样品。

5. 按照对分递减或随机抽取原则分取样品　分样时必须符合检验规程中规定的对分递减或随机抽取的原则和程序，并选用合适的分样器分取样品。

三、样品的组成和定义

根据扦样原理，首先用扦样器或徒手从种子批取出若干个初次样品，然后将全部初次样品混合组成为混合样品，再从混合样品中分取送验样品，送到种子检验室。检验室从送验样品中分取试验样品，进行各个项目的测定。

扦样过程涉及一系列的样品，有关样品的定义和相互关系说明如下。

1. 初次样品 初次样品（primary sample）是指对种子批的一次扦取操作中所获得的一部分种子。

2. 混合样品 混合样品（composite sample）是指由种子批内所扦取的全部初次样品合并混合而成的样品。

3. 次级样品 次级样品（sub-sample）是指通过分样所获得的部分样品。

4. 送验样品 送验样品（submitted sample）是指送达检验室的样品，该样品可以是整个混合样品或是从其中分取的一个次级样品。送验样品可再分成由不同材料包装以满足特定检验（例如水分、种子健康测定）需要的次级样品。

5. 备份样品 备份样品（duplicate sample）是指从相同的混合样品中获得的用于送验的另外一个样品，标识为"备份样品"。

6. 试验样品 试验样品（working sample）简称试样，是指不低于检验规程中所规定重量的、供某个检验项目之用的样品，它可以是整个送验样品或是从其中分取的一个次级样品。

上述定义采用了国际种子检验协会最新版本《国际种子检验规程》中的规定，与《农作物种子检验规程》(GB/T 3543—1995) 比较，增加了"次级样品"和"备份样品"的定义。"次级样品"是一个"小样品对大样品"的相对概念，如送验样品对混合样品，试验样品对送验样品。实际工作中，还有半试样（half sample)，是指将试验样品分减成一半重量的样品。

第二节 扦样仪器

一、扦样器

从种子批扦取样品，通常利用特制的扦样器。目前扦样器具主要有单管扦样器、双管扦样器、长柄短筒圆锥形扦样器、圆锥形扦样器等（图 12－1 和图 12－2）。

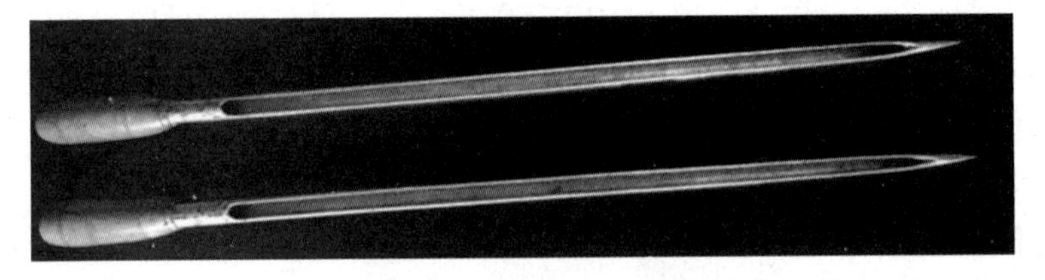

图 12－1 单管扦样器

图 12－2 几种不同类型的种子扦样器

（胡晋摄）

（从下至上分别为散装种子双管扦样器、圆锥形扦样器、长柄短筒圆锥形扦样器和袋装种子双管扦样器）

1. 单管扦样器　单管扦样器也称为诺培扦样器（Nobbe trier），适用于袋装种子扦样，因用于扦取的种子不同，有不同型号和规格。其构造和使用方法大致相同。

这种扦样器由一根有尖头的金属管制成，管内径为10～14 mm，尖头长60 mm，近尖端处有纵向斜槽形切口，向后延伸为长条凹槽。与管相连的是一个中空木制手柄，管身长度应能达到种子袋中心。

扦样时，用扦样器的尖端拨开包装物的线孔，再把凹槽向下，自袋角处尖端与水平成30°向上倾斜插入袋内，直至到达袋的中心，旋转手柄180°使凹槽向上，稍稍振动以确保扦样器全部装满种子，最后慢慢拔出，将样品通过木柄倒在干净的样品盘中。

2. 双管扦样器　双管扦样器适用于袋装种子和散装种子的扦样，不同型号和规格分别用于不同种子种类和容器。例如用于袋装小粒种子的双管扦样器长度为762 mm，外径为12.7 mm；用于袋装禾谷类种子的双管扦样器长度为762 mm，外径为25.4 mm；用于散装种子的双管扦样器长度为1 600 mm，外径为38 mm。

双管扦样器是由两个金属制成的空心管紧密套在一起制成，其内管和外管的管壁上开有狭长小孔，外管尖端有一个实心的圆锥体，便于插入种子；内管末端与手柄连接，便于转动。当旋转到内管与外管孔吻合时，种子便流入内管的孔内，再将内管旋转半周，孔口即关闭。管的长度和直径根据种子种类及容器大小有多种设计，并制成有隔板及无隔板的两种。

扦样时，拆开袋口，对角插入袋内或容器中，在关闭状态插入，然后开启孔口，轻轻摇动，使扦样器完全装满，轻轻关闭，拔出，然后将样品倒在干净的样品盘中。这种扦样器的优点是：一次扦样可从各层分级取得样品；可以垂直及水平两方向来扦取样品。

3. 长柄短筒圆锥形扦样器　长柄短筒圆锥形扦样器适用于散装种子扦样。这种扦样器分长柄和扦样筒两部分，长柄有实心和空心两种，柄长为2～3 m，分成3节或4节，节与节之间由螺丝连接，可依种子堆的高度而增减，最后一节具有握柄。扦样筒由圆锥体、套筒、进谷门、活动塞、定位销等部分构成。

扦样时，旋紧螺丝，以30°角斜度插入种子堆内，到达一定深度后，用力向上一拉，使活动塞离开进谷门，略微振动，使种子掉入，然后抽出扦样器。这种扦样器的优点是：扦头小，容易插入，省力，同时因为柄长，可扦取深层的种子。

4. 圆锥形扦样器　圆锥形扦样器适用于玉米、稻、麦等大中粒散装种子扦样。这种扦样器由活动铁轴（手柄）和一个下端尖锐的倒圆锥形的套筒两个主要部分组成，轴的下端连接套筒盖，可沿支杆上下自由活动。

扦样时将扦样器垂直或略微倾斜地插入种子堆中，压紧铁轴，使套筒盖盖住套筒，达到一定深度后，上拉铁轴，使套筒盖升起，略微振动使种子掉入套筒内，然后抽出扦样器。这种扦样器的优点是每次扦样种子数量比较多。

对一些有稃壳、不易自由流动的种子，可以倒包徒手扦样。倒包扦样时，下垫一块清洁的塑料纸或布，拆开袋口缝线，用两手掀起袋底两角，袋身倾斜45°，徐徐后退1 m，将种子全部倒在清洁的布或塑料纸上，保持原来层次，然后，分上、中、下不同位置徒手取出初次样品。

二、分样器

常用的分样器有圆锥形分样器、横格式分样器、离心分样器等（图12-3）。为适应不同种类种子分样的要求，每种分样器都有多种规格和型号。

圆锥形分样器　　横格式分样器　　离心分样器

图 12-3　常见分样器

1. 圆锥形分样器　圆锥形分样器也称为钟鼎式分样器，有大小不同型号。

圆锥形分样器是由铜皮或铁皮制成，顶部为漏斗，下面为活门，其下为一圆锥体，圆锥体顶尖正对活门的中心。圆锥体底部四周均匀地分为若干个等格，其中相间的一半格子，下面各设有小槽，所分样品经小槽流入内层，经小口流入盛接器，另外相间一半格也各有一小槽，样品经小槽流入外层，进入大口到另一个盛接器（图 12-4）。

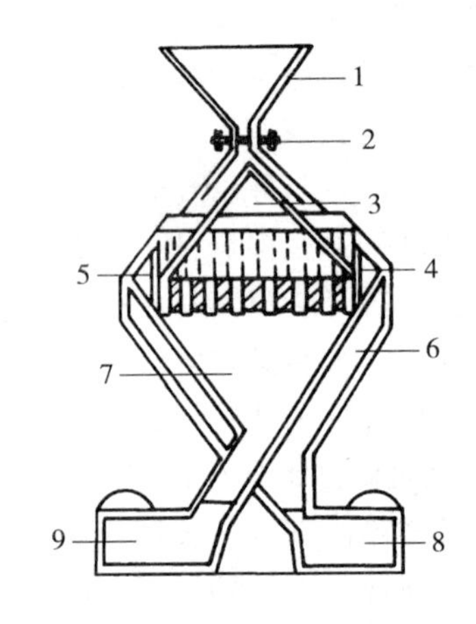

图 12-4　圆锥形分样器的结构

1. 漏斗　2. 活门　3. 圆锥体　4. 流入内层各格　5. 流入外层各格　6. 外层　7. 内层　8～9. 盛接器

（引自胡晋，2014）

使用时，将分样器刷净，活门关好，样品倒入漏斗铺平，出口处对准盛接器，很快拨开漏斗下面的活门，种子由于重力而迅速下落，再把两个盛样器中的种子倒回漏斗重新混合，这样重复 2～3 次，确保种子达到随机混合。之后，继续这个过程直至取得规定重量的样品。

2. 横格式分样器　横格式分样器也称为土壤分样器（soil divider），是目前世界上广泛应用的分样器，适合于大粒和带皮壳的种子的分样。横格式分样器用铁、铝或不锈钢制成。其结构是顶部为一个长方形漏斗，下面是 12～18 个排列成一行的长方形格子凹槽，其中相间的一半格子通向一个方向，另一半格子通向相反方向，每组格子下面分别有一个与倾倒槽长度相等的盛接器。使用时，将盛接盘、倾倒槽等清理干净，并将其放在合适的位置，把样品倒入倾倒槽摊平，迅速翻转，使种子落入漏斗内，经过格子分两路落入盛接器，即将样品一分为二。

3. 离心分样器　离心分样器应用离心力混合并撒布种子在分离面上。在分样时，种子向下流动，经过漏斗到达浅橡皮杯或旋转器内。由马达带动旋转器，种子即被离心力抛出落下。种子落下的圆周或面积由固定的隔板相等地分成两部分，因此大约一半种子流到一出口，其余一半流到另一出口。

此外还有旋转式分样器、可调式分样器等。

第三节　扦样程序

一、扦样前了解种子状况

为了正确扦样，扦样前必须向有关单位和人员了解该种子的来源、产地、品种名称、种子数量，以及贮藏期间种子翻晒、虫霉、漏水、发热等情况，查看相关文件记录，以供划分种子批和扦样时参考。

二、划分种子批

按照种子批的数量划分种子批。必须同一作物的同一品种和种子质量基本一致，并且是在规定数量之内的种子，才能划分为一个种子批。种子批应进行适当的排列，处于易扦取状态，扦样员至少能接触到种子批的两个面。表 12－1 规定了种子批的最大种子数量。超过此限量，应另划种子批。分别从每批扦取送验样品。一般理解，种子批一旦通过了正常的清选和加工操作，就认为符合检验规程所规定的“均匀度”要求。

表 12－1　农作物种子批的最大重量和样品最小重量

(引自 GB/T 3543.2—1995)

种（变种）名	学　名	种子批的最大重量（kg）	样品最小重量（g）		
			送验样品	净度分析试验样品	其他植物种子数目测定试验样品
1. 洋葱	*Allium cepa* L.	10 000	80	8	80
2. 葱	*Allium fistulosum* L.	10 000	50	5	50
3. 韭葱	*Allium porrum* L.	10 000	70	7	70
4. 细香葱	*Allium schoenoprasum* L.	10 000	30	3	30
5. 韭菜	*Allium tuberosum* Rottl. ex Spreng.	10 000	100	10	100
6. 苋菜	*Amaranthus tricolor* L.	5 000	10	2	10
7. 芹菜	*Apium graveolens* L.	10 000	25	1	10
8. 根芹菜	*Apium graveolens* L. var. *rapaceum* DC.	10 000	25	1	10
9. 花生	*Arachis hypogaea* L.	25 000	1 000	1 000	1 000
10. 牛蒡	*Arctium lappa* L.	10 000	50	5	50
11. 石刁柏	*Asparagus officinalis* L.	20 000	1 000	100	1 000
12. 紫云英	*Astragalus sinicus* L.	10 000	70	7	70
13. 裸燕麦（莜麦）	*Avena nuda* L.	25 000	1 000	120	1 000
14. 普通燕麦	*Avena sativa* L.	25 000	1 000	120	1 000
15. 落葵	*Basella* spp. L.	10 000	200	60	200
16. 冬瓜	*Benincasa hispida*（Thunb.）Cogn.	10 000	200	100	200
17. 节瓜	*Benincasa hispida* Cogn. var. *chieh-qua* How.	10 000	200	100	200
18. 甜菜	*Beta vulgaris* L.	20 000	500	50	500

（续）

种（变种）名	学　名	种子批的最大重量（kg）	样品最小重量（g）		
			送验样品	净度分析试验样品	其他植物种子数目测定试验样品
19. 叶甜菜	*Beta vulgaris* var. *cicla*	20 000	500	50	500
20. 根甜菜	*Beta vulgaris* var. *rapacea*	20 000	500	50	500
21. 白菜型油菜	*Brassica campestris* L.	10 000	100	10	100
22. 不结球白菜（包括白菜、乌塌菜、紫菜薹、薹菜、菜薹）	*Brassica campestris* L. ssp. *chinensis*（L.）	10 000	100	10	100
23. 芥菜型油菜	*Brassica juncea* Czern. et Coss.	10 000	40	4	40
24. 根用芥菜	*Brassica juncea* Coss. var. *megarrhiza* Tsen et Lee	10 000	100	10	100
25. 叶用芥菜	*Brassica juncea* Coss. var. *foliosa* Bailey	10 000	40	4	40
26. 茎用芥菜	*Brassica juncea* Coss. var. *tsatsai* Mao	10 000	40	4	40
27. 甘蓝型油菜	*Brassica napus* L. ssp. *pekinensis*（Lour.）Olsson	10 000	100	10	100
28. 芥蓝	*Brassica oleracea* L. var. *alboglabra* Bailey	10 000	100	10	100
29. 结球甘蓝	*Brassica oleracea* L. var. *capitata* L.	10 000	100	10	100
30. 球茎甘蓝（苤蓝）	*Brassica oleracea* L. var. *caulorapa* DC.	10 000	100	10	100
31. 花椰菜	*Brassica oleracea* L. var. *bortytis* L.	10 000	100	10	100
32. 抱子甘蓝	*Brassica oleracea* L. var. *gemmifera* Zenk.	10 000	100	10	100
33. 青花菜	*Brassica oleracea* L. var. *italica* Plench	10 000	100	10	100
34. 结球白菜	*Brassica campestris* L. ssp. *pekinensis*（Lour.）Olsson	10 000	100	4	40
35. 芜菁	*Brassica rapa* L.	10 000	70	7	70
36. 芜菁甘蓝	*Brassica napobrassica* Mill.	10 000	70	7	70
37. 木豆	*Cajanus cajan*（L.）Millsp.	20 000	1 000	300	1 000
38. 大刀豆	*Canavalia gladiata*（Jacq.）DC.	20 000	1 000	1 000	1 000
39. 大麻	*Cannabis sativa* L.	10 000	600	60	600
40. 辣椒	*Capsicum frutescens* L.	10 000	150	15	150
41. 甜椒	*Capsicum frutescens* var. *grossum*	10 000	150	15	150
42. 红花	*Carthamus tinctorius* L.	25 000	900	90	900
43. 茼蒿	*Chrysanthemum coronarium* var. *spatisum*	5 000	30	8	30
44. 西瓜	*Citrullus lanatus*.（Thunb.）Matsum. et Nakai	20 000	1 000	250	1 000
45. 薏苡	*Coix lacryna-jobi* L.	5 000	600	150	600
46. 圆果黄麻	*Corchorus capsularis* L.	10 000	150	15	150
47. 长果黄麻	*Corchorus olitorius* L.	10 000	150	15	150

（续）

种（变种）名	学　名	种子批的最大重量（kg）	样品最小重量（g）		
			送验样品	净度分析试验样品	其他植物种子数目测定试验样品
48. 芫荽	*Coriandrum sativum* L.	10 000	400	40	400
49. 怪麻	*Crotalaria juncea* L.	10 000	700	70	700
50. 甜瓜	*Cucumis melo* L.	10 000	150	70	150
51. 越瓜	*Cucumis melo* L. var. *conomon* Makino	10 000	150	70	150
52. 菜瓜	*Cucumis melo* L. var. *flexuosus* Naud.	10 000	150	70	150
53. 黄瓜	*Cucumis sativus* L.	10 000	150	70	150
54. 笋瓜（印度南瓜）	*Cucurbita maxima* Duch. ex Lam	20 000	1 000	700	1 000
55. 南瓜（中国南瓜）	*Cucurbita moschata*（Duchesne）Duchesne ex Poiret	10 000	350	180	350
56. 西葫芦（美洲南瓜）	*Cucurbita pepo* L.	20 000	1 000	700	1 000
57. 瓜尔豆	*Cyamopsis tetragonoloba*（L.）Taubert	20 000	1 000	100	1 000
58. 胡萝卜	*Daucus carota* L.	10 000	30	3	30
59. 扁豆	*Dolichos lablab* L.	20 000	1 000	600	1 000
60. 龙爪稷	*Eleusine coracana*（L.）Gaertn.	10 000	60	6	60
61. 甜荞	*Fagopyrum esculentum* Moench	10 000	600	60	600
62. 苦荞	*Fagopyrum tataricum*（L.）Gaertn.	10 000	500	50	500
63. 茴香	*Foeniculum vulgare* Miller	10 000	180	18	180
64. 大豆	*Glycine max*（L.）Merr.	25 000	1 000	500	1 000
65. 棉花	*Gossypium* spp.	25 000	1 000	350	1 000
66. 向日葵	*Helianthus annuus* L.	25 000	1 000	200	1 000
67. 红麻	*Hibiscus cannabinus* L.	10 000	700	70	700
68. 黄秋葵	*Hibiscus esculentus* L.	20 000	1 000	140	1 000
69. 大麦	*Hordeum vulgare* L.	25 000	1 000	120	1 000
70. 蕹菜	*Ipomoea aquatica* Forsskal	20 000	1 000	100	1 000
71. 莴苣	*Lactuca sativa* L.	10 000	30	3	30
72. 瓠瓜	*Lagenaria siceraria*（Molina）Standley	20 000	1 000	500	1 000
73. 兵豆（小扁豆）	*Lens culinaris* Medikus	10 000	600	60	600
74. 亚麻	*Linum usitatissimum* L.	10 000	150	15	150
75. 棱角丝瓜	*Luffa acutangula*（L.）Roxb.	20 000	1 000	400	1 000
76. 普通丝瓜	*Luffa cylindrica*（L.）Roem.	20 000	1 000	250	1 000
77. 番茄	*Lycopersicon esculentum* Mill.	10 000	15	7	15
78. 金花菜	*Medicago polymorpha* L.	10 000	70	7	70
79. 紫花苜蓿	*Medicago sativa* L.	10 000	50	5	50
80. 白香草木樨	*Melilotus albus* Desr.	10 000	50	5	50

（续）

种（变种）名	学　名	种子批的最大重量（kg）	样品最小重量（g）		
			送验样品	净度分析试验样品	其他植物种子数目测定试验样品
81. 黄香草木樨	*Melilotus officinalis*（L.）Pallas	10 000	50	5	50
82. 苦瓜	*Momordica charantia* L.	20 000	1 000	450	1 000
83. 豆瓣菜	*Nasturtium officinale* R. Br.	10 000	25	0.5	5
84. 烟草	*Nicotiana tabacum* L.	10 000	25	0.5	5
85. 罗勒	*Ocimum basilicum* L.	10 000	40	4	40
86. 稻	*Oryza sativa* L.	25 000	400	40	400
87. 豆薯	*Pachyrhizus erosus*（L.）Urban	20 000	1 000	250	1 000
88. 黍（糜子）	*Panicum miliaceum* L.	10 000	150	15	150
89. 美洲防风	*Pastinaca sativa* L.	10 000	100	10	100
90. 香芹	*Petroselinum crispum*（Miller）Nyman ex A. W. Hill	10 000	40	4	40
91. 多花菜豆	*Phaseolus multiflorus* Willd.	20 000	1 000	1 000	1 000
92. 利马豆（莱豆）	*Phaseolus lunatus* L.	20 000	1 000	1 000	1 000
93. 菜豆	*Phaseolus vulgaris* L.	25 000	1 000	700	1 000
94. 酸浆	*Physalis pubescens* L.	10 000	25	2	20
95. 茴芹	*Pimpinella anisum* L.	10 000	70	7	70
96. 豌豆	*Pisum sativum* L.	25 000	1 000	900	1 000
97. 马齿苋	*Portulaca oleracea* L.	10 000	25	0.5	5
98. 四棱豆	*Psophocarpus tetragonolobus*（L.）DC.	25 000	1 000	1 000	1 000
99. 萝卜	*Raphanus sativus* L.	10 000	300	30	300
100. 食用大黄	*Rheum rhaponticum* L.	10 000	450	45	450
101. 蓖麻	*Ricinus communis* L.	20 000	1 000	500	1 000
102. 鸦葱	*Scorzonera hispanica* L.	10 000	300	30	300
103. 黑麦	*Secale cereale* L.	25 000	1 000	120	1 000
104. 佛手瓜	*Sechium edule*（Jacp.）Swartz	20 000	1 000	1 000	1 000
105. 芝麻	*Sesamum indicum* L.	10 000	70	7	70
106. 田菁	*Sesbania cannabina*（Retz.）Pers.	10 000	90	9	90
107. 粟	*Setaria italica*（L.）Beauv.	10 000	90	9	90
108. 茄子	*Solanum melongena* L.	10 000	150	15	150
109. 高粱	*Sorghum bicolor*（L.）Moench	10 000	900	90	900
110. 菠菜	*Spinacia oleracea* L.	10 000	250	25	250
111. 黎豆	*Stizolobium* spp.	20 000	1 000	250	1 000
112. 番杏	*Tetragonia tetragonioides*（Pallas）Kuntze	20 000	1 000	200	1 000
113. 婆罗门参	*Tragopogon porrifolius* L.	10 000	400	40	400

（续）

种（变种）名	学　名	种子批的最大重量（kg）	样品最小重量（g）		
			送验样品	净度分析试验样品	其他植物种子数目测定试验样品
114. 小黑麦	× *Triticosecale* Wittm. ex. A. Camus	25 000	1 000	120	1 000
115. 小麦	*Triticum aestivum* L.	25 000	1 000	120	1 000
116. 蚕豆	*Vicia faba* L.	25 000	1 000	1 000	1 000
117. 箭筈豌豆	*Vicia sativa* L.	25 000	1 000	140	1 000
118. 毛叶苕子	*Vicia villosa* Roth	20 000	1 080	140	1 080
119. 赤豆	*Vigna angularis*（Willd）Ohwi et Ohashi	20 000	1 000	250	1 000
120. 绿豆	*Vigna radiata*（L.）Wilczek	20 000	1 000	120	1 000
121. 饭豆	*Vigna umbellata*（Thunb.）Ohwi et Ohashi	20 000	1 000	250	1 000
122. 长豇豆	*Vigna unguiculata* subsp. *sesquipedalis*（L.）Verd.	20 000	1 000	400	1 000
123. 矮豇豆	*Vigna unguiculata* subsp. *unguiculata*（L.）Verd.	20 000	1 000	400	1 000
124. 玉米	*Zea mays* L.	40 000	1 000	900	1 000

三、扦取初次样品

（一）袋装种子扦样

1. 确定扦样袋数　对容量为 15～100 kg 的包装，根据种子批的容器数确定扦样频率（表 12－2）。对容量小于 15 kg 的包装，以 100 kg 作为基本单位，小容器合并组成基本单位，例如 20 个 5 kg 的容器，33 个 3 kg 的容器，或 100 个 1 kg 的容器，再按表 12－2 的标准确定扦样频率。对密封的瓜菜种子，每包种子重量只有 200 g、100 g、50 g 甚至更小，可根据表 12－1 规定的送验样品数量，直接取小包装作为初次样品。

表 12－2　袋装种子最低扦样频率

种子批袋数（容器数）	扦取的最少袋数（容器数）
1～5	每袋都需扦取，至少扦取 5 个初次样品
6～14	不少于 5 袋
15～30	每 3 袋至少扦取 1 袋
31～49	不少于 10 袋
50～400	每 5 袋至少扦取 1 袋
401～560	不少于 80 袋
561 以上	每 7 袋至少扦取 1 袋

2. 设置扦样点　袋装（或容器）种子堆垛存放时，扦样点应均匀分布于堆垛的上、中、下各个部分。波浪形设点。不是堆垛存放时，可平均分配，每隔一定袋数设置扦样点。

3. 扦取初次样品 根据种子的大小、形状，选用不同的袋装扦样器。中小粒种子选用单管扦样器，大粒种子可用双管扦样器扦取初次样品。由扦样造成的孔洞，可用扦样器尖端对着孔洞相对方向拨几下，使麻线合并在一起，密封纸袋可用胶布粘贴。

（二）散装种子扦样

1. 确定扦样点数 根据散装种子批的数量，确定扦样点数（表 12-3）。

2. 设置扦样点 按照确定的扦样点数进行设置。一般扦样点要均匀分布在散装种子批内，既要有垂直分布，也要有水平分布。种子批堆高不足 2 m 时，分上、下 2 层。种子堆高为 2～3 m 时，分上、中、下 3 层。上层距顶部 10～20 cm，中层在种子堆高中心，下层距底部 5～10 cm。种子堆高 3 m 以上再加 1 层。

表 12-3 散装种子批的扦样点数

种子批大小（kg）	扦样点数
50 以下	不少于 3 点
51～1 500	不少于 5 点
1 501～3 000	每 300 kg 至少扦取 1 点
3 001～5 000	不少于 10 点
5 001～20 000	每 500 kg 至少扦取 1 点
20 001～28 000	不少于 40 点
28 001～40 000	每 700 kg 至少扦取 1 点

3. 扦取初次样品 选用适合的散装扦样器，根据扦样点位置，按一定次序扦样，先扦上层，后扦中层，最后扦下层，以免搅乱层次而失去代表性。

（三）圆仓（围囤）扦样

圆仓或围囤面积较小，不须分区，只须按直径设内、中、外扦样点。内点在圆仓中心，中点在圆仓半径的 1/2 处，外点距圆仓边缘 30 cm 处。扦样时在圆仓的一条直径线上设内、中、外 3 个点，再在与此直径垂直的另一条直径上设 2 个中点。若圆仓或围囤直径超过 7 m，再增设 2 点。扦样方法与散装种子相同。

（四）输送流扦样

种子在利用机械进出仓时，可在输送流中扦取样品。当种子进行机械加工、精选、烘干处理时，最好在种子处理完毕流出机械时扦样。方法是根据一批种子的数量和输送速度定时定量用取样勺从输送流的两侧或中间依次扦取。扦取初次样品的数目与散装种子扦样法的要求相同。

四、混合样品配制

一个种子批的各个扦样点扦取的初次样品充分混合，就组成一个混合样品。在混合这些初次样品以前，需把它们分别倒在桌上、纸上或盘内，加以仔细观察，比较这些样品形态上是否一致，颜色、光泽、水分及其他质量方面有无明显差异，若无明显差异，即可合并组成一个混合样品。若发现有些样品的质量有显著差异，应把这部分种子从该批种子中分出，作为另一批种子，单独扦取样品；若不能将质量有显著差异的种子从该批种子中划分出来，则应停止扦样或把整批种子经必要处理（如清选、干燥、混合），然后再进行扦样。初次样品间的一致性存在怀疑时须进行异质性测定。

五、送验样品的分取、包装和发送

送验样品是从混合样品中分取的，当混合样品的数量与送验样品规定的数量相近时，即可将混合样品作为送验样品。当混合样品的数量较多时，则可从中分取规定数量的送验样品。

（一）送验样品的最小重量

送验样品的重量根据种子大小和作物种类及检验项目而定。

1. 水分测定的送验样品最小重量　需经磨碎测定水分的种子需100g，其他种子为50g。

2. 品种纯度鉴定的送验样品最小重量　具体要求见表12-4。

3. 所有其他测定项目的送验样品最小重量　包括净度分析、其他植物种子数目测定的送验样品最低重量见表12-1。净度分析后净种子作为试样的发芽试验、生活力测定、重量测定、种子健康测定等。

4. 包衣种子的送验样品最小重量　包衣种子送验样品最低数量见表12-5和表12-6。

表12-4　品种纯度鉴定送验样品最小重量（g）

（引自GB/T 3543.5—1995）

种类	实验室测定	田间与实验室测定
豌豆属、菜豆属、蚕豆属、玉米属、大豆属及种子大小类似的其他属	1 000	2 000
稻属、大麦属、燕麦属、黑麦属、小麦属及种子大小类似的其他属	500	1 000
甜菜属及种子大小类似的其他属	250	500
所有其他属	100	250

表12-5　丸化与包膜种子的样品大小（粒数）

检验项目	送验样品最低数量	试验样品最低数量
净度分析	7 500	2 500
重量测定	7 500	净包衣种子
发芽试验	7 500	400
其他植物种子数目测定		
丸化种子	10 000	7 500
包膜种子	25 000	25 000
大小分级	10 000	2 000

表12-6　种子带的样品大小（粒数）

项目	送验样品不得少于	试验样品不得少于
种的鉴定	2 500	100
发芽试验	2 500	400
净度分析	2 500	2 500
其他植物种子数目测定	10 000	7 500

（二）送验样品的分取

1. 机械分样 可利用圆锥形分样器、横格式分样器分取接近但不低于规定重量的送验样品。

2. 徒手分样

（1）四分法 将样品倒在光滑的桌面上或玻璃板上，用分样板将样品先纵向混合，再横向混合，重复混合4～5次。然后将种子摊平成四方形，用分样板划两条对角线，使样品分成4个三角形，再取两个对顶三角形内的样品继续按上述方法分取，直到两个三角形内的样品接近2份试验样品的重量为止。

（2）徒手减半法 《国际种子检验规程》的规定，徒手减半分取法是将种子均匀地倒在一个光滑清洁的平面上，用平边刮板将种子充分混匀形成一堆，将整堆种子分成两半，每半再对分1次，这样得到4个部分，然后把其中每1部分再减半共分成8部分，排成两行，每行4个部分；合并和保留交错部分，如第1行的第1和第3部分与第2行的第2和第4部分合并。把留下的4部分拿开，即把样品分成两部分；重复上述做法，直至分到所需重量的试验样品。

（三）送验样品的份数

根据《国际种子检验规程》，需要从混合样品中分取3份送验样品，1份用于水分测定，1份用于净度分析、发芽试验、其他植物种子数目测定等，还有1份作为备份样品。欧洲联盟国家习惯上还分取1份送验样品留给被扦种子企业。

（四）送验样品的包装和发送

混合样品经分样后，取得送验样品，根据需要有不同的包装。

用于净度分析及发芽试验的送验样品，最好用经过消毒的坚实布袋或清洁坚实的纸袋包装并封缄，切勿用密封容器包装，以免影响种子发芽率。用于水分测定的送验样品必须装在清洁、干燥能密封防湿的容器内，并使容器装满，再加以封缄，防止种子水分发生变化。

送验样品包装封缄后，与填好的种子扦样单一起由扦样员（检验员）尽快送到种子检验机构，不得延误。不可将样品交给种子所有者、申请者及其他人员。

六、样品保存和管理

检验单位收到样品后要进行验收，应检查有无扦样单，样品重量、包装、封缄是否符合要求等。若符合要求应立即登记，同时，记录作物种类、品种名称、样品重量、批号、受检单位、送样时间等信息。然后，应从速进行检验，如不能及时检验，须将样品保存在凉爽、通风的室内，使质量的变化降到最低限度。

为便于复验，应将保留样品在适宜条件（低温干燥）下保存1个生长周期。

思考题

1. 种子扦样的原则是什么？
2. 如何进行种子扦样？
3. 怎样划分种子批？
4. 如何进行种子分样？

第十三章

种子净度分析

种子净度（seed purity）就是种子的清洁干净程度，是指种子批或样品中净种子、其他植物种子（other seed）和杂质（inert matter）组分的比例及特性。净度分析的目的是测定送验种子样品中不同组分的重量比例（%）和种子样品混杂物特性，并据此推测种子批的组成，为评价种子质量提供依据。

第一节　种子净度分析的成分区分

一、净种子

净种子是指被检测样品中所指明的种（包括该种的全部植物学变种和栽培品种）符合我国或《国际种子检验规程》净种子定义要求的种子单位或构造。

下列构造凡能明确地鉴别出它们是属于所分析的种（已变成菌核、黑穗病孢子团或线虫瘿除外），即使是未成熟的、瘦小的、皱缩的、带病的或发过芽的种子单位都应作为净种子。

1. 完整的种子单位　种子单位即通常所见的传播单位，包括真种子、类似种子的果实、分果和小花。在禾本科中，种子单位如是小花须带有一个明显含有胚乳的颖果或裸粒颖果（缺乏内外稃）。

2. 大于原来大小一半的破损种子单位　根据上述原则，在个别的属或种中有一些例外：①豆科、十字花科，其种皮完全脱落的种子单位应列为杂质；②即使有胚芽和胚根的胚中轴，并超过原来大小一半的附属种皮，豆科种子单位的分离子叶也列为杂质；③甜菜属复胚种子超过一定大小的种子单位列为净种子；④在燕麦属、高粱属中，附着的不育小花不须除去而列为净种子。

二、其他植物种子

其他植物种子是指除净种子以外的任何植物种类的种子单位，包括其他植物种子和杂草种子。其他植物种子的鉴定原则与净种子的鉴定原则基本相同，但有以下例外：①甜菜属的种子单位作为其他种子时不必筛选，可用遗传单胚的净种子定义；②鸭茅、草地早熟禾、粗茎早熟禾不必经过吹风程序；③复粒种子单位应先分离，然后将单粒种子单位分为净种子和无生命杂质；④菟丝子属种子易碎、呈灰白至乳白色的，列入无生命杂质。

三、杂　　质

杂质是指除净种子和其他植物种子外的种子单位和其他物质及构造，包括：①明显不含真种子的种子单位；②甜菜属复胚种子大小未达到净种子定义规定最低大小的种子单位；③破裂或受损种子单位的碎片为原来大小的一半或不及一半的；④按该种的净种子定义，不将这些附属物作为净种子部分或定义中尚未提及的附属物；⑤种皮完全脱落的豆科、十字花科的种子；⑥脆而易碎、呈灰白色、乳白色的菟丝子种子；⑦脱下的不育小花、空的颖片、内稃、外稃、稃壳、茎叶、球果鳞片、果翅、树皮碎片、花、线虫瘿、真菌体（例如麦角、菌核、黑穗病孢子团）、泥土、砂粒、石砾及所有其他非种子物质。

主要作物的净种子定义见表13-1。

表13-1　主要作物的净种子定义

作物名称	净种子标准（定义）
大麻属（*Cannabis*）、茼蒿属（*Chrysanthemum*）、菠菜属（*Spinacia*）	瘦果，但明显没有种子的除外 超过原来大小一半的破损瘦果，但明显没有种子的除外 果皮、种皮部分或全部脱落的种子 超过原来大小一半，果皮、种皮部分或全部脱落的破损种子
荞麦属（*Fagopyrum*）、大黄属（*Rheum*）	有或无种被的瘦果，但明显没有种子的除外 超过原来大小一半的破损瘦果，但明显没有种子的除外 果皮、种皮部分或全部脱落的种子 超过原来大小一半，果皮、种皮部分或全部脱落的破损种子
红花属（*Carthamus*）、向日葵属（*Helianthus*）、莴苣属（*Lactuca*）、鸦葱属（*Scorzonera*）、波罗门参属（*Tragopogon*）	有或无喙的瘦果，但明显没有种子的除外 超过原来大小一半的破损瘦果，但明显没有种子的除外 果皮、种皮部分或全部脱落的种子 超过原来大小一半，果皮、种皮部分或全部脱落的破损种子
葱属（*Allium*）、苋属（*Amaranthus*）、花生属（*Arachis*）、石刁柏属（*Asparagus*）、黄芪属（紫云英属）（*Astragalus*）、冬瓜属（*Benincasa*）、芸薹属（*Brassica*）、木豆属（*Cajanus*）、刀豆属（*Canavalia*）、辣椒属（*Capsicum*）、西瓜属（*Citrullus*）、黄麻属（*Corchorus*）、猪屎豆属（*Crotalaria*）、甜瓜属（*Cucumis*）、南瓜属（*Cucurbita*）、扁豆属（*Dolichos*）、大豆属（*Glycine*）、木槿属（*Hibiscus*）、甘薯属（*Ipomoea*）、葫芦属（*Lagenaria*）、亚麻属（*Linum*）、丝瓜属（*Luffa*）、番茄属（*Lycopersicon*）、苜蓿属（*Medicago*）、草木樨属（*Melilotus*）、苦瓜属（*Momordica*）、豆瓣菜属（*Nasturtium*）、烟草属（*Nicotiana*）、菜豆属（*Phaseolus*）、酸浆属（*Physalis*）、豌豆属（*Pisum*）、马齿苋属（*Portulaca*）、萝卜属（*Raphanus*）、芝麻属（*Sesamum*）、田菁属（*Sesbania*）、茄属（*Solanum*）、野豌豆属（*Vicia*）、豇豆属（*Vigna*）	有或无种皮的种子 超过原来大小一半，有或无种皮的破损种子 豆科、十字花科，其种皮完全脱落的种子单位应列为杂质 即使有胚中轴、超过原来大小一半以上的附属种皮，豆科种子单位的分离子叶也列为杂质

（续）

作物名称	净种子标准（定义）
棉属（*Gossypium*）	有或无种皮，有或无绒毛的种子 超过原来大小一半，有或无种皮的破损种子
蓖麻属（*Ricinus*）	有或无种皮，有或无种阜的种子 超过原来大小一半，有或无种皮的破损种子
芹属（*Apium*）、芫荽属（*Coriandrum*）、胡萝卜属（*Daucus*）、茴香属（*Foeniculum*）、欧防风属（*Pastinaca*）、欧芹属（*Petroselinum*）、茴芹属（*Pimpinella*）	有或无花梗的分果、分果爿，但明显没有种子的除外 超过原来大小一半的破损分果爿，但明显没有种子的除外 果皮部分或全部脱落的种子 超过原来大小一半，果皮部分或全部脱落的破损种子
大麦属（*Hordeum*）	有内外稃包着颖果的小花，当芒长超过小花长度时，须将芒除去 超过原来大小一半，含有颖果的破损小花 颖果 超过原来大小一半的破损颖果
黍属（*Panicum*）、狗尾草属（*Setaria*）	有颖片、内外稃包着颖果的小穗，并附有不孕外稃 有内外稃包着颖果的小花 颖果 超过原来大小一半的破损颖果
稻（*Oryza*）	有颖片、内外稃包着颖果的小穗，当芒长超过小花长度时，须将芒除去 有或无不孕外稃，有内外稃包着颖果的小花，当芒长超过小花长度时，须将芒除去 有内外稃包着颖果的小花，当芒长超过小花长度时，须将芒除去 颖果 超过原来大小一半的破损颖果
黑麦属（*Secale*）、小麦属（*Triticum*）、小黑麦属（*Triticosecale*）、玉米属（*Zea*）	颖果 超过原来大小一半的破损颖果
燕麦属（*Avena*）	有内外稃包着颖果的小穗，有或无芒，可附有不育小花 有内外稃包着颖果的小花，有或无芒 颖果 超过原来大小一半的破损颖果 注：①由两个可育小花构成的小穗，要把它们分开；②当外部不育小花的外稃部分地包着内部可育小花时，这样的单位不必分开；③从着生点除去小柄；④把仅含有子房的单个小花列为杂质
高粱属（*Sorghum*）	有颖片、透明状的外稃或内稃（内外稃也可缺乏）包着颖果的小穗，有穗轴节片、花梗、芒，附有不育或可育小花 有内外稃的小花，有或无芒 颖果 超过原来大小一半的破损颖果

（续）

作物名称	净种子标准（定义）
甜菜属（*Beta*）	复胚种子：用筛孔为 1.5 mm×20 mm 的 200 mm×300 mm 的长方形筛子筛理 1 min 后留在筛上的种球或破损种球（包括从种球突出程度不超过种球宽度的附着断柄），不管其中有无种子 遗传单胚：种球或破损种球（包括从种球突出程度不超过种球宽度的附着断柄），但明显没有种子的除外 果皮、种皮部分或全部脱落的种子 超过原来大小一半，果皮、种皮部分或全部脱落的破损种子 注：当断柄突出长度超过种球的宽度时，须将整个断柄除去
薏苡属（*Coix*）	包在珠状小总苞中的小穗（1 个可育，2 个不育） 颖果 超过原来大小一半的破损颖果 注：可育小穗由颖片、内外稃包着的颖果，并附有不孕外稃所组成
罗勒属（*Ocimum*）	小坚果，但明显无种子的除外 超过原来大小一半的破损小坚果，但明显无种子的除外 果皮、种皮部分或完全脱落的种子 超过原来大小一半，果皮、种皮部分或完全脱落的破损种子
番杏属（*Tetragonia*）	包有花被的类似坚果的果实，但明显无种子的除外 超过原来大小一半的破损果实，但明显无种子的除外 果皮、种皮部分或完全脱落的种子 超过原来大小一半，果皮、种皮部分或完全脱落的破损种子

第二节　种子净度分析方法

一、重型混杂物的检查

凡颗粒大小或重量明显大于供检种子的混杂物均称为重型混杂物，例如土块、石块或小粒种子中混有的大粒种子等。净度分析中，要求预先对重型混杂物进行测定。这是由于在送验样品中，如果混有重型混杂物，因重型混杂物个数少，易造成分样不匀，严重影响种子净度分析结果。因此送验样品中如有重型混杂物，要挑出并称量，再将其分为其他植物种子和杂质，分别称量，记录。

二、试验样品的分取

（一）试验样品的重量

净度分析时试样重量太小会缺乏代表性，太大则分析费时。经研究认为，大约 2 500 粒种子（折成重量）即具代表性。每种作物都有规定的试验样品最小重量（参见表 12－1）。

（二）试验样品的分取

净度分析可从送验样品中，采用分样器或分样板或徒手分取规定重量的 1 份试验样品，或两份半试样（试验样品重量的一半）进行净度分析。在分取试验样品时，第一份试验样品或半试样分出后，将所有剩余部分重新混匀再分取第二份试验样品或半试样。

（三）试验样品的称量

分出的试验样品需称量，以 g 为单位，精确至表 13－2 所规定的小数位数，以满足计算各种成分比例（%）达到一位小数的要求。

表 13－2　称量与小数位数

（引自 GB/T 3543.3—1995）

试验样品或半试样及其成分重量（g）	称量至下列小数位数
1.000 以下	4
1.000～9.999	3
10.00～99.99	2
100.0～999.9	1
1 000 或 1 000 以上	0

三、试验样品的分离

①试验样品称量后，按 3 种成分的划分标准，将试验样品分成净种子、其他植物种子和杂质 3 种成分。

②分离时可借助放大镜、筛子、吹风机等器具，或用镊子施压，在不损伤发芽力的基础上进行检查。

有必要借用筛子将净种子与其他成分分开时，一般选用筛孔适当的两层筛子并带筛底与筛盖进行分离。上层筛为大孔筛，筛孔大于分析的种子，用于分离较大成分；下层筛为小孔筛，用于分离细小物质。还可将盛放样品、套好筛盖与筛底的套筛置于电动筛选器上筛选 2 min。筛理后，对各层筛上物分别进行分析。

草地早熟禾与鸭茅等种子必须利用吹风机，采用均匀吹风法进行分析，其试样经吹风 3 min 后分别鉴定其轻的部分和重的部分。

③分析工作通常在玻璃面的净度分析桌上或桥式净度分析台上进行。当分析瘦果、分果、分果爿等果实和种子时（禾本科除外），只从表面加以检查。可用压力、放大、透视仪或其他特殊仪器。经过这样检查发现其中明显无种子的，则把它列入杂质。

分离时必须根据不同种子的明显特征，对样品中的各个种子单位进行仔细检查分析，并根据其形态特征、种子标本等加以鉴定。

④种皮或果皮没有明显损伤的种子单位，不管是空瘪还是充实，均作为净种子或其他植物种子。若种皮或果皮有损伤，必须判断留下的种子单位部分是否超过原来大小的一半，如不能迅速地做出这种决定，则将种子单位列为净种子或其他植物种子。

四、结果计算和报告

（一）结果计算

1. 称量计算　试验样品分析结束后将每份试验样品（或半试样）的净种子、其他植物种子和杂质分别称量。称量的精确度与试验样品称量时相同。然后进行计算分析。

（1）核查分析过程的重量增失　不管是一份试验样品还是两份半试样，应将分离后的各种成分重量之和与原始重量进行比较，核对分析期间物质有无增失。若增加或减少的重量超过原始重量的5%，则必须重做，填报重做的结果。

（2）计算各成分的重量比例（%）　对试验样品进行分析时，所有成分（净种子、其他植物种子和杂质3部分）的重量比例（%）应计算到1位小数。对半试样进行分析时，应对每份半试样所有成分分别进行计算，比例（%）保留2位小数，并计算各成分的平均比例（%）。

计算各成分比例（%）时，必须以分析后各种成分重量之和为基数（分母）计算（即$P+OS+I$），而不是用试验样品的原始重量计算。其计算公式为

$$P_1=\frac{P}{P+OS+I}\times 100\%$$

$$OS_1=\frac{OS}{P+OS+I}\times 100\%$$

$$I_1=\frac{I}{P+OS+I}\times 100\%$$

式中，P_1 为除去重型混杂物后的净种子重量比例，I_1 为除去重型混杂物后的杂质重量比例，OS_1 为除去重型混杂物后的其他植物种子的重量比例，P 为除去重型混杂物后的净种子重量（g），I 为除去重型混杂物后的杂质重量（g），OS 为除去重型混杂物后的其他植物种子重量（g）。

2. 检查容许误差

（1）半试样的容许误差　如果分析的是两份半试样，分析后任一组分的比例（%）相差不得超过表13-3所示的重复间的容许差距。若所有组分的实际差距都在容许范围内，则计算各组分的平均值。如果差距超过容许范围，则按下列程序进行。

表13-3　同一实验室内同一送验样品净度分析的容许差距（5%显著水平的两尾测定）

（引自GB/T 3543.3—1995）

两次分析结果平均		不同测定之间的容许差距			
50%以上	50%以下	半试样		试验样品	
		无稃壳种子	有稃壳种子	无稃壳种子	有稃壳种子
99.95～100.00	0.00～0.04	0.20	0.23	0.1	0.2
99.90～99.94	0.05～0.09	0.33	0.34	0.2	0.2
99.85～99.89	0.10～0.14	0.40	0.42	0.3	0.3
99.80～99.84	0.15～0.19	0.47	0.49	0.3	0.4
99.75～99.79	0.20～0.24	0.51	0.55	0.4	0.4
99.70～99.74	0.25～0.29	0.55	0.59	0.4	0.4
99.65～99.69	0.30～0.34	0.61	0.65	0.4	0.5
99.60～99.64	0.35～0.39	0.65	0.69	0.5	0.5
99.55～99.59	0.40～0.44	0.68	0.74	0.5	0.5
99.50～99.54	0.45～0.49	0.72	0.76	0.5	0.5

（续）

两次分析结果平均		不同测定之间的容许差距			
50%以上	50%以下	半试样		试验样品	
		无稃壳种子	有稃壳种子	无稃壳种子	有稃壳种子
99.40～99.49	0.50～0.59	0.76	0.80	0.5	0.6
99.30～99.39	0.60～0.69	0.83	0.89	0.6	0.6
99.20～99.29	0.70～0.79	0.89	0.95	0.6	0.7
99.10～99.19	0.80～0.89	0.95	1.00	0.7	0.7
99.00～99.09	0.90～0.99	1.00	1.06	0.7	0.8
98.75～98.99	1.00～1.24	1.07	1.15	0.8	0.8
98.50～98.74	1.25～1.49	1.19	1.26	0.8	0.9
98.25～98.49	1.50～1.74	1.29	1.37	0.9	1.0
98.00～98.24	1.75～1.99	1.37	1.47	1.0	1.0
97.75～97.99	2.00～2.24	1.44	1.54	1.0	1.1
97.50～97.74	2.25～2.49	1.53	1.63	1.1	1.2
97.25～97.49	2.50～2.74	1.60	1.70	1.1	1.2
97.00～97.24	2.75～2.99	1.67	1.78	1.2	1.3
96.50～96.99	3.00～3.49	1.77	1.88	1.3	1.3
96.00～96.49	3.50～3.99	1.88	1.99	1.3	1.4
95.50～95.99	4.00～4.49	1.99	2.12	1.4	1.5
95.00～95.49	4.50～4.99	2.09	2.22	1.5	1.6
94.00～94.99	5.00～5.99	2.25	2.38	1.6	1.7
93.00～93.99	6.00～6.99	2.43	2.56	1.7	1.8
92.00～92.99	7.00～7.99	2.59	2.73	1.8	1.9
91.00～91.99	8.00～8.99	2.74	2.90	1.9	2.1
90.00～90.99	9.00～9.99	2.88	3.04	2.0	2.2
88.00～89.99	10.00～11.99	3.08	3.25	2.2	2.3
86.00～87.99	12.00～13.99	3.31	3.49	2.3	2.5
84.00～85.99	14.00～15.99	3.52	3.71	2.5	2.6
82.00～83.99	16.00～17.99	3.69	3.90	2.6	2.8
80.00～81.99	18.00～19.99	3.86	4.07	2.7	2.9
78.00～79.99	20.00～21.99	4.00	4.23	2.8	3.0
76.00～77.99	22.00～23.99	4.14	4.37	2.9	3.1
74.00～75.99	24.00～25.99	4.26	4.50	3.0	3.2
72.00～73.99	26.00～27.99	4.37	4.61	3.1	3.3
70.00～71.99	28.00～29.99	4.47	4.71	3.2	3.3
65.00～69.99	30.00～34.99	4.61	4.86	3.3	3.4
60.00～64.99	35.00～39.99	4.77	5.02	3.4	3.6
50.00～59.99	40.00～49.99	4.89	5.16	3.5	3.7

①再重新分析成对样品，直到一对数值在容许范围内为止，但全部分析不必超过 4 对。

②凡一对间的相差超过容许差距两倍时，均略去不计。

③各种成分比例（%）的最后记录，应是全部保留的几对加权平均数。

（2）试验样品的容许误差　如果在某种情况下有必要分析第 2 份试验样品时，那么两份试验样品各成分的实际差距不得超过表 13 - 3 中容许差距。若所有组分都在容许范围内，则取其平均值。若超过，则再分析 1 份试样，若分析后的最高值和最低值差异没有大于容许误差 2 倍时，则填报三者的平均值。如果其中的一次或几次显然是由于差错造成的，那么该结果须去除。

3. 修约　各种成分的最后填报结果应保留 1 位小数。各种成分之和应为 100.0%，如果其和是 99.9%或 100.1%，那么从最大值（通常是净种子部分）增减 0.1%。如果修约值大于 0.1%，那么应检查计算有无差错。小于 0.05%的成分应将数字除去，填报“微量”。

4. 重型混杂物的换算　净种子含量（P_2）、其他植物种子含量（OS_2）和杂质含量（I_2）的计算公式为

$$P_2=P_1\times\frac{M-m}{M}$$

$$OS_2=OS_1\times\frac{M-m}{M}+\frac{m_1}{M}\times100$$

$$I_2=I_1\times\frac{M-m}{M}+\frac{m_2}{M}\times100$$

式中，M 为送验样品的重量（g），m 为重型混杂物的重量（g），m_1 为重型混杂物中的其他植物种子的重量（g），m_2 为重型混杂物中的杂质重量（g），P_1 为除去重型混杂物后的净种子重量比例（%），I_1 为除去重型混杂物后的杂质重量比例（%），OS_1 为除去重型混杂物后的其他植物种子重量比例（%）。

最后应检查，应有（$P_2+I_2+OS_2$）=100.0%。

（二）结果报告

净度分析的结果应保留一位小数，3 种成分的百分率总和必须为 100%，成分小于 0.05%的填报为“微量”；如果有一种成分的结果为零，须填“—0.0—”。

当测定某类杂质或某种其他植物种子的重量比例达到或超过 1%时，该种类应在结果报告单上注明。当需要判断一个测定值是否显著低于标准规定值时，查表 13 - 4。查表 13 - 4 时，先根据两个测定结果计算出平均数，再按平均数从表中找出相应的容许差距。但在比较时，两个样品的重量须大致相当。

在净度分析过程中，注意有稃壳种子的构造和种类。有稃壳的种子是由下列构造或成分组成的传播单位：①易于相互粘连或粘在其他物体上（例如包装袋、扦样器和分样器）；②可被其他植物种子粘连，反过来也可粘连其他植物种子；③不易被清选、混合或扦样。

如果稃壳构造（包括稃壳杂质）占一个样品的 1/3 或更多，则认为是有稃壳的种子。

在我国《农作物种子检验规程》中，有稃壳种子的种类包括芹属（*Apium*）、花生属（*Arachis*）、燕麦属（*Avena*）、甜菜属（*Beta*）、茼蒿属（*Chrysanthemum*）、薏苡属（*Coix*）、胡萝卜属（*Daucus*）、荞麦属（*Fagopyrum*）、茴香属（*Foeniculum*）、棉属（*Gossypium*）、大麦属（*Hordeum*）、莴苣属（*Lactuca*）、番茄属（*Lycopersicon*）、稻属（*Oryza*）、黍属（*Panicum*）、欧防风属（*Pastinaca*）、欧芹属（*Petroselinum*）、茴芹属

(*Pimpinella*)、大黄属 (*Rheum*)、鸦葱属 (*Scorzonera*)、狗尾草属 (*Setaria*)、高粱属 (*Sorghum*)、菠菜属 (*Spinacia*)。

表 13-4　净度分析与标准规定值比较的容许差距（5%显著水平的一尾测定）

（引自 GB/T 3543.3—1995）

两次结果平均		容许差距	
50%以上	50%以下	无稃壳种子	有稃壳种子
99.95～100.00	0.00～0.04	0.10	0.11
99.90～99.94	0.05～0.09	0.14	0.16
99.85～99.89	0.10～0.14	0.18	0.21
99.80～99.84	0.15～0.19	0.21	0.24
99.75～99.79	0.20～0.24	0.23	0.27
99.70～99.74	0.25～0.29	0.25	0.30
99.65～99.69	0.30～0.34	0.27	0.32
99.60～99.64	0.35～0.39	0.29	0.34
99.55～99.59	0.40～0.44	0.30	0.35
99.50～99.54	0.45～0.49	0.32	0.38
99.40～99.49	0.50～0.59	0.34	0.41
99.30～99.39	0.60～0.69	0.37	0.44
99.20～99.29	0.70～0.79	0.40	0.47
99.10～99.19	0.80～0.89	0.42	0.50
99.00～99.09	0.90～0.99	0.44	0.52
98.75～98.99	1.00～1.24	0.48	0.57
98.50～98.74	1.25～1.49	0.52	0.62
98.25～98.49	1.50～1.74	0.57	0.67
98.00～98.24	1.75～1.99	0.61	0.72
97.75～97.99	2.00～2.24	0.63	0.75
97.50～97.74	2.25～2.49	0.67	0.79
97.25～97.49	2.50～2.74	0.70	0.83
97.00～97.24	2.75～2.99	0.73	0.86
96.50～96.99	3.00～3.49	0.77	0.91
96.00～96.49	3.50～3.99	0.82	0.97
95.50～95.99	4.00～4.49	0.87	1.02
95.00～95.49	4.50～4.99	0.90	1.07
94.00～94.99	5.00～5.99	0.97	1.15
93.00～93.99	6.00～6.99	1.05	1.23
92.00～92.99	7.00～7.99	1.12	1.31
91.00～91.99	8.00～8.99	1.18	1.39
90.00～90.99	9.00～9.99	1.24	1.46

（续）

两次结果平均		容许差距	
50%以上	50%以下	无稃壳种子	有稃壳种子
88.00～89.99	10.00～11.99	1.33	1.56
86.00～87.99	12.00～13.99	1.43	1.67
84.00～85.99	14.00～15.99	1.51	1.78
82.00～83.99	16.00～17.99	1.59	1.87
80.00～81.99	18.00～19.99	1.66	1.95
78.00～79.99	20.00～21.99	1.73	2.03
76.00～77.99	22.00～23.99	1.78	2.10
74.00～75.99	24.00～25.99	1.83	2.16
72.00～73.99	26.00～27.99	1.84	2.21
70.00～71.99	28.00～29.99	1.92	2.26
65.00～69.99	30.00～34.99	1.99	2.33
60.00～64.99	35.00～39.99	2.05	2.41
50.00～59.99	40.00～49.99	2.11	2.48

五、包衣种子净度分析方法

包衣种子的净度分析可用不脱去包衣材料的种子和脱去包衣材料的种子两种方法进行分析。严格地说，一般不对丸化种子、包膜种子和种子带内的种子进行净度分析。换言之，通常不采用脱去包衣材料的种子和在种子带上剥离种子进行净度分析，但是如果送验者提出要求或者是混合种子，则应脱去包衣材料，再进行净度分析。

（一）不脱去包衣材料的净度分析

1. 试验样品的分取　试验样品重量见表 12－5 和表 12－6。用分样器分取一份不少于 2 500 粒种子的试验样品或两份这个重量一半的半试样。种子带为 100 粒。将试验样品或半试样称量，以 g 为单位，小数位数达到表 13－2 的要求。

2. 试验样品的分离和称量　种子带不必进行分离，而丸化种子或包膜种子称量后需按以下标准将丸化种子或包膜种子试验样品分为净丸化种子（净包膜种子）、未丸化种子（未包膜种子）及杂质。

净丸化种子（净包膜种子）的标准：①含有或不含有种子的完整的丸化粒（包膜粒）；②丸化（包膜）物质面积覆盖种子表面一半以上的破损丸化粒（包膜粒），但明显不是送验者所述的植物种子或不含种子的除外。

未丸化种子（未包膜种子）的标准：①任何植物的未丸化（未包膜）种子；②可以看出其中含有 1 粒非送验者所述植物种的破损丸化（包膜）种子；③可以看出其中含有送验者所述植物种，而它又未归于净丸化（包膜）种子，即丸化（包膜）面积覆盖种子表面一半或一半以下的破损丸化粒（包膜粒）。

杂质标准：①已经脱落的丸化（包膜）物质；②明显没有种子的丸化（包膜）碎块；③按本章上述规定列为杂质的任何其他物质。

这 3 种成分分离后，分别称量。

3. 种真实性的鉴定　为了核实丸化（包膜）种子中所含种子是否确实属于送验者所述的种，应从丸化（包膜）种子净度分析后的净丸化（净包膜）种子部分取出 100 颗丸化粒（包膜粒），用洗涤法或其他方法除去丸化（包膜）物质，然后鉴定每粒种子所属的种。同样，从种子带中取出 100 粒种子，鉴定每粒供试种子的真实性。

4. 结果计算与报告　计算与填报净丸化粒（净包膜粒）、未丸化粒（未包膜粒）和杂质的重量比例（%），程序同未包衣种子的净度分析。

（二）脱去包衣材料和种子带上剥离种子的净度分析

1. 脱去包衣材料　采用洗涤法去除包衣种子的包衣材料。将不少于 2 500 粒的丸化种子（包膜种子）置于细孔筛内，浸入水中振荡，使包衣材料沉于水中。筛孔大小，上层用 1.0 mm，下层用 0.5 mm。

当要求从种子带上剥离种子进行分析时，应小心地将种子与纸带分开并剥去。如果种子带材料为水溶性，则可将其湿润，直到种子分离出来。当种子带内的种子是丸化种子（包膜种子）时则按上述洗涤法去掉丸化（包膜）材料。

2. 种子的干燥和称量　脱去包衣材料后或从种子带中取出湿润的种子放在滤纸上干燥过夜，再放入干燥箱内干燥，按《农作物种子检验规程　水分测定》（GB/T 3543.6—1995）中的 5.3 条“高水分预先烘干法”干燥成半干试样，不再进行低恒温或高温方法烘干，然后称取干燥后的种子重量。

3. 分离、鉴定和称量　具体操作与未包衣种子的净度分析相同。

4. 结果计算与报告　具体操作与未包衣种子的净度分析相同，计算与填报净种子、其他植物种子和杂质的重量比例（%）。不考虑丸化材料、包膜材料或制带材料，只有在提出检测要求时才考虑填报其比例（%）。

第三节　其他植物种子数目测定

一、其他植物种子数目测定的意义

在净度分析中其他植物种子的种类和比例已经测定，之所以还要测其他植物种子的数目，是因为样品中其他植物种子的含量用重量比例（%）表示存在明显的缺陷：一是净度分析中最终各成分比例（%）只保留一位小数，根据数值修约规则，如果样品中其他植物种子所占比例小于 0.05%，那么其含量在结果中则无法得到反映；二是作为其他植物种子的有毒、有害杂草种子子粒重量可能相差悬殊，因此相同重量所包含的粒数差异也会很大，危害自然不同，而这种差异用重量比例表示显然无法加以区别。而用数量表示其他植物种子在样品中的含量则更加科学。

二、其他植物种子数目测定的方法

1. 其他植物种子数目测定方法　其他植物种子数目测定可采用完全检验、有限检验和简化检验。

（1）完全检验　完全检验（complete test）的试验样品不得小于 25 000 个种子单位的重量或表 12 - 1 所规定的重量。

完全检验可借助放大镜、筛子和吹风机等器具，按其他植物种子的标准逐粒进行分析鉴定，取出试验样品中所有的其他植物种子，并数出每个种的种子数。当发现有的种子不能准确确定所属种时，允许鉴定到属。

（2）有限检验　有限检验（limited test）是从整个试验样品中找出指定种的测定方法。有限检验只限于从整个试验样品中找出送验者指定的其他植物种的种子。如果送验者只要求检验是否存在指定的某个植物种，则检验时发现 1 粒或数粒种子即可结束。

（3）简化检验　如果送验者所指定的种难以鉴定时，可采用简化检验（reduced test）。简化检验是仅用规定试验样品的一部分（最少量为试验样品的 1/5）对该种进行鉴定。简化检验的方法同完全检验。

2. 结果计算　结果用实际测定样品中所发现的其他植物种子数表示，但通常折算成单位重量样品（每千克）所含的其他植物种子数。

当需要判断同一或不同实验室对同一批种子的两个测定值是否一致时，可查其他植物种子数目测定的容许差距表（表 13－5）。比较时，先将两个测定值求平均数，再按平均数找到相应的容许差距。比较时，两个样品的重量应大体一致。

表 13－5　其他植物种子数目测定的容许差距（5%显著水平的两尾测定）

（引自 GB/T 3543.3—1995）

两次测定结果的平均值	容许差距	两次测定结果的平均值	容许差距
3	5	76～81	25
4	6	82～88	26
5～6	7	89～95	27
7～8	8	96～102	28
9～10	9	103～110	29
11～13	10	111～117	30
14～15	11	118～125	31
16～18	12	126～133	32
19～22	13	134～142	33
23～25	14	143～151	34
26～29	15	152～160	35
30～33	16	161～169	36
34～37	17	170～178	37
38～42	18	179～188	38
43～47	19	189～198	39
48～52	20	199～209	40
53～57	21	210～219	41
58～63	22	220～230	42
64～69	23	231～241	43
70～75	24	242～252	44

（续）

两次测定结果的平均值	容许差距	两次测定结果的平均值	容许差距
253～264	45	381～394	55
265～276	46	395～409	56
277～288	47	410～424	57
289～300	48	425～439	58
301～313	49	440～454	59
314～326	50	455～469	60
327～339	51	470～485	61
340～353	52	486～501	62
354～366	53	502～518	63
367～380	54	519～534	64

3. 结果报告　进行其他植物种子数目测定时，将测定种子的实际重量、学名和该重量中找到的各个种的种子数填写在结果报告单上，并注明采用的是完全检验、有限检验还是简化检验。

三、包衣种子的其他植物种子的数目测定

1. 试验样品　供其他植物种子数目测定的试验样品数量见表 12－5 和表 12－6。丸化种子或包膜种子可将试验样品分成两个半试样。

2. 除去包衣材料　用洗涤法除去包衣材料或制带物质，种子不一定要干燥。

3. 分析鉴定　从试验样品中分离出所有其他植物种子，或者依照送验者要求分离出某些指定种的种子。

4. 结果计算与报告　测定结果用供检丸化种子（包膜种子）的实际重量和大致粒数中所发现的属于所述每个种或类型的种子数，或者用供检种子带长度中所发现种子粒数表示。同时还需要计算每单位重量、单位长度粒数。

当有必要判定两个测定结果是否存在显著差异时，可查其他植物种子数目测定的容许误差表（表 13－5）。但在比较时，两个样品的重量应该基本相同。

思考题

1. 如何理解种子净度、净种子、其他植物种子和杂质的概念？
2. 种子净度分析的目的和意义各是什么？
3. 如何进行种子净度分析？种子净度分析应注意哪些问题？
4. 如何进行其他植物种子数目的测定？
5. 如何进行包衣种子的净度分析？

第十四章

种子发芽试验

第一节　种子发芽试验的目的和意义

一、种子发芽试验的目的和种子发芽力

种子发芽试验的目的是测定种子批的最大发芽潜力，据此可以比较不同种子批的质量，也可估测田间播种价值（种用价值）。

种子发芽力（germinability）是指种子在适宜条件下发芽并长成正常植株的能力。通常用发芽势和发芽率表示。种子发芽势（germination energy）是指种子发芽初期（规定日期内）正常发芽种子数占供试种子数的比例（%）。种子发芽势高，则表示种子活力强，发芽整齐，出苗一致，增产潜力大。种子发芽率（germination percentage）是指在发芽试验终期（规定日期内）全部正常发芽种子数占供试种子数的比例（%）。种子发芽率高，则表示有生活力种子多，播种后出苗数多。

二、种子发芽试验的意义

种子批的种用价值取决于种子批的净度和发芽率。净度高而发芽率低时，种子批不适于作为种用。但是发芽率高而净度低时，可采取种子清选处理。发芽试验除了能准确评价种子批的种用价值外，对农业生产、种子经营和质量管理也具有十分重要的意义。种子收购时，可根据发芽试验结果正确地进行种子分级和定价。种子贮藏期间，可根据发芽试验结果及时了解种子批的质量变化，改进贮藏条件，确保种子安全贮藏。种子加工处理中，可根据发芽试验结果调整处理工艺，避免加工处理不当对种子质量造成的影响。种子经营过程中，根据发芽率的高低决定经营行为，避免因销售发芽率低的种子而造成的经济损失。在生产和管理上，根据发芽率计算种子用价和播种量，保证农业生产安全用种。

第二节　种子发芽试验设备和用品

为了满足种子发芽所需的各种条件，保证发芽试验结果准确可靠，实验室必须具备各种标准、先进的发芽试验仪器设备，主要包括发芽设备、数种设备、发芽容器和发芽床等。

一、发芽设备

发芽设备是指为种子发芽提供适宜条件（温度、湿度和光照）的设备。对发芽设备的基

本要求是控温可靠、准确、稳定，保温、保湿良好，调温方便，不同部位温差小，通气良好，光照充足。

1. 光照变温发芽箱　光照变温发芽箱是目前我国普遍使用的发芽箱。箱体设有加热系统和制冷装置。箱内配有数层承放发芽样品的网架，箱内装有荧光灯，可根据需要调节光照度，满足种子发芽对光的需要。变温发芽箱可自动调节和控制所需变温和光照条件，高温和低温可根据种子发芽要求预先设定。若不需要变温时，也可选择保持恒温。此类发芽箱的控制温度范围为5～50℃，是一类功能较完备的发芽箱。

2. 耶可勃逊发芽器　耶可勃逊发芽器是目前欧美普遍使用的发芽设备，适用于小粒种子的发芽。箱身为一个恒温水浴槽，其上配有具有空隙的不锈钢盖或玻璃盖。在水浴槽中下部装有一套浸入式电加热器。恒温控制由水银导电表和继电器来完成。发芽时，卡在发芽盘的发芽纸条通过不锈钢间的空隙伸入水浴槽通过毛细现象吸水，每个垫有发芽纸的发芽盘的上部盖上透光钟形罩，发芽过程不需加水，可避免在发芽试验期间因发芽床加水量不同而造成的试验误差，省时省力。

3. 人工气候箱　人工气候箱具有完善的加热、加湿、光照、灭菌、制冷和通风系统，可在24 h内模拟自然界的光照情况，并任意设定不同时间的温度和湿度，可完全满足各类植物种子发芽所需的条件。人工气候箱具有发芽试验程序任意设置，自动变时、变温、变光，自动精密测温、控温，自动测湿、加湿、控湿，自动光照跟踪，自动时差纠正，延迟起动保护，超欠温示警和多重网络保护等功能。操作简便、直观、安全可靠。现在还发展有冷光源发芽箱。

4. 发芽室　发芽室（人工气候室）是一种改进的大型发芽箱，墙壁和天花板需用保温隔热材料装修，室内装置加热、制冷、增湿、光照、通风和消毒设备，每室面积为12～15 m^2，室内设有多层搁架，以供放置发芽容器，工作人员可进入内部。采用微电脑控制技术，具有自动控温、变温、控光、变光、变时、控湿等功能，可根据各种种子发芽的条件，任意设置试验程序和条件，同时进行大量种子样品的发芽试验。

二、数种设备

在种子发芽试验中使用数种设备可以提高置床的工作效率。目前使用的数种设备主要有活动数种板和真空数种器。

1. 活动数种板　活动数种板通常用于大粒种子（例如大豆、玉米、菜豆、脱绒棉子等种子）的数粒和置床工作。由固定的下板和活动的上板组成，其板面大小与所数种子的发芽容器相适应。上板和下板均开有与欲数种子大小和形状相适应的50个或25个孔，下板固定有槽，使活动上板定位。

操作时，数种板放在发芽床上，此时上板挡住下板的开孔，把种子散在板上，并将板稍微倾斜，以除去多余的种子。然后进行核对，当所有孔装满种子并且每个孔只有1粒种子时，移动上板，使上板孔与下板孔对齐，种子就落在发芽床上，达到数种和置床的目的。

2. 真空数种器　真空数种器多用于形状规则、较为光滑的中小粒种子（例如小麦、水稻种子）的数种和置床。真空数种器由3个主要部分构成，包括真空系统、数种盘或数种头（有50个或100个孔）、真空排放阀门。数种头有圆形、方形，其形状和大小与所用发芽盒的形状和大小相适应。其面板设有50个或100个数种孔，孔径大小与种子大小和所采用的真空泵相适应。

操作时，在未产生真空前，将种子均匀撒在数种头上，然后接通真空泵，倒去多余种子并进行核对，使全部孔都吸满种子，并使每个孔中只有1粒种子。然后将数种头倒转放在发芽床上，再解除真空，使种子按一定位置落在发芽床上。应避免将数种头直接嵌入种子，以防止有选择性地吸取重量较小的种子。

三、发芽容器

发芽容器是用来安放发芽床的容器。我国1995年颁布的国家标准《农作物种子检验规程》（GB/T 3543.1～3543.7—1995）要求，培养幼苗应发育达到幼苗的主要构造能清楚鉴定的阶段，以便鉴定正常幼苗和不正常幼苗。因此要求发芽容器应透明、保湿、无毒，并具有一定的种子发芽和发育空间，确保幼苗充分发育和充足的氧气供应。德国采用21 cm×21 cm×7.5 cm的平盖发芽盒，我国采用正方形和长方形发芽盒，也可以用不同直径的玻璃培养皿或塑料桶、塑料袋。

四、发 芽 床

发芽床是用来安放种子并供给种子水分和支撑幼苗生长的介质。通常采用的发芽介质有纸、砂、土壤、纱布、毛巾、蛭石、琼脂等。《农作物种子检验规程　发芽试验》（GB/T 3543.4—1995）中规定的发芽床主要有纸床、砂床、土壤床等种类。各种发芽床应具有良好的保水供水性能，通气性好，无毒质，无病菌，有一定强度。湿润发芽床的水质应纯净，不含有机杂质和无机杂质，无毒无害。

（一）纸床

纸床是发芽试验中应用最多的一类发芽床。用于发芽床的纸类有专用发芽纸、滤纸、吸水纸等。

1. 发芽纸一般要求

（1）持水力强、吸水良好　发芽纸不但要吸水快（可将纸条下端浸入水中，纸条上的水在2 min内上升30 mm或以上者为好），而且持水力强，使发芽试验期间能不断为种子发芽供应水分。

（2）无毒质　纸张必须无酸碱、染料、油墨及其他对种子发芽有害的化学物质。pH为6.0～7.5。检测纸张是否有毒质的方法是利用梯牧草、红顶草、弯叶画眉草、紫羊茅、独行菜等种子发芽时对纸中有毒物质敏感的特性，进行发芽试验，然后依据幼苗根的生长情况进行鉴定。若出现根生长受抑制，根缩短，根尖变色或根从纸上翘起，并且根毛成束或胚芽鞘扁平缩短等症状，则表示该纸含有毒物质，不宜用于发芽床。

（3）无病菌　所用纸张必须清洁干净，无病菌污染。否则因纸上带有真菌或细菌会引起病菌滋长而影响种子发芽试验的结果。

（4）纸质韧性好　纸张应具有多孔性和通气性，并具有一定的强度，以免吸水时糊化和破碎，并在操作时不会被撕破，且发芽时种子幼根不易穿入纸内，便于幼苗的正确鉴定。

2. 纸床使用方法

（1）纸上　纸上（TP）是将种子放在1层或多层纸上发芽，包括下列3种方式：①在培养皿里垫上两层发芽纸，充分吸湿，沥去多余水分，种子直接置放在湿润的发芽纸上，用培养皿盖盖好或用塑料袋罩好，放入发芽箱或发芽室进行发芽试验。②种子置床于湿润的发芽纸上，并将其直接放在发芽箱的盘上，发芽箱内的相对湿度尽可能接近饱和。③放在耶可勃逊发芽器上，这种发芽器配有放置发芽纸的发芽盘，它通过夹在发芽盘中的发芽纸条深入到下面的水浴槽来保持发芽床湿润。为防止水分蒸发，发芽床盖上一个透明的钟形罩，罩顶部有一孔，可以通气但不会过分蒸发。

（2）纸间　纸间（BP）是将种子放在两层纸中间，可采用下列两种方式：①在培养皿里把种子均匀置放在湿润的发芽纸上，另外用一层发芽纸盖在种子上。②采用纸卷，把种子均匀地摆放在湿润的发芽纸上，再用一张同样大小的湿润发芽纸覆盖在种子上，底部褶起2 cm，然后卷成纸卷，两端用橡皮筋扎住，竖放在发芽盒或塑料桶内，套上透明塑料袋保湿，放在规定条件下培养。有些种子可用短纸卷，直接放在塑料袋（或纸封）内包好，平放或立放在发芽箱内发芽。

（3）褶裥纸　褶裥纸（PP）是把种子置放在类似手风琴琴键的具有褶裥的纸条内，将褶裥纸放在发芽盒内或直接放在高湿度发芽箱内，并可用另一张盖（包）在褶裥纸上面，防止干燥或干燥过快。种子检验规程规定使用纸上或纸间进行发芽的均可用这种方法代替。

（二）砂床

砂床是种子发芽试验中较为常用的一类发芽床。一般加水量为其饱和含水量的60%～80%。

1. 对砂子的要求　为了控制发芽条件，砂粒应选用无任何化学药物污染的细砂或清水砂，砂的pH为6.0～7.5。砂粒大小均匀，直径为0.05～0.8 mm，无毒、无菌、无种子，持水力强，当加入适当水量时，砂粒应具有保持足够水分的能力，但也应留有足够的孔隙，以利通气，保证发芽良好和根的正常生长。使用前必须进行洗涤和高温消毒。用清水洗涤砂粒，以除去污物和有毒物质，将洗过的湿砂放在铁盘内摊薄，在高温（约130 ℃）下烘干2 h，以杀死病菌和砂内其他种子。

2. 砂床的使用方法　使用时，先将砂调到适宜水分，以攥砂成团，松手散开的程度为宜。

（1）砂上　砂上（TS）发芽适用于小中粒种子。将拌好的湿砂装入培养盒中，至2～3 cm厚，再将种子轻压入砂表层，与砂表面平。

（2）砂中　砂中（S）发芽适用于中大粒种子。将拌好的湿砂装入培养盒中，至2～4 cm厚，播上种子，覆盖1～2 cm厚度（盖砂的厚度根据种子的大小确定）的松散湿砂。

当由于纸床污染或对携带有病菌的种子样品鉴定困难时，可用砂床替代纸床。砂床还可用于幼苗鉴定有困难时的重新试验。

（三）土壤床

土壤虽是田间条件下种子发芽的最适介质，但土壤成分各异，很难做到标准化。除种子检验规程规定使用土壤床外，当纸床或砂床上的幼苗出现中毒症状时或对幼苗鉴定发生怀疑时，或为了比较或研究目的，可采用土壤床。选用符合要求的土壤，经高温消毒后，加水调配到适宜水分，然后再播种，并覆上疏松土层。

第三节　标准发芽试验方法

一、选用和准备发芽床

根据国际或国内种子检验规程选用适宜的发芽床。在表14-1中，每种作物通常列出了

2～3种发芽床，例如水稻，表14－1中规定有纸上（TP）、纸间（BP）和砂中（S）3种发芽床。通常小中粒的种子（例如水稻、小麦等）可用纸上（TP）发芽床；中粒种子可用纸间（纸卷，BP）发芽床；大粒种子或对水分敏感的小中粒种子宜用砂床（S）；活力较差的种子可用砂床，其效果较好。《国际种子检验规程》2009年版还增加了适用豌豆种子的纸上盖砂（top of paper covered with sand，TPS）发芽方法。

选好发芽床后，按不同作物的种子特性和发芽床的要求，调节发芽箱至适当的温度和湿度。

应注意，发芽床和器皿事先要洗净、消毒，并调节到适宜水分。一般需根据发芽床和种子特性决定发芽床的加水量。例如纸床，吸足水分后沥去多余水即可；砂床加水为其饱和含水量的60%～80%（禾谷类等中小粒种子为60%，豆类等大粒种子为80%）；用土壤作发芽床时，加水至手握土粘成团，手指轻轻一压就碎为宜。砂床使用时需将所用砂粒加水拌匀后再分装于发芽容器中。

表14－1　农作物种子的发芽技术规定

（引自GB/T 3543.4—1995）

种（变种）名	学名	发芽床	温度（℃）	初次计数时间（d）	末次计数时间（d）	附加说明，包括解除休眠的建议
1. 洋葱	*Allium cepa* L.	TP；BP；S	20；15	6	12	预先冷冻
2. 葱	*Allium fistulosum* L.	TP；BP；S	20；15	6	12	预先冷冻
3. 韭葱	*Allium porrum* L.	TP；BP；S	20；15	6	14	预先冷冻
4. 细香葱	*Allium schoenoprasum* L.	TP；BP；S	20；15	6	14	预先冷冻
5. 韭菜	*Allium tuberosum* Rottl. ex Spreng.	TP	20～30；20	6	14	预先冷冻
6. 苋菜	*Amaranthus tricolor* L.	TP	20～30；20	4～5	14	预先冷冻；KNO_3
7. 芹菜	*Apium graveolens* L.	TP	15～25；20；15	10	21	预先冷冻；KNO_3
8. 根芹菜	*Apium graveolens* L. var. *rapaceum* DC	TP	15～25；20；15	10	21	预先冷冻；KNO_3
9. 花生	*Arachis hypogaea* L.	BP；S	20～30；25	5	10	去壳；预先加温（40℃）
10. 牛蒡	*Arctium lappa* L.	TP；BP	20～30；20	14	35	预先冷冻；四唑染色
11. 石刁柏	*Asparagus officinalis* L.	TP；BP；S	20～30；25	10	28	
12. 紫云英	*Astragalus sinicus* L.	TP；BP	20	6	12	机械去皮
13. 裸燕麦（莜麦）	*Avena nuda* L.	BP；S	20	5	10	预先加温（30～35℃）
14. 普通燕麦	*Avena sativa* L.	BP；S	20	5	10	预先冷冻；GA_3
15. 落葵	*Basella* spp. L.	TP；BP	30	10	28	预先洗涤；机械去皮
16. 冬瓜	*Benincasa hispida* （Thub.） Cogn.	TP；BP	20～30；30	7	14	

（续）

种（变种）名	学名	发芽床	温度（℃）	初次计数时间（d）	末次计数时间（d）	附加说明，包括解除休眠的建议
17. 节瓜	*Benincasa hispida* Cogn. var. *chich-qua* How.	TP；BP	20～30；30	7	14	
18. 甜菜	*Beta vulgaris* L.	TP；BP；S	20～30；15～25；20	4	14	预先洗涤（复胚 2 h，单胚 4 h），再在 25 ℃下干燥后发芽
19. 叶甜菜	*Beta vulgaris* var. *cicla*	TP；BP；S	20～30；15～25；20	4	14	
20. 根甜菜	*Beta vulgaris* var. *rapacea*	TP；BP；S	20～30；15～25；20	4	14	
21. 白菜型油菜	*Brassica campestris* L.	TP	15～25；20	5	7	预先冷冻
22. 不结球白菜（包括白菜、乌塌菜、紫菜薹、薹菜、菜薹）	*Brassica campestris* L. ssp. *chinensis*（L.）Makino.	TP	15～25；20	5	7	预先冷冻
23. 芥菜型油菜	*Brassica juncea* Czern. et Coss.	TP	15～25；20	5	7	预先冷冻；KNO_3
24. 根用芥菜	*Brassica juncea* Coss. var. *megarrhiza* Tsen et Lee	TP	15～25；20	5	7	预先冷冻；GA_3
25. 叶用芥菜	*Brassica juncea* Coss. var. *foliosa* Bailey	TP	15～25；20	5	7	预先冷冻；GA_3；KNO_3
26. 茎用芥菜	*Brassica juncea* Coss. var. *tsatai* Mao	TP	15～25；20	5	7	预先冷冻；GA_3；KNO_3
27. 甘蓝型油菜	*Brassica napus* L. ssp. *pekinensis*（Lour.）Olsson	TP	15～25；20	5	7	预先冷冻
28. 芥蓝	*Brassica oleracea* L. var. *alboglabra* Bailey	TP	15～25；20	5	10	预先冷冻；KNO_3
29. 结球甘蓝	*Brassica oleracea* L. var. *capitata* L.	TP	15～25；20	5	10	预先冷冻；KNO_3
30. 球茎甘蓝（苤蓝）	*Brassica oleracea* L. var. *caulorapa* DC.	TP	15～25；20	5	10	预先冷冻；KNO_3
31. 花椰菜	*Brassica oleracea* L. var. *botrytis* L.	TP	15～25；20	5	10	预先冷冻；KNO_3
32. 抱子甘蓝	*Brassica oleracea* L. var. *gemmifera* Zenk.	TP	15～25；20	5	10	预先冷冻；KNO_3
33. 青花菜	*Brassica oleracea* L. var. *italica Plench*	TP	15～25；20	5	10	预先冷冻；KNO_3
34. 结球白菜	*Brassica campestris* L. ssp. *pekinensis*（Lour）. Olsson	TP	15～25；20	5	7	预先冷冻；GA_3
35. 芜菁	*Brassica rapa* L.	TP	15～25；20	5	7	预先冷冻

（续）

种（变种）名	学名	发芽床	温度（℃）	初次计数时间（d）	末次计数时间（d）	附加说明，包括解除休眠的建议
36. 芜菁甘蓝	*Brassica napobrassica* Mill.	TP	15～25；20	5	14	预先冷冻；KNO_3
37. 木豆	*Cajanus cajan*（L.）Millsp.	BP；S	20～30；25	4	10	
38. 大刀豆	*Canavalia gladiata*（Jacq.）DC	BP；S	20	5	8	
39. 大麻	*Cannabis sativa* L.	TP；BP	20～30；20	3	7	
40. 辣椒	*Capsicum frutescens* L.	TP；BP；S	20～30；30	7	14	KNO_3
41. 甜椒	*Capsicum frutescens* var. *grossum*	TP；BP；S	20～30；30	7	14	KNO_3
42. 红花	*Carthamus tinctorius* L.	TP；BP；S	20～30；25	4	14	
43. 茼蒿	*Chrysanthemum coronarium* var. *spatisum*	TP；BP	20～30；15	4～7	21	预先加温（40℃，4 h～6 h）预先冷冻；光照
44. 西瓜	*Citrullus lanatus*（Thunb.）Matsum. et Nakai	BP；S	20～30；30；25	5	14	
45. 薏苡	*Coix lacryna-jobi* L.	BP	20～30	7～10	21	
46. 圆果黄麻	*Corchorus capsularis* L.	TP；BP	30	3	5	
47. 长果黄麻	*Corchorus olitorius* L.	TP；BP	30	3	5	
48. 芫荽	*Coriandrum sativum* L.	TP；BP	20～30；20	7	21	
49. 柽麻	*Crotalaria juncea* L.	BP；S	20～30	4	10	
50. 甜瓜	*Cucumis melo* L.	BP；S	20～30；25	4	8	
51. 越瓜	*Cucumis melo* L. var. *conomon* Makino	BP；S	20～30；25	4	8	
52. 菜瓜	*Cucumis melo* L. var. *flexuosus* Naud.	BP；S	20～30；25	4	8	
53. 黄瓜	*Cucumis sativus* L.	TP；BP；S	20～30；25	4	8	
54. 笋瓜（印度南瓜）	*Cucurbita maxima* Duch. ex Lam	BP；S	20～30；25	4	8	
55. 南瓜（中国南瓜）	*Cucurbita moschata*（Duchesne）Duchesne ex Poiret	BP；S	20～30；25	4	8	
56. 西葫芦（美洲南瓜）	*Cucurbita pepo* L.	BP；S	20～30；25	4	8	
57. 瓜尔豆	*Cyamopsis tetragonoloba*（L.）Taubert	BP	20～30	5	14	
58. 胡萝卜	*Daucus carota* L.	TP；BP	20～30；20	7	14	
59. 扁豆	*Dolichos lablab* L.	BP；S	20～30；20；25	4	10	
60. 龙爪稷	*Eleusine coracana*（L.）Gaertn.	TP	20～30	4	8	KNO_3

（续）

种（变种）名	学名	发芽床	温度（℃）	初次计数时间（d）	末次计数时间（d）	附加说明，包括解除休眠的建议
61. 甜荞	*Fagopyrum esculentum* Moench	TP；BP	20～30；20	4	7	
62. 苦荞	*Fagopyrum tataricum*（L.）Gaertn.	TP；BP	20～30；20	4	7	
63. 茴香	*Foeniculum vulgare* Miller	TP；BP；TS	20～30；20	7	14	
64. 大豆	*Glycine max*（L.）Merr.	BP；S	20～30；20	5	8	
65. 棉花	*Gossypium* spp.	BP；S	20～30；30；25	4	12	
66. 向日葵	*Helianthus annuus* L.	BP；S	20～30；25；20	4	10	预先冷冻；预先加温
67. 红麻	*Hibiscus cannabinus* L.	BP；S	20～30；25	4	8	
68. 黄秋葵	*Hibiscus esculentus* L.	TP；BP；S	20～30	4	21	
69. 大麦	*Hordeum vulgare* L.	BP；S	20	4	7	预先加温（30～35 ℃）；预先冷冻；GA_3
70. 蕹菜	*Ipomoea aquatica* Forsskal	BP；S	30	4	10	
71. 莴苣	*Lactuca sativa* L.	TP；BP	20	4	7	预先冷冻
72. 瓠瓜	*Lagenaria siceraria*（Molina）Standley	BP；S	20～30	4	14	
73. 兵豆（小扁豆）	*Lens culinars Medikus*	BP；S	20	5	10	预先冷冻
74. 亚麻	*Linum usitatissimum* L.	TP；BP	20～30；20	3	7	预先冷冻
75. 棱角丝瓜	*Luffa acutangula*（L.）Roxb.	BP；S	30	4	14	
76. 普通丝瓜	*Luffa cylindrica*（L.）Roem.	BP；S	20～30；30	4	14	
77. 番茄	*Lycopersicon esculentum Mill.*	TP；BP；S	20～30；25	5	14	KNO_3
78. 金花菜	*Medicago polymorpha* L.	TP；BP	20	4	14	
79. 紫花苜蓿	*Medicago sativa* L.	TP；BP	20	4	10	预先冷冻
80. 白香草木樨	*Melilotus albus* Desr.	TP；BP	20	4	7	预先冷冻
81. 黄香草木樨	*Melilotus officinalis*（L.）Pallas	TP；BP	20	4	7	预先冷冻
82. 苦瓜	*Momordica charantia* L.	BP；S	20～30；30	4	14	
83. 豆瓣菜	*Nasturtium officinale* R. Br.	TP；BP	20～30	4	14	
84. 烟草	*Nicotiana tabacum* L.	TP	20～30	7	16	KNO_3
85. 罗勒	*Ocimum basilicum* L.	TP；BP	20～30；20	4	14	KNO_3

（续）

种（变种）名	学名	发芽床	温度（℃）	初次计数时间（d）	末次计数时间（d）	附加说明，包括解除休眠的建议
86. 稻	*Oryza sativa* L.	TP；BP；S	20～30；30	5	14	预先加温（50℃）；在水中或 HNO_3 中浸渍 24 h
87. 豆薯	*Pachyrhizus erosus*（L.）Urban	BP；S	20～30；30	7	14	
88. 黍（糜子）	*Panicum muliaceum* L.	TP；BP	20～30；25	3	7	
89. 美洲防风	*Pastinaca sativa* L.	TP；BP	20～30	6	28	
90. 香芹	*Petroselinum crispum*（Miller）Nyman ex A. W. Hill	TP；BP	20～30	10	28	
91. 多花菜豆	*Phaseolus multiflorus* Willd.	BP；S	20～30；20	5	9	
92. 利马豆（莱豆）	*Phaseolus lunatus* L.	BP；S	20～30；25；20	5	9	
93. 菜豆	*Phaseolus vulgaris* L.	BP；S	20～30；25；20	5	9	
94. 酸浆	*Physalis pubescens* L.	TP	20～30	7	28	KNO_3
95. 茴芹	*Pimpinella anisum* L.	TP；BP	20～30	7	21	
96. 豌豆	*Pisum sativum* L.	BP；S	20	5	8	
97. 马齿苋	*Portulaca oleracea* L.	TP；BP	20～30	5	14	预先冷冻
98. 四棱豆	*Psophocarpus tetragonolobus*（L.）DC.	BP；S	20～30；30	4	14	
99. 萝卜	*Raphanus sativus* L.	TP；BP；S	20～30；20	4	10	预先冷冻
100. 食用大黄	*Rheum rhaponticum* L.	TP；	20～30	7	21	
101. 蓖麻	*Ricinus communis* L.	BP；S	20～30	7	14	
102. 鸦葱	*Scorzonera hispanica* L.	TP；BP；S	20～30；20	4	8	预先冷冻
103. 黑麦	*Secale cereale* L.	TP；BP；S	20	4	7	预先冷冻；GA_3
104. 佛手瓜	*Sechium edule*（Jacp.）Swartz	BP；S	20～30；20	5	10	
105. 芝麻	*Sesamum indicum* L.	TP	20～30	3	6	
106. 田菁	*Sesbania cannabina*（Retz.）Pers.	TP；BP	20～30；25	5	7	
107. 粟	*Setaria italica*（L.）Beauv.	TP；BP	20～30	4	10	
108. 茄子	*Solanum melongena* L.	TP；BP；S	20～30；30	7	14	
109. 高粱	*Sorghum bicolor*（L.）Moench	TP；BP	20～30；25	4	10	预先冷冻
110. 菠菜	*Spinacia oleracea* L.	TP；BP	15；10	7	21	预先冷冻
111. 黎豆	*Stizolobium* spp.	BP；S	20～30；20	5	7	
112. 番杏	*Tetragonia tetragonioides*（Pallas）Kuntze	BP；S	20～30；20	7	35	除去果肉；预先洗涤

（续）

种（变种）名	学名	发芽床	温度（℃）	初次计数时间（d）	末次计数时间（d）	附加说明，包括解除休眠的建议
113. 婆罗门参	*Tragopogon porrifolius* L.	TP；BP	20	5	10	预先冷冻
114. 小黑麦	×*Triticosecale* Wittm.	TP；BP；S	20	4	8	预先冷冻；GA_3
115. 小麦	*Triticum aestivum* L.	TP；BP；S	20	4	8	预先加温（30～35℃）；预先冷冻；GA_3
116. 蚕豆	*Vicia faba* L.	BP；S	20	4	14	预先冷冻
117. 箭筈豌豆	*Vicia sativa* L.	BP；S	20	5	14	预先冷冻
118. 毛叶苕子	*Vicia villosa* Roth	BP；S	20	5	14	预先冷冻
119. 赤豆	*Vigna angularis* （Willd） Ohwi et Ohashi	BP；S	20～30	4	10	
120. 绿豆	*Vigna radiata* （L.） Wilczek	BP；S	20～30；25	5	7	
121. 饭豆	*Vigna umbellata* （Thunb.） Ohwi et Ohashi	BP；S	20～30；25	5	7	
122. 长豇豆	*Vigna unguiculata* W. subsp. *sesquipedalis* （L.） Verd.	BP；S	20～30；25	5	8	
123. 矮豇豆	*Vigna unguiculata* W. subsp. *unguiculata* （L.） Verd.	BP；S	20～30；25	5	8	
124. 玉米	*Zea mays* L.	BP；S	20～30；25；20	4	7	

二、数取试验样品

从充分混匀的净种子中随机数取一定数量的供试样品，一般数量是400粒。净种子可以从净度分析后的净种子中随机数取，也可以从试验样品中直接随机数取。一般小中粒种子（例如水稻、小麦、油菜等）以100粒为1个重复，试验设4个重复；大粒种子（例如玉米、大豆、棉花等）以50粒为1个副重复，试验设8个副重复；特大粒种子（例如花生、蚕豆等）以25粒为1个副重复，试验设16个副重复。

复胚种子单位（multigerm seed unit）可视为单粒种子进行试验，不需弄破（分开），但芫荽例外。

三、种子置床培养

1. 种子置床　种子置床可采用合适的真空数种器和活动数粒板。置床要求种子试样均匀分布，每粒种子之间留有足够的生长空间，并防止发霉种子的相互感染。此外，每粒种子均应良好接触水分，使发芽条件一致。

种子置床后，在发芽容器底盘的侧面贴上或内侧放上标签，注明样品编号、品种名称、重复序号和置床日期，然后盖好容器盖或套一薄膜塑料袋。

2. 种子培养　按表14－1规定的发芽条件选择适宜的温度，将发芽箱调至发芽所需温度，然后将置床后的培养器皿放进发芽箱里进行恒温或变温培养。一般农作物种子最好给予人工光照或自然光照，以利幼苗鉴定。如果发芽箱具有调湿功能，应使箱内保持95%以上的相对湿度。新收获的休眠种子对发芽温度要求特别严格，建议选用表14-1中几种恒温中的较低温度或变温。例如西瓜种子，规定温度有20～30℃、30℃、25℃，则应选用20～30℃变温或25℃恒温。陈种子也以选用其中的变温或较低恒温发芽为好。变温通常应保持低温16h、高温8h。

四、检查管理

种子发芽期间，应及时检查管理，以保持适宜的发芽条件。发芽床应始终保持湿润，水分不能过多也不能过少，以保持适宜的发芽水分。温度应保持在所需温度的±2℃范围内。防止因控温部件失灵、断电、电器损坏等意外事故造成的温度失控。如果进行变温发芽，则应按规定时间变换温度。如果发现霉菌滋生，应及时取出发霉种子洗涤去霉，当发霉种子超过5%时，应调换发芽床，以免霉菌传染。如果发现腐烂死亡种子，则应及时将其移去并记载。还应注意通气，避免因缺氧而使正常发芽受到影响。

五、观察记载

1. 试验持续时间 每种作物的发芽试验持续时间见表14-1，试验前或试验期间用于解除休眠（采用表14-1第7栏的“附加说明”中推荐的方法，或其他方法解除休眠）处理所需时间不作为发芽试验时间。如果样品在规定试验时间内只有几粒种子开始发芽，则试验时间可延长7d或规定试验时间的一半。根据试验情况，可增加计数次数。反之，如果在规定试验时间结束前，样品已达到最高发芽率，则可提前结束。

2. 鉴定幼苗和观察计数 每株幼苗都必须按规定标准进行鉴定。鉴定要在幼苗主要构造发育到一定时期时进行。根据物种的不同，试验中绝大部分幼苗应达到子叶从种皮中伸出（例如莴苣属）、初生叶展开（例如菜豆属）、叶片从胚芽鞘中伸出（例如小麦属）。尽管一些种（例如胡萝卜）在试验末期，并非所有幼苗的子叶都从种皮中伸出，但至少在末次计数时可以清楚地看到子叶基部的“颈”。具体鉴定标准将在本章第五节中介绍。

在初次计数时，应把发育良好的正常幼苗从发芽床（仅指纸床）中拣出。对可疑的或损伤、畸形或不均衡的幼苗，通常留到末次计数时进行记录。严重腐烂的幼苗或发霉的种子应及时从发芽床中除去，并计数。

在末次计数时，按正常幼苗、不正常幼苗、新鲜不发芽种子、硬实和死种子鉴定、分类计数并记载。复胚种子单位作为单粒种子计数，试验结果用至少产生一个正常幼苗的种子单位比例（%）表示。当送验者提出要求时，也可测定100个种子单位所产生的正常幼苗数，或产生1株、2株及2株以上正常幼苗的种子单位数。

六、重新试验

当试验出现以下情况时，应重新试验。

①怀疑种子有休眠（即有较多的新鲜不发芽种子）时，可采用休眠种子的处理方法解除休眠后，进行重新试验，将得到的最佳结果填报，同时注明所用的方法。

②由于真菌或细菌的蔓延而使试验结果不一定可靠时，可采用砂床或土壤床进行重新试验。如有必要，应加大种子之间的距离。

③当正确鉴定幼苗困难时，可采用表 14－1 中规定的一种或几种方法用砂床或土壤床进行重新试验。

④当发现试验条件、幼苗鉴定或计数有差错时，应采用同样方法进行重新试验。

⑤当 100 粒种子重复间的差距超过表 14－2 规定的最大容许差距时，应采用同样的方法进行重新试验。如果第二次结果与第一次结果的差异不超过表 14－3 规定的容许差距，则将两次试验结果的平均数填报在结果单上。如果第二次结果与第一次结果的差异超过表 14－3 规定的容许差距，则采用同样的方法进行第三次试验，用第三次的试验结果分别与第一次和第二次的试验结果进行比较，填报符合要求的两次结果的平均数。

若第三次试验仍然得不到符合要求的试验结果，则应考虑是否在人员操作（例如是否因为使用数种设备不当，造成试样误差太大等）、发芽设备或其他方面存在重大问题，无法得到满意的结果。

表 14－2　同一发芽试验 4 次重复间的最大容许差距（2.5%显著水平的两尾测定）

平均发芽率		最大容许差距
50%以上	50%以下	
99	2	5
98	3	6
97	4	7
96	5	8
95	6	9
93～94	7～8	10
91～92	9～10	11
89～90	11～12	12
87～88	13～14	13
84～86	15～17	14
81～83	18～20	15
78～80	21～23	16
73～77	24～28	17
67～72	29～34	18
56～66	35～45	19
51～55	46～50	20

表 14－3　同一或不同实验室来自相同或不同送验样品间发芽试验的容许差距

（2.5%显著水平的两尾测定）

平均发芽率		最大容许差距
50%以上	50%以下	
98～99	2～3	2
95～97	4～6	3
91～94	7～10	4
85～90	11～16	5
77～84	17～24	6
60～76	25～41	7
51～59	42～50	8

七、结果计算和报告

1. 结果计算 发芽试验结果以正常幼苗数的比例（%）表示。计算时，以100粒种子为1个重复，如采用50粒或25粒的副重复，则应将相邻副重复合并成100粒的重复。

$$发芽势=\frac{初次计数正常幼苗数}{供检种子粒数}\times100\%$$

$$发芽率=\frac{末次计数正常幼苗数}{供检种子粒数}\times100\%$$

检查4次重复的发芽率是否在容许差距范围内。若一个试验4次重复的最高发芽率和最低发芽率之差在最大容许差距范围内（表14-2），则取其平均数表示该批种子的发芽率。不正常幼苗、硬实、新鲜不发芽种子、死种子的比例取4次重复的平均数。正常幼苗、不正常幼苗、未发芽种子（硬实、新鲜不发芽种子和死种子）的比例之和应为100%。正常幼苗比例（%）修约至最接近的整数，0.5进位。如果其总和不是100，则执行下列程序：在不正常幼苗、硬实、新鲜不发芽种子和死种子中，首先找出比例（%）中小数部分最大者，修约此数至最大整数，并作为最终结果。然后计算其余成分比例（%）的整数，获得其总和，如果总和为100，修约程序到此结束，如果不是100，重复此程序；如果小数部分相同，优先次序为不正常幼苗、硬实、新鲜不发芽种子和死种子。

2. 结果报告 填报发芽结果时，须填报正常幼苗、不正常幼苗、硬实、新鲜不发芽种子和死种子的比例（%）。假如其中任何一项结果为零，则填写为“-0-”。

同时还须填报采用的发芽床、温度、试验持续时间以及为解除休眠、促进发芽所采用的方法，以提供评价种子种用价值的全面信息。

第四节 快速发芽试验方法

在种子工作中，当遇到时间紧迫，急需了解种子发芽力的情况时，可采用快速发芽试验。快速发芽试验主要是利用适当的高温、高湿加速种子吸胀，促进种子内部的生理生化代谢，或是除去种子发芽的阻碍因素，加速种子发芽。但快速发芽试验不适合作为正规检验方法。下面介绍几种种子快速发芽试验方法。

一、玉米剥去胚部种皮法

玉米的果皮比较坚韧，并且果柄覆盖胚根尖端，阻碍了种胚的生长。如果将果柄切除，并撕去种胚部位的果皮，就会促进种子的发芽。数取玉米种子400粒，分成4个重复，每个重复100粒。在30～35℃温水中浸种3～4h，取出种子，有胚的一面朝下，用锋利刀片切下胚根尖端果柄，但不能切断下面种皮，用手指捏住果柄撕下胚部外边果种皮，再置于砂床中，35℃下培养2d，计算发芽率。

二、水稻去壳法

用出糙机将水稻种子的谷壳（包括内稃和外稃）除去后，取完整米粒400粒，分成4个重复，每个重复100粒。在30℃温水中浸种3～4h或在室温下浸种12h，取出米粒，置于纸床，放入 30℃的发芽箱中发芽，籼稻经 48h、粳稻经 36h 后检查计算发芽率。发芽期间，由于失去谷壳的保护米粒易受霉菌侵染，应注意每天检查有无发霉种子。如有霉菌滋生，应将发霉种子取出冲洗后放回原处继续发芽，腐烂种子则应除去并记载。

三、棉花硫酸脱绒切割法

数取棉花净种子 4 份，每份 100 粒。置于烧杯中，加入适量浓硫酸，立即用玻璃棒搅拌，待棉子上的短绒脱去后迅速用流水冲洗，直至无酸性为止。然后将脱绒后的棉子置于垫板上，用刀片在内脐附近斜切长约为种子长度的 1/4 的小口，再将种子切口向下平摆在适宜水分的砂床上，其上先盖一层湿纱布，再盖一层湿砂（0.5cm 厚），贴标签后放于 35℃的发芽箱内发芽，经 48h 后检查计算发芽率。

四、菠菜剥壳法

数取菠菜种子 4 份，各 100 粒。先用剪刀剪去一小部分果皮，但须注意不伤及种子，再剥去整个果皮。然后置于砂床上，移置 15℃或 20℃下培养 7d，检查计算发芽率。

第五节　幼苗鉴定

发芽结束时，要对幼苗进行鉴定，分为正常幼苗和不正常幼苗。根据种子发芽定义，只有长成正常幼苗的种子才能计入发芽种子数。这就需要了解不同种子幼苗的主要构造和鉴定标准。

一、幼苗鉴定总则

（一）正常幼苗

正常幼苗（normal seedling）指在良好土壤及适宜水分、温度和光照条件下，能继续生长发育成为正常植株的幼苗。正常幼苗有如下 3 种类型。

1. 完整幼苗　完整幼苗的主要构造生长良好、完全、匀称和健康。因种不同，应具有下列一些构造。

（1）发育良好的根系　其组成如下：①细长的初生根，通常长满根毛，末端细尖；②在规定试验时期内产生的次生根；③在燕麦属、大麦属、黑麦属、小麦属和小黑麦属中，由数条种子根代替 1 条初生根。

（2）发育良好的幼苗中轴　其组成如下：①子叶出土型发芽的幼苗，应具有 1 个直立、细长并有伸长能力的下胚轴；②子叶留土型发芽的幼苗，应具有 1 个发育良好的上胚轴；③在有些子叶出土型发芽的属（例如菜豆属、花生属）中，应同时具有伸长的上胚轴和下胚轴；④在禾本科的一些属（例如玉米属、高粱属）中，应具有伸长的中胚轴。

（3）具有特定数目的子叶　①单子叶植物具有 1 片子叶，子叶可为绿色和呈圆管状（葱属），或变形而全部或部分遗留在种子内（例如石刁柏、禾本科）；②双子叶植物具有 2 片子叶，在子叶出土型发芽的幼苗中，子叶为绿色，展开呈叶状；在子叶留土型发芽的幼苗中，子叶为半球形和肉质状，并保留在种皮内。

（4）具有展开、绿色的初生叶　①在互生叶幼苗中有 1 片初生叶，有时先发生少数鳞状叶，例如豌豆属、石刁柏属、巢菜属；②在对生叶幼苗中有 2 片初生叶，例如菜豆属。

（5）具有一个顶芽或苗端。

（6）在禾本科植物中有一个发育良好、直立的胚芽鞘 其中包着1片绿叶延伸到顶端，最后从芽鞘中伸出。

2. 带有轻微缺陷的幼苗 幼苗的主要构造出现某种轻微缺陷，但在其他方面能均衡生长，并与同一试验中的完整幼苗相当。有下列缺陷则为带有轻微缺陷的幼苗。

（1）初生根 ①初生根局部损伤，或生长稍迟缓；②初生根有缺陷，但次生根发育良好，特别是豆科中一些大粒种子的属（例如菜豆属、豌豆属、巢菜属、花生属、豇豆属和扁豆属）、禾本科中的一些属（例如玉米属、高粱属和稻属）、葫芦科所有属（例如甜瓜属、南瓜属、西瓜属）和锦葵科所有属（例如棉属）；③燕麦属、大麦属、黑麦属、小麦属和小黑麦属中只有1条强壮的种子根。

（2）胚轴 下胚轴、上胚轴或中胚轴局部损伤。

（3）子叶（采用50%规则） ①子叶局部损伤，但子叶组织总面积的一半或一半以上仍保持着正常的功能，并且幼苗顶端或其周围组织没有明显的损伤或腐烂；②双子叶植物仅有1片正常子叶，但其幼苗顶端或其周围组织没有明显的损伤或腐烂。

（4）初生叶 ①初生叶局部损伤，但其组织总面积的一半或一半以上仍保持着正常的功能（采用50%规则）；②顶芽没有明显的损伤或腐烂，有1片正常的初生叶，例如菜豆属；③菜豆属的初生叶形状正常，大于正常大小的1/4；④具有3片初生叶而不是2片，例如菜豆属（采用50%规则）。

（5）胚芽鞘 ①胚芽鞘局部损伤；②胚芽鞘从顶端开裂，但其裂缝长度不超过胚芽鞘的1/3；③受内外稃或果皮的阻挡，胚芽鞘轻度扭曲或形成环状；④胚芽鞘内的绿叶，没有延伸到胚芽鞘顶端，但至少要达到胚芽鞘的一半。

3. 次生感染的幼苗 由真菌或细菌感染引起，使幼苗主要构造发病和腐烂，但有证据表明病原不来自种子本身。

（二）不正常幼苗

以下3种类型为不正常幼苗。

1. 受损伤的幼苗 由机械处理、加热、干燥、昆虫损害等外部因素引起，使幼苗构造残缺不全或受到严重损伤，以至于不能均衡生长者为受损伤的幼苗。

2. 畸形或不匀称的幼苗 由于内部因素引起生理紊乱，幼苗生长细弱，或存在生理障碍，或主要构造畸形，或不匀称者为畸形或不匀称的幼苗。

3. 腐烂幼苗 由初生感染（病原来自种子本身）引起，使幼苗主要构造发病和腐烂，并妨碍其正常生长者为腐烂幼苗。

二、几种主要作物幼苗鉴定特点

1. 水稻幼苗鉴定特点 水稻为单子叶植物，子叶留土发芽，在幼苗鉴定时，考虑次生根的生长状况。如初生根有缺陷，但次生根发育良好，也为正常幼苗（图14-1）。

2. 玉米幼苗鉴定特点 玉米为单子叶植物，子叶留土发芽，在幼苗鉴定时，考虑次生根的生长状况。如初生根有缺陷，但次生根发育良好，也为正常幼苗（图14-2）。

3. 大豆幼苗鉴定特点 大豆为双子叶植物，子叶出土发芽，幼苗上胚轴不伸长，在幼苗鉴定时，必须具备初生根（图14-3）。

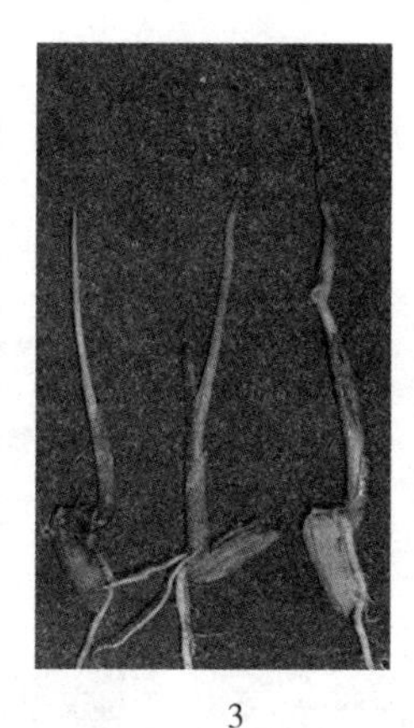
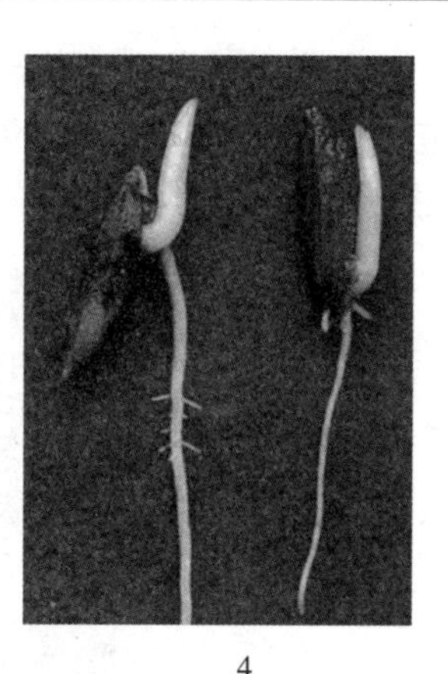

1　2　3　4

图 14-1　水稻几种不正常幼苗

1. 根未充分发育或缺失　2. 茎畸形　3. 幼苗严重初生感染　4. 胚芽鞘空、第1叶缺失

（引自 Leist，2006）

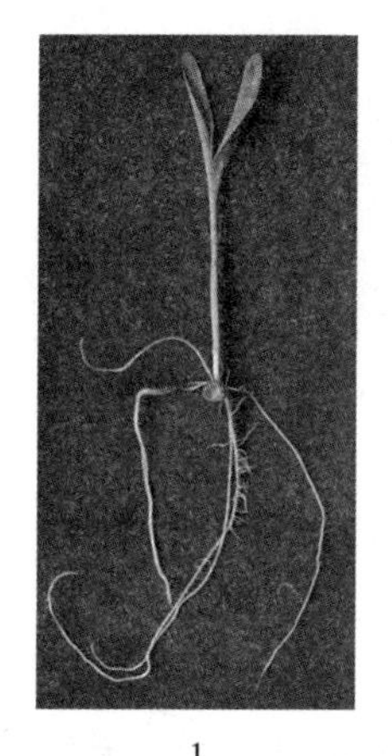
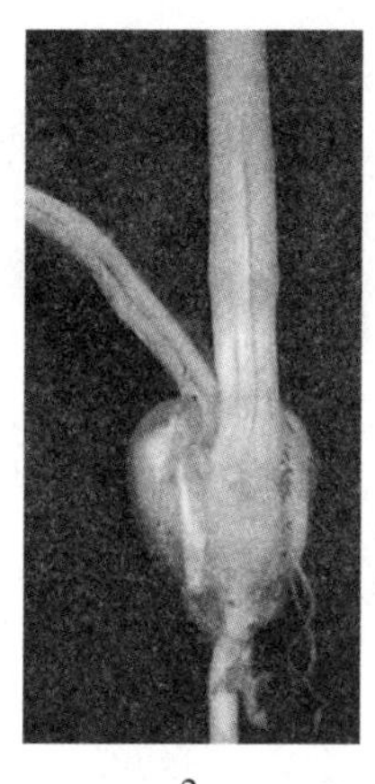
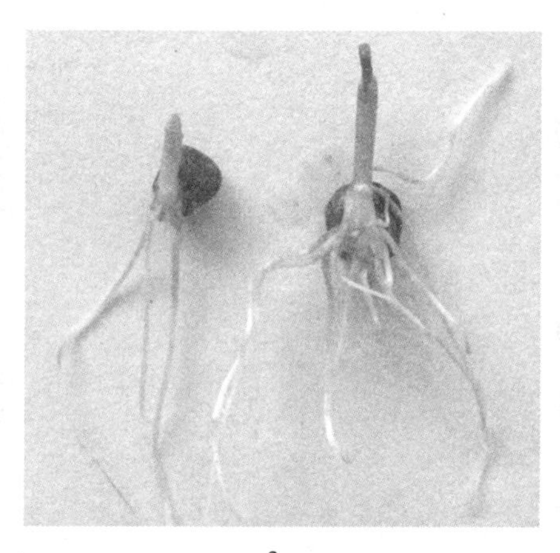
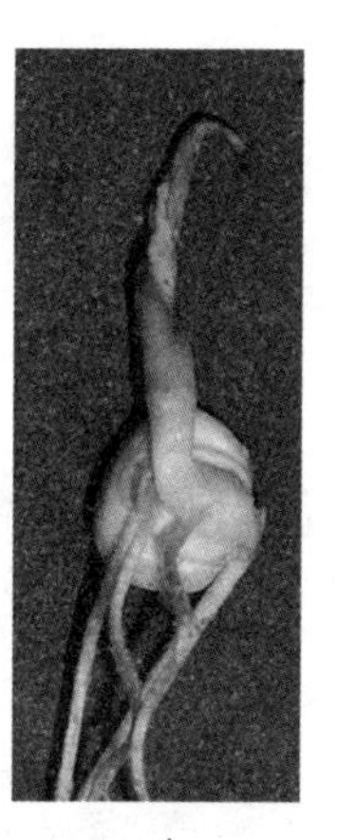

1　2　3　4

图 14-2　玉米幼苗鉴定

1. 正常幼苗　2. 不正常幼苗（胚芽鞘基部开裂）　3. 不正常幼苗（茎肿胀并畸形）

4. 不正常幼苗（初生感染）

（引自 Leist，2006）

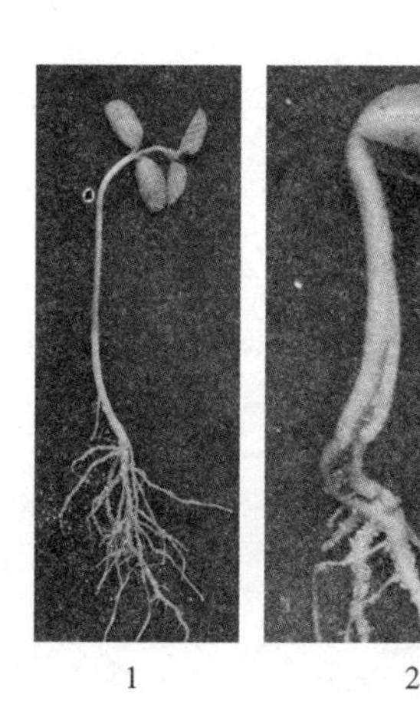

1　2

图 14-3　大豆幼苗鉴定

1. 正常幼苗

2. 不正常幼苗（幼苗胚轴深度开裂）

（引自 Leist，2006）

4. 黄瓜幼苗鉴定特点 黄瓜为双子叶植物，子叶出土发芽，幼苗上胚轴不伸长，在幼苗鉴定时，考虑次生根的生长状况。如果初生根有缺陷，但次生根发育良好，也为正常幼苗（图 14 - 4）。

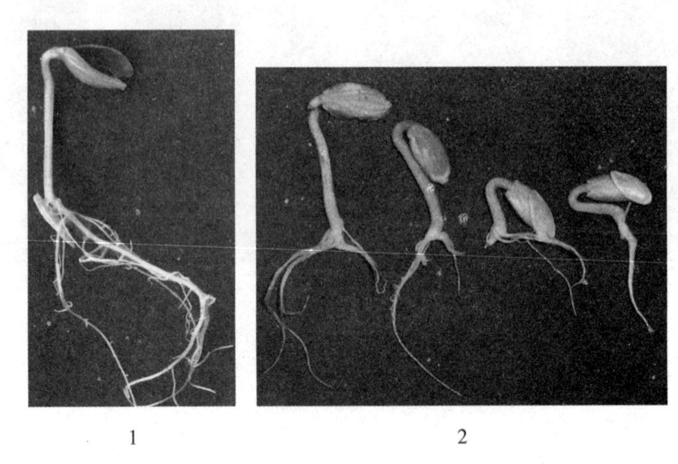

图 14 - 4 黄瓜幼苗鉴定

1. 正常幼苗 2. 不正常幼苗（根畸形）

（引自 Leist，2006）

思考题

1. 如何区分正常幼苗和不正常幼苗？
2. 种子发芽包括哪些步骤？
3. 什么情况下，需要重新进行发芽试验？
4. 幼苗鉴定如何正确应用 50%规则？初生叶形状正常，只是叶片面积较小时，能否应用 50%规则？
5. 如何加快种子的发芽？

第十五章 种子水分测定

第一节　种子水分的定义和测定意义

一、种子水分定义

种子水分（seed moisture content）也称为种子含水量，是指种子内自由水和束缚水的重量占种子原始重量的比例（%），也就是按规定程序把种子样品烘干所失去的重量占供检样品原始重量的比例（%）。通常用湿种子重量为基数（湿基）的比例（%）来表示。

$$种子水分=\frac{试样烘前重量-试样烘后重量}{试样烘前重量}\times 100\%$$

如用种子烘干失去的重量占种子烘后重量的比例（%）表示种子水分，则为干基水分。如果没有特殊说明，通常所说的水分都是湿基水分。

二、种子水分测定的意义

1. 确定种子的最佳收获时间　随着成熟度的提高，种子水分逐渐降低。种子水分过高或过低时，机械收获都容易造成子粒损伤，降低种子质量。因此测定种子水分可以作为种子收获的参考指标。

2. 指导种子合理干燥、包装和运输　不同水分的种子干燥方法、包装要求和运输管理有所不同，水分高的种子不能高温快速干燥，应缓慢脱水，否则会降低种子的发芽率；高水分的种子贮藏时，种子堆放时应注意种垛间的距离和高度，注意通风。

3. 保证种子的安全贮藏　种子的水分直接关系到种子的安全贮藏，一般情况下，水分越高越不利于种子贮藏。在种子入库贮藏时，需对其水分进行测定，以便确定是否达到入库的要求，并根据种子水分不同采取不同的管理措施，以保证种子安全贮藏。

4. 评价种子质量　我国现行的《农作物种子质量标准》对不同作物种子的水分做出了规定，水分测定值是种子质量评定的 4 个指标之一。

第二节　种子水分测定方法

我国现行《农作物种子检验规程》规定种子水分测定的标准方法为烘干减重法。根据烘干时所采用的温度和程序，将测定的标准方法分为 3 种：低恒温烘干法、高恒温烘干法和高水分种子预先烘干法。

一、种子水分测定仪器设备

1. 恒温干燥箱 恒温干燥箱主要由加热部分（电热丝）、保温部分（箱体）和调温部分（恒温控制器）组成（图 15－1）。温度显示由温度计或电子显示，温度控制范围一般为 0～200 ℃或 50～300 ℃；控温精度为±1 ℃；加热到预定温度的干燥箱，打开并放入样品后，可在 15 min 内回升到所需温度；箱体隔热、密闭及绝缘性能良好，箱体各部分温度均匀一致，配有可移动铁丝网架等。

2. 电动粉碎机 电动粉碎机（图 15－2）用于磨碎种子样品。为满足测定水分的需要，对粉碎机有如下要求：①需用不吸湿的材料制成；②要求粉碎机结构密闭，使需磨碎的种子和磨碎的材料在磨碎过程中尽可能避免室内空气的影响；③磨碎速度要均匀，不使磨碎材料发热；④可调节到种子检验规程所规定的磨碎细度，需备有孔径为 0.5 mm、1.0 mm、4.0 mm 的金属筛片。

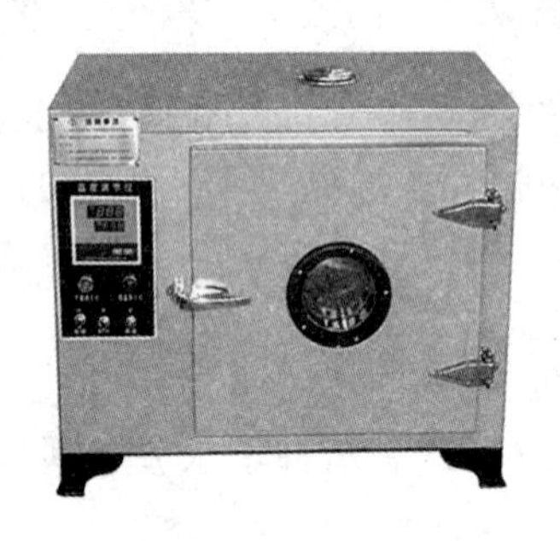

图 15－1 恒温干燥箱

图 15－2 电动粉碎机

3. 样品盒 常用的样品盒是铝盒，盒和盖标有相同的号码。样品盒分为两种规格：①小型样品盒，直径为 5.5 cm，高度为 2.5 cm，可放试样 4～5 g，对样品直接烘干时用；②中型样品盒，直径等于或大于 8 cm，一般用于高水分种子第一次烘干时使用。样品在样品盒内的分布不超过 $0.3 g/cm^2$，这样可以保证在规定时间内样品中的水分能全部蒸发。

4. 干燥器和干燥剂 干燥器主要是用于样品烘干后冷却，防止回潮影响测定结果的准确性。干燥器一般由厚质玻璃制成（图 15－3），使用时在底部放入干燥剂。目前广泛使用的干燥剂为变色硅胶，它吸湿后由蓝色变为粉红色，通过加热除湿可重复使用。

5. 天平 天平的精确度应达到 0.001 g，即感量为 0.001 g 的天平，现多用电子天平。

图 15－3 干燥器和变色硅胶干燥剂

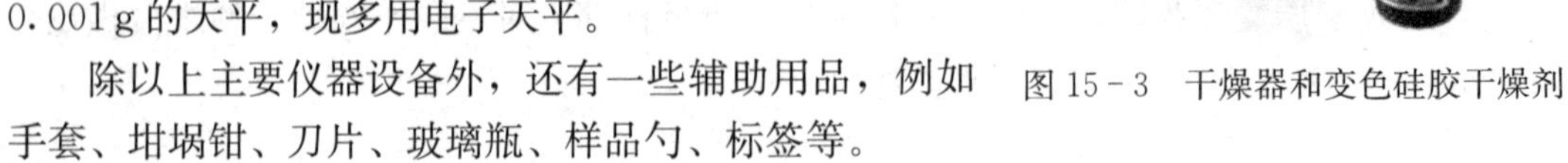

除以上主要仪器设备外，还有一些辅助用品，例如手套、坩埚钳、刀片、玻璃瓶、样品勺、标签等。

二、低恒温烘干法

1. 适用范围 低恒温烘干法适用于脂肪含量较高的作物种子，包括葱属（*Allium*）、花生（*Arachis hypogaea*）、芸薹属（*Brassica*）、辣椒属（*Capsicum*）、大豆（*Glycine max*）、棉属（*Gossypium*）、向日葵（*Helianthus annuus*）、亚麻（*Linum usitatissimum*）、

萝卜（*Raphanus sativus*）、蓖麻（*Ricinus communis*）、芝麻（*Sesamum indicum*）、茄子（*Solanum melongena*）等。

低恒温烘干必须在相对湿度 70%以下的室内进行。

2. 样品处理　供水分测定的送验样品的重量，需要磨碎的种子不少于 100 g，不需要磨碎的种子不少于 50 g。首先将装在密封容器内的送验样品充分混合，其混合方法是用匙在样品罐内搅拌或将原样品罐的罐口对准另一个同样大小的空罐口，把种子在两个容器间往返倾倒，不少于 3 次。然后从中分别取出两个独立的试验样品 15～25 g，放入磨口瓶中。需磨碎的样品按表 15-1 要求进行处理后立即装入磨口瓶中备用，最好立即称样，以减少样品水分变化。

表 15-1　必须磨碎的种子种类及磨碎细度

（引自 GB/T 3543.6—1995）

作物种类	磨碎细度
燕麦属（*Avena*） 水稻（*Oryza sativa*） 甜荞（*Fagopyrum esculentum*） 苦荞（*Fagopyrum tataricum*） 黑麦（*Secale cereale*） 高粱属（*Sorghum*） 小麦属（*Triticum*） 玉米（*Zea mays*）	至少有 50%的磨碎成分通过 0.5 mm 筛孔的金属丝筛，而留在 1.0 mm 筛孔的金属丝筛子上的不超过 10%
大豆（*Glycine max*） 菜豆属（*Phaseolus*） 豌豆（*Pisum sativum*） 西瓜（*Citrullus lanatus*） 巢菜属（*Vicia*）	需要粗磨，至少有 50%的磨碎成分通过 4.0 mm 筛孔
棉属（*Gossypium*） 花生（*Arachis hypogaea*） 蓖麻（*Ricinus communis*）	磨碎或切成薄片

3. 称取试验样品　先将样品盒预先烘干、冷却、称量，并记下盒号（两次重复）。将处理好的样品在瓶内混匀，在感量 0.001 g 天平上称取试验样品 4.5～5.0 g 两份，以试验样品在铝盒底部面积的分布不超过 0.3 g/cm^2 为原则（注意取样时勿直接用手触摸样品，用样品勺取样）。将试样放入预先烘干和称量过的铝盒内称量（精确至 0.001 g）。

4. 样品烘干　提前将烘箱预热至 110～115 ℃，轻微振荡样品盒以使样品在盒中摊平。打开箱门，迅速将装有样品的样品盒放入烘箱中并打开盒盖。样品盒一般放在烘箱的上层，迅速关闭烘箱门，使箱温在 5～10 min 内回升至 103 ℃±2 ℃，然后开始计算时间，烘 8 h。《国际种子检验规程》规定的烘干时间为 17 h±1 h。

5. 烘干后样品称量　打开烘箱，用坩埚钳或戴上手套，在烘箱内盖好样品盒盖，取出后放入干燥器内，冷却至室温（一般需 20～30 min）。然后取出用天平称量（精确至 0.001 g）。

6. 结果计算　首先，根据下列公式分别计算两个重复的种子水分，结果保留 1 位小数。

$$种子水分=\frac{m_2-m_3}{m_2-m_1}\times 100\%$$

式中，m_1 为样品盒和盖的重量（g），m_2 为样品盒和盖及样品的烘前重量（g），m_3 为样品盒和盖及样品的烘后重量（g）。

按上述公式分别计算两次重复样品的水分，两次重复间的水分结果之间相差不超过0.2%时，可以用两次重复的算术平均数作为该样品的水分，否则应按上述方法重新测定。

7. 结果报告 结果填报在检验结果报告单的规定空格中，水分结果的精确度为0.1%。

三、高温烘干法

1. 适用范围 高温烘干法适合脂肪含量较低的作物种子，例如芹菜（*Apium graveolens*）、石刁柏（*Asparagus officinalis*）、燕麦属（*Avena*）、甜菜（*Beta vulgaris*）、西瓜（*Citrullus lanatus*）、甜瓜属（*Cucumis*）、南瓜属（*Cucurbita*）、胡萝卜（*Daucus carota*）、甜荞（*Fagopyrum esculentum*）、苦荞（*Fagopyrum tataricum*）、大麦（*Hordeum vulgare*）、莴苣（*Lactuca sativa*）、番茄（*Lycopersicon esculentum*）、苜蓿属（*Medicago*）、草木樨属（*Melilotus*）、烟草（*Nicotiana tabacum*）、水稻（*Oryza sativa*）、黍属（*Panicum*）、菜豆属（*Phaseolus*）、豌豆（*Pisum sativum*）、鸦葱（*Scorzonera hispanica*）、黑麦（*Secale cereale*）、狗尾草属（*Setaria*）、高粱属（*Sorghum*）、菠菜（*Spinacia oleracea*）、小麦属（*Triticum*）、巢菜属（*Vicia*）和玉米（*Zea mays*）。

2. 样品处理和样品称量 操作方法与低恒温烘干法相同。

3. 样品烘干 首先将烘箱预热至140～145℃，打开箱门将试验样品迅速放入烘箱内，关好箱门。设置烘箱温度为130～133℃。待箱内温度回升至130～133℃时，开始计算时间，烘1h。《国际种子检验规程》中规定的烘干时间，玉米种子为4h，其他禾谷类种子为2h，其他作物种子为1h。

4. 结果计算和结果报告 具体操作方法同低恒温烘干法。

四、高水分种子预先烘干法

1. 适用范围 高水分种子预先烘干法也称为二次烘干法。此法适用于需磨碎或切片的高水分种子。当禾谷类种子水分超过18%，豆类和油料作物种子水分超过16%时，为高水分种子，必须采用高水分种子预先烘干法。因为高水分种子难以磨碎到规定的细度，而且在磨碎过程中容易丧失水分，影响测定结果的准确性，所以需采用预先烘干法。

2. 测定程序

（1）预烘 先从送验样品中称取两份试样（整粒种子）各25.00g±0.02g（感量为0.01g天平即可），置于直径大于8cm的样品盒内。其称量方法同低温烘干法。在103℃±2℃烘箱中预烘30min（油料种子用70℃预烘1h），取出放在室温下冷却并称量。

（2）二次烘干 将两份预烘并称量过的种子按照要求的方法磨碎处理，处理要求与低恒温烘干法相同。磨碎后，每份样品称取4.5～5.0g试样（精确到0.001g），再根据作物种子的种类，选用低恒温烘干法或高恒温烘干法进行烘干和称量，计算种子水分。

3. 计算 计算方法有以下两种。

①分别计算两次烘干各自的水分 S_1、S_2，计算方法按照每次烘干失去的重量占样品重量的百分数，然后代入下列公式计算最终的样品水分。

$$种子水分=S_1+S_2-\frac{S_1\times S_2}{100}$$

式中，S_1 为预烘（或第一次烘干）整粒烘干失去的水分（%），S_2 为二次烘干（或第二次烘干）后失去的水分（%）。注意：计算时 S_1、S_2 不带百分号（%）。

②直接将各步骤中测得的重量值代入下列公式进行计算。

$$种子水分=\frac{m_1\times m_3-m_2\times m_4}{m_1\times m_3}\times 100\%$$

式中，m_1 为整粒样品的重量（g），m_2 为整粒样品预烘后的重量（g），m_3 为磨碎试验样品的重量（g），m_4 为磨碎试验样品烘后的重量（g）。

两次重复间允许差距不得超过 0.2%，否则重做。

五、电子仪器测定法

按照电子水分仪的基本原理，可将目前应用的此类仪器分为电阻式、电容式、微波式、红外式等几种类型，我国目前的电子水分仪以电阻式和电容式最为普遍，微波式和红外式也有一定应用。

（一）电阻式水分测定仪

1. 电阻式水分测定仪的基本原理　种子中含有水分，其含量越高，导电性越强。在一闭合电路中，当电压不变时，电流与电阻呈反比。如把种子作为电阻接入电路中，种子水分越低，电阻越大，电流越小，反之，则电流越大。因此种子水分与电流呈正相关的线性关系。这样只要有不同水分的标准样品，就可在电表上刻出标准水分与电流变化的对应关系，即把电表的刻度转换成相应水分的刻度，或者经电路转换，数码管显示，就可直接读出水分值。

电阻是随着温度的高低而变化的，因此在不同温度条件下测定种子水分，还需进行温度校正。但有些水分测定仪，例如 Kett L 型数字显示谷物水分仪已用热敏补偿方法来解决，所以不需再进行温度校正。

2. Kett L 型数字显示谷物水分仪　Kett L 型数字显示谷物水分仪的内部装有微型计算器可对样品和仪器温度进行自动补偿和感应调节，不需换算就可测水稻、小麦、大麦等 5 种谷物的水分。仪器构造如图 15－4 所示。测定精确度为±0.1%。温度补偿为对偶自动补偿。水稻和大小麦种子的水分测量范围分别为 11%～30%和 10%～30%。

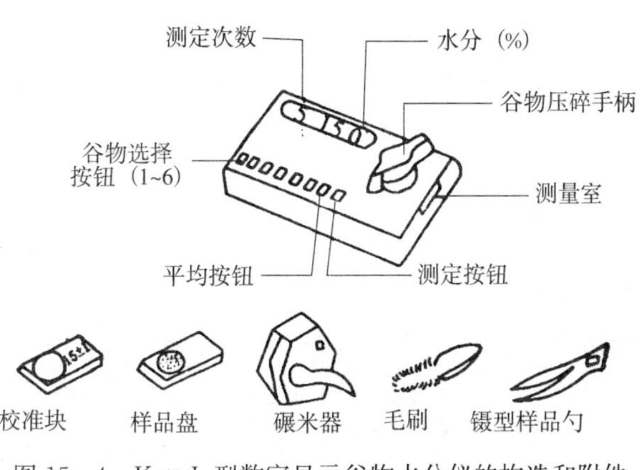

图 15－4　Kett L 型数字显示谷物水分仪的构造和附件

（二）电容式水分测定仪

1. 电容式水分测定仪的基本原理 电容是表示导体容纳电量的物理量。若将种子放入电容器中，其电容量与组成它的导体大小、形状、两导体间相对位置以及两导体间的电介质有关。如图15－5，当传感器（电容器）中种子高度（h）、外筒内径（D）、内圆柱外径（d）一定时，传感器的电容量为

$$C=0.24\varepsilon h/\lg(D/d)$$

把电介质放进电场中，就出现电介质的极化现象，结果使原有电场的电场强度被削弱。被削弱后的电场强度与原电场强度的比称为电介质的介电常数（ε），各种物质的介电常数不同，空气为1.000 585，种子干物质为10，水为81。当被测种子样品放入传感器中时，传感器的电容量数值将取决于该样品的介电常数，而种子样品的介电常数主要随种子水分的高低而变化，因此通过测定传感器的电容量，就可间接地测出被测样品的水分。

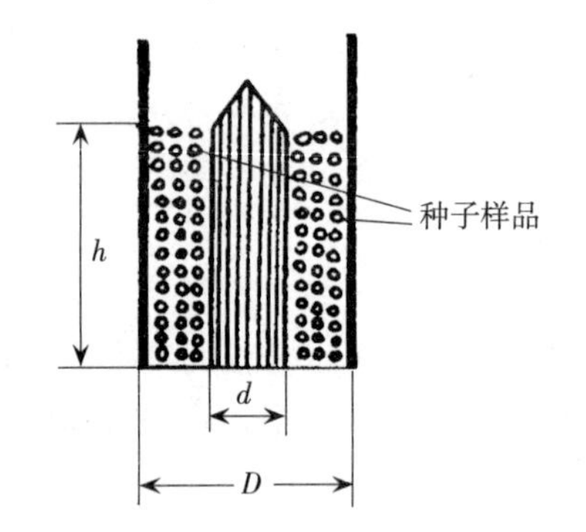

图15－5 传感器的构造

电容式水分测定仪类型很多，主要有帝强GAC2100Blue型水分仪、PM－8188凯特水分仪、DSR型电脑水分仪等。

2. PM－8188 凯特水分仪 PM－8188凯特水分仪外观见图15－6，其主要特点和性能如下。

（1）特点 可消除环境影响，提高测量精度。不需要将试样进行粉碎等前处理，按下测定键，并将试验样品放入测定容器即可测出水分值，操作便捷。

（2）设计原理 其设计原理为高频电容式（50 MHz）。

（3）测定作物种类 可测定的作物种子有小麦、玉米、大豆、大麦、绿豆、小米、高粱、油菜、红小豆、花生、大米和稻谷。

图15－6 PM－8188凯特水分仪

（4）测定范围 小麦为6.0%～40.0%，玉米为6.0%～40.0%，大豆为6.0%～30.0%，大麦为6.0%～40.0%，绿豆为6.0%～30.0%，小米为6.0%～30.0%，高粱为6.0%～30.0%，油菜为5.0%～30.0%，红小豆为6.0%～30.0%，花生仁为6.0%～15.0%，大米为9.0%～20.0%，稻谷为8.0%～35.0%。

（5）使用温度范围 使用温度范围为0～40℃。

思考题

1. 种子水分测定的意义体现在哪些方面？
2. 利用烘干减重法测定种子水分时，怎样才能获得准确的结果？
3. 什么情况下采用二次烘干法测定种子水分？为什么？
4. 阐述电容式水分测定仪的原理。

第十六章

品种真实性和纯度鉴定

第一节　品种真实性和纯度的含义及鉴定方法

一、品种真实性和纯度的含义

品种纯度检验包括品种真实性（genuineness 或 trueness）和品种纯度（purity）两方面的检验，这两个指标与品种的遗传基础有关系，属于品种的遗传品质。

1. 品种真实性　品种真实性是指一批种子所属品种、种或属与文件描述是否相符合。如果种子真实性有问题，品种纯度检验就毫无意义了。这是鉴定种子样品的真假。

2. 品种纯度　品种纯度是指品种个体与个体之间在特征特性方面典型一致的程度，用本品种的种子数（或株数、穗数）占供检验本作物样品种子数（或株数、穗数）的比例（%）表示。这是鉴定品种一致性程度的高低。

只有当送验者对样品所属的种或品种已有说明，并具有可用于比较标准样品时，品种真实性和纯度鉴定才有效。

二、品种真实性和纯度鉴定的意义

品种真实性和品种纯度是保证良种优良遗传特性得以充分发挥的前提，是正确评定种子等级的重要指标。因此品种真实性和品种纯度鉴定在种子生产、加工、贮藏及经营贸易中具有重要意义和应用价值。研究表明，玉米种子纯度每降低 1%，造成的减产幅度就会接近 1%。在杂交稻种子生产中，亲本纯度每降低 1%，制种田纯度就会下降 6%～7%，粮食生产就会减产 10%左右。在农业生产中，除种子纯度影响外，假种子的影响更大，有时会造成绝产。

三、品种真实性和纯度鉴定的方法

品种真实性和纯度鉴定方法根据其所依据的鉴定原理不同主要可分为形态鉴定（包括子粒形态鉴定、种苗形态鉴定和植株形态鉴定）、物理化学法鉴定、生理生化法鉴定（包括电泳法鉴定、色谱法鉴定、免疫技术鉴定）、细胞学方法鉴定和分子生物学方法鉴定等。根据鉴定场所分类有田间检验、室内鉴定及田间小区鉴定 3 种方法。还可依据鉴定的对象分为种子纯度鉴定、幼苗纯度鉴定和植株纯度鉴定。无论采取哪一种鉴定方法，都要求准确可靠，简单易行。

第二节　品种纯度的室内鉴定

一、子粒形态鉴定

子粒形态鉴定特别适合于子粒形态性状丰富、粒型较大的作物。在鉴定时应注意因环境影响易引起变异的子粒性状。同时该方法易受主观因素的影响，种子检验员须积累丰富的经验。

1. 鉴定方法　随机从送验样品中数取400粒种子，鉴定时需设重复，每个重复不超过100粒种子。根据种子的形态特征，必要时可借助放大镜等工具，逐粒观察，必须备有标准样品或鉴定图片和其他相关资料，鉴定颜色性状时，种子应放在白炽光或者特定光谱下（例如紫外线），区分出本品种和异品种种子，计数，并按下列公式计算品种纯度。

$$品种纯度=\frac{供检种子数-异品种种子数}{供检种子数}\times 100\%$$

测定结果（x）是否符合国家种子质量标准值或标签值（a）要求，可查表16-1判别。如果$|a-x|\geqslant$容许差距，说明不符合国家种子质量标准值或标签值要求。

例如杂交玉米种子纯度的国家标准为96.0%，查表16-1：规定值96%，n=400株时，容许差距为1.6%。如果抽检结果为94.5%，比规定值低（1.5%<1.6%），表明这批玉米种子是合格的。

2. 查对允许差距　品种纯度是否达到国家标准种子质量标准、合同和标签的要求，可查表16-1进行判别。

表16-1　品种纯度的容许差距（5%显著水平的一尾测定）

标准规定值		样本株数、苗数或种子粒数							
50%以上	50%以下	50	75	100	150	200	400	600	1 000
100	0	0	0	0	0	0	0	0	0
99	1	2.3	1.9	1.6	1.3	1.2	0.8	0.7	0.5
98	2	3.3	2.7	2.3	1.9	1.6	1.2	0.9	0.7
97	3	4.0	3.3	2.8	2.3	2.0	1.4	1.2	0.9
96	4	4.6	3.7	3.2	2.6	2.3	1.6	1.3	1.0
95	5	5.1	4.2	3.6	2.9	2.5	1.8	1.5	1.1
94	6	5.5	4.5	3.9	3.2	2.8	2.0	1.6	1.2
93	7	6.0	4.9	4.2	3.4	3.0	2.1	1.7	1.3
92	8	6.3	5.2	4.5	3.7	3.2	2.2	1.8	1.4
91	9	6.7	5.5	4.7	3.9	3.3	2.4	1.9	1.5
90	10	7.0	5.7	5.0	4.0	3.5	2.5	2.0	1.6
89	11	7.3	6.0	5.2	4.2	3.7	2.6	2.1	1.6
88	12	7.6	6.2	5.4	4.4	3.8	2.7	2.2	1.7
87	13	7.9	6.4	5.5	4.5	3.9	2.8	2.3	1.8
86	14	8.1	6.6	5.7	4.7	4.0	2.9	2.3	1.8
85	15	8.3	6.8	5.9	4.8	4.2	3.0	2.4	1.9

（续）

标准规定值		样本株数、苗数或种子粒数							
50%以上	50%以下	50	75	100	150	200	400	600	1 000
84	16	8.6	7.0	6.1	4.9	4.3	3.0	2.5	1.9
83	17	8.8	7.2	6.2	5.1	4.4	3.1	2.5	2.0
82	18	9.0	7.3	6.3	5.2	4.5	3.2	2.6	2.0
81	19	9.2	7.5	6.5	5.3	4.6	3.2	2.6	2.1
80	20	9.3	7.6	6.6	5.4	4.7	3.3	2.7	2.1
79	21	9.5	7.8	6.7	5.5	4.8	3.4	2.7	2.1
78	22	9.7	7.9	6.8	5.6	4.8	3.4	2.8	2.2
77	23	9.8	8.0	7.0	5.7	4.9	3.5	2.8	2.2
76	24	10.0	8.1	7.1	5.8	5.0	3.5	2.9	2.2
75	25	10.1	8.3	7.1	5.8	5.1	3.6	2.9	2.3
74	26	10.2	8.4	7.2	5.9	5.1	3.6	3.0	2.3
73	27	10.4	8.5	7.3	6.0	5.2	3.7	3.0	2.3
72	28	10.5	8.6	7.4	6.1	5.2	3.7	3.0	2.3
71	29	10.6	8.7	7.5	6.1	5.3	3.8	3.1	2.4
70	30	10.7	8.7	7.6	6.2	5.4	3.8	3.1	2.4
69	31	10.8	8.8	7.6	6.2	5.4	3.8	3.1	2.4
68	32	10.9	8.9	7.7	6.3	5.5	3.8	3.2	2.4
67	33	11.0	9.0	7.8	6.3	5.5	3.9	3.2	2.5
66	34	11.1	9.0	7.8	6.4	5.5	3.9	3.2	2.5
65	35	11.1	9.1	7.9	6.4	5.6	3.9	3.2	2.5
64	36	11.2	9.1	7.9	6.5	5.6	4.0	3.2	2.5
63	37	11.3	9.2	8.0	6.5	5.6	4.0	3.3	2.5
62	38	11.3	9.2	8.0	6.5	5.7	4.0	3.3	2.5
61	39	11.4	9.3	8.1	6.6	5.7	4.0	3.3	2.5
60	40	11.4	9.3	8.1	6.6	5.7	4.0	3.3	2.5
59	41	11.5	9.4	8.1	6.6	5.7	4.1	3.3	2.6
58	42	11.5	9.4	8.2	6.7	5.8	4.1	3.3	2.6
57	43	11.6	9.4	8.2	6.7	5.8	4.1	3.3	2.6
56	44	11.6	9.5	8.2	6.7	5.8	4.1	3.4	2.6
55	45	11.6	9.5	8.2	6.7	5.8	4.1	3.4	2.6
54	46	11.6	9.5	8.2	6.7	5.8	4.1	3.4	2.6
53	47	11.6	9.5	8.2	6.7	5.8	4.1	3.4	2.6
52	48	11.7	9.5	8.3	6.7	5.8	4.1	3.4	2.6
51	49	11.7	9.5	8.3	6.7	5.8	4.1	3.4	2.6
50		11.7	9.5	8.3	6.7	5.8	4.1	3.4	2.6

如果试样不是16-1表中的定数时，在表中查不到，可用下式进行计算。

$$T=1.65\sqrt{p\times q/n}$$

式中，T为容许差距，p为标准值或标签值，$q=100-p$，n为样品的粒数或株数。

例如某种子规定纯度为90.0%，种植78株，那么$p=90$，$q=10$，$n=78$，代入上式得$T=5.6$。

二、幼苗形态鉴定

种子应在适当的培养基中进行发芽，在温室或培养箱中，提供植株加速发育的条件，当幼苗发育到适宜评价的阶段时，根据幼苗的形态特征，对幼苗进行鉴定，区分不同的品种并测定纯度。或者是在一定的逆境条件下，根据品种对逆境的反应来鉴别不同品种。在进行倍性鉴定时，可以采用根尖或其他组织的切片分析。其方法是随机数取净种子400粒，4次重复，每重复100粒。

1. 禾谷类幼苗形态鉴定 利用双亲和杂种一代在苗期表现的某些植物学性状（例如幼苗芽胚鞘颜色），在苗期可以准确地鉴别出杂种和亲本苗（假杂种），这种容易目测的性状称为标记性状或指示性状。利用该法可鉴别真假杂种。如果杂种带有苗期隐性性状，而父本带有相应的显性性状，这样杂交所得的杂种表现显性方可与其母本区别。同时该性状还应不易受环境条件影响，最好是由1对基因控制的质量性状，如果是数量性状则双亲差异应该明显。

禾谷类作物胚芽鞘和中胚轴的颜色是受遗传基因控制的，可分为绿色和紫色2类，紫色的深浅不一，可根据这个特征，区别不同品种。把种子播于湿润滤纸，适当扩大种子置床间距，24 h光照培养。幼苗生长到适宜的时期，高粱和玉米为14 d，小麦为7 d，燕麦为10～14 d，水稻为14 d。在这个适宜的时期根据胚芽鞘的颜色进行鉴定。用1% NaCl或HCl的湿润滤纸培养幼苗，或在鉴定前用紫外线照射幼苗1～2 h，可以加深胚芽鞘的颜色。特定栽培品种可以通过胚芽鞘的颜色进行鉴定。

玉米品种根据杂种优势原理和质量性状遗传理论，将被鉴定种子于恒温箱（30 ℃）发芽，观察测定种苗的生长势和质量性状，以鉴定种子纯度。在已知品种前提下区别自交系与杂种较为可靠。

2. 大豆幼苗形态鉴定 大豆幼苗根据下胚轴颜色、茸毛的颜色及着生角度、小叶形状等区分不同品种。把大豆种子播于砂中（种子间隔为2.5 cm×2.5 cm，深度为2.5 cm），在25 ℃下培养，24 h光照，每4 d施加Hoagland 1号培养液［在1 L蒸馏水中加入1 mL 1 mol/L磷酸二氢钾溶液（KH_2PO_4）、5 mL 1 mol/L硝酸钾溶液（KNO_3）、5 mL 1 mol/L硝酸钙溶液（$Ca(NO_3)_2$）和2 mL 1 mol/L硫酸镁溶液（$MgSO_4$）］，至幼苗各种特征表现明显时，观察幼苗下胚轴颜色（生长10～14 d），21 d时检查茸毛的颜色和着生角度及小叶的形状，区分不同的大豆品种。

3. 十字花科幼苗形态鉴定 根据子叶与第一片真叶形态鉴定十字花科的种与变种。十字花科的种和变种在子叶期可根据其子叶大小、形状、颜色、厚度、光泽、茸毛等性状鉴别。第一真叶期根据第一真叶的形状、大小、颜色、光泽、茸毛、叶脉宽狭及颜色、叶缘特性鉴别。也可通过控制环境条件，诱导幼苗显现出品种之间遗传特性的差异。

鉴定方法：将种子播于水分适宜的砂盘内，粒距为1 cm，于20～25 ℃培养，出苗后置于有充足阳光的室内培养，发芽 7 d 后鉴定子叶性状。10～12 d 鉴定真叶未展开时的性状。15～20 d 鉴定第一真叶性状（图 16－1）。

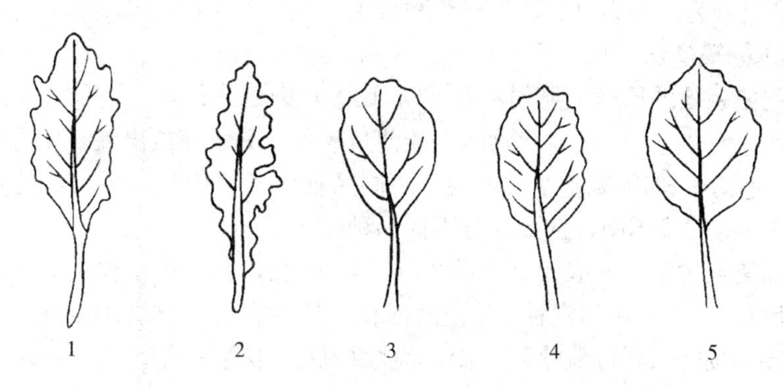

图 16－1 甘蓝各变种第一真叶的形状

1. 结球甘蓝 2. 花椰菜 3. 抱子甘蓝 4. 羽衣甘蓝 5. 球茎甘蓝

三、物理化学法鉴定

在种子纯度鉴定中，通常把物理法鉴定、化学法鉴定等在短时间内鉴定种子纯度的方法归为快速鉴定方法。在此以国际标准和国家标准为依据介绍部分快速种子纯度鉴定方法。

（一）苯酚染色法

1. 苯酚染色法的原理 该法已列入国际种子检验协会（ISTA）、北美洲官方种子分析者协会（AOSA）的品种鉴定手册和我国的检验规程，主要适用于大麦、小麦、燕麦、水稻和禾本科牧草种子。苯酚又名石炭酸，其染色的原理有两种观点。一种观点认为苯酚氧化是酶促反应，即在禾谷类种子皮壳内存在的单酚、双酚、多酚，在酚酶的作用下氧化成为黑色素（$C_{77}H_{99}O_{55}N_{14}S$）。由于每个品种皮壳内酚酶活性不同，可将苯酚氧化呈现深浅不同的褐色。Maguire 等（1979）和陶嘉龄（1981）都认为苯酚染色是酚类氧化酶引起的。另一种观点认为苯酚氧化是化学反应（菲尔索娃，1956；Elekes，1975）。

2. 苯酚染色方法

（1）麦类

①国际标准法：数取试验样品净种子 400 粒，分成 4 个重复，每个重复 100 粒。将种子浸水 18～24 h，然后用滤纸吸干表面水分，放入垫有 1.0% 苯酚溶液湿润滤纸的培养皿内（腹沟朝下），室温下小麦保持 4 h、燕麦 2 h、大麦 24 h 后，即可鉴定染色深浅。小麦观察颖果颜色，大麦、燕麦观察内稃和外稃的颜色。一般小麦染后的颜色可分为不染色、淡褐色、褐色、深褐色和黑色 5 种，将与基本颜色不同的种子取出作为异品种。

②快速法：将小麦种子用 1.0%苯酚浸 15 min。将种子取出，腹沟向下置于衬垫有 1.0%苯酚溶液湿润滤纸的培养皿上，并覆盖一层同样经苯酚溶液浸湿的滤纸，盖上盖子，置 30～40 ℃培养箱 1～2 h。然后根据染色深浅进行鉴定。

（2）水稻 数取试验样品净种子 400 粒，分成 4 个重复，每个重复 100 粒。先浸于清水中 6 h，倒去清水，注入 1.0%苯酚溶液，浸 12 h。取出用清水冲洗，放在吸水纸上经一昼夜。然后鉴定种子染色程度。谷粒染色分为 5 级：不染色、淡茶褐色、茶褐色、深茶褐色和黑色。此法可以鉴别籼稻和粳稻，一般籼稻染色深，粳稻不染色或染成浅色。此法也可用于鉴定品种，因籼型和粳型的不同品种染色均有深浅之分。但有一点可以肯定，凡不染色者均属粳稻。米粒染色分为：不染色、淡茶褐色和褐色 3 级。

（二）愈创木酚染色法

1. 愈创木酚染色法的原理 愈创木酚（$C_7H_8O_2$）染色法是专门用于大豆品种鉴别的方法。其原理是大豆种皮内含有过氧化物酶，能使过氧化氢分解而放出氧，使无色的愈创木酚氧化而产生红棕色的 4-邻甲氧基基对苯醌。不同品种由于遗传基础不同，过氧化物酶的活性不同，溶液染色的深浅不同，依此区分不同品种。

2. 愈伤木酚染色方法 数取大豆种子 2 份，各 50 粒，剥下每粒种皮，分别放入小试管内，加入蒸馏水 1 mL，于 30 ℃浸种 1 h 使酶活化。然后在每支试管中滴入 0.5%愈创木酚 10 滴，经 10 min 后加 0.1%过氧化氢 1 滴，经数秒后溶液即呈现颜色，立即鉴定。溶液可分无色、淡红色、橘红色、深红色、棕红色等不同等级，可根据不同颜色鉴别品种，并计算品种纯度。

（三）荧光鉴定法

荧光鉴定法的原理是根据不同品种种子和幼苗含有荧光物质的差异，利用紫外线照射物体后有光激发现象，将不可见的短光波转变为可见的长光波。由于光的持久性不同可分成两种类型，一种是荧光现象，紫外线连续照射后物体能发光，当停止照射时，被激发的光也随之停止；另一种是当紫外线停止照射后，激发生成的光在或长或短时间内可继续发光，为磷光现象。鉴定品种的主要为荧光。因不同品种和类型的种子，其种皮结构和化学成分不同，在紫外线照射下发出的荧光波长不同，因而产生不同颜色。鉴定的方法有以下两种。

1. 种子鉴定法 取试验样品 4 份，各 100 粒，分别排列在黑纸上，放于波长为 365 nm 的紫外分析灯下照射，试验样品距灯泡最好为 10～15 cm。照射数分钟后即可观察，根据发出的荧光鉴别品种或类型。例如蔬菜豌豆发出淡蓝色或粉红色荧光，谷实豌豆发褐色荧光；白皮燕麦发淡蓝色荧光，黄皮燕麦发暗色或褐色荧光；无根茎冰草发淡蓝色荧光，伏枝冰草（有害杂草）发褐色荧光。十字花科不同种发出荧光不同，白菜为绿色，萝卜为浅蓝绿色，白芥为鲜红色，黑芥为深蓝色，田芥菜为鲜蓝色。

2. 幼苗鉴定法 该方法在国际上主要用于黑麦草与多花黑麦草的鉴别。取试验样品 2 份，各 100 粒，置于无荧光的白色滤纸上发芽，粒与粒之间保持一定距离，于 20 ℃恒温或 20～30 ℃变温培养。黑暗或漫射光，发芽床保持湿润，经 14 d 即可鉴定。将培养皿移到紫外灯下照射，黑麦草根迹不发光，多花黑麦草则根迹发蓝色荧光。羊茅与紫羊茅也可用同样的方法进行鉴定。幼苗鉴定前发芽床上需先用稀氨液喷雾，然后置于紫外灯下照射，羊茅的根发蓝绿色荧光，而紫羊茅发黄绿色荧光。

四、品种纯度的电泳鉴定

（一）电泳法鉴定种子纯度的理论基础

从遗传法则（DNA→RNA→蛋白质）知道，蛋白质（包括酶）组分的差异最终是由于品种遗传基础的差异造成的，因此分析酶及其他蛋白质的差异从本质上说是分析遗传的差异，即品种差异，利用先进的电泳技术可准确地分析种子蛋白质（包括同工酶）的差异，进而区分不同品种，鉴定品种纯度。

同工酶往往具有组织或器官特异性，即同一时期不同器官内同工酶的数目不同，某些同工酶在种子贮藏和萌发过程中，种类数目易随生活力和发育进程的变化而变化，加之种子萌发速度不一致，所以对品种纯度鉴定不利。此外，酶的提取和电泳条件比其他蛋白质要求严格，需在低温下进行。因此在纯度鉴定中，目前以一般的蛋白质电泳为主。

电泳法的基本原理是根据样品的浓缩效应、分子筛效应和电荷效应等对样品进行分离，使蛋白质等样品形成不同的谱带数目和位置，借此鉴定不同品种。

（二）种子纯度电泳鉴定的一般过程

电泳的方法很多，不同方法其具体操作过程也有差异，具体参见相应的标准和方法。在品种纯度电泳鉴定时一般包括：样品提取、凝胶制备、加样电泳、染色观察等步骤。

1. 样品提取 不同电泳方法提取液和提取的程度不同，应按具体方法，配制提取液和操作。

（1）一般蛋白质的提取 根据 Osborne（1907）的划分，清蛋白能很好地溶于水、稀酸、碱、盐溶液中；球蛋白难溶于水，但能很好地溶于稀盐溶液及稀酸和稀碱溶液中；醇溶蛋白不溶于水，但能很好地溶于 70%～80%乙醇中；谷蛋白不溶于水、醇，可溶于稀酸、稀碱中。因此可依次用水、10%NaCl、70%～80%乙醇、0.2%碱液提取。种子所有贮藏蛋白可用 Mereditch 和 Wren（1996）的 AUC 提取液，其中含 0.1 mol/L 乙酸、3 mol/L 尿素和 0.01 mol/L CTAB。小麦中的谷蛋白可用含 2%SDS、0.8%Tris、5%β-巯基乙醇和 10%甘油的提取液，用 HCl 调 pH 到 6.8。

（2）同工酶的提取 不同同工酶提取方法不同，多数同工酶需在低温下操作。酯酶用 0.05 mol/L Tris - HCl（pH 8.0）缓冲液，或用含 1%SDS 的 0.2 mol/L 乙酸钠缓冲液（pH 8.0）提取。淀粉酶用 0.1 mol/L 柠檬酸缓冲液（pH 5.6）或 0.05 mol/L Tris - HCl（pH 7.0）缓冲液提取。苹果酸脱氢酶、尿素酶、谷氨酸脱氢酶，用蒸馏水提取。乙醇脱氢酶用 0.05 mol/L Tris - HCl 缓冲液（pH 8.0），或含 0.1%SDS 的 0.2 mol/L 乙酸钠缓冲液（pH 8.0）。

2. 凝胶制备 连续电泳只有分离胶，不连续电泳有分离胶和浓缩胶，不同方法凝胶浓度、缓冲系统、pH、离子强度等都不一样，使用的催化系统也不同。分离胶采用化学聚合，催化剂通常采用过硫酸铵或过硫酸钾，采用四甲基乙二胺（TEMED）作为加速剂。浓缩胶采用光聚合，通常用核黄素为催化剂。由于使用的仪器设备不同，特别是电泳槽不同，凝胶制备的方法不同，药剂配制也不同。

3. 加样电泳 加样量应根据提取液中蛋白质（包括酶）的含量确定，一般是 10～30 μL。电泳有稳压电泳或稳流电泳两种。电压的高低根据电泳的具体方法和使用的电泳槽种类及凝胶板的长度和厚度等确定，一般以凝胶板在电泳时不过热为度。对同工酶电泳，在加样前最好进行一段时间的预电泳，电泳最好在低温下进行。

电泳时为了指示电泳的过程，可加入指示剂。对阴离子电泳系统可采用溴酚蓝作示踪指示剂，点样端接负极，另一端接正极。对阳离子电泳系统，可采用甲基绿作为示踪染料，点样端接正极，另一端接负极。根据指示剂移动的速度确定电泳时间。

4. 染色 电泳的对象不同染色的方法也不同。蛋白质目前用得较多的染色液是 10%三氯乙酸与 0.05%～0.1%考马斯亮蓝 R - 250 的混合液，该染色液染色后一般不需要脱色。此外，银染和铜染比考马斯亮蓝更灵敏，但技术不易掌握。如过氧化物酶染色，以联苯胺-

乙酸-过氧化氢染色液染色效果较好。

5. 谱带分析 谱带分析主要依据遗传基础的差异所造成的蛋白组分的差异来区别本品种和异品种。鉴定品种和自交系纯度时，根据蛋白质（或同工酶）谱带的数目、位置、颜色等带型的一致性，区分本品种和异品种。如图 16－2 所示，杂交玉米“丹玉 13”的父本“E28”和母本“Mo17Ht”均具有 1 条特征谱带，但谱带的位置不同，“丹玉 13”具有两条互补型谱带，容易鉴别。双亲中有差异的蛋白质谱带，在 F_1 代同时显现，这种谱带称为互补带。根据互补带的有无区分自交粒和杂交种。在互补带存在的条件下，如果同时出现了父母本所没有的谱带，可判为亲本不纯引起的谱带差异。如果互补带的两条有其中之一缺少，则为自交粒。如果整个带型与本品种有较大差异，则为杂粒。

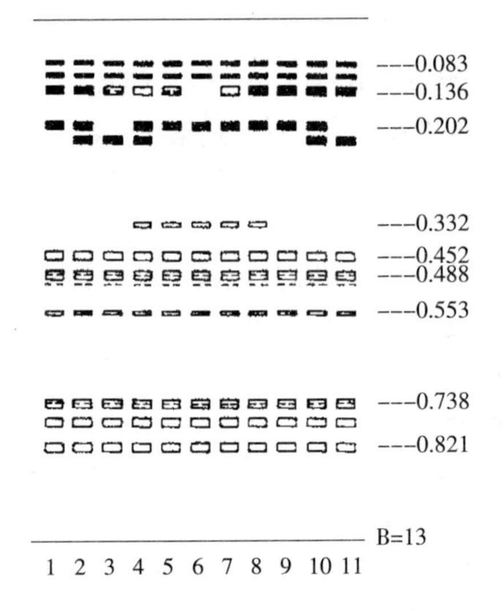

图 16－2 玉米杂交种及其亲本自交系幼苗第一叶过氧化物酶同工酶电泳图谱

1.“齐 302” 2.“浙单 9 号” 3.“E28” 4.“丹玉 13” 5.“Mo17Ht” 6.“丹玉 15” 7.“自 340” 8.“掖单 13” 9.“478” 10.“掖单” 11.“515”

6. 谱带绘制保存 浙江大学种子科学中心开发了“电泳图谱绘制系统软件 V1.0”，于 2006 年获得国家版权局计算机软件著作权登记。该软件用于绘制各种电泳图谱，将电泳所得信息按照软件要求输入系统，可绘制出清晰标准的电泳结果示意图，绘制结果可生成 jpg 格式的图像文件，便于保存，也可直接打印成图。样品数据可以数据库文件的形式保存。

五、品种纯度的分子标记鉴定

（一）常用分子标记技术的原理和特点

DNA 分子标记技术的研究和应用，为作物品种鉴定提供了更加准确、可靠、快捷的方法。分子标记技术发展迅速，目前常用的 DNA 分子标记，依据所采用的分子生物学技术的原理不同，大致可分为 3 类：①基于杂交的分子标记，例如限制性片段长度多态性（restriction fragment length polymorphism，RFLP）、重复数可变的串联重复单位（variable number of tandem repeat，VNTR）；②基于聚合酶链式反应（PCR）技术的分子标记（图 16－3），例如随机扩增多态性 DNA（random amplified polymorphism DNA，RAPD）、特征序列扩增区域（sequence characterized amplified region，SCAR）、序列标签位点（sequence tagged site，STS）、简单序列重复（simple sequence repeat，SSR）、简单序列重复区间（inter-simple sequence repeat，ISSR）、扩增片段长度多态性（amplified fragment length polymorphism，AFLP）等；③基于 DNA 序列的分子标记，例如单核苷酸多态性（single nucleotide polymorphism，SNP）和表达序列标签（expressed sequence tag，EST）。

1. 限制性片段长度多态性标记技术 限制性片段长度多态性（RELP）标记技术标记技术始于 1974 年（Grodzicker et al.），1980 年由 Botstein 等再次提出。它是以 DNA－DNA 杂交为基础的第一代遗传标记。限制性片段长度多态性标记的基本原理是用放射性同位素标记探针，与经酶切消化后的基因组 DNA 进行 Southern 杂交，通过标记上的限制性酶切片段大小来检测遗传位点的多态性。基本操作步骤为：DNA 的纯化、酶切、凝胶电泳分离 DNA 片段、转膜、利用放射性同位素标记的 DNA 探针进行 Southern 杂交并放射自显影和结果分析。限制性片段长度多态性标记有以下优点：①无表现型效应，不受环境影响；②呈简单的共显性遗传，可以区别纯合基因型和杂合基因型；③在非等位的限制性片段长度多态性标记之间不存在上位效应，互不干扰。但是该方法所需的 DNA 用量大，成本高，操作烦琐，技术复杂，工作量大，且检测所需的放射性同位素对人体有害。

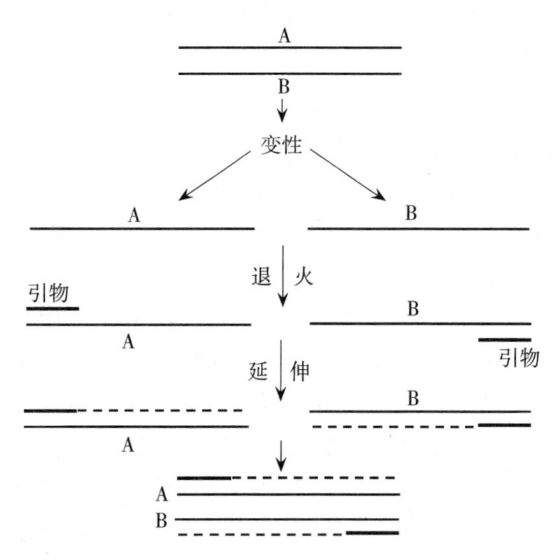

图 16－3　聚合酶链式反应（PCR）原理

2. 随机扩增多态性 DNA 标记技术 随机扩增多态性 DNA（RAPD）标记技术是 1990 年 Williams 和 Welsh 等人发明的基于聚合酶链式反应原理的分子标记技术，它利用随机引物（通常为 10 个碱基）对不同品种的基因组 DNA 进行聚合酶链式反应扩增，产生不连续的 DNA 产物，再通过电泳分离检测 DNA 序列的多态性。随机扩增多态性 DNA 标记技术可以在对物种没有任何分子生物学研究基础的情况下，进行多态性分析，而且具有方法简便、快速、DNA 用量少、成本较低、灵敏度高、无放射性污染等优点。但是随机扩增多态性 DNA 分析中存在的最大问题就是引物比较短，对反应条件极为敏感，稍有改变便影响扩增产物的重现，重复性较差，稳定性不好，而且随机扩增多态性 DNA 是显性标记，不能区分杂合型和纯合型，这些不足在一定程度上限制了它的应用。

3. 扩增片段长度多态性标记技术 扩增片段长度多态性（AFLP）标记技术是 1994 年由荷兰 Keygene 公司 Zabeaumare 和 Vospieter 等发明的一项专利技术，它实质是限制性片段长度多态性和聚合酶链式反应两项技术的结合，具有限制性片段长度多态性的可靠性和聚合酶链式反应技术的高效性。它的优点主要有：①标记异常丰富，典型的扩增片段长度多态性反应中，利用聚丙烯酰胺凝胶一次可以检测 100～150 个扩增产物；②稳定性、重复性好；③呈共显性表达，不受环境影响，无复等位效应；④带纹丰富，灵敏度高，快速高效，只需极少量的 DNA 样品，不需要 Southern 杂交，也不需要预先知道 DNA 的序列信息。

但是，扩增片段长度多态性标记也有缺点：①扩增片段长度多态性是一种专利技术，受专利权保护；②扩增片段长度多态性操作难度大，基因组的不完全酶切会影响实验结果，所以实验对DNA纯度和内切酶的质量要求较高，操作时间长、步骤多，并要求很高的实验技能和精密的仪器设备，一般实验室难以完成。

4. 简单序列重复标记技术 简单序列重复（simple sequence repeat，SSR）又称为微卫星DNA（microsatellite DNA），由Moore等于1991年创立，指的是基因组中由1～6个核苷酸组成的基本单位重复多次构成的一段DNA，广泛分布于基因组的不同位置，它们的长度大都在100～200 bp，其中以二核苷酸为重复单位的微卫星序列最为丰富。由于基本重复单元次数不同，从而形成简单序列重复座位的多态性。每个简单序列重复座位两侧一般是相对保守的单拷贝序列，因此可根据两侧序列设计一对特异的引物来扩增简单序列重复序列。经电泳，比较扩增带的迁移距离，就可知不同个体在某个简单序列重复座位上的多态性。

简单序列重复是一种较理想的分子标记，它具有以下一些优点：①以孟德尔方式遗传，呈共显性，可以区分纯合基因型和杂合基因型；②具有多等位基因特性，多态性丰富，信息含量高；③数量较为丰富，覆盖整个染色体组；④实验程序简单，耗时短，结果重复性好；⑤易于利用聚合酶链式反应技术分析，所需DNA量少，且对其质量要求不高；⑥技术难度低，实验成本较低；⑦很多引物序列公开发表，易在各实验室广为传播使用。因此该技术一经问世，便很快在动植物的遗传分析中得到了广泛的应用。然而，开发和合成新的简单序列重复引物投入高、难度大，需要通过构建简单序列重复基因库，筛选阳性克隆，测定新的简单序列重复序列，设计位点特异性引物。但是，简单序列重复引物的通用性较好，Zhu等（2010）分别用4对、2对、3对豇豆简单序列重复引物的组合，能分别区分开20个大白菜、10个花椰菜和18个黄瓜品种。

5. 其他技术 除了以上介绍的4种常用分子标记技术，还有序列标签位点技术、特征序列扩增区域技术、简单序列重复区间技术以及单核苷酸多态性技术。

序列标签位点引物的序列是特定的，对于任何一个能克隆测序的位点都可以设计特定的引物，进行扩增。因此限制性片段长度多态性标记、扩增片段长度多态性标记及随机扩增多态性DNA标记又都可以通过测序转化为序列标签位点。

特征序列扩增区域技术是由随机扩增多态性DNA技术派生出来的，是根据测定的随机扩增多态性DNA克隆片段的末端序列，在随机扩增多态性DNA引物的基础上加上14 bp形成24 bp的特定引物，以扩增特定区域。特征序列扩增区域技术类似于序列标签位点技术。

简单序列重复区间标记根据生物广泛存在简单序列重复的特点，利用在生物基因组常出现的简单序列重复本身设计引物，无需预先克隆和测序，用于扩增的引物一般为16～18个核苷酸的序列，由1～4个核苷酸组成的串联重复和几个非重复的锚定碱基组成，从而保证了引物与基因组DNA中简单序列重复的5′或3′末端结合，导致位于反向排列、间隔不太大的重复序列间的基因组节段进行聚合酶链式反应扩增。其兼具了简单序列重复、随机扩增多态性DNA、限制性片段长度多态性、扩增片段长度多态性等分子标记的优点：多态性丰富、重复性高、稳定性好、成本低、操作简便快捷、安全性较高、适合大样本检测。由于上述优点，简单序列重复区间标记技术在植物分子生物学中得到广泛的应用。

此外，新型分子标记单核苷酸多态性也被用于品种鉴定。单核苷酸多态性指由于单个核苷酸的改变而导致的核酸序列的多态性，是在不同个体的同一条染色体或同一位点的核苷酸序列中，绝大多数核苷酸序列一致而只有一个核苷酸不同的现象。

（二）几种常用分子标记技术在品种纯度鉴定中应用的可行性分析

不同的DNA分子标记技术各有其优缺点。限制性片段长度多态性标记需要的DNA量多，需要利用放射性同位素探针进行Southern杂交，程序烦琐且成本高，而且费用大，难以在种子纯度检测中推广应用。而随机扩增多态性DNA技术成本相对较低，标记需要的DNA量少，分析程序简单，但重复性和稳定性较差，在实际应用中仍存在局限性。扩增片段长度多态性的多态性检出率最高，样本内个体之间细微的差异都能检测出，因此在利用扩增片段长度多态性进行种子纯度鉴定时，容易出现很多假杂株，与实际情况不符，而且扩增片段长度多态性操作复杂，试验周期长，对DNA质量要求高，因此扩增片段长度多态性不太适合应用于种子纯度的快速鉴定。简单序列重复标记数量丰富，多态性信息量高，呈共显性遗传，既具有所有限制性片段长度多态性的遗传学优点，又避免了限制性片段长度多态性方法中使用同位素的缺点，且比随机扩增多态性DNA重复度和可信度高，检测结果准确可靠，重复性好，操作简便、快速。另外，简单序列重复分子标记技术对DNA数量及质量要求不高，即使是部分降解的样品也可进行分析。虽然简单序列重复开发费用较高，但目前多种作物中已有一大批现成的公开发表的简单序列重复位点引物序列可免费利用。随着主要农作物测序工作的顺利开展，水稻、玉米等已完成测序的作物的简单序列重复引物开发费用逐渐降低，而简单序列重复区间引物具有良好的物种间通用性，也可以弥补简单序列重复引物开发费用较高的缺点。此外，两者具有操作技术简单、遗传稳定性好等特点。因此，简单序列重复和简单序列重复区间两种分子标记相对满足作物品种分子标记鉴定和指纹图谱构建的基本要求，将在种子纯度及品种真实性鉴定中得到广泛应用。单核苷酸多态性分子标记的应用的将是未来发展趋势。几种常用的DNA分子技术特点比较见表16-2。

表16-2　几种常用分子技术特点比较

	RFLP	RAPD	SNP	ISSR	SSR	AFLP
遗传特性	共显性	显性	显性、共显性	显性	共显性	显性、共显性
多态性水平	低	中等	低	中等	中等	高
可检测位点数	1～4	1～10	1	2～20	几十至100	50～200
检测基础	分子杂交	随机PCR	专一PCR	PCR	专一PCR	专一PCR
检测基因组部位	低拷贝区	整个基因组	整个基因组	整个基因组	重复序列区	整个基因组
使用技术难度	中等	易	易	易	易	中等
DNA质量要求	高	低	低	低	低	高
DNA用量	5～10μg	<50μg	<50μg	<50μg	50μg	100μg
是否使用同位素	是	否	否	否	否	否
探针	DNA短片段	随机引物	专一性引物	锚定重复序列	专一性引物	专一性引物
费用	中等	低	高	低	高	高
检测时间	长	短	短	短	短	短
遗传多样性检测	少	普遍	少	普遍	少	一般

第三节 品种纯度的田间检验

一、品种纯度田间检验的作用和内容

田间检验（field inspection）是指在种子生产过程中，在田间对品种真实性进行验证，对品种纯度进行评估，同时对作物的生长状况、异作物、杂草等进行调查，并确定其与特定要求符合性的活动。田间检验中的杂草是指在种子收获过程中难以分离的及有害的检疫性植物，例如大豆种子田中的苍耳，小麦种子田中的燕麦草、偃麦草、毒麦、黑麦状雀麦，水稻种子田中的稗草等。异作物是指不同于本作物的其他作物，如小麦种子田中的大麦，玉米种子田中的高粱，大豆种子田中的绿豆等。变异株为“一个或多个性状（即特征特性）与原品种育成者所描述的性状明显不同的植株”。这里所说的性状明显不同，包括质量性状和数量性状的不同。

（一）品种纯度田间检验的作用

品种纯度田间检验的作用表现在：①检查制种田隔离情况，防止因外来花粉污染而造成纯度降低。②检查种子生产技术的落实情况，特别是去杂、去雄情况，要严格去杂，防止变异株及杂株对生产种子纯度的影响；严格去雄，防止自交粒的产生。③检查田间生长情况，特别是花期相遇情况。通过田间检验，及时提出花期调整的措施，防止因花期不育造成的产量和质量降低。④检查品种的真实性和品种纯度，判断种子是否符合种子质量要求，报废不合格的种子田，防止低纯度种子对农业生产的影响。

（二）品种纯度田间检验的内容

品种纯度田间检验内容因作物种子生产田的种类不同而不同。生产常规种的种子田，要检查以下内容：①前作、隔离条件；②品种真实性；③杂株率；④其他植物植株率；⑤种子田的总体状况（倒伏、健康等情况）。生产杂交种的种子田要检查：①隔离条件；②花粉扩散的适宜条件；③雄性不育程度；④串粉程度；⑤父本和母本的真实性、品种纯度；⑥适时先收获父本（或母本）。

二、品种纯度田间检验的时期

品种纯度田间检验是在农作物生长发育期间根据品种的特征特性对种子田进行检验，最好时期是在作物典型性状表现最明显的时期，也即在苗期、花期、成熟期进行。常规种至少在成熟期检验1次；杂交水稻、杂交玉米、杂交高粱和杂交油菜花期必须检验，蔬菜作物在商品器官成熟期（例如叶菜类在叶菜成熟期，果荚类在果实成熟期，根茎类在直根、块根、块茎、鳞茎成熟期）必须检验。具体时期与要求见表16-3和表16-4。

三、品种纯度田间检验的程序

（一）基本情况调查

1. 了解情况 掌握检验品种的特征、特性，了解被检单位及地址，作物、品种，种子田位置、编号和面积，前茬作物情况，种子来源、世代，栽培管理情况，并检验品种证明书。

2. 隔离情况检查 检验员应围种子田绕行一圈，检查隔离情况。若种子田与花粉污染源的隔离距离达不到要求，检验员必须建议部分或全部消灭污染源以使种子田达到合适的隔离距离，或淘汰达不到隔离条件的部分田块。

表 16-3　主要大田作物品种纯度田间检验时期

作物种类	检验时期			
	第一期		第二期	第三期
	时期	要求	时期	时期
水稻	苗期	出苗 1 个月内	抽穗期	蜡熟期
小麦	苗期	拔节期	抽穗期	蜡熟期
玉米	苗期	出苗 1 个月内	抽穗期	成熟期
花生	苗期		开花期	成熟期
棉花	苗期		现蕾期	结铃盛期
谷子	苗期		穗花期	成熟期
大豆	苗期	2～3 片真叶	开花期	结实期
油菜	苗期		薹花期	成熟期

表 16-4　主要蔬菜作物品种纯度田间检验时期

作物种类	检验时期							
	第一期		第二期		第三期		第四期	
	时期	要求	时期	要求	时期	要求	时期	要求
大白菜	苗期	定苗前后	成株期	收获前	结球期	收获剥除外叶	种株花期	抽薹至开花期
番茄	苗期	定植前	结果初期	第 1 花序开花至第 1 穗果坐果期	结果中期	第 1～3 穗果成熟		
黄瓜	苗期	真叶出现至四五片真叶	成株期	第一雌花开花	结果期	第 1～3 果商品成熟		
辣椒	苗期	定植前	开花至坐果期		结果期			
萝卜	苗期	两片子叶张开时	成株期	收获时	种株期	收获后		
甘蓝	苗期	定植前	成株期	收获时	叶球期	收获后	种株期	抽薹开花

3. 品种真实性检查　为进一步核实品种的真实性，有必要核查标签，对杂交种必须保留其父本和母本的种子标签备查。检验员在进行隔离情况检查的同时，实地检查不少于 100 个穗或植株，确认其真实性与品种描述中所给定的品种特征特性一致。

4. 种子生产田的生长状况　对严重倒伏、杂草危害或另外一些原因引起生长不良的种子田，不能进行品种纯度评价，而应该被淘汰。当种子田处于中间状态时，检验员可以使用小区预控制的证据作为田间检验的补充信息，对种子田进行总体评价确定是否有必要进行品种纯度的详细检查。

（二）取样

同一品种、同一来源、同一繁殖世代、耕作制度和栽培管理相同而又连在一起的地块可划分为一个检验区。一般来说，总样本大小（包括样区大小和样区频率）应与种子田作物生产类别的要求联系起来，并符合 $4N$ 原则。如果规定的杂株标准为 $1/N$，总样本大小至少应为 $4N$，这样对于杂株率最低标准为 0.1%（即 1/1 000），其样本大小至少应为 4 000 株（穗）。

1. 样区数目 一般来说，样区的数目应随种子田面积大小增减（表16－5），由于原种、亲本种子要求的标准高，这些高纯度作物种子被检植株的数目比大田用种要多。在国际上，基础种子生产田被检植株的数目比认证种子生产田要多。

表16－5 种子田最低样区频率

面积（hm^2）	最低样区频率		
	生产常规种	生产杂交种	
		母本	父本
<2	5	5	3
3	7	7	4
4	10	10	5
5	12	12	6
6	14	14	7
7	16	16	8
8	18	18	9
9～10	20	20	10
大于10	在20基础上，每公顷递增2	在20基础上，每公顷递增2	在10基础上，每公顷递增1

2. 样区大小 样区的大小和模式取决于被检作物、田块大小、行播还是撒播、自交还是异交以及种子生长的地理位置等因素。

如大于10 hm^2的禾谷类常规种子的种子田，可采用1 m宽、20 m长，面积为20 m^2与播种方向成直角的样区。对生产杂交种的种子田检验，可将父母行视为不同的“田块”，由于父本和母本的品种纯度要求不同，应分别检查每一“田块”，并分别报告母本和父本的结果。对宽行距种植的种子田如玉米，通过行或条的样区模式来核查。

对面积较小的常规种例如水稻、小麦、大麦、大豆常规种，每样区至少含500穗（株）；面积较大的宜为20 m^2；对宽行种植的例如玉米，样区可为行内500株。对水稻和玉米杂交制种田，父本和母本分别检查和计数。水稻每样区500株，玉米和高粱杂交制种田的样区为行内100株或相邻两行各50株。

3. 样区分布 取样样区的位置应覆盖整个种子田。要考虑种子田的形状和大小、每种作物特定的特征。取样样区分布应是随机和广泛的，不能故意选择比一般水平好或坏的样区。在实际过程中，为了做到这一点，先确定两个样区的距离，还要考虑播种的方向，这样每个样区能尽量保证通过不同条播种子。样区分布可参见图16－4。

（三）检验

田间检验员应缓慢地沿着样区的预定方向前进，通常是边设点边检验，直接在田间进行分析鉴定，在熟悉供检品种特征特性的基础上逐株观察。应借助已建立的品种间相互区别的特征特性进行检验，以鉴别被测品种与已知品种特征特性一致性。田间检验员宜采用主要性状来评定品种真实性和品种纯度。当仅采用主要性状难以得出结论时，可使用次要性状。检验时按行长顺序前进，以背光行走为宜，尽量避免在阳光强烈、刮风、大雨的天气下进行检验。一般田间检验以朝露未干时为好，此时品种性状和色素比较明显、必要时可将部分样品

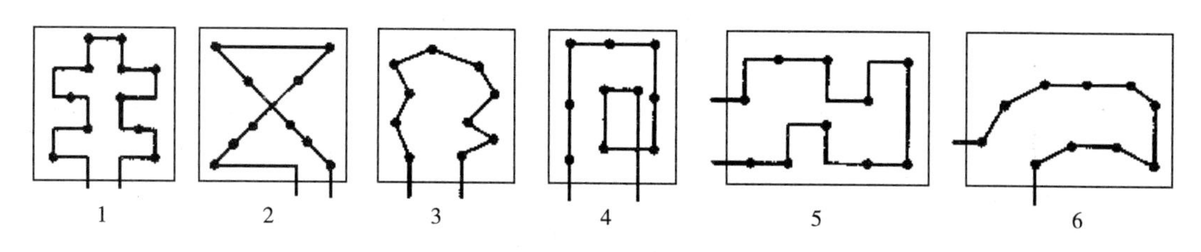

图 16-4　取样时样区的分布路线

1. 双十字循环法（观察 75%的田块）　2. 双对角循环法（观察 60%～70%的田块）　3. 随机路线法
4. 顺时针路线　5. 双槽法（观察 85%的田块）　6. 悬梯法（观察 60%的田块）
（•为取样点）

带回室内分析鉴定。每点分析结果按本品种、异品种、异作物、杂草、感染病虫株（穗）数分别记载。同时注意观察植株田间生长等是否正常。

田间检验员宜获得相应小区鉴定结果，以证实在前控中发现的杂株。杂株包括与被检品种特征特性明显不同（例如株高、颜色、育性、形状、成熟度等）和不明显（只能在植株特定部位进行详细检查才能观察到，例如叶形、叶耳、花和种子）的植株。利用雄性不育系进行杂交种子生产的田块，除记录父本和母本的杂株率外，还须记录检查的母本雄性不育的质量。

记录在样区中所发现的杂株数。

（四）结果计算与表示

检验完毕，将各点检验结果汇总，计算各项成分所占的比例（%）。

1. 品种纯度

（1）淘汰值　对于品种纯度高于 99.0%或每公顷低于 1 000 000 株或穗的种子田，需要采用淘汰值。对于育种家种子、原种是否符合要求，可利用淘汰值确定。淘汰值是在考虑种子生产者利益和有较少失误的基础上，把在 1 个样本内观察到的变异株数与标准比较，做出符合要求的种子批或淘汰该种子批的决定。不同规定标准与不同样本大小的淘汰值见表 16-6，如果变异株大于或等于规定的淘汰值，就应淘汰该种子批。

要查出淘汰值，应计算群体株（穗）数。对于行播作物（禾谷类等作物，通常采取数穗而不数株），可应用以下公式计算每公顷植株（穗）数。

$$P=1\ 000\ 000M/W$$

式中，P 为每公顷植株（穗）总数，M 为每个样区内 1 m 行长的株（穗）数的平均值，W 为行宽（cm）。

对撒播作物，则计数 0.5 m^2 面积中的株数。撒播每公顷群体可应用以下公式计算。

$$P=20\ 000\times N$$

式中，P 为每公顷植株数，N 为每样区内 0.5 m^2 面积的株（穗）数的平均值。

根据群体数，从表 16-6 查出相应的淘汰值。将各个样区观察到的杂株相加，与淘汰值比较，做出接受或淘汰种子田的决定。如果 200 m^2 样区内发现的杂株总数等于或超过表 16-6 估计群体和品种纯度的给定数目，就可淘汰种子田。

（2）杂株（穗）率　对于品种纯度低于 99.0%或每公顷超过 1 000 000 株或穗，没有必要采用淘汰值，这是因为需要计数的混杂株数目较大，以致估测值和淘汰值相差较小而可以不考虑。这时直接采用以下公式计算杂株（穗）率，并与标准规定的要求相比较。

表 16-6　总样区面积为 200 m² 在不同品种纯度标准下的淘汰值

估计群体（每公顷植株或穗）	品种纯度标准				
	99.9%	99.8%	99.7%	99.5%	99.0%
	200 m² 样区的淘汰值				
60 000	4	6	8	11	19
80 000	5	7	10	14	24
600 000	19	33	47	74	138
900 000	26	47	67	107	204
1 200 000	33	60	87	138	—
1 500 000	40	73	107	171	—
1 800 000	47	87	126	204	—
2 100 000	54	100	144	235	—
2 400 000	61	113	164	268	—
2 700 000	67	126	183	298	—
3 000 000	74	139	203	330	—
3 300 000	81	152	223	361	—
3 600 000	87	165	243	393	—
3 900 000	94	178	261	424	—

$$杂株率=\frac{样区内的杂株数}{样区内供检本作物株数}\times 100\%$$

2. 其他指标　异作物率、杂草率、病（虫）感染率的计算公式为

$$异作物率=\frac{异作物株(穗)数}{供检本作物总株(穗)数+异作物株(穗)数}\times 100\%$$

$$杂草率=\frac{杂草株(穗)数}{供检本作物总株(穗)数+杂草株(穗)数}\times 100\%$$

$$病(虫)感染率=\frac{感染病(虫)株(穗)数}{供检本作物总株(穗)数}\times 100\%$$

杂交制种田，应计算父本和母本散粉杂株率及母本散粉株率。

$$母本散粉株率=\frac{母本散粉株数}{供检母本总株数}\times 100\%$$

$$父(母)本散粉杂株率=\frac{父(母)本散粉杂株数}{供检父(母)本总株数}\times 100\%$$

（五）检验报告

田间检验完成后，田间检验员应及时填报田间检验报告。田间检验报告应包括基本情况、检验结果和检验意见。田间检验员应根据检验结果，签署下列意见。

①如果田间检验的所有要求（例如隔离条件、品种纯度等）都符合生产要求，建议被检种子田符合要求。

②如果田间检验的所有要求（例如隔离条件、品种纯度等）中有一部分未符合生产要求，而且通过整改措施（例如去杂）可以达到生产要求，应签署整改建议。整改后，还要通过复查，确认符合要求后才可建议被检种子田符合要求。

③如果田间检验的所有要求（例如隔离条件、品种纯度等）中有一部分或全部不符合生产要求，而且通过整改措施仍不能达到生产要求，例如隔离条件不符合要求、严重倒伏等，应建议淘汰被检种子田。

第四节　品种纯度的田间小区种植鉴定

田间小区种植鉴定是可靠的真实性和品种纯度鉴定的方法。它适用于种子贸易间的仲裁检验，并作为赔偿损失的依据。因为品种纯度室内检验时，虽然有多种方法，但往往难于准确鉴定。在田间小区种植鉴定时，可以根据植株在生长发育期间的各种特征特性将不同品种加以鉴别。

一、品种纯度田间小区种植鉴定的目的

在种子繁殖和生产过程中，田间小区种植鉴定是监控品种是否保持原有的特征特性或符合种子质量标准要求的主要手段之一。小区种植鉴定的目的，一是鉴定种子样品的真实性与品种描述是否相符，即通过对田间小区内种植的被检样品的植株与标准样品的植株进行比较，并根据品种描述判断其品种真实性；二是鉴定种子样品纯度是否符合国家规定标准或种子标签标注值的要求。

我国实施的小区种植鉴定方式多种多样，可在当地同季（与大田生产同步种植）、当地异季（在温室或大棚内种植）或异地异季（例如稻、玉米、棉花、西瓜等作物冬季在海南省，油菜等作物夏季在青海省）进行种植鉴定。

二、标准样品的设置

种子检验规程要求在鉴定品种真实性时，应在鉴定的各个阶段与标准样品进行比较。设置标准样品作对照的目的是为栽培品种提供全面的、系统的品种特征特性的现实描述。

标准样品应尽可能代表品种原有的特征特性，与官方认可的样品没有显著差异。标准样品在使用前应经品种审定机构和种子认证、检验机构的官方认可，等效于标准仲裁样品。标准样品应从育种者或其代理人那里获取，并经品种管理机构认可。如果每年需要量较大，可采用育种家种子等级的种子批。对杂交种，同时应保存和使用组成该组合的自交系和亲本组合。标准样品的数量应尽可能多，保证能使用几年，并在低温干燥的适宜条件下贮藏，保持其生活力。

三、品种纯度田间小区种植鉴定的程序

1. 试验地选择　在选定小区鉴定的田块时，必须确保前茬无同类作物和杂草的田块作为小区种植鉴定的试验地。为了使种植小区出苗快速而整齐，除考虑前作要求外，应选择土壤均匀、肥力一致、良好的田块，并有适宜的栽培管理措施。

2. 小区设计　为了使小区种植鉴定的设计便于观察，应考虑以下几个方面：①在同一田块，将同一品种、类似品种的所有样品连同提供对照的标准样品相邻种植，以突出它们之间的任何细微差异。②在同一品种内，把同一生产单位生产、同期收获的有相同生产历史的相关种子批的样品相邻种植，以便于记载。这样，搞清了一个小区内非典型植株的情况后，就便于检验其他小区的情况。③当要对数量性状进行量化时，例如测量叶长、叶宽和株高

等，小区设计要采用符合田间试验要求的随机小区设计。④如果资源充分允许，小区种植鉴定可设重复。

3. 小区鉴定种植的株数 因涉及权衡观察样品的费用、时间和产生错误结论的风险，究竟种植多少株很难统一规定。但必须牢记，要根据测定的目的来确定株数，如果是要测定品种纯度与发布的质量标准进行比较，必须种植较多的株数。一般来说，若品种纯度标准为 $X\%[X\%=(N-1)100\%/N]$，种植株数 $4N$ 即可获得满意结果。假如纯度标准要求为 99.0%，则种植 400 株即可达到要求。小区种植的行、株间应有足够的距离，大株作物可适当增加行株距，必要时可用点播和点栽。

4. 小区种植管理 小区种植的管理，通常要求同大田生产的管理，不同的是，不管什么时候都要保持品种的特征特性和品种的差异，做到在整个生长阶段都能允许检查小区的植株状况。

小区种植鉴定只要求观察品种的特征特性，不要求高产，土壤肥力应中等。对于易倒伏作物（特别是禾谷类）的小区种植鉴定，尽量少施化肥，有必要把肥料水平减到最低程度。使用除草剂和植物生长调节剂时必须小心，避免它们影响植株的特征特性。

5. 鉴定和记录 小区种植鉴定的时间和方法同田间检验。

小区种植鉴定在整个生长季节都可观察，有些种在幼苗期就有可能鉴别出品种真实性和纯度，但成熟期（常规种）、花期（杂交种）和食用器官成熟期（蔬菜种）是品种特征特性表现最明显的时期，必须进行鉴定。记载的数据用于结果判别时，原则上要求花期和成熟期相结合，并通常以花期为主。小区种植鉴定记载也包括种纯度和种传病害的存在情况。

6. 结果计算和填报 品种纯度结果表示有以变异株数目表示和以比率（%）表示两种方法。

（1）变异株数目表示 《农作物种子检验规程 真实性和品种纯度鉴定》（GB/T 3543.5—1995）所规定的淘汰值就是以变异株数表示的，例如纯度 99.9%，种 4 000 株，其变异株或杂株不应超过 9 株（称为淘汰值）；如果不考虑容许差距，其变异株不超过 4 株。

表 16－7 列举了不同标准的淘汰数值，表中有横线或下划线的淘汰数值并不可靠，因为样本数目不足够大，具有极大的不正确接受不合格种子的危险性，这种现象发生在标准样本内的变异株少于 $4N$ 的情况。如果变异株大于或等于规定的淘汰值，就应淘汰该种子批。

表 16－7 不同规定标准与不同样本大小的淘汰值（0.05%显著水平）

规定标准（%）	不同样本（株数）大小的淘汰值						
	4 000	2 000	1 400	1 000	400	300	200
99.9	9	6	5	4	—	—	—
99.7	19	11	9	7	4	—	—
99.0	52	29	21	16	9	7	6

淘汰值的推算是采用泊松（Poisson）分布，可采用下式计算。注意，计算结果舍去所有小数位数，不采用四舍五入。

$$R=X+1.65\sqrt{X}+0.8+1$$

式中，R 为淘汰值；X 为标准所换算成的变异株数，例如纯度 99.9%，在 4 000 株中的变异株数为 $4\ 000\times(100\%-99.9\%)=4$，$R=4+1.65\times\sqrt{4}+0.8+1=9.1$，去掉所有小数

后，淘汰值为 9。

（2）比率（%）表示　将所鉴定的本品种、异品种、异作物和杂草等均以所鉴定植株的比率（%）表示。小区种植鉴定的品种纯度结果可采用下式计算。

$$品种纯度=\frac{本作物的总株数-变异株(非典型株)数}{本作物总株数}\times 100\%$$

建议小区种植鉴定的品种纯度保留一位小数，以便于比较。

小区种植鉴定结果除填报品种纯度外，可能时还填报所发现的异作物、杂草和其他栽培品种的比率（%）。

第五节　品种鉴定依据的性状

进行品种真实性和纯度鉴定，首先应了解被鉴定品种的特征特性，借以鉴别本品种和异品种。品种性状可以根据其特点分为主要性状、次要性状、特殊性状和易变性状共 4 类。主要性状是指品种所固有的不易变化的明显性状，例如小麦的穗形、穗色、芒长等。次要性状（细微性状）是指细小、不易观察但稳定的性状，例如小麦护颖的形状、颖肩、颖嘴。易变性状是指容易随外界条件的变化而变化的性状，例如生育期、分蘖多少等。特殊性状是指某些品种所特有的性状，例如水稻的紫米、香稻等。鉴定时应抓住品种的主要性状和特殊性状，必要时考虑次要性状和易变性状。鉴定品种的具体性状因作物而异，但都是依据器官的大小、颜色、形状等鉴定。熟悉品种的性状描述，找出需鉴定品种的特征特性，了解性状的遗传特性及其受环境影响的大小，区分可遗传变异和不遗传变异，明确性状的观察时期，对于正确鉴定非常重要。

一、水稻品种鉴定依据的性状

（一）茎秆性状

1. 茎秆长度　测量从茎基部到穗颈节的长度（为茎秆长度），精确到 0.1 cm。50.0 cm 以下为短，50.0～70.0 cm 为中短，70.1～90.0 cm 为中，90.1～110.0 cm 为中长，110.1 cm 以上为长。在灌浆期到颖果成熟时测量主茎茎秆。

2. 茎秆粗细　用游标卡尺测量植株茎秆倒 3 节中部的外径（为茎秆粗度），精确到 0.1 mm。3.0 mm 以下为细，3.0～6.0 mm 为中，6.0 mm 以上为粗。在灌浆期到颖果成熟时测量主茎。

3. 茎秆角度　在灌浆期到颖果成熟时观测有效茎，目测茎秆与铅垂线间的角度。30°以下为直立，30°～45°为中间型，45°～60°为散开，>60°为披散，茎秆或茎秆下部平铺于地面为匍匐。

4. 茎秆数　茎秆数指单株成穗茎数。5 以下为极少，5～10 为少，11～15 为中，16～20 为多，20 以上为极多。

5. 茎秆基部茎节包露　在开花期，开花结束时观测主茎分蘖节上第三节的茎节包裹或现露。分包、露两种。

6. 茎秆节的颜色　茎秆节的颜色有浅绿色和紫色。在开花期，开花结束时观测主茎倒二茎节。

7. 茎秆节间的颜色 茎秆节间的颜色有黄色、绿色、红色、紫色线条、紫色等。在开花期，开花结束时观测主茎倒二茎节间。

（二）叶部性状

1. 叶姿 叶姿分为弯、中、直3级。弯，指叶片由茎部弯垂超过半圆形；直，指叶片直生挺立；中，指叶片介于弯和直之间。

2. 剑叶叶片长度 在灌浆期到颖果成熟时测量主茎剑叶叶枕处到叶尖的长度（为剑叶叶片长度），精确至0.1 cm。20.0 cm以下为极短，20.0～25.0 cm为短，25.1～35.0 cm为中，35.1～45.0 cm为长，45.0 cm以上为极长。

3. 剑叶叶片宽度 在颖果成熟时测量主茎剑叶最宽处的宽度（为剑叶叶片宽度），精确至0.1 cm。小于1.0 cm为窄，1.0～2.0 cm为中，大于2.0 cm为宽。

4. 剑叶叶片角度 在灌浆期观测主茎剑叶和穗轴，分直立、中间类型、平展和披垂。

5. 叶片色 叶片色分为深绿色、绿色、浅绿色、边缘紫色、紫色斑点和紫色。在孕穗期或穗包膨大期观测。

6. 胚芽鞘色 胚芽鞘色分为白色、绿色、紫红色和深紫色。光照条件下发芽，待胚芽鞘出现颜色后观察。

7. 叶鞘色 叶鞘色分为绿色、紫色线条、紫色和深紫色。在分蘖盛期，约有6个分蘖时观测叶鞘外部颜色。

8. 倒数第二叶性状 倒数第二叶性状的测定在孕穗期或穗包膨大期进行。

（1）叶片长度　倒数第二叶的叶片长度分为极短、短、中、长和极长。测量从叶枕到叶尖的长度（为叶片长度），精确到0.1 cm。

（2）叶片宽度　倒数第二叶的叶片宽度分为窄、中、宽。测量叶片最宽部分的宽度，精确到0.1 cm。

（3）叶尖与主茎的角度　可分为直立、平展和下垂。用量角器测量倒数第二叶的叶尖与叶枕的连线同主茎所成的夹角，精确到1°。

（4）叶片茸毛　叶片茸毛分为无、疏、中、密和极密。

（5）叶耳色　叶耳色有绿色和紫色。

（6）叶色　叶色有浅绿色和紫色。

（7）叶舌长度　分为无叶舌和有叶舌，叶舌长度小于1.5 cm为短，大于或等于1.5 cm为长。测量从倒数第二叶叶枕基部至叶舌顶的长度（为叶舌长度），精确到0.1 cm。

（8）叶舌形状　除了无叶舌，有叶舌的分为尖至渐尖、二裂和平截。

（9）叶舌色　除了无叶舌，有叶舌的叶舌色分为白色、紫色线条、紫色。

（10）叶枕色　叶枕色有绿色和紫色。

9. 剑叶叶片卷曲度 剑叶叶片卷曲度分为无或很小、正卷、反卷和螺旋状。正卷指叶片的两边向下弯曲；反卷指叶片的两边向上弯曲；螺旋状指叶片的卷曲呈螺旋状。在盛花期观测主茎剑叶的叶片卷曲度。

（三）穗部性状

1. 穗伸出度 穗伸出度分为紧包（稻穗部分或完全被包在剑叶叶鞘内）、部分抽出（穗基部略在剑叶叶枕之下）、正好抽出（穗基部至剑叶叶枕间的距离为0.0～2.1 cm）、抽出较好（穗基部至剑叶叶枕间的距离为2.2～8.5 cm）、抽出良好（穗基部露在剑叶叶枕之上，穗基部至剑叶叶枕间的距离超过 8.5 cm)。

2. 穗类型 穗类型分为密集、中等和散开。在蜡熟期，硬蜡熟时观测主茎稻穗的分枝模式、一次枝梗的角度和小穗的密集程度。

3. 穗立类型 穗立类型分为直立、中间和下垂。在成熟期，颖果坚硬，末端小穗成熟时观测主茎穗轴的直立程度。

4. 穗长度 在蜡熟期，硬蜡熟时测量主茎稻穗穗颈节到穗顶的长度（不包括芒）（为穗长度），精确至 0.1 cm。小于 11.0 cm 为极短，11.0～20.0 cm 为短，20.1～30.0 cm 为中，30.1～40.0 cm 为长，大于 40.0 cm 为极长。

5. 颖壳茸毛 在成熟期，颖果坚硬，末端小穗成熟时用 10 倍放大镜，观察颖壳有茸毛的表面占颖壳总面积的比例，分无、少（50%以下）、多（50%及以上）。

6. 颖尖色 观测从颖尖扩展到外颖的上部的颜色，分为浅黄色、红色、褐色和紫色。在成熟期，颖果坚硬，末端小穗成熟时观察颖壳尖。

7. 最长芒的长度 在成熟初期，颖果坚硬，末端小穗成熟时测量稻穗中最长芒的长度，精确到 0.1 cm。小于 0.5 cm 为极短，0.5～2.0 cm 为短，2.1～3.5 cm 为中，3.6～5.0 cm 为长，大于 5.0 cm 为特长。

8. 芒色 芒色分为浅黄色、黄色、红色、褐色、紫色和黑色。

9. 芒的分布 芒的分布分为无、稀有（小部分穗有芒）、少（小于 10%）、中（10%～75%）和多（大于 75%）。在成熟期，颖果坚硬，末端小穗成熟时目测，从穗尖向下观察芒在穗上的分布。

10. 每穗粒数 每穗粒数，小于 60 为极少，60～100 为少，101～200 为中，201～300 为多，大于 300 为极多。成熟期，颖果坚硬，80%以上小穗成熟时计数主茎稻穗每穗总粒数，包括实粒数、空秕粒数和落粒数。

11. 花粉不育度 花粉不育分为不完全败育和败育。

12. 不育花粉类型 不育花粉类型包括无花粉型、典败（占 50%以上）、圆败（占 50%以上）和染败（占 50%以上）共 4 种类型。无花粉型指显微镜下观测，无花粉或仅留残余花粉壁。典败指显微镜下观测花粉不染色，形状不规则，如三管形、多边形等。圆败指花粉粒外观圆形，无染色淀粉粒。染败指大多数花粉形态正常，但着色较浅或着色不均匀。也有部分花粉深染色，但粒形明显异于正常花粉粒。

13. 柱头颜色 柱头颜色分为白色、黄色、浅绿色和紫色。

14. 柱头总外露率 柱头总外露率，小于 30 为极低，30～45 为低，46～65 为中，66～85 为高，大于 85 为极高。在开花期、开花结束时观测主茎稻穗。观测方法：测定整个稻穗单、双柱头外露的颖花之和占全部已开花的颖花的比率（%）。

15. 结实率 在成熟期，颖果坚硬，80%以上小穗成熟时，观测主茎稻穗计算发育良好的小穗（包括落粒）占总小穗数的比例。0 为不结实，1～64 为低，65～80 为中，81～90 为高，大于 90 为极高。

（四）谷粒性状

1. 护颖色 护颖色分为白色、浅黄、红色、紫色和紫黑色。在成熟期，颖果坚硬，80%以上小穗成熟时观测护颖色。

2. 颖壳色 颖壳色分为浅黄色、黄色、色斑、红褐色、褐色、紫黑色等。观测时期同护颖色。

3. 谷粒长宽比 谷粒长宽比，小于1.80为短圆形，1.80～2.20为阔卵圆形，2.21～3.30为椭圆形，大于3.30为细长形。

4. 谷粒长度 从谷粒最下面的护颖基部到最长的内颖或外颖的顶部（颖尖）的长度，有芒品种，子粒测量到与颖尖相当的地方（为谷粒长度），精确至0.1mm。小于4.0mm为极短，4.0～6.0mm为短，6.1～8.0mm为中，8.1～10.0mm为长，大于10.0mm为极长。

5. 谷粒宽度 测量内外颖两侧最宽部分的距离（为谷粒宽度），精确至0.1mm。小于1.5mm为极窄，1.5～2.5mm为窄，2.6～3.5mm为中，3.6～4.5mm为宽，大于4.5mm为极宽。

6. 谷粒千粒重 谷粒千粒重，小于20.0g为极低，20.0～24.0g为低，24.1～28.0g为中，28.1～35.0g为高，大于35.0g为极高。方法见《农作物种子检验规程》(GB/T 3543)。

7. 糙米长度 测量去壳子粒（糙米）长度（为糙米长度），精确至0.1mm。小于5.0mm为极短，5.0～6.0mm为短，6.1～7.0mm为中，7.1～8.0mm为长，大于8.0mm为极长。

8. 糙米宽度 测量糙米最宽处的宽度（为糙米宽度），精确至0.1mm。小于2.3mm为窄，2.3～3.2mm为中，大于3.2mm为宽。

9. 糙米形状 糙米形状分为近圆形、椭圆形、半纺锤形、纺锤形和锐尖纺锤形。

10. 种皮色 种皮色分为浅黄色、色斑、红色、褐色和紫色。

二、小麦品种鉴定依据的性状

（一）植株性状

1. 胚芽鞘色 胚芽鞘色分为绿色和紫色。胚芽鞘出土1～2cm时目测胚芽鞘颜色。

2. 幼苗生长习性 幼苗生长习性分为3类：匍匐地面、直立（幼苗与地面呈直角）和半匍匐（幼苗与地面呈斜角）。冬麦越冬前、春麦5～6片叶期观测幼苗生长习性。

3. 幼苗颜色 幼苗颜色分为淡绿色、绿色和深绿色。幼苗颜色观测时间为分蘖盛期。

4. 叶耳色 叶耳色分为绿（白）色和紫（红）色。抽穗期观测旗叶叶耳颜色。

5. 茎叶穗上的蜡质 茎叶穗上的蜡质分为无、少和多。开花至灌浆期观测茎、叶和穗上的蜡质。

6. 株高 从分蘖节或地面至穗顶（不含芒）的高度为株高，以cm为单位。小于等于60cm为特矮，61～80cm为矮或半矮，81～100cm为中，101～120mm为高，大于120cm为特高。

7. 株型 抽穗后根据主茎与分蘖茎的松散程度分为3类，主茎与分蘖茎夹角小于15°为紧凑，大于30°为松散，介于二者之间为中等。

8. 秆色 秆色分为黄色和紫色。成熟期观测茎秆颜色。

（二）叶片性状

1. 旗叶长度 旗叶长度小于等于25cm为短，25.1～30cm为中，大于30cm为长。在灌浆期测定旗叶长度。

2. 旗叶宽度 旗叶宽度小于1.5为窄，1.5～2.0cm为中，大于2.0cm为宽。在灌浆期测定旗叶最宽处。

3. 旗叶角度 旗叶角度小于或等于20°为挺直，20.1°～90°为中等，大于90°为下披。齐穗后用量角器测量旗叶和穗下茎之间的夹角（为旗叶角度）。

4. 叶茸毛　叶茸毛分为无和有。抽穗前后观测旗叶和倒二叶、倒三叶叶片。

（三）穗部性状

1. 穗长　主穗基部小穗节至穗顶部（不含芒）的长度为穗长，以 cm 为单位。小于或等于 6.0 cm 为特短，6.1～8.0 cm 为短，8.1～10.0 cm 为中，10.1～12.0 cm 为长，大于 12.0 cm 为特长。

2. 小穗密度　小穗密度为小穗在穗轴上排列的疏密程度，为每厘米穗轴上着生小穗的数目，小于或等于 20.0 为稀，20.1～25.0 为中，25.1～30.0 为密，大于 30.0 为特密。

3. 小穗数　小于或等于 15 为少，16～20 为中，大于 20 为多。

4. 穗形　穗形划分为 6 类：纺锤形（穗子两头尖，中部稍大）、长方形（穗子上、中、下正面和侧面基本一致）、圆锥形（穗子下大，上小）、棍棒形（穗子上大下小，上部小穗着生紧密）、椭圆形（穗短，中部宽，两端稍小）和分枝形（小穗分枝）。

5. 穗色（颖壳色）　穗色分为红色、白（黄）色、黑色和紫色 4 种。

6. 芒　稃尖完全不延长为全无芒，小穗稃有直芒或曲芒为有芒。

7. 芒色　芒色分为白（黄）色、黑色和红色 3 种。

8. 芒长和芒形　芒长 40 mm 以上为长芒；穗的上下均有芒，芒长在 40 mm 以下为短芒；芒勾曲呈蟹爪状为勾曲芒；芒卷曲长度小于 3 mm，为短曲芒；芒卷曲长度大于或等于 3 mm 为长曲芒。

9. 芒的分布　芒的分布有扇形和平行形，扇形又分为宽扇形和窄扇形。

10. 护颖　护颖的颜色分为白色、红色、黑边（黑花）和黑色。护颖的茸毛分为无和有。护颖的形状分披针形、椭圆形、卵形、长方形和圆形。护颖肩的形状分为无肩、斜肩、方肩和丘肩。护颖嘴（尖）形状分为钝形、锐形、鸟嘴形、外曲形。护颖脊分为明显和不明显。

11. 穗粒数　穗粒数小于或等于 25 为少，26～35 为中，36～45 为多，大于 45 为特多。

12. 穗轴毛　穗轴毛分为无和有。

（四）子粒性状

1. 粒形　粒形分为长圆、椭圆、卵圆和卵形 4 种。

2. 粒色　粒色分为红色、白色、紫黑色和青黑色。

3. 粒质　粒质分为硬质（子粒横断面胚乳全部或大部分为角质）、软质（子粒横断面胚乳全部或大部分为粉质）和半硬质（介于二者之间）。

4. 子粒冠毛　子粒冠毛分为多和少。

5. 千粒重　千粒重小于或等于 25 g 为特低，25.1～35.0 g 为低，35.1～45.0 g 为中，45.1～55.0 g 为高，大于 55 g 为特高。

三、玉米品种鉴定依据的性状

（一）植株性状

1. 第一叶鞘花青苷显色　第一叶鞘的颜色分为绿色、淡紫色、紫色、深紫色和黑紫色。在展开 2 叶之前，观察幼苗第一叶叶鞘的颜色。

2. 第一叶尖端形状　第一叶尖端形状有尖、尖到圆、圆、圆到匙形和匙形。在幼苗期观测第一叶尖端形状。

3. 叶片边缘颜色 叶片边缘颜色分为绿色、红绿色、紫红色和紫色。在展开4叶期观测第4展开叶边缘的颜色。

4. 上位穗上叶与茎秆角度 上位穗上叶与茎秆角度小于5°为极小，5°～30°为小，31°～60°为中等，61°～80°为大，大于80°为极大。在50%植株开花时观测上位穗上叶与茎秆角度。

5. 上位穗上叶性状 上位穗上叶，叶姿态分为直、轻度下披、中度下披、强烈下披和极强下披；叶长分为极短、短、中、长和极长（在轻度乳熟期用尺度量上位穗上叶叶环至叶尖的长度）；叶宽分为极窄、窄、中、宽和极宽（用尺度量上位穗上叶中下部的宽度）；叶色分为极淡绿色、淡绿色、绿色、深绿色、极深绿色和紫绿色；叶缘波状程度分为弱、中和强。

6. 叶鞘色 叶鞘色分为绿色、浅紫色、紫色、深紫色和黑紫色。观测穗位叶或上位穗上叶叶鞘的颜色。

7. 株高 地面至雄穗顶端的高度（cm）为株高，分为极矮、矮、中、高和极高。

8. 穗位高 地面至第一果穗着生节的高度（cm）为穗位高。

9. 穗位与株高比率 穗位与株高比率分为极小、小、中、大和极大。测量地面至雌穗结穗位置的高度与地面至雄穗顶部的高度，计算比率。

10. 株型 株型分为紧凑型、松散型和中间型。

11. 茎粗 测定地上第三节间中部直径，为茎粗。

（二）雄穗性状

1. 雄穗抽出期 当雄穗顶部从叶片抽出时为雄穗抽出期。

2. 最上面一个节间的长度 从剑叶节至雄穗基部分枝的距离为最上面一个节间的长度，分为短、中和长。

3. 雄穗抽出剑叶的长度 雄穗抽出剑叶的长度分为短（最低雄穗分枝没有抽出剑叶）、中（最低雄穗分枝抽出剑叶0～15 cm）和长（最低雄穗分枝抽出剑叶15 cm以上）。

4. 雄穗分枝长度 雄穗分枝长度分为短、中长和长。

5. 雄穗侧枝姿态 雄穗侧枝姿态分为直立、轻度下弯、中度下弯、强烈下弯和极度下弯。

6. 雄穗小穗颖片或其基部的颜色 雄穗小穗颖片或其基部的颜色分为绿色、浅紫色、紫色、深紫色和黑紫色。在散粉盛期观测雄穗主轴上部1/3处小穗颖片或其基部颜色。

7. 花药（新鲜花药）**颜色** 花药颜色分为绿色、浅紫色、紫色、深紫色和黑紫色。在散粉盛期观测雄穗主轴上部1/3处。

8. 雄穗主轴与分枝的角度 雄穗主轴与分枝的角度小于5°为极小，5°～30°为小，31°～60°为中等，61°～80°为大，大于80°为极大。在50%植株开花时观测雄穗主轴与分枝的角度。

9. 雄穗小穗密度 雄穗小穗密度分为疏、中和密。在散粉盛期观测雄穗主轴上部1/3处的小穗密度。

10. 雄穗最低位（最高位）**侧枝以上的主轴长度** 雄穗最低位（最高位）侧枝以上的主轴长度分为极短、短、中、长和极长。在散粉盛期观测雄穗下部（上部）侧枝以上的主轴长度。

11. 雄穗一级侧枝数目 雄穗一级侧枝数目分为极少、少、中、多和极多。

（三）雌穗性状

1. 花丝颜色　花丝颜色分为绿色、浅紫色、紫色、深紫色和黑紫色，在吐丝期观察。

2. 果穗着生姿态　果穗着生姿态分为向上、水平和向下，在蜡熟期观察。

3. 穗柄长度　剥开果穗苞叶，观察穗柄与穗位节间长度的比值。穗柄长度小于或等于节间长度的一半为短，穗柄长度近似等于节间长度为中，穗柄长度明显大于穗位节间长度为长。

4. 苞叶长度　用手指横在果穗顶端，果穗明显露出苞叶为极短，苞叶刚好覆盖果穗或超出果穗一个手指以内为短，超出 2 个手指为中，超出 3 个手指为长。

5. 穗形　穗形分为圆筒形、直圆锥形和中间型。

6. 穗长　果穗基部至穗顶的长度为穗长，分极长、长、中、短和极短。

7. 穗粗　穗粗分为极粗、粗、中、细和极细。测量干果穗中部即为穗粗。

8. 穗轴色　穗轴色分为白色、粉红色、红色和紫色。

9. 穗轴中部直径　穗轴中部直径分为细、中和粗。

10. 果穗子粒行数　果穗子粒行数，8 及以下为极少，10～12 为少，14～16 为中，18～20 为多，22 及以上为极多。

（四）子粒性状

1. 粒型　粒型分为硬粒型、偏硬粒型、中间型、偏马齿型、马齿型、爆裂型、甜质型和糯质型。

2. 粒色和粒顶部色　粒色和粒顶部色分为白色、淡黄色、黄色、橘黄色、橙色、橘红色、红色、深红和蓝黑色。

3. 子粒形状　子粒形状分为圆形、近圆形、中间形、近楔形和楔形。观察干果穗中部子粒的形状。

4. 子粒大小　子粒大小分为极小、小、中、大和极大。

5. 穗轴颖片色　穗轴颖片色分为白色、粉红色、红色、紫色和黑紫色。观测穗轴中部颖片的颜色。

四、大豆品种鉴定依据的性状

（一）植株性状

1. 生长习性　生长习性分为直立型（主茎直立向上）、半直立型（主茎上部稍细，略呈波状弯曲）、半蔓生型（植株茎、枝细长，出现轻度爬蔓和缠绕）和蔓生型（植株茎、枝细长爬蔓，呈重度缠绕，匍匐地面）。

2. 株型　株型按植株分枝角度大小划分，分为开张型（分枝角度大，上下均松散）、收敛型（下部分枝与主茎角度小，上下均紧凑）和半开张型（介于两者之间）。

3. 株高　自子叶节至主茎顶端的高度（cm）为株高。小于 40.0 cm 为矮，40.1～60.0 cm 为中矮，60.1～80.0 cm 为中等，80.1～100.0 cm 为中高，100.1～120.0 cm 为高，大于 120.0 cm 为极高。成熟期测定株高。

4. 茎　苗期胚轴色分为绿色、浅紫色和深紫色。茎粗为茎基部子叶节与真叶节之间茎的粗度（直径）以 cm 为单位，分为粗、中和细 3 级。茎茸毛分为稀、中和密。茎茸毛色有绿色和深紫色两种，在开花盛期至成熟期目测。主茎节数为从子叶节算起，至主茎顶端（不包括顶端花序）的实际节数，10.0 以下为极少，10.1～15.0 为少，15.1～20.0 为中等，20.1～25.0 为多，25.1 及以上为极多。主茎分枝数，2.0 以下为少，2.0～4.0 为中，4.0 以上为多。

5. 叶 小叶叶形分为卵圆形、披针形、三角形和圆形。叶片大小分为大、中和小 3 种。叶色分为绿色、淡绿色、深绿色等，在开花盛期目测。叶片背面茸毛分为多和少、长和短以及角度不同。

（二）花的性状

1. 花轴长短 花轴长短分为长、中和短 3 种类型。

2. 花色 花色分为紫花、浅紫花和白花。在开花期目测植株中上部花的颜色。

3. 花的大小。

（三）荚的性状

1. 结荚习性 结荚习性分为无限结荚习性（顶端花序短，结荚分散，主茎顶端结荚稀少）、有限结荚习性（顶端花序长，结荚密集，主茎顶端结荚成簇）和亚有限结荚习性（顶端花序长度中等，结荚状况介于无限结荚习性与有限结荚习性之间）。

2. 底荚高度 测量从地面到植株最低豆荚着生处的高度（cm）（为底荚高度），小于 10.0 cm 为低，10.0～15.0 cm 为中，大于 15.0 cm 为高。

3. 荚形 荚形分为直形、微弯镰形和弯镰形 3 种。

4. 荚的大小 荚长小于 3 cm 为小，3～5 cm 为中等，大于 5 cm 为大。

5. 荚熟色 荚熟色分为草黄色、灰褐色、褐色、深褐色、黑色等。

（四）种子性状

1. 种子形状 种子形状分为圆、扁圆、椭圆、扁椭圆、长椭圆、肾脏形等。

2. 种子百粒重 种子百粒重小于 5.0 g 为极小，5.0～9.9 g 为小，10.0～14.9 g 为中小，15.0～19.9 g 为中，20.0～24.9 g 为中大，25.0～29.9 g 为大，大于 30.0 g 为特大。

3. 种皮色 种皮色分为浅黄色、黄色、淡绿色、绿色、淡褐色、褐色、黑色和虎斑。

4. 脐色 脐色分为浅黄色、黄色、淡褐色、褐色、蓝色和黑色。

5. 子叶色 子叶色分为黄色和绿色两种。

6. 种皮开裂度 随机取 100 粒种子，计数种皮开裂种子的比例（%），重复 2 次，计算平均值。小于 1.0 为不开裂，1.0～20.0 为中度开裂，大于 20 为开裂。

思考题

1. 何为品种真实性和纯度？
2. 阐述蛋白质电泳的过程。
3. 如何进行田间检验？
4. 如何进行小区种植鉴定？
5. 目前在品种检测中最常用的分子标记技术有哪几种？

第十七章 种子的生活力测定和活力测定

第一节　种子生活力测定

一、种子生活力概念

种子生活力（seed viability）指种子潜在的发芽能力或种胚具有的生命力。许多植物种子，特别是刚收获的种子和野生性强的种子，例如野生稻、杂草、花卉和药材种子，发芽率很低。但实际上大多数种子是有生活力的，只是处于休眠状态暂时不发芽。因此在一个种子样品中全部有生命力的种子，应包括能发芽的种子和暂时不能发芽而具有生命力的休眠种子。

二、种子生活力测定的意义

（一）测定休眠种子的生活力

新收获的或处于休眠状态的种子，即使供给适宜的发芽条件也不能良好发芽或发芽力很低，这种情况下，就不可能测出种子的最高发芽率。而通过生活力测定，可了解种子潜在发芽力，以合理利用种子。播种之前对发芽率低而生活力高的种子，应进行适当处理后播种。如果发芽试验末期有新鲜不发芽的种子或硬实种子，就应接着进行生活力测定。

（二）快速预测种子的发芽力

快速预测种子发芽能力需要进行生活力测定。休眠种子可借助于各种预处理解除休眠，进行发芽试验，但时间较长；而种子贸易中，因时间紧迫，不可能采用标准发芽试验来测定发芽力，这是因为发芽试验所需的时间较长，例如水稻种子需 14 d，一些蔬菜和牧草种子需 2～3 周。因此可用生物化学速测法测定种子生活力作为参考，而林木种子可用生活力来代替发芽力。

种子生活力测定方法有四唑染色法、靛蓝染色法、红墨水染色法、软 X 射线造影法等。但正式列入《国际种子检验规程》和我国《农作物种子检验规程》的生活力测定方法是四唑染色测定法。在此重点介绍四唑染色测定法。

三、种子四唑染色测定法

（一）四唑染色测定法概述

1. 四唑染色测定法发展简况　四唑染色测定法于 1942 年由德国 Socaled Hoheheim 学校（现为 University of Hohenheim）G. Lakon 教授发明，国际种子检验协会（ISTA）于

1950年成立四唑测定技术委员会，1953年首次将四唑染色法列入《国际种子检验规程》，于1984年正式编写了《四唑测定手册》，于2003年又出版了《国际种子检验协会四唑测定工作手册》，并分为2卷，第1卷关于农业、蔬菜和园艺种子，第2卷关于乔木和灌木种子。四唑染色测定法是一种世界公认的省时快速、结果可靠的种子生活力测定方法，具有方法简便、成本低廉、不受休眠限制的特点。

2. 四唑染色测定法原理 无色的氯化三苯基四氮唑（简称四唑）被种子吸收后，在种子组织活细胞内脱氢酶的作用下，接受活种子代谢过程中呼吸链上的氢，在活细胞里变成红色、稳定、不扩散、不溶于水的还原态三苯基甲腊（triphenyl formazan），其化学反应式见图17-1。

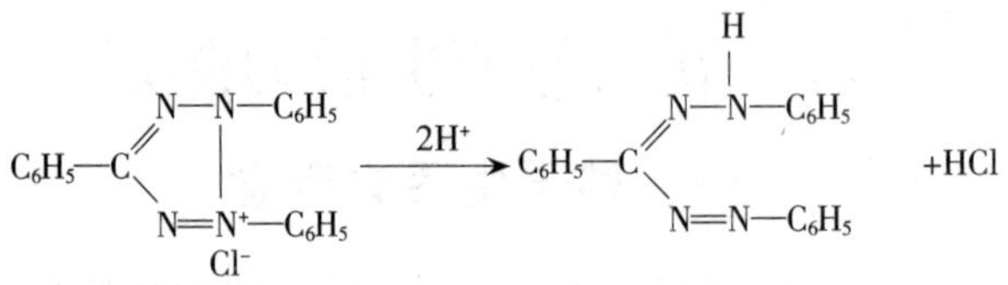

$$C_6H_5-C\begin{matrix} =N-N-C_6H_5 \\ | \\ -N=N^+-C_6H_5 \\ Cl^- \end{matrix} \xrightarrow{2H^+} C_6H_5-C\begin{matrix} =N-N(H)-C_6H_5 \\ \\ -N=N-C_6H_5 \end{matrix} + HCl$$

氯化三苯基四氮唑（无色） 三苯基甲腊（红色）

图17-1 四唑染色测定反应式

可根据四唑染成的颜色和部位，区分种子红色的有生活力部分和无色的死亡部分。一般来说，单子叶植物种子的胚和糊粉层、双子叶植物种子的胚和部分双子叶植物的胚乳、裸子植物种子的胚和配子体等属于活组织，含有脱氢酶，四唑渗入后能染成红色，而种皮和禾谷类种子的胚乳等为死组织，不能染色。除了完全染色的有生活力种子和完全不染色的无生活力种子外，还可能出现一些部分染色的异常颜色或不染色的死组织。

判断种子有无生活力，主要取决于胚和（或）胚乳（或配子体）坏死组织的部位和面积的大小，而不一定在于颜色的深浅。通过颜色的差异主要将健全的、衰弱的和死亡的组织判别出来，并确定其染色部位。染色的深浅可以区别健壮程度。即染色愈深，种子生活力愈旺盛。

根据以上原理和所用指示剂，把这种测定称为局部解剖图形的四唑测定（topographical tetrazolium test）。即根据种子胚和活营养组织局部解剖染色部位及颜色状况，鉴定种胚的死亡部分，查明种子死亡的原因。

3. 四唑染色测定法应用的化学试剂

（1）四唑 四唑盐类有多种，常用的是2,3,5-氯化（或溴化）三苯基四氮唑[2,3,5-triphenyl tetrazolium chloride（or bromide），TTC（TTB）或TZ]，TTC的分子式为$C_{19}H_{15}N_4Cl$，相对分子量为334.8，亦称为红四唑。四唑为白色或淡黄色粉剂，易溶于水，有微毒。试剂见光易被还原成粉红色，需用棕色瓶包装，再外裹黑纸。

《农作物检验规程 其他项目检验》（GB/T 3543.7—1995）规定，通常使用的四唑溶液浓度为0.1%～1.0%（m/V），切开种胚的种子可用0.1%～0.5%四唑溶液；整个胚、整粒种子，或横切、斜切或穿刺的需用1.0%四唑溶液。四唑溶液的pH要求在6.5～7.5，若溶液的pH不在此范围，反应不能正常进行，因此应当用磷酸缓冲液配制。配好的四唑溶液也应装入棕色瓶里，放于黑暗处，一般有效期为数月；若存放于冰箱中，有效期更长。

（2）乳酸苯酚透明液 乳酸苯酚透明液用于染色后的小粒豆类和牧草种子，使经四唑染色后的种皮、稃壳或胚乳变得透明，以便透过这些部分清楚地观察其胚的染色情况。配制方法：取 20 mL 乳酸、20 mL 苯酚（若苯酚是结晶形式，则需溶化为液体）和 40 mL 甘油，与 20 mL 蒸馏水混合均匀。

（二）四唑染色测定法的程序

1. 取试验样品　随机数取充分混合的净种子，每重复 100 粒，2～4 次重复。若是测定发芽试验末期休眠种子的生活力，则单用发芽试验末期所发现的休眠种子。

2. 种子预处理　在正式测定前，需对所测种子样品进行预处理即预措预湿，其主要目的，一是使种子加快和充分吸湿，软化果种皮，方便样品准备；二是促进酶的活化，以提高染色的均匀度、测定的可靠性和正确性。

（1）种子预措　种子预措是指在种子预湿前除去种子外部的附属物，包括剥去果壳和在种子非要害部位弄破种皮，例如水稻种子需脱去稃壳，豆科硬实种子需刺破种皮等。但需注意，预措不能损伤种子内部胚的主要构造。大多数种子不需进行预措处理。

（2）种子预湿　种子预湿是四唑染色测定的必要步骤。根据不同种子的生理特性，采用相应的预湿方法，目前常用的预湿方法如下。

①缓慢纸床预湿：此法将种子放在纸床上或纸间，让其缓慢吸湿，适用于直接浸在水中容易破裂和损伤的种子，以及已经衰老和过分干燥的种子。缓慢吸湿，能较好地解决吸湿和供氧的矛盾。我国国家标准规定大豆、菜豆、葱、李、花生等种子要求缓慢纸床预湿。禾谷类种子既可浸水预湿，也可缓慢纸床预湿。

缓慢预湿可采用纸床上预湿（应用于小粒豆类种子，如苜蓿、三叶草等种子）、纸卷或纸间预湿（应用于大豆、菜豆、豌豆等种子）。

②快速水浸预湿：此法将种子完全浸入水中，充分吸胀，适用于种子直接浸入水中，不会造成组织破裂和损伤，并不会影响测定正确性的种子种类，包括水稻、小麦、大麦、燕麦、黑麦、黑麦草、红豆草、玉米、杉属、鹅耳枥属、扁柏属、榛属、栒子属、山楂属、卫矛属、山毛榉属、梣属、苹果属、松属、椴属等的种子。有时为了加快种子吸水，温季作物种子可用 40～45 ℃水。应特别注意，如果浸种温度过高或浸种时间过长会引起种子变质，造成人为的水浸损伤，影响鉴定结果。预湿温度及时间参见表 17 - 1。

3. 染色前的种子处理　在染色前根据胚的构造和营养组织的位置和特性，采用适当的切割或剥皮等方法将种子胚的主要构造和活的营养组织暴露出来，以利于四唑溶液渗透和还原反应充分进行，便于正确鉴定。图 17 - 2 是一些种子的准备方法。

4. 四唑染色　通过染色反应，能将胚和活营养组织里健壮、衰弱和死亡部分的差异正确地显现出来，以便进行确切鉴定，可靠地判断种子的生活力。

（1）染色程序　将处理好的种子放在小烧杯或培养皿内，加入适宜浓度的四唑溶液，以淹没种子为度，移至一定温度的黑暗恒温箱内进行染色反应。因为光照会使四唑盐类还原而降低其浓度，影响其染色效果。

（2）染色温度和时间　染色时间因种子种类、样品准备方法、生活力的强弱、四唑溶液浓度、pH 和温度等因素的不同而有差异，其中温度影响最大。染色时间可按需要在 20～45 ℃ 温度范围内加以适当选择。在这种温度范围内，温度每升高 5 ℃，其染色时间可缩短一半。如果已到规定染色时间，但样品的染色仍不够充分，则可适当延长染色时间。染色温度过高或染色时间过长，也会引起种子组织变质，从而可能掩盖由于遭受冻害、热伤和本身衰弱而呈现不同颜色或异常的情况。

表 17－1　农作物种子四唑染色测定技术规定

种（变种）名	学名	预湿方式	预湿时间（h）	染色前的准备	溶液浓度（%）	35 ℃染色时间（h）	测定前的处理	有生活力种子允许不染色、较弱或坏死的最大面积	备注
小麦 大麦 黑麦	*Triticum aestivum* L. *Hordeum vulgare* L. *Secale cereale* L.	纸间或水中	30 ℃恒温水浸种 3～4 h，或纸间 12 h	a. 纵切胚和 3/4 胚乳 b. 分离带质片的胚	0.1	0.5～1.0	a. 观察切面 b. 观察胚和盾片	a. 盾片上下任一端 1/3 不染色 b. 胚根大部分不染色，但不定根原始体必须染色	盾片中央有不染色组织时，表明受到热损伤
普通燕麦 裸燕麦	*Avena sativa* L. *Avena nuda* L.	纸间或水中	30 ℃恒温水浸种 3～4 h，或纸间 12 h	a. 除去稃壳，纵切胚和 3/4 胚乳 b. 在胚部附近横切	0.1	0.5～1.0	a. 观察切面 b. 沿胚纵切	a. 盾片上下任一端 1/3 不染色 b. 胚根大部分不染色，但不定根原始体必须染色	盾片中央有不染色组织时，表明受到热损伤
玉米	*Zea mays* L.	纸间或水中	30 ℃恒温水浸种 3～4 h，或纸间 12 h	纵切胚和大部分胚乳	0.1	0.5～1.0	观察切面	胚根；盾片上下任一端 1/3 不染色	盾片中央有不染色组织时，表明受到热损伤
黍 粟	*Panicum miliaceum* L. *Setaria italica* Beauv.	纸间或水中	30 ℃恒温水浸种 3～4 h，或纸间 12 h	a 在胚部附近横切 b. 沿胚乳尖端纵切 1/2	0.1	0.5～1.0	切开或撕开，使胚露出	胚根顶端 2/3 不染色	
高粱	*Sorghum bicolor*（L.）Moench	纸间或水中	30 ℃恒温水浸种 3～4 h，或纸间 12 h	纵切胚和大部分胚乳	0.1	0.5～1.0	观察切面	a. 胚根顶端 2/3 不染色 b. 盾片上下任一端 1/3 不染色	
水稻	*Oryza sativa* L.	纸间或水中	12	纵切胚和 3/4 胚乳	0.1	0.5～1.0	观察切面	胚根顶端 2/3 不染色	必要时可除去内外稃

（续）

种（变种）名	学名	预湿方式	预湿时间（h）	染色前的准备	溶液浓度（%）	35 ℃染色时间（h）	测定前的处理	有生活力种子允许不染色、较弱或坏死的最大面积	备注
棉花	*Gossypium* spp.	纸间	12	a. 纵切 1/2 种子 b. 切去部分种皮 c. 去掉胚乳遗迹	0.5	2～3	纵切	a. 胚根顶端 1/3 不染色 b. 子叶表面有小范围的坏死或子叶顶端 1/3 不染色	有硬实应划破种皮
甜荞 苦荞	*Fagopyrum esculentum* Moench *Fagopyrum tataricum*（L.）Gaertn.	纸间或水中	30 ℃水中浸种 3～4 h，或纸间 12 h	沿瘦果近中线纵切	1.0	2～3	观察切面	a. 胚根顶端 1/3 不染色 b. 子叶表面有小范围的坏死	
菜豆 豌豆 绿豆 花生 大豆 豇豆 扁豆 蚕豆	*Phaseolus vulgaris* L. *Pisum sativum* L. *Vigna radiata*（L.）Wilczek *Arachis hypogaea* L. *Glycine max*（L.）Merr. *Vigna unguiculata* Walp. *Dolichos lablab* L. *Vicia faba* L.	纸间	6～8	无须准备	1.0	3～4	切开或除去种皮，掰开子叶，露出胚芽	a. 胚根顶端不染色，花生为 1/3，蚕豆为 2/3，其他种为 1/2 b. 子叶顶端不杂花，花生为 1/4，蚕豆为 1/3，其他种为 1/2 c. 除蚕豆外，胚芽顶部不染色 1/4	
南瓜 丝瓜 黄瓜 西瓜 冬瓜 苦瓜 甜瓜 瓠瓜	*Cucurbita moschata* Duchesne ex Poiinet *Luffa* spp. *Cucumis sativus* L. *Citrullus lanatus* Masum. et Nakai *Benincase hispida* Cogn. *Momordica charantia* L. *Cucumis melo* L. *Lagenaria siceraria* Stand.	纸间或水中	在 20～30 ℃水中浸 6～8 h 或纸间 24 h	a. 纵切 1/2 种子 b. 剥去种皮 c. 西瓜用干燥布或纸揩擦，除去表面黏液	1.0	2～3 h，但甜瓜 1～2 h	除去种皮和内膜	a. 胚根顶端不染色 1/2 b. 子叶顶端不染色 1/2	

（续）

种（变种）名	学名	预湿方式	预湿时间（h）	染色前的准备	溶液浓度（%）	35℃染色时间（h）	测定前的处理	有生活力种子允许不染色、较弱或坏死的最大面积	备注
白菜型油菜 不结球白菜 结球白菜 甘蓝型油菜 甘蓝 花椰菜 萝卜 芥菜	*Brassica campestri* L. *Brassica campestris* L. subsp. *chinensis*（L.）Makino *Brassica campestri* L. subsp. *pekinensis*（Lour.）Olsson *Brassica napus* L. *Brassica oleracea* var. *capitata* L. *Brassica oleracea* L. var. *botruytis* L. *Raphanus sativus* L. *Brassica juncea* Coss.	纸间或水中	30 ℃温水中浸种 3～4 h，或纸间 5～6 h	a. 剥去种皮 b. 切去部分种皮	1.0	2～4	a. 纵切种子使胚中轴露出 b. 切去部分种皮使胚中轴露出	a. 胚根顶端 1/2 不染色 b. 子叶顶端有部分坏死	
葱属（洋葱、韭菜、葱、韭葱、细香葱）	*Allium*	纸间	12	a. 沿扁平面纵切，但不完全切开，基部相连 b. 切去子叶两端，但不损伤胚根及子叶	0.2	0.5～1.5	a. 扯开切口，露出胚 b. 切去一薄层胚乳，使胚露出	a. 种胚和胚乳完全染色 b. 不与胚相连的胚乳有少量不染色	
辣椒 甜椒 茄子 番茄	*Capsicum frutescens* L. *Capsicum frutescens* var. *grossum* *Solanum melongena* L. *Lycopersicon esculentum*	纸间或水中	在 20～30 ℃水中 3～4 h，或纸间 12 h	a. 在种子中心刺破种皮和胚乳 b. 切去种子末端，包括一小部分子叶	0.2	0.5～1.5	a. 撕开胚乳，使胚露出 b. 纵切种子使胚露出	胚和胚乳全部染色	
芫荽 芹菜 胡萝卜 茴香	*Coriandrum sativum* L. *Apium graveolens* L. *Daucus carota* L. *Foeniculum vulgare* Mill.	水中	在 20～30 ℃水中 3 h	a. 纵切种子 1/2，并撕开胚乳，使胚露出 b. 切去种子末端 1/4 或 1/3	0.1～0.5	6～24	a. 进一步撕开切口，使胚露出 b. 纵切种子露出胚和胚乳	胚和胚乳全部染色	

（续）

种（变种）名	学名	预湿方式	预湿时间（h）	染色前的准备	溶液浓度（%）	35℃染色时间（h）	测定前的处理	有生活力种子允许不染色、较弱或坏死的最大面积	备注
苜蓿属 草木樨属 紫云英	*Medicago* *Melilotus* *Astragalus sinicus* L.	水中	22	无须准备	0.5～1.0	6～24	除去种皮使胚露出	a. 胚根顶端1/3不染色 b. 子叶顶端1/3，如在表面可1/2不染色	
莴苣 茼蒿	*Lactuca sativa* L. *Chrysanthemum coronarium* var. *spatisum*	水中	在30℃水中浸2～4h	a. 纵切种子上半部（非胚根端） b. 切去种子末端包括一部分子叶	0.2	2～3	a. 切去种皮和子叶使胚露出 b. 切开种子末端轻轻挤压使胚露出	a. 胚根顶端1/3不染色 b. 子叶顶端1/2表面不染色，或1/3弥漫不染色	
向日葵	*Helianthus annuus* L.	水中	3～4	纵切种子上半部或除去果壳	1.0	3～4	除去果壳	a. 胚根顶端1/3不染色 b. 子叶顶端表面1/2不染色	
甜菜	*Beta vulgaris* L.	水中	18	a. 除去盖着种胚的帽状物 b. 沿胚与胚乳之界线切开	0.1～0.5	24～48	扯开切口，使胚露出	a. 胚根顶端1/3不染色 b. 子叶顶端1/3不染色	
菠菜	*Spinacia oleracea* L.	水中	3～4	a. 在胚与胚乳之边界刺破种皮 b. 在胚根与子叶之间横切	0.2	0.5～1.5	a. 纵切种子，使胚露出 b. 掰开切口，使胚露出	a. 胚根顶端1/3不染色 b. 子叶顶端1/3不染色	

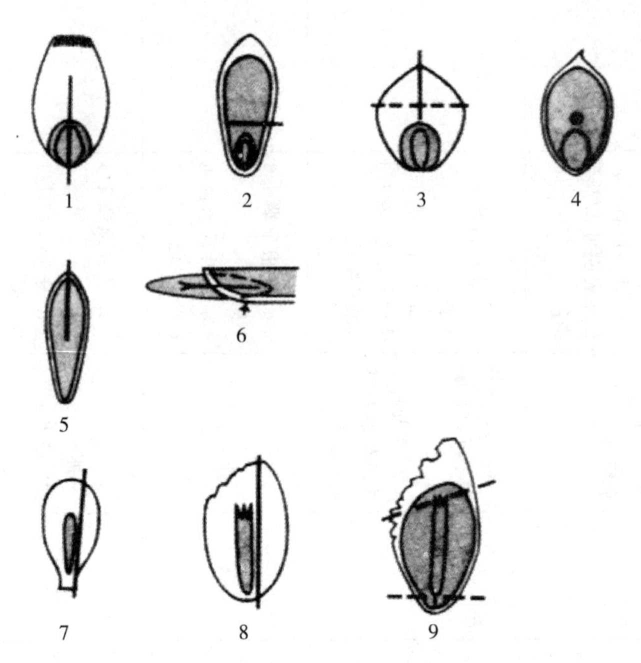

图 17-2　四唑染色常见作物种子的准备

1. 禾谷类和禾本科牧草种子通过胚和约在胚乳 3/4 处纵切　2. 燕麦属（*Avena*）和禾本科牧草种子靠近胚部横切　3. 禾本科牧草种子通过胚乳末端部分横切和纵切　4. 禾本科牧草种子刺穿胚乳　5. 通过子叶末端一半纵切［如莴苣属（*Lactuca*）和菊科（Asteraceae）中的一些属］　6. 纵切面表明似上述第 5 种方式进行纵切时的解剖刀部位　7. 沿胚的旁边纵切［伞形科（Apiaceae）中的种和其他具有直立胚的种子］　8. 针叶树种子沿胚旁边纵切　9. 在两端横切［打开胚腔，切去小部分胚乳（配子体组织）］

有些种子要求在各重复中加入微量的杀菌剂或抗生素（例如 0.5%青霉素粉剂），以避免在染色过程产生带有黑色沉淀物的多泡沫溶液。

（3）暂停染色　若未能及时进行鉴定，可在能接受的时间范围内，将正在进行染色的样品移到低温或冰冻条件下，以中止或减缓染色反应进程。但应注意，仍需将种子样品保持在原来的染色溶液里，而对已达到染色时间的样品应保持在清水中或湿润条件下。对于在 1 h 内要鉴定的染色样品，最好先倒去染色溶液并在冲洗后保持在低温清水中或湿润状态及弱光或黑暗条件下，以待鉴定。

5. 鉴定前处理　为了确保鉴定结果的准确性，还可将已染色的种子样品加以适当处理，进一步使胚的主要构造和活的营养组织明显地暴露出来，以便观察、鉴定和计算。如轻压出胚、扯开营养组织暴露出胚、切去切面碎片、掰开子叶暴露出胚等。

对于带有稃壳的禾本科牧草（黑麦草、鸭茅、羊茅、早熟禾、小糠草等）及小粒豆科牧草（苜蓿、三叶草等）的种子，需用乳酸苯酚透明液处理，使果种皮、稃壳或胚乳变为透明，以便清楚地鉴定胚的染色情况。在四唑染色反应达到适宜时间后，沥出四唑溶液，注意不能溜出种子。然后用吸水纸片吸干残余的溶液，并把种子集中在培养皿中心成一堆，加入 2～4 滴乳酸苯酚透明液，适当摇晃，使其与种子良好接触，移入 38 ℃恒温箱保持 30～60 min，用清水漂洗后观察或直接观察。

6. 观察鉴定　四唑测定样品经染色和样品处理后，进行正确的观察鉴定非常重要。测定结果的可靠性取决于检验人员对染色组织和部位的正确识别、工作经验等综合能力。观察鉴定的主要目的是区别有生活力种子和无生活力种子。

一般鉴定原则是，凡是胚的主要构造及有关活营养组织染成有光泽的鲜红色，且组织状态正常的，为有生活力种子。凡是胚的主要构造局部不染色或染成异常的颜色和光泽，并且活营养组织不染色部分已超过1/2，或超过容许范围，以及组织软化的，完全不染色或染成无光泽的淡红色或灰白色，且组织已软化腐烂或异常、虫蛀、损伤的均为无生活力种子。

在鉴定时，可借助放大镜进行。大中粒种子可直接用肉眼观察鉴定或用5～7倍放大镜观察鉴定，中小粒种子用10～100倍体视显微镜进行仔细观察鉴定。在观察时，打开反射灯光或侧射灯光，正确计数有生活力的种子。小麦和辣椒种子四唑测定结果分别见图17－3和图17－4。

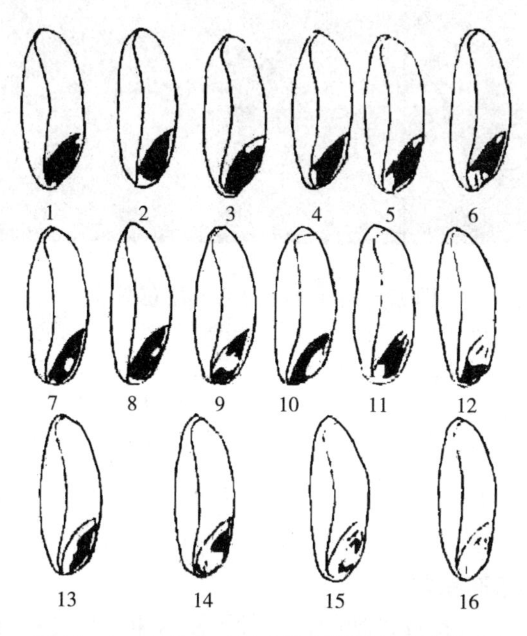

图17－3　小麦种子四唑测定结果的鉴定标准

1. 有发芽力（整个胚染成鲜红色）　2～5. 有发芽力（盾片末端不染色）　6. 有发芽力（胚根尖端及胚根鞘不染色）　7. 无发芽力（胚根3/4以上不染色）　8. 无发芽力（胚芽不染色）　9. 无发芽力（盾片中部和盾片节不染色）　10. 无发芽力（胚轴不染色）　11. 无发芽力（盾片末端和胚芽尖端不染色）　12. 无发芽力（胚的上半部不染色）　13. 无发芽力（盾片不染色）　14. 无发芽力（盾片、胚根和胚根鞘不染色）　15. 无发芽力（染成模糊的淡红色）　16. 无发芽力（整个胚不染色）

（图中黑色部分表示染成红色，为有生活力组织；白色部分表示不染色的死组织）

（引自D. F. Grabe，1970）

7. 结果报告　在测定一个样品时，应记录各个重复中有生活力种子的比例（%）。重复间最大容许差距不应超过GB/T 3543.7—1995表2的规定，如未超过，平均比例（%）计算到最近似的整数；如超过，应采用同样的方法进行重新试验。

四、软X射线造影法

X射线波长范围为0.000 1～0.250 0 nm，按其波长和穿透力的不同可分为超硬X射线、硬X射线、软X射线和超软X射线。硬X射线波长较短，为0.005～0.010 nm，穿透能力

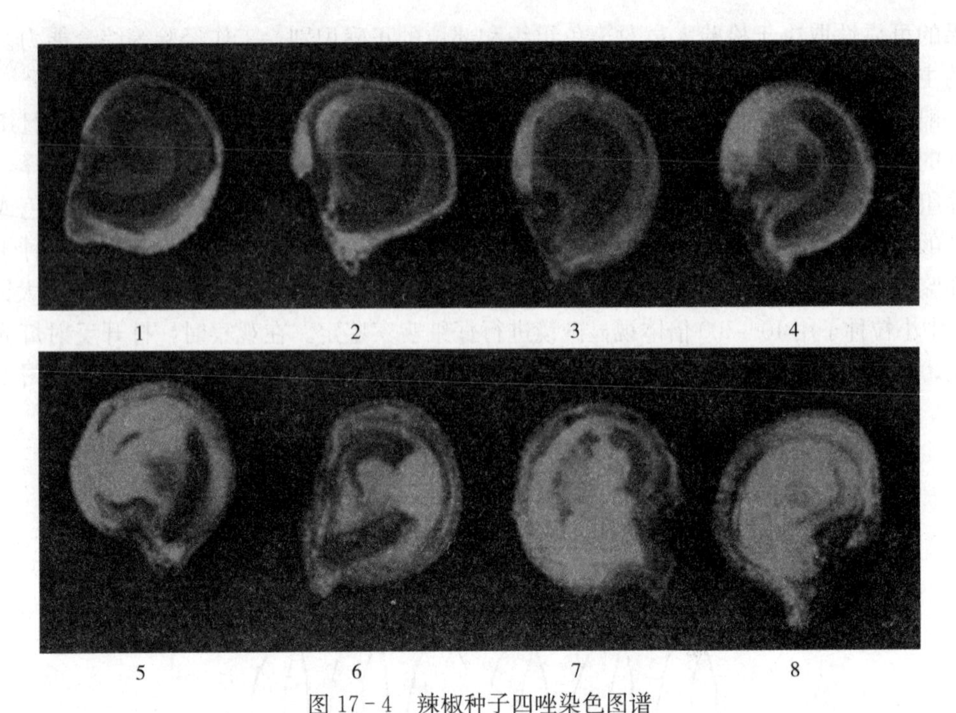

图 17-4　辣椒种子四唑染色图谱

1. 有生活力（胚全染色） 2. 有生活力（一片子叶顶端约 1/2 不染色，另一片全染色）
3. 无生活力（胚根前端不染色，子叶中部有一小段染色很浅） 4. 无生活力（子叶中段不染色）
5. 无生活力（子叶全不染色） 6. 无生活力（子叶基部一端不染色）
7. 无生活力（胚多处不染色） 8. 无生活力（胚全不染色）

强。软 X 射线波长较长，为 0.01～0.05 nm，穿透力弱。瑞典皇家林学院（Simak 和 Kanar，1963）首次将软 X 射线造影技术应用于种子生活力测定，现已被列入《国际种子检验规程》。

（一）软 X 射线造影法的原理

活细胞的原生质膜具有选择透过功能，当种子浸入重金属盐溶液里时，凡有生活力的细胞、组织或种子因细胞原生质膜不能透过而不吸收或很少吸收重金属离子；无生活力的细胞、组织或种子因无选择透过功能，重金属溶液会自动渗入。软 X 射线造影时，由于重金属离子能强烈吸收 X 射线，因而死组织呈不透明的暗影，活组织较为透明，经显影、定影后，在底片（负片）上死组织则较为透明，而活组织则较为黑暗，从而形成明暗对比。故可根据明暗强弱、面积大小及其位置判定种子有无生活力。

（二）软 X 射线造影技术

1. 预湿　随机从净种子中取 200 粒种子，分成 4 次重复，每次重复 50 粒。将种子放水中浸泡 2～16 h；对一些直接浸在水中容易破裂的种子，可先在纸上或纸间吸胀后再在水中浸泡 16 h。

2. 造影剂处理　凡不能透过活细胞半透膜，但能渗入死细胞的重金属盐都可作造影剂（衬比剂），目前最常用的是氯化钡（$BaCl_2$）。将已浸泡 16 h 的种子放入 10%～20%氯化钡溶液中，处理时间因不同作物而异。然后将经氯化钡溶液处理的种子取出，于流水中冲洗，以除去种子表面的造影剂。再用吸水纸吸干种子表面的水分，或将种子置于 60～70 ℃恒温箱内干燥 1.5～2.0 h。若造影后种子还要进行发芽试验，则需把种子晾干。

3. 软X光摄影　首先选好胶片。在国外有专用X射线的胶片。我国主要采用8DIN文献反拍黑白片，也有用照相纸直接造影。装片时要注意让胶药面向上并防止漏光。

将经造影剂处理并干燥的种子，放在适合大小的样品托盘上，再将其放在感光胶片的暗袋上。然后放入X射线仪工作室内曝光造影，其曝光造影技术因X射线仪的种类而不同。目前我国主要应用Hy-35型农用X光机。

4. 图像鉴定　种子造影后，要对影像进行正确鉴定。影像鉴定时，要把具有正常胚部的种子作为有活力的种子，而将胚的主要构造有损伤或死亡的，列为无生活力种子。在胶片上，凡种胚透明的，为无生活力的种子；凡种胚呈黑色的，为有生活力的种子。在照片上，凡种胚黑色的，为无生活力的种子；凡种胚呈白色的，为有生活力的种子。种子造影后的鉴定结果应与标准发芽率多次反复比较，才能真正掌握鉴定的原则和标准。软X射线测定是一种非破坏性快速测定方法，它所拍摄的X射线照片可提供形态学特征，可区分种子的饱满度、空瘪、虫伤及物理伤痕等永久性图像记录。

第二节　种子活力测定

种子活力（seed vigor）是种子质量的重要指标之一，与种子田间出苗状况密切相关。活力测定经过几十年的研究，已取得了重大进展。在美国和欧洲，许多种子公司把活力测定作为常规检验项目，我国《农作物种子检验规程》也将列入种子活力测定内容。

种子活力测定方法达数十种，但主要分为直接法和间接法两大类。直接法是在实验室内模拟田间不良条件和其他条件下的发芽出苗情况的方法，例如低温发芽试验是模拟早春播种期的低温条件，砖砾试验是模拟田间板结土壤或黏土地区条件，加速老化试验是模拟种子在高温高湿条件下的快速衰老。间接法是在实验室内测定与田间出苗率（活力）相关的生理生化指标的方法，例如浸泡液电导率、种子呼吸速率测定、各种与呼吸、代谢相关的酶活性等。

国际种子检验协会（ISTA）的《活力测定方法手册》（1995）推荐了2种活力测定方法：电导率测定和加速老化试验（同时被列入《国际种子检验规程》）；建议了7种活力测定方法：抗冷测定、低温发芽试验、控制劣变试验、复合逆境测定、砖砾试验、幼苗生长测定和四唑测定。这里介绍常用的种子活力测定方法。

一、伸长胚根计数测定

（一）伸长胚根计数测定原理

活力降低的种子，早期生理表现为种子发芽速率迟缓。发芽初期玉米种子的胚根伸长数量能准确反映出其发芽速率，并与发芽速率的其他表现指标密切相关，与田间出苗显著相关。伸长胚根的种子数量多，则表明种子活力高；伸长胚根的种子数量少，则表明种子活力低。此法已被列入《国际种子检验规程》。

（二）伸长胚根计数测定方法

玉米种子伸长胚根计数测定方法如下。

1. 试验设置　设8个重复，每个重复25粒种子，用纸巾卷进行正常发芽试验。每重复种子摆成两排，一排12粒另一排13粒，种子的胚根部位朝向纸巾底部。将纸巾卷好后垂直置于塑料袋中，在规定温度下培养。

2. 试验温度　胚根伸长测定在 20 ℃±1 ℃或 13 ℃±1 ℃下进行。温度是试验中最关键的潜在变异因素，监控培养箱中纸巾卷的放置范围，每 24 h 监测一次温度并翻转纸巾卷。

3. 计数时间　胚根伸长计数时间取决于试验温度。在 20 ℃±1 ℃下，培养 66 h±15 min 后计数。在 13 ℃±1 ℃下，培养 144 h±1 h 后计数。

4. 结果计算与表达　出现清晰和明显的伸长胚根作为评定的依据，用肉眼判定长度达到 2 mm 以上的种子进行计数，并换算成每重复的比例（%）。说明试验的培养温度和培养时间，例如在 20 ℃±1 ℃下经 66 h 后，伸长的胚根占 90%。

二、加速老化试验

加速老化试验（accelerated aging test，AA 测定）主要用于两方面，一是预测田间出苗率，二是预测耐藏性。

（一）加速老化试验的测定原理

加速老化试验是根据高温（40～45 ℃）和高湿（约 95%相对湿度）能导致种子快速衰老这个原理进行测定的。高活力种子能忍受逆境条件，衰老较慢；而低活力种子衰老较快，长成较多的不正常幼苗或者完全死亡。

（二）加速老化试验的测定方法

这里以大豆种子为例介绍此方法。

1. 准备样品和设备　在加速老化试验测定前将种子水分调节至 10%～14%。

（1）准备老化外箱　推荐应用水套培养箱，能保持恒温。如果没有水套培养箱，其他有加水的加热培养箱也可以。使用其他培养箱时，应防止凝结水掉在内箱盒上，否则会在盖内产生凝结，提高种子水分，降低发芽率，增加发霉风险。

（2）准备老化内箱　老化内箱是带盖的塑料盒，大小为 11.0 cm×11.0 cm×3.5 cm；内有 1 个网架盘，大小为 10.0 cm×10.0 cm×3.0 cm（网孔为 1.4 mm×1.8 mm）（图 17-5）。老化内箱可购买，也可自制。

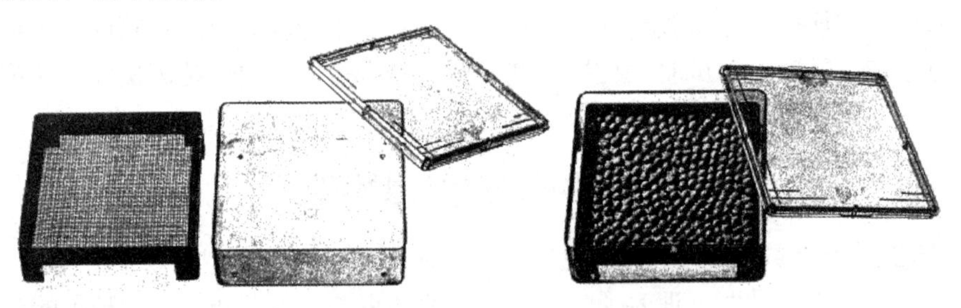

图 17-5　老化盒及网架盘

（引自胡晋，2006）

2. 加速老化　把 40 mL 去离子水或蒸馏水放入塑料老化盒，然后插入网架。从净种子中称取 42 g±0.5 g 大豆种子（至少含有 200 粒种子），放在网架上，摊成一层以保证种子的吸湿。每次外箱用于加速老化试验测定，应包括 1 个对照样品。每个老化盒盖上盖子，但不密封。

将内箱排成一排放在架上，同时放入外箱内。为了使温度均匀一致，外箱内的两个老化内箱之间间隔大约为 2.5 cm。记录老化内箱放入老化外箱的时间。准确监控老化外箱的温度在表 17－2 的范围和时间内，例如大豆种子在 41℃±0.3℃温度保持 72 h。在老化规定期间内，不能打开老化外箱的门。

表 17－2　不同作物种子加速老化试验条件

（引自国际种子检验协会，1995）

属和种名	老化内箱		老化外箱		老化后种子水分（%）
	种子重量（g）	箱数目	老化温度（℃）	老化时间（h）	
大豆	42	1	41	72	27～30
苜蓿	3.5	1	41	72	40～44
菜豆（干）	42	1	41	72	28～30
菜豆（法国）	50	2	45	48	26～30
菜豆（菜园）	30	2	41	72	31～32
油菜	1	1	41	72	39～44
玉米（大田）	40	2	45	72	26～29
玉米（甜）	24	1	41	72	31～35
莴苣	0.5	1	41	72	38～41
绿豆	40	1	45	96	27～32
洋葱	1	1	41	72	40～45
辣椒属	2	1	41	72	40～45
红三叶	1	1	41	72	39～44
黑麦草	1	1	41	48	36～38
高粱	15	1	43	72	28～30
苇状羊茅	1	1	41	72	47～53
烟草	0.2	1	43	72	40～50
番茄	1	1	41	72	44～46
小麦	20	1	41	72	28～30

在老化结束时进行标准发芽试验前，从老化内箱中取出对照样品的 1 个小样品（10～20 粒），马上称量，用烘箱法测定种子水分（以鲜重为基础）。记录对照样品种子水分，如果种子水分低于或高于表 17－2 所规定的值（对于大豆，种子水分应在 27%～30%），则试验结果不准确，应重做试验。对于大豆种子可以应用称量法判断，老化后的种子低于 52 g 或高于 55 g，表明测定结果不精确，应重做试验。

3. 发芽试验　经 72 h 老化处理后，从老化外箱取出老化内箱。取出 1 h 内，用每个重复 50 粒共 4 个重复进行标准发芽试验。该结果与老化前同一种子批的发芽试验结果比较，如果加速老化试验处理的结果类同于标准发芽试验结果则判定为高活力，低于标准发芽试验结果则判定为中至低活力。这样，可用该结果来排列种子批活力，判定贮藏潜力或每个种子批的播种潜力。

三、电导率测定

（一）电导率测定的原理

种子吸胀初期，细胞膜重建和修复能力影响电解质（例如氨基酸、有机酸、糖等）渗出程度，重建膜完整性速度越快，渗出物越少。高活力种子能够更加快速地重建膜，且最大限度修复任何损伤，而低活力种子则差。因此高活力种子浸泡液的电导率低于低活力种子。电导率与田间出苗率呈负相关。

（二）电导率测定的适用范围

《国际种子检验规程》所规范的电导率测定（conductivity test）适用于豌豆种子；国际种子检验协会的活力测定方法手册指出该法也适用于许多其他种，例如大粒豆科种子（特别是大豆、绿豆等）、棉花、玉米、番茄、洋葱等种子。北美洲官方种子分析者协会（AOSA）和国际种子检验协会活力测定委员会认为，菜豆和大豆的电导率测定结果具有重演性，与田间出苗率有较大的相关性，该测定已被种子产业用来评定菜豆种子出售前的出苗率。

（三）电导率测定的程序

可用直接读数的电导仪，电极常数须达到 1.0（电极常数是指电极板之间的有效距离与极板的面积之比）。最好使用去离子水，也可使用蒸馏水。在 20 ℃下，去离子水电导率不超过 2 μS/cm，蒸馏水电导率不超过 5 μS/cm。使用前水应保持在 20 ℃±1 ℃。容器使用前必须冲洗干净。测定前需要校正电极，试验前先启动电导仪至少 15 min。对于水分低于 10% 或高于 14% 的种子批，应在浸种前将其水分调至 10%～14%。

1. 准备烧杯 准确量取 250 mL 去离子水或蒸馏水，放入 500 mL 烧杯中。盛水的所有烧杯应用铝箔或薄膜盖子盖好，以防污染。在盛放种子前，先在 20 ℃下平衡 24 h。每次测定准备 2 个只盛去离子水或蒸馏水的对照杯。

2. 准备试验样品 随机数取净种子，每个重复各为 50 粒的 4 个重复样品，称量（精确至 0.01 g）。

3. 浸种 已称量的试验样品放入已盛有 250 mL 去离子水的 500 mL 贴有标签的烧杯中。轻轻摇晃容器，确保所有种子完全浸没。所有容器用铝箔或薄膜盖盖好，在 20 ℃±1 ℃放置 24 h。在同一时间内测定的烧杯数量不能太多，通常为 10～12 个；一批测定时间一般不超过 15 min。

4. 测定溶液电导率 24 h±15 min 的浸种结束后，马上测定溶液的电导率。盛有种子的烧杯应轻微摇晃 10～15 s，然后移去铝箱或薄膜盖，电极插入不需过滤的溶液，注意不要让电极接触种子。测定几次直到获得一个稳定值。测定 1 个试验样品重复后，用去离子水或蒸馏水冲洗电极 2 次，用滤纸吸干后再测定下 1 个试验样品重复。如果在测定期间观察到硬实，测定电导率后应将其除去，记数，干燥表面，称量，并从 50 粒种子样品重量中减去硬实种子的重量。每个重复应从上述容器的测定值中减去对照杯中的测定值（烧杯的背景值）。根据下式计算每个重复的种子单位重量电导率。

$$\text{电导率}[\mu\text{S}/(\text{cm}\cdot\text{g})]=\frac{\text{每烧杯的电导率}(\mu\text{S}/\text{cm})}{\text{种子样品的重量}(\text{g})}$$

4 次重复间平均值为种子批的结果。4 次重复间容许差距为 5 μS/(cm · g)（最低和最高的差），如果超过，应重做 4 次重复。

四、控制劣变试验

控制劣变测定（controlled deterioration test）的原理和加速老化试验相似，但对种子水分及老化温度的要求更加严格。具体方法为：首先测定种子水分。然后取 400 多粒种子样品，称量后置于湿润的培养皿内，让其吸湿至规定的水分（用称量法计算种子水分），白菜、胡萝卜和糖用甜菜的种子水分为24%，羽衣甘蓝的种子水分为21%，甘蓝、芜菁、花椰菜、萝卜和莴苣的种子水分为20%，洋葱的种子水分为19%，红三叶的种子水分为18%。达到规定水分后将种子放入密封的容器中，于10℃下过夜，使种子水分分布均匀。然后将种子装进铝箔袋内并加热密封，置45℃水浴槽中的金属网架上，经24h取出种子进行标准发芽试验，种子胚根露出即视为发芽。发芽率高的种子活力亦高。此法试验结果与田间出苗率相关显著，且重演性好，一般认为适用于小粒种子。

五、复合逆境测定

（一）复合逆境测定原理

复合逆境测定（complex stressing vigour test，CSVT）是将种子进行一种以上的逆境胁迫处理，然后转入适宜条件下进行发芽。此类方法评定活力的指标基于一种以上的活力测定原理，因而能更准确地反映种子活力水平，试验结果与田间出苗率相关极显著，且重演性较好。目前，此法主要用于玉米和小麦的种子。

测定过程中将种子在适温20～25℃下浸种48h。然后在2～5℃低温下浸种48h，给以种子温度和氧气不足的逆境。浸种期间促进了种子内生物化学活动的开始，但是马上发生长时间的氧气缺乏，使生物化学活动减慢甚至停止。生理条件较弱的种子，其细胞膜逐渐失去其生物化学控制功能，导致细胞内容物渗漏的发生。低温加上长时间缺氧导致种子进一步发生生理损伤，但没有增加微生物的影响。

（二）复合逆境测定方法

1. 浸种 取200粒种子浸没在200mL蒸馏水或去离子水中，水中含0.15%有效氯（次氯酸钠），小麦种子先在20℃下浸泡48h，然后在2℃下浸泡48h；玉米先在25℃下浸泡48h，然后在5℃下浸泡48h。

2. 发芽 取出种子，进行纸卷发芽，测定幼苗生长活力。小麦每卷50粒种子，4次重复，黑暗下20℃发芽。玉米每卷25粒种子，8次重复，黑暗下25℃发芽。胚根朝下置床，发芽时间为96h。记录正常幼苗、不正常幼苗、不发芽种子。

3. 幼苗分组 测定每个种子批正常幼苗的高度，选最高的5株幼苗平均，乘以0.25。将正常幼苗分成2组：①高活力组，幼苗高度大于最高的5株幼苗平均值×0.25；②中等活力组，幼苗高度小于最高的5株幼苗平均值×0.25。

4. 种子批活力状况定义 80%～100%正常幼苗属于高活力组的种子批为高活力种子批，48%～79%正常幼苗属于高活力组的种子批为中等活力种子批，不足48%正常幼苗属于高活力组的种子批为低活力种子批。

在早春，不良条件下，田间出苗率与高活力正常幼苗率接近。当种子有高的发芽率和活力（80%～100%正常幼苗属于高活力组）时，测定结果与田间出苗密切相关。当种子有高的发芽率和低活力（不足48%正常幼苗属于高活力组）时，田间出苗是不确定的。

六、其他测定方法

（一）抗冷测定

抗冷测定（cold test）适用于春播喜温作物，例如玉米、棉花、大豆、豌豆等。而秋播作物种子（例如小麦、大白菜和油菜），发芽时具有忍耐低温的能力，故不宜用此法。抗冷测定是将种子置于低温潮湿的土壤中处理一定时间后，移至适宜温度下生长，模拟早春田间逆境条件，观察种子发芽成苗的能力。高活力种子经低温处理后仍能形成正常幼苗，而低活力种子则不能形成正常幼苗。抗冷测定通常采用土壤卷法和土壤盒法。

土壤盒法：每个重复取种子50粒，重复4次，播于装有3～4 cm深的土壤盒内，然后盖土2 cm，在10 ℃的低温下处理7 d后，移入适宜温度下培养。玉米和水稻于30 ℃条件下培养3 d，大豆和豌豆于25 ℃条件下培养4 d。计算发芽率，凡正常幼苗均作为高活力种子计算。

（二）低温发芽试验

低温发芽试验（cool germination test）主要适用于棉花，也可用于高粱、黄瓜、水稻等。棉花早春播种常遇低温，会引起胚根损伤，下胚轴生长速率降低。棉花发芽最低温度一般为15 ℃，本法采用18 ℃低温模拟田间低温条件。试验方法与标准发芽试验基本相同。种子置砂床后于18 ℃、黑暗条件下发芽，培养6 d（硫酸去绒）或7 d（未去短绒）后检查幼苗生长情况，凡苗高达4 cm或以上的即为高活力种子。

（三）发芽指数

采用标准发芽试验方法，每日记载正常发芽种子数。计算发芽指数（germination index，*GI*），其计算公式为

$$GI = \sum \frac{G_t}{D_t}$$

式中，D_t 为发芽日数，G_t 为与 D_t 相对应的各天发芽种子数。发芽指数高则活力高。

（四）活力指数

采用标准发芽试验方法，每日记载正常发芽种子数。发芽结束时，测定正常幼苗长度或重量。计算活力指数（vigour index，*VI*）：$VI = GI \times S$，*GI* 为发芽指数，*S* 为一定时期内正常幼苗长度（cm）或重量（g）。

（五）平均发芽日数（MGT）

采用标准发芽试验方法，每日记载正常发芽种子数。计算平均发芽日数（*MGT*），其计算公式为

$$MGT = \frac{\sum (G_t \times D_t)}{\sum G_t}$$

式中，D_t为发芽日数，G_t 为与 D_t 相对应的每天发芽种子数。平均发芽日数常用来表示发芽速率，平均发芽日数越少，发芽速度越快，活力越高。

思考题

1. 详述四唑法测定种子生活力的过程。
2. 如何进行加速老化试验？
3. 如何用电导率法测定大豆种子活力？
4. 胚根伸长计数测定种子活力有何优点？

第十八章 种子重量测定

第一节 种子重量测定的概念和意义

一、种子重量测定概念

种子重量（seed weight）测定，是指测定一定数量种子的重量，实际操作时是指测定1 000粒种子的重量，即千粒重。

种子千粒重（weight per 1 000 seeds）通常是指自然干燥状态的1 000粒种子的重量。我国《农作物种子检验规程》（1995）中，种子千粒重是指国家标准规定水分的1 000粒种子的重量，以g为单位。

实际当中，由于环境的差异从而导致不同的种子批在不同的地区和不同的季节水分差异很大，为了方便比较不同水分下的种子千粒重，需要将实测水分换算成统一标准的规定水分，从而计算1 000粒种子的重量。

二、种子重量测定意义

1. 千粒重是种子活力的重要体现 通常来说，同一作物品种在相同的水分条件下，种子的千粒重越高表明种子的充实度越好，种子内部贮藏的营养物质越丰富，种子的质量也就越好，播种后可以快速整齐出苗，出苗率高，幼苗健壮，并能保证田间的成苗密度，从而可以提高作物的产量。

2. 千粒重是计算田间播种量的依据 计算播种量的另外两个因素是种子用价和田间栽培密度。同一作物不同品种的千粒重不同，则其田间播种量也应有差异。实际生产中，可以根据种植株数、栽培密度、种子千粒重、发芽率等指标来确定播种量。

3. 千粒重是产量的构成因素之一 在预测作物产量时，要做好千粒重的测定。例如水稻大田测产时，根据有效穗数、每穗实粒数和千粒重3个参数就可以计算出水稻的理论产量。

4. 千粒重是种子多项质量的综合体现 千粒重与种子的饱满度、充实度、均匀度和子粒大小4项质量指标呈正相关，如果要单个测量以上指标则分别需要用到量筒、相对密度（比重）计、筛子、种子长宽测量器等工具，比较烦琐，而测量千粒重1个指标则相对简单、方便。

第二节 种子千粒重测定方法

我国《农作物种子检验规程 其他项目检验》（GB/T 3543.7—1995）中，种子千粒重测定列入了百粒法、千粒法和全量法3种方法，可任选其中的一种方法进行测定。测量时所用的仪器设备主要有数粒仪或供发芽试验用的数种设备，不同感量的天平。

一、百粒法

1. 数取试验样品 从净种子中用手工或电子自动数粒仪随机数取8个重复，每个重复100粒。

2. 试样称量 8个重复的试验样品分别称量（g），重量的小数位数与净度分析相同。

3. 计算千粒重 按以下公式分别计算8个重复的平均重量、标准差和变异系数。

$$标准差(s)=\sqrt{\frac{n(\sum x^2)-(\sum x)^2}{n(n-1)}}$$

式中，x为各重复重量（g），n为重复次数。

$$变异系数(CV)=\frac{s}{\bar{x}}\times 100\%$$

式中，s为标准差，$\bar{x}$为100粒种子的平均重量（g）。

如果带有稃壳的禾本科作物种子变异系数不超过6.0，其他种类种子的变异系数不超过4.0，则可以根据实测结果计算种子的千粒重。如果变异系数超过上述容许变异系数，应再取8个重复称量，计算16个重复的标准差，凡与平均数之差超过2倍标准差的重复略去不计，最后将每个重复100粒种子的平均重量乘以10即为测得的种子千粒重。

二、千粒法

1. 数取试验样品 从净种子中用手或数粒仪随机数取2个重复，大粒种子每个重复500粒，中小粒种子每个重复1 000粒。

2. 试样称量 2个重复的试样分别称量（g），重量的小数位数与净度分析相同。

3. 计算千粒重 计算2个重复的平均重量，2份重复的重量差数与平均数之比不应超过5%，若超过则应再分析第三份重复，直至符合要求。用500粒大粒种子进行测定的，取差距小的2份重复的平均数乘以2即为实测的千粒重。用1 000粒中小粒种子进行测定的，取差距小的两份重复的平均数即为实测的千粒重。

三、全量法

1. 数取试验样品 用手或数粒仪数取净度分析后全部净种子的总粒数。

2. 试样称量 称量全部种子的重量（g），重量的小数位数与净度分析相同。

3. 计算千粒重 根据试验样品的重量和试验样品的总粒数，按以下公式计算种子的实测千粒重。

$$实测千粒重(g)=\frac{m}{n}\times 1\,000$$

式中，m为试样的总重量，n为种子的总粒数。

选用上述3种方法中的任何一种测定千粒重后，需根据实测千粒重和实测水分，按GB 4404～4409和GB 8079～8080种子质量标准规定的种子水分，换算成该规定水分千粒重，计算公式为

$$千粒重(规定水分,g)=\frac{实测千粒重(g)\times[1-实测水分(\%)]}{1-规定水分(\%)}$$

将规定水分下的种子千粒重填入种子检验结果报告单“其他测定项目”栏中，保留测定重量时所用的小数位数。丸化种子的重量测定选择上述3种方法中的任何一种测定，计算净度分析后的净丸化粒1 000粒的重量。

思考题

1. 种子重量如何表示？测定种子重量具有什么意义？
2. 测定种子千粒重有哪几种方法？
3. 如何测定丸化种子的千粒重？
4. 为什么要将千粒重换算成规定的水分？

第十九章 种子健康测定

种子健康测定（seed health test）主要是测定种子是否携带有病原物（如真菌、细菌及病毒）、有害的动物（例如线虫及害虫）等健康状况。

第一节 种子健康测定的目的和重要性

一、种子健康测定的目的和特点

（一）种子健康测定的目的和重要性

①通过健康测定，可以查明种子携带病虫害的种类和危害程度，确定该种子批能否利用。

②通过健康测定，能够确定病虫害的潜伏部位、深度、方式等，并据此选择合适的处理方法加以控制，避免种子携带病虫害降低发芽力、活力及播种质量，甚至影响作物产量及商品质量。

③通过健康测定，能够避免种子病害的远距离传播与蔓延，这对于检疫性病虫害尤为重要。

④通过健康测定，能够避免病菌毒素对人畜的危害。

⑤通过健康测定，查明室内发芽不良或田间出苗差的原因，从而弥补发芽试验的不足。

（二）种子健康测定方法的特点

种子健康测定如同种子纯度鉴定一样，分为田间测定和室内测定。种子健康测定的室内测定方法主要有未经培养测定和培养后测定。未经培养测定包括直接测定、吸胀种子测定、洗涤测定、剖粒测定、染色测定、相对密度测定和 X 射线测定等。培养后测定包括吸水纸法、砂床法、琼脂皿法等。

田间测定，病虫表现明显，容易进行检查。有些病害在田间观察很清楚，而有些病原物需要室内测定。例如大麦、小麦的散黑穗在田间测定很容易，在室内测定则很困难或者费用较高；一些病毒病，在种子外表无明显症状，又较难以分离培养的方式来诊断，田间测定就比较容易确定。而印度腥黑穗病很难在田间测定，但在实验室测定，即使孢子浓度很低也能测定。

对于调查、做出种子处理决定或进行田间评定等目的，只需评定种传病菌感染率。而对检疫目的或田间高发病率的种传病，对种子样品的测定精度则要求很高。由于病害感染水平与田间发病程度之间没有直接联系，在许多测定方法中，一般不记录每粒种子的病原物数量。

种子健康测定的方法，一般要求具有病原体易于识别、结果有重演性、样品间结果有可比性、简单快速等特点。

二、种子健康的标准与处理

种子的健康标准是健康质量评定的依据，根据健康测定结果，对照相应标准，对种子健康状况进行科学评定，从而为种子的合理使用提供依据。许多国家都根据各自的国情，制定了种子生产中各级种子的田间健康标准和室内测定健康标准。《国际种子检验规程》第七章附件专门列有种子健康测定方法，国际种子检验协会出版有《真菌检测：常见实验室种子健康测定方法》(2003)。

种子经过健康测定后，了解了种子批感染病虫害的情况，可以有针对性地采取措施对种子进行处理，这样既能减轻病虫害的发生，又有利于降低农药的使用量。

第二节　种子健康测定的方法

一、未经培养的检测方法

未经培养的检测不能说明病原物的生活力，主要方法有以下几种。

(一) 直接检查

直接检查适用于较大的病原体或外表有明显症状的病虫害，例如麦角、线虫瘿、菌瘿、黑穗病孢子、螨类等。必要时，可应用双目显微镜对试验样品进行检查，取出病原体或病粒，称其重量或计算其粒数。

(二) 吸胀种子检查

为了使子实体、症状或害虫更容易被观察或促进孢子释放，把试验样品浸入水或其他溶液中，种子吸胀后直接或借助双目显微镜检查其表面或内部。

(三) 洗涤检查

对肉眼或放大镜不易检出的、附着在种子表面的病菌孢子或颖壳上的病原线虫进行检查时，可用洗涤检查法。

①分取5g试验样品2份，分别放入小三角瓶内，各加入蒸馏水10mL，置振荡机上振荡，光滑种子振荡5min，粗糙的种子振荡10min，洗下附着在种子表面的病菌孢子。若加入0.1%湿滑剂，种子表面张力减小，更易于将种子表面附着的病原物洗脱下来。

②将悬浮液分别倒入离心管内，以1 000～1 500r/min离心3～5min，弃去上清液，在管底留下1mL沉淀液，轻轻摇动离心管，使沉淀充分悬浮。

③用干净的细玻璃棒取悬浮液滴于载玻片上，盖上盖玻片，用400～500倍显微镜检查，鉴定病原种类和数量。每管孢子悬浮液观察5个载玻片，在每个载玻片上检查10个视野的孢子数量后，计算每个视野的平均孢子数，每克种子上的孢子数计算公式为

$$每克种子上的孢子数=\frac{每视野平均孢子数\times 载玻片面积上的视野数\times 1毫升水的滴数}{样品重量}$$

(四) 剖粒检查

剖粒检查是把怀疑潜藏有某种害虫的种子用工具剖开，然后再进行检查的一种方法。此方法通常在直接检查的基础上进行，适用于对种子内部害虫（如蚕豆象、豌豆象等）的

检查。

从送验样品中取出试验样品5～10g（水稻、小麦等取5g，豌豆、玉米等取10g），统计种子粒数，重复2次。用小刀或解剖针将种子剖开，检查害虫头数，包括隐蔽害虫的卵、幼虫、蛹及成虫。计算出每千克种子害虫数。

（五）染色检查

1. 高锰酸钾染色法 高锰酸钾染色法可检查米象、谷象、谷蠹危害的痕迹。米象、谷蠹把卵产在种子内，并以碎屑粘物堵塞孔口，肉眼难以看出，用染色的方法即可使孔口显现出来。其方法是先将送验样品中的杂质除去，称取试样15g，倒入铜丝筛中，浸于30℃水中1min，再移到1%高锰酸钾溶液中染色1min，用清水洗涤后倒在白色吸水纸上，用放大镜检查，被害种子表面有直径为0.5mm突起的黑色斑点。换算成每千克种子中的害虫头数。

2. 碘或碘化钾染色法 碘或碘化钾染色法适用于豆象危害的种子的检查。从送验样品中取试样50g，放于铜丝筛中或用纱布包好，浸于1%碘化钾或2%碘酊中。经1～1.5min后取出移到0.5%氢氧化钠溶液中，浸30s取出，用清水洗涤后立即检查。凡是豆粒表面有直径为1～2mm的黑色圆形斑点的，为豆象危害过的种子，结合剖粒检查，计算每千克种子的害虫头数。

（六）过筛检查

过筛测定可用来检查混杂在种子中的菟丝子种子、菌瘿、虫瘿、杂草种子等，其原理是利用这些杂质与种子大小的不同。例如通过一定的筛孔，可将病原体筛理出来，然后，从筛出物来分析种子带菌的种类和数量。油菜子中的菌核、大豆种子中的菟丝子及杂草种子等均可利用这种方法进行检查。

（七）相对密度检查

被米象、谷蠹、豆象和麦蛾危害过的种子相对密度变小，用相对密度法可将虫害种子分开并进一步检查。取试验样品100g，除去杂质，倒入食盐饱和溶液中（35.9g盐溶于100mL水中），搅拌10～15min，静置1～2min，将悬浮在上层的种子取出，结合剖粒测定，计算害虫含量。

稻谷等较轻子粒倒入2%硝酸铵溶液中，搅拌1min，即可使被害种子上浮从而分离出来。

（八）软X射线检查

软X射线用于检查种子内隐匿的害虫（例如蚕豆象、玉米象、麦蛾等）。经X射线照射时，隐匿在种子内部的幼虫、蛹、成虫和虫蛀孔因与正常种子组织密度不同，因而通过照片或直接从荧光屏上观察，显现出种子组织和害虫的不同图像，清楚可辨。

二、培养后的真菌检测方法

试验样品经过一定时间培养后，可检查种子内部、外部或幼苗上是否存在病原菌或其危害症状。根据使用的培养基不同，可分为吸水纸法、砂床法和琼脂皿法3种。

1. 吸水纸法 吸水纸法适用于多种类型种传真菌性病害的测定，尤其是对很多半知菌，有利于分生孢子的形成和致病真菌在幼苗上症状的发展。

为促进孢子的形成，培养期间给予12h黑暗和12h近紫外光的交替处理效果较好。具体操作程序为：①在培养皿中放入3层吸水纸，用无菌蒸馏水湿润，沥去多余水分；②把种子播在纸上，盖好培养皿；③在20℃条件下让种子吸胀1d；④在−20℃下冷冻过夜，杀死种子；⑤在18～20℃和每天12h黑暗和12h近紫外线交替处理下培养，一般培养5～7d，培养皿位于距光源40cm处；⑥在体视显微镜下观察，观察时用冷光，以防止孢子结构脱水。

（1）稻瘟病（*Pyriculana oryzae* Cav.）测定　随机数取试验样品400粒种子。将培养皿内的吸水纸用水湿润，每个培养皿播25粒种子，在22℃下以12h黑暗和12h近紫外线的交替周期培养7d。在12～15倍放大镜下检查每粒种子上的稻瘟病分生孢子。一般这种真菌会在颖片上产生小而不明显、灰色至绿色的分生孢子，这种分生孢子呈倒梨形，透明，基部钝圆具有短齿，分两隔，通常具有尖锐的顶端，大小为20～25μm×9～12μm。

（2）水稻胡麻叶斑病（*Drechslera oryzae* Subram et Jain）测定　随机数取400粒种子，将培养皿里的吸水纸用水湿润，每个培养皿播25粒种子。在22℃下用12h黑暗和12h近紫外线的交替周期培养7d。在12～50倍放大镜下检查每粒种子上的胡麻叶斑病的分生孢子。该病菌会在种皮上形成分生孢子梗和淡灰色气生菌丝，有时病菌会蔓延到吸水纸上。如有怀疑，可在200倍显微镜下检查分生孢子来核实。其分生孢子为月牙形，大小为35～170μm×11～17μm，淡棕色至棕色，中部或近中部最宽，两端渐渐变细变圆。

（3）十字花科的黑胫病［*Leptosphaeria maculans*（Tode ex Fr.）Ces. et de Not.］即甘蓝黑腐病（*Phoma lingam* Desm.）测定　取试验样品1 000粒种子，每个培养皿垫入3层滤纸，加入5mL 0.2%（*m*/*V*）2,4-二氯苯氧基乙酸钠盐（2,4-滴）溶液，以抑制种子发芽。沥去多余的2,4-滴溶液，用无菌水洗涤种子后，每个培养皿播50粒种子。在20℃下用12h光照和12h黑暗交替周期培养11d。经6d后，在25倍放大镜下，检查长在种子和培养基上的甘蓝黑腐病松散生长的银白色菌丝和分生孢子器原基。经11d后，进行第二次检查，检查感染种子及其周围的分子孢子器。记录已长有甘蓝黑腐病病菌分生孢子器的感染种子。

2. 砂床法　砂床法适用于一些病原体的测定。砂子要通过1.0mm孔径筛子去掉杂质。将经过清洗并高温消毒的砂子放入培养皿加水湿润，种子置于砂床上培养，待幼苗顶到培养皿盖时（通常7～10d）进行测定。

3. 琼脂皿法　琼脂皿法主要适用于发育较慢的、潜伏在种子内部的致病真菌，也可用于测定种子外表的病原菌。

（1）小麦颖枯病（*Septoria nodorum* Berk.）测定　先数取试验样品400粒，经1%（*m*/*m*）次氯酸钠消毒10min后，用无菌水洗涤。在含0.01%硫酸链霉素的麦芽或马铃薯左旋糖琼脂的培养基上，每个培养皿播10粒种子于琼脂表面，在20℃黑暗条件下培养7d。用肉眼检查每粒种子上缓慢长成圆形菌落的情况，该病菌菌丝体为白色或乳白色，通常稠密地覆盖着感染的种子。菌落的背面呈黄色或褐色，并随其生长颜色变深。

（2）豌豆褐斑病（*Ascochyta pisi* Lib）测定　先数取试验样品400粒，经1%（*m*/*m*）次氯酸钠消毒10min后，用无菌水洗涤。在麦芽或马铃薯葡萄糖琼脂培养基上，每个培养皿播10粒种子于琼脂表面，在20℃黑暗条件下培养7d。用肉眼检查每粒种子外部盖满的大量白色菌丝体。对有怀疑的菌落可放在25倍放大镜下观察，根据菌落边缘的波状菌丝来确定。

三、细菌检测方法

1. 生长植株鉴定 最简单的方法是将携带种传细菌的种子播种，根据幼苗发病症状对病害进行鉴定。

2. 实验室方法 实验室鉴定主要程序如下。

（1）病原体提取 通过对种子或种子粉碎物直接浸泡，提取附着在种子表面或侵染到种子内部的病原体。

（2）分离培养 将病原体提取液直接或经过稀释后涂于琼脂皿上，经过培养分生出单个或多个菌落。

（3）细菌鉴定 可利用生物化学法、血清检测法、噬菌体检测法、核酸杂交探针法对细菌种类进一步进行测定。

四、病毒检测方法

种传病毒的检测也可以与细菌测定一样，即利用生长植株鉴定和室内检测。生长植株鉴定是将样品种子播种后，根据幼苗发病症状进行鉴定。也可以将种子或幼苗的提取液接种到指示植物上，使得观察鉴定更加容易。由于种传病毒在实验室很难分离出纯系，而细菌和真菌的测定方法又不适于病毒，因此室内利用传统方法检测种传病毒的难度很大。随着血清学和免疫学技术的发展，实验室内能够检测许多重要的种传病害，常用的方法有：酶联免疫吸附法、免疫吸附电子显微镜技术、多克隆抗体或专一的单克隆抗体技术。随着分子生物学技术的发展，通过序列分析使得检测任何病原物成为可能，利用聚合酶链式反应（PCR）的分子检测技术有望成为未来快速而准确的种传病毒检测方法。

思考题

1. 种子健康测定的意义是什么？
2. 未经培养的测定有哪些方法？各自适用什么情况？
3. 经过培养的真菌病害的测定主要有哪些方法？
4. 种传病毒的测定有哪些方法？

第二十章

种子科技新进展

第一节　种子增值新技术

高质量种子在优质高产农作物生产中发挥了重要的作用。种子是遗传因素及各种技术的浓缩载体，在种子的价格构成中，遗传因素即品种占种子价格构成的60%，而收获后的种子处理技术占40%（胡晋等，2012）。在种子处理中，种子分级和物理处理占了总价格的7%，种子引发占了总价格的10%，种子消毒占3%，化学处理占7%，种子丸化包衣占了13%。可见，种子处理技术对种子价格有着显著的影响，而尤以种子引发和包衣影响最大，对种子的增值起到重要作用。

种子增值是指在种子收获后及播种前进行的一系列改进种子表现并增加种子价值的种子处理技术，通过提高种子活力和（或）改善种子生理状态促进种子发芽和幼苗生长。

一、种子防伪

种子防伪是一种新开发的种子增值技术类型，采用特殊技术直接对种子本身进行标记（tagging）。同时采用特殊的或配套的检测技术可以检测到这种标记。以此达到辨别种子真伪和追踪种子来源的目的，以避免假冒种子的危害。种子是一种特殊的商品，有时候肉眼很难分辨其真假和优劣。有人估计，全球种子贸易中，假冒种子占了5%～8%，这严重损害了种子企业及农民的利益。

国外曾有报道，采用一种复合物作为标记处理种子以提供唯一的指纹图谱，用手持接收器检测标记物存在与否，从而鉴定种子来源，但是此项技术成本较高，无法在实际生产上应用。浙江大学种子科学中心在国内外首次应用染色剂标记种子后，能够在特殊波长激发光下观察到种子和幼苗叶脉中的不同荧光（肉眼不可见），此技术可作为种子的一种有效防伪方法，具有成本低廉、对种子发芽及幼苗生长无不良影响的优点，是目前国内外能够在生产上应用的种子防伪技术（Guan et al.，2011，2013）。目前，胡晋等开发了多重防伪技术，已获得多项国家发明专利授权。

二、种子冷热强化

种子冷热强化（thermal hardening）是相对于种子干湿强化（hardening）而提出的。种子冷热强化（即淬热）（胡晋等，2012），是指对种子进行交替的冷热处理，例如热→冷→热、冷→热→冷、热→冷、冷→热处理。籼稻种子进行热→冷→热处理（热处理温度为

40℃，冷处理温度为－19℃），使种子的平均发芽时间和电导率降低，而发芽指数、发芽势、幼苗根长、根的干重和鲜重增加。而粳稻以冷→热→冷的处理效果较好（Farooq et al.，2005）。

三、种子引发

1. 种子砂引发 浙江大学胡晋等（2002）开发出砂作为固体引发基质，并获得国家发明专利。砂引发水稻、西瓜、紫花苜蓿等种子效果明显。砂引发提高了紫花苜蓿种子的活力和抗盐胁迫能力，促进了盐逆境下种子的萌发和幼苗生长（解秀娟和胡晋，2003）。直播水稻种子经砂引发处理后，发芽率、发芽势、发芽指数、活力指数、苗高、根长、根数量、根干重显著提高。田间试验显示成苗率和产量显著增加（Hu et al.，2005）。砂引发还能明显提高直播水稻种子的抗低温逆境能力（Zhang et al.，2006）。在高浓度盐逆境（1.0% NaCl）下，砂引发可以显著提高糯玉米种子的发芽势，缩短平均发芽时间，增加幼苗苗高、根长、根的鲜重和干重等，从而提高糯玉米的耐盐性（Zhang et al.，2007；李洁等，2016）。

2. 引发新药剂 种子引发过程以往大多用聚乙二醇（PEG）作为引发试剂，随着引发研究的不断深入，很多引发试剂被开发应用。采用0.25%、0.5%和0.75%壳聚糖溶液引发玉米“黄C”和“Mo17”种子，3种浓度引发处理均可以增加两个自交系低温胁迫前、5℃低温胁迫3 d后、恢复生长3 d后3个时期的苗高和根长，同时增加苗的干重和根的干重，但以0.5%壳聚糖溶液引发60～64 h效果最好（Guan et al.，2009）。Spd和Spm引发能提高玉米种子吸胀期间的耐冷性，提高低温胁迫下种子发芽能力。不同成熟度的超甜玉米种子经0.5 mmol/L亚精胺（Spd）和0.5 mmol/L精胺（Spm）引发后，提高了发芽能力和幼苗质量（曹栋栋等，2019）。用水杨酸（SA）引发不同程度地提高了低温吸胀胁迫下玉米种胚的腐胺（Put）、亚精胺（Spd）和精胺（Spm）含量，降低了种胚的丙二醛（MDA）含量，同时提高了发芽率，并缩短平均发芽时间（郑昀晔等，2008）。茉莉酸甲酯引发通过调控水稻种子代谢来缓解干旱胁迫。与未引发处理相比，2.5 mmol/L茉莉酸甲酯（MeJA）引发提高了水稻种子发芽率和种子活力，促进了幼苗的生长，提高了干旱条件下的光合作用指标如净光合作用、气孔导度等（Sheteiwy et al.，2018）。

四、智能型和功能型种子丸化

随着种子技术的不断进步，国内外已经开始功能型种子丸化的研制。浙江大学研制出抗寒和抗旱型丸化种子，其中抗旱型种衣剂所用的自制保水剂吸水倍率可达到4 000倍，远远超出传统吸水剂的吸水倍率（一般在600倍以下），可大大提高干旱逆境下种子的发芽和幼苗成长能力，基于该技术开发了双重抗旱型种衣剂，并获得国家发明专利（胡晋等，2013）。同时，胡晋等还开发出智能温控抗寒型包衣种子（Guan et al.，2015）。普通丸化种子的有效抗寒成分从种子播种开始即开始释放，有时种子还未遇到低温逆境，有效成分已经流失殆尽，失去抗低温逆境的效果。而智能温控抗寒型丸化种子，只有在外界温度低于将对种子发芽和幼苗成长产生危害的临界温度值时才响应式快速释放抗寒剂，以提高种子的抗低温能力。在此，临界低温值作为释放抗寒剂的“开关”，且“开关”温度可以根据不同作物需求人为控制。

种子收获至播种前的一系列种子增值处理，是形成种子最终出售价格的一部分，可以提高种子质量，提高播种效率，促进发芽整齐度，使幼苗健壮，产量增加。随着科学技术的发展，新的种子增值技术将会不断被开发出来，对增值处理的基础理论研究也在逐步深入，这将使种子的增值效果更佳，更好地服务农业生产。

第二节　种子超低温超干贮藏研究

一、种子超低温贮藏

（一）种子超低温贮藏的概念

种子超低温贮藏（cryopreservation）是指利用液态氮（－196 ℃）为冷源，将种子等生物材料置于超低温下（一般为－196 ℃），使其新陈代谢活动处于基本停止状态，从而达到长期保存目的的贮藏方法。在－196 ℃低温下，原生质、细胞、组织、器官或种子代谢过程基本停止并处于“生机暂停”的状态，大大减少或停止了与代谢有关的衰老，从而为“无限期”保存创造了条件。液氮超低温技术提供了种子“无限期”保存的可能。在液氮中冷却和再升温过程中能够存活的种子，延长其在液氮中贮存的时间也不会受害。

（二）种子超低温贮藏的应用和意义

利用低温贮藏技术保存植物材料的研究，已有较大的进展，利用液氮可以安全地保存许多作物的种子、花粉、分生组织、芽、愈伤组织、细胞等。这种保存方式不需要机械空调设备及其他管理，冷源是液氮，容器是液氮罐，设备简单，保存费用只相当于种质库保存的1/4。入液氮保存的种子，一般收获后，常规干燥种子即可，也能省去种子的活力监测和繁殖更新，是一种省事、省工、省费用的种子低温保存新技术，适合于长期保存珍贵稀有种质。在美国已经将超低温贮藏技术用于种子种质的保存。

（三）不同种类种子对液氮低温反应的差异

1. 忍耐干燥和液氮的种子　多数农作物、园艺作物种子都能忍耐干燥和液氮低温。目前，已有许多研究者成功地将这类种子冷却到液氮温度，再回升到室温，不损害种子生活力。但是外在因素（例如冷冻解冻速度、种子水分等）能影响种子对液氮的反应。对超低温冷冻保存而言，种子水分可能是关键的限制因素。种子水分过高会在冷冻和解冻过程中死亡，种子水分过低又会导致生活力的部分丧失。不同的植物种种子都含有一个适宜的水分范围。

2. 忍耐干燥对液氮敏感的种子　许多坚果类作物（例如李属、胡桃属、榛属和咖啡属的植物）种子属于这种类型。这类种子多数能干燥到水分 10%以下，但是不能忍耐－40 ℃以下的低温。例如榛子水分可降到 6%，冷冻到－20 ℃不失去生活力。但是当温度降低到－40 ℃以下种子生活力受损。研究这类种子的保存技术非常必要。因为这类种子多属于主要经济作物种，目前还只能无性保存。

3. 对干燥和液氮均敏感的种子　这类种子就是顽拗型种子，它们的寿命很短，难以保存。但浙江农业大学报道液氮保存茶子成功，并发芽长成幼苗。

据不完全统计，已有约 200 种植物能成功地贮藏在液氮温度下。种子超低温贮藏的关键技术主要有寻找适合液氮保存的种子水分、冷冻和解冻、包装材料选择、冷冻保护剂的使用、解冻后的发芽方法。液氮超低温保存的技术还需进一步完善，该项技术的创建和完善为植物遗传资源保存开辟了新的途径。

二、种子超干贮藏

（一）种子超干贮藏的概念和意义

1. 种子超干贮藏的概念 超干种子贮藏（ultradry seed storage）亦称为超低水分贮存（ultra-low moisture seed storage），是指种子水分降至5%以下，密封后在室温条件下或稍降温的条件下贮存种子的一种方法，常用于种质资源保存和育种材料的保存。

2. 种子超干贮藏的经济意义 传统的种质资源保存方法是采用低温贮存。据统计，全世界目前约有基因库1 700座，大部分基因库都以－10～－20℃、5%～7%水分的条件贮存种子。但是低温库建库资金和运转费用是相当高的，特别是在热带地区。种子超干贮藏正是一种探索中的种质保存新技术，以通过降低种子水分来代替降低贮藏温度，达到相近的贮藏效果而节约种子贮藏的费用，是一种颇具应用前景的种子贮存方法。

（二）种子超干贮藏的研究概况

1985年国际植物遗传资源委员会首先提出对某些作物种子采用超干贮藏的设想，并作为重点资助的研究项目。1986年英国里丁大学首先开始种子超干贮藏研究。从20世纪80年代后期开始，浙江农业大学、北京植物园、中国农业科学院国家作物种质库也相继开展了种子超干贮藏研究。近几十年来，种子超干贮藏研究已取得了很大进展。

1. 超干贮藏技术研究涉及的物种 种子超干贮藏研究涉及的物种及其不同品种的种子涵盖了不同寿命长短（例如放置在开放室内的寿命只有2个月的榆树种子和寿命为几年的大白菜种子）、不同组分类型（脂肪类种子、淀粉类种子）、不同种粒大小、裸子植物和被子植物（包括双子叶植物和单子叶植物）等类型。证明多数种子通过特殊的干燥技术可将水分安全降至5%～7%或以下，种子在常温下的耐藏性大幅度提高。结合特定的包装技术，可以获得更好的保存效果。

2. 适合超干贮藏种子种类 小粒种子的耐干性强于大粒种子，禾谷类作物种子的耐干性强于豆类种子。脂肪类种子比淀粉类种子容易降低水分，具有较强的耐干性，可以进行超干贮藏，而淀粉类种子和蛋白类种子却与脂肪类种子有很大差别，很难失去水分，安全水分较高。可见，并不是所有的种子都适宜进行超干贮藏，多数正常型作物种子可以进行超干贮藏，但不同类型的种子耐干程度不同。有待进行深入研究。

3. 种子忍耐超干的限度 种子超干不是越干越好，存在一个超干水分的临界值。当种子水分低于临界值时，种子寿命不再延长，并出现干燥损伤。不同作物种子水分的超干临界值不同，需逐个进行试验。1988年里丁大学用甘蓝型油菜（*Brassica napus*）种子进行实验，结果发现水分为3%的种子比水分为5%的种子寿命延长12倍，当水分低于3%时种子寿命不再延长。这个研究表明，一些种子有一个最低的水分限度，低于这个限度，进一步的干燥，对种子保存无额外的效益。洋葱种子最适水分为3%左右。菠菜种子水分为3.3%～5.4%时，表现出较强的抗老化和衰老能力及较好的耐藏性。黄瓜、西瓜、南瓜和冬瓜种子的临界水分分别为1.02%、1.25%、2.46%和1.79%，萝卜种子的临界水分为0.3%。

4. 种子干燥的适合速率 种子的干燥速率因干燥剂的种类和剂量不同而不同。种子在P_2O_5、CaO、$CaCl_2$和硅胶中的干燥速率依次递减，在P_2O_5中最快，在硅胶中最慢。干燥速率对种子活力的影响尚有不同的看法，有待深入研究。胡伟民等（2002）采用硅胶干燥和较高温度加温干燥两种方法对玉米种子进行超干处理，并经7年常温密闭贮藏。结果表明，用硅胶干燥的玉米种子在水分降至4.05%时生活力和活力最高，水分超过7.49%时，便失去生活力。较高温度加温干燥的玉米种子生活力和活力普遍较差，当水分低于5.97%时，发芽率迅速降低至零，无法进行超干贮藏。

5. 种子超干贮藏理论基础和原理的研究 以往认为种子水分安全下限为5%，如果低于5%，大分子失去水膜的保护作用，易受到自由基等毒物的伤害，而且在低水分下不能产生新的阻止氧化的生育酚（维生素E）。现在看来，这可能是不同种类种子对失水有不同反应所致。至少5%安全水分下限的说法在一些正常型种子上是不适用的。以往误将超干种子直接浸水萌发的吸胀损伤归因于种子的干燥损伤，现采用聚乙二醇引发处理或回干处理和逐级吸湿平衡水分的预措能有效地防止超干种子的吸胀损伤，获得高活力的种苗。

引入外源抗氧剂，例如β胡萝卜素（1%）、维生素E（1%）以及人工合成的化学物质2,6-二叔丁基对甲氧基酚（BHT）（0.1%）渗入种子，再进行超干处理，能提高种子的耐干性和超干贮藏的效果。超干种子中还原糖与非还原糖的比值低于高含水量种子，积累的蔗糖、水苏糖含量与超干种子的耐干力有关。玉米种子中不含水苏糖，这可能是玉米种子比其他种子耐干力低的原因之一。

第三节 种子分子机制研究

随着分子生物学、基因组学、蛋白组学、代谢组学、转录组学、生物信息学等的发展及其在种子科学领域的应用，种子发育、成熟、休眠、萌发、衰老、检验、处理的分子机制及技术研究已有了长足发展，可以说基本构成了种子组学（seedomics）和种子分子生物学的内容，在此进行简要介绍。

一、种子发育和成熟

在种子发育过程中，胚的发育涉及一系列基因的时空表达和互作。以拟南芥为模式植物，应用突变分析和基因克隆技术，已鉴定和分离了一些影响胚胎形成的基因，例如*LEC2*、*CNOM*、*MONOPTERO*、*FACKE*等（Grebe et al.，2000；张莉等，2004）。同时，获得了一些参与胚乳发育的因子，如TITAN蛋白与ADP核糖基化因子相关，是小分子GTP结合蛋白RAS家族的成员，调控真核细胞多种功能。

随着功能基因组学的发展，有关种子发育成熟相关分子机制得到进一步深入研究，但主要集中在拟南芥、水稻等少数几个植物。Xue等（2012）对水稻种子4个不同发育阶段的胚和胚乳开展转录组研究，一共鉴定了1 054个基因，其中在胚乳中特异表达的474个基因包括淀粉代谢和脂肪酸合成、细胞结构、激素脱落酸响应和信号相关基因。Miernyk等（2013）对大豆种子发育9个阶段开展蛋白质组学分析，一共检测到306个蛋白质涉及11个功能组：初级代谢、次生代谢、细胞结构、胁迫响应、核酸代谢、蛋白质合成、蛋白质折叠、蛋白质定位、激素和信号、种子贮藏蛋白、未知功能的蛋白质。

高通量RNA-seq研究表明，在水稻种子胚乳发育早期和中期，与核糖体相关基因以及与RNA剪接和蛋白氧化磷酸化相关基因大量表达。在胚乳发育中期，与植物激素、半乳糖代谢和固碳相关基因表达显著增加。在发育后期与防御、抗病或胁迫响应相关基因以及淀粉、蔗糖代谢基因的表达显著增加（Gao et al.，2013）。基因印记在种子胚乳发育中具有重要意义，表观遗传修饰（例如DNA去甲基化和组蛋白修饰）对建立和保持植物基因印记至关重要（Huh et al.，2008）。Luo等（2011）利用高通量转录组测序在水稻胚和胚乳中鉴定到262个候选印记基因位点，其中56个位点被证明是在种子中表达的，绝大部分印记基因主要在胚乳中表达。通过转录组测序分析，外源Spd通过调控内源淀粉和多胺的代谢，显著调控水稻种子成熟过程中耐热性的建成，增强种子耐热性（Fu et al.，2019）。

二、种子休眠和萌发

种子休眠和萌发是植物种子对环境变化的适应特征，受基因调控和环境因子的影响，一直都是重点研究的问题。近年来，随着DNA分子标记和基因组作图技术的发展，种子休眠和萌发的数量性状基因位点（QTL）定位研究取得了很大的进展。基于连锁作图的数量性状基因位点分析方法已经对水稻、小麦、大麦、番茄、莴苣等几种作物种子休眠与萌发的数量性状基因位点进行了深入研究（Liu et al.，2010；Wang et al.，2010；Wang et al.，2011）。至今在水稻上有100多个种子休眠的数量性状基因位点被定位，其中水稻休眠基因*Sdr4*被克隆，该基因受*OsVP1*调控（Sugimoto et al.，2010）。

目前，对种子休眠和萌发调控机制的了解以及相关基因的鉴定，大多是基于拟南芥赤霉素（GA）、脱落酸（ABA）突变体的研究。通过拟南芥突变体的研究，已经鉴定了一些与赤霉素信号转导有关的组分例如RGL2、SPY、SLY1、CTS、Gar2-1、G蛋白偶联受体等。RGL2功能缺失突变体在缺少外源赤霉素时，也能恢复ga1-3突变体不能萌发的表现型，研究证明它只是控制种子萌发的赤霉素信号的负调控因子（Lee et al.，2002）。*SPY*基因产物也可能是赤霉素信号的负调控因子。

功能基因组学研究的快速发展，为种子休眠和萌发机制的研究开辟了新途径。研究表明，种子成熟过程中预存mRNA对种子萌发起重要的作用，而种子吸胀过程中新合成的mRNA有助于增强种子活力（Rajjou et al.，2004；He et al.，2011）。通过对拟南芥和大麦转录组学分析，发现超过10 000个不同的mRNA转录本贮存在成熟种子中。这些贮存的mRNA参与种子的萌发过程（Kimura et al.，2010；Sreenivasulu et al.，2010）。

种子mRNA的降解可能是种子萌发的先决条件，一些特异的mRNA降解已被证明能解除种子休眠（Ventura et al.，2012）。He等（2011，2013）利用LC-MS/MS技术对水稻种子萌发期的全蛋白谱进行分析，得到具有14种功能的673种蛋白质，并构建了种子萌发初期的相关代谢调控图。Chen等（2012）研究表明，DNA修复相关基因*AtOGG1*在种子吸胀过程中高丰度表达，能提高种子耐老化能力，转基因研究表明该基因能提高非生物胁迫下（例如高温、盐害、渗透胁迫下）种子萌发能力。

种子休眠和萌发的表观遗传学（epigenetics）研究可能是今后种子分子生物学研究的热点问题之一。研究表明，种子休眠和萌发可能与DNA甲基化、组蛋白修饰、染色质重构有关。拟南芥的*HUB1*和*HUB2*基因编码组蛋白H2B泛素化所需的E3泛素连接酶，对诱导或维持种子休眠具有重要作用；通过HUB1和HUB2介导的组蛋白单泛素修饰，调节种子中脱落酸水平和对脱落酸敏感性来调控种子休眠程度（Liu et al.，2007）。

三、种子衰老和抗衰老

种子衰老在种子生理成熟后开始。衰老过程中，种子在形态、物理化学反应、生理生化、代谢以至遗传上发生一系列变化。种子衰老涉及蛋白质、糖、核酸、脂肪酸、挥发性物质（例如乙醛）、膜透性、酶活性、呼吸强度、脂质过氧化、修复机制等方面的变化（Ogé et al.，2008；Terskikh et al.，2008；Sveinsdóttir et al.，2009）。Miura 等（2002）利用“日本晴”/“Kasalath”水稻回交群体，对种子进行老化处理来衡量种子寿命，检测到 3 个控制种子寿命的数量性状基因位点 *qLG-2*、*qLG-4* 和 *qLG-9*，来自“Kasalath”的等位基因能增加种子寿命，其中主效数量性状基因位点 *qLG-9* 能解释总表现型变异的 59.5%。Prieto-Dapena 等（2006）利用转基因技术研究表明 *HSP* 基因能显著延长种子寿命。Rajjou 等（2008）利用蛋白质组学技术分析了拟南芥种子老化机制，表明种子老化影响糖酵解途径，其中 3-磷酸甘油脱氢酶和磷酸葡萄糖变位酶在老化种子中大量表达；种子老化显著降低 β-巯基丙酮酸转硫酶活性，该酶催化硫从巯基丙酮酸转移至硫受体（例如硫醇和氰化物），推测有助于氰化物解毒；脱水素 RAB18 与种子老化密切相关。

综合以往研究结果，目前对种子抗衰老机制虽有一定的了解，但其精确机制尚不成熟，可归纳为以下几种。

1. 种子抗衰老保护系统　种子抗衰老保护系统包括种皮的保护作用和种子中保护物质的存在（Debeaujon et al.，2000）。种子中保护性化学复合物类黄酮、维生素 E 和 γ-氨基丁胺等，在种子衰老条件下起到很好的保护性作用。正常型种子中，植物胚胎发育晚期丰富蛋白（LEA）、热激蛋白（HSP）、种子贮藏蛋白等特殊蛋白质的存在与种子抗衰老紧密相关。

2. 种子去毒系统　为了控制自由基对细胞的损害，种子形成了一套去毒系统，包含大量去氧化酶，例如超氧化物歧化酶、过氧化氢酶、抗坏血酸过氧化物酶、单脱水抗坏血酸还原酶、脱氢抗坏血酸还原酶、谷胱甘肽过氧化物酶、谷胱甘肽还原酶、β-巯基丙酮酸转硫酶等（Bailly et al.，2008），能较好地去除有毒物质以保护细胞的结构。

3. 细胞修复机制　DNA 损伤和基因组不稳定是种子衰老过程的驱动力，大量研究发现在种子引发处理过程中能引起 DNA 修复（Huang et al.，2008），但是其 DNA 修复机制仍不清楚。蛋白质合成是种子萌发的必要条件，种子通过贮存的 mRNA 更新蛋白质合成可以使在贮藏过程中丧失功能的蛋白质得到更新，在种子萌发的进程中甲硫氨酸合酶、S-腺苷甲硫氨酸合成酶、S-腺苷高半胱氨酸等大量增加，能有效保护老化种子细胞活化修复能力。因此保持蛋白质合成和修复能力是种子在干燥状态能长期保存、保证种子活力的关键。研究发现，玉米膜联蛋白基因 *ZmAnn33*、*ZmAnn35* 参与种子萌发时细胞膜的修复（He et al.，2019）。

四、种子活力

种子活力是由多基因控制的数量性状，对种子活力的研究应从发育、收获、贮藏、萌发、种子处理等各阶段入手，综合考虑种子活力形成和调控机制。

1. 种子活力数量性状基因位点定位　随着 DNA 分子标记、基因组作图技术以及全基因组关联分析技术（genome-wide association study，GWAS）的发展，种子活力的数量性状基因位点（QTL）定位研究近年来取得了很大的进展，已经成为种子科学的一个研究热点。Hatzig 等（2015）利用全基因组关联分析技术定位了多个控制白菜种子发芽速度、发芽率、胚根生长、千粒重等相关的基因位点，并预测了候选基因，如拟南芥同源基因 *SCO1*、

ARR4、*ATE1*，这些基因已被证明与种子发芽和幼苗生长相关。Shi 等（2017）利用全基因组关联分析技术鉴定了 11 个盐胁迫下控制水稻种子活力指数、平均发芽时间的基因位点，这些基因位点包含有 22 个单核苷酸多态性（SNP）关联位点。Jiang 等（2011）在水稻第 9 染色体上鉴定到 1 个在不同贮藏期稳定表达的控制种子发芽力的主效数量性状基因位点，能解释 40%的表现型变异，并检测到 26 对控制种子贮藏能力的上位性数量性状基因位点。

2. 种子活力关键基因功能研究 植物激素是调控种子活力最重要的因子，尤其是与种子萌发密切相关的赤霉素（GA）和脱落酸（ABA）。目前，通过突变体已经鉴定了一系列与赤霉素信号转导有关的蛋白质组分，例如 RGL2、SPY、SLY1、CTS、Gar2-1、G 蛋白偶联受体等，克隆了多个脱落酸合成和信号转导相关的基因，例如 *ABI1*、*ABI2*、*ABI3*、*ABI4*、*ABI5*、*LEC1*、*LEC2*、*FUS*、*MARD1*、*CIPK3* 等与种子活力有关。Albertos 等（2015）发现 S-亚硝基化能引起 ABI5 降解，从而调控种子活力。Liu 等（2016）研究表明，拟南芥通过 NF-YC-RGL2-ABI5 介导赤霉素和脱落酸信号作用调控种子发芽。近来研究发现，植物激素糖基转移酶具有平衡体内激素含量的作用，在种子活力调控中发挥着重要作用。例如水稻吲哚乙酸糖基转移酶基因 *OsIAGLU* 可通过调控种子萌发过程中生长素（IAA）、脱落酸（ABA）含量，引起下游脱落酸信号因子 OsABIs 表达变化，决定水稻种子活力水平（He et al.，2020）。研究结果为今后遗传改良水稻种子活力提供理论与技术支撑。

近来，鉴定了多个在种子发育阶段控制种子活力的基因。Dekkers 等（2016）研究表明，拟南芥 *DELAY OF GERMINATION*（*DOG*）*1* 基因不仅影响种子休眠，而且通过脱落酸信号因子 ABI3 和 ABI5 影响种子成熟，是决定种子活力的重要因子。Petla 等（2016）发现 L-异天冬氨酸甲基转移酶（PIMT）在种子发育过程中能消除异天冬氨酸（isoAsp）和活性氧等有害物，从而提高种子活力和寿命。Guo 等（2016）研究表明，水稻在淹水条件下，mir393a/靶基因通过调控生长素信号，最终影响胚芽鞘伸长和气孔的开关，对淹水条件下种子萌发和幼苗形成具有重要作用。这些研究为今后田间复杂环境下，提高作物种子活力，促进田间成苗提供了新的思路。

3. 种子活力组学研究 近来，随着转录组学和蛋白质组学技术的发展，利用组学技术解析种子活力分子机制已有不少报道。Sano 等（2015）利用 RNA 测序技术，在水稻种子发育阶段鉴定了 529 个长寿命 mRNA 基因，例如编码脱落酸、钙离子和磷脂信号转导相关蛋白的基因，以及 *HSP* 基因，这些基因被证明是种子萌发所必需的。在正常发芽条件下，Li 等（2015）利用蛋白组学技术，在水稻萌发的胚中鉴定到 102 个核蛋白磷酸化蛋白，研究认为核蛋白的磷酸化和去磷酸化对种子活力具有重要作用。Yu 等（2016）对脱落酸和过氧化氢胁迫处理的小麦种子胚和胚乳进行转录组学分析，发现在胚中有 64 个差异表达基因、在胚乳中有 121 个差异表达基因参与多个重要代谢通路，例如物质动员、细胞壁代谢、光合作用、激素、信号和运输代谢等。

五、种子引发

大量研究表明，通过种子引发处理可以提高种子活力，使种子快速、整齐发芽出苗，提高逆境下的成苗。以往机制的研究大多从生理生化的角度进行，例如探明种子引发时，过氧化氢酶是活力恢复过程的关键酶，起了重要作用（Kibinza et al.，2011）。种子引发对萌发的促进效应在分子水平上也得到了证实。首先，引发促进了细胞核 DNA 的合成。据报道，番茄引发种子胚根尖端细胞核 DNA 含量明显高于未引发种子，且在胚根尖端部分位于 G_2 期（间期中合成后期）的细胞比未引发种子多。其次，引发可引起细胞周期蛋白的变化，引发可诱导种子特异蛋白的变化，以及抗逆相关基因的表达。目前，利用分子生物学和功能基因组学方法，对引发提高种子活力的分子机制有了深入的研究。研究表明，种子引发能诱导相关基因的表达，如苜蓿种子中抗氧化基因 *MtAPX* 和 *MtSOD*（Macovei et al.，2010），番茄种子中赤霉素合成基因 *GA20ox1*、*GA3ox1* 和 *GA3ox2*（Nakamune et al.，2012）等。Yacoubi 等（2011）研究了紫花苜蓿种子萌发与引发处理过程中的蛋白质组学，表明 79 个差异表达蛋白质与种子萌发相关，这些蛋白质主要是参与蛋白质代谢、细胞结构、防御等；63 个蛋白与种子引发处理相关，其中 14 个蛋白质在种子萌发与引发处理中同时表达。研究认为，种子引发不能简单地视为种子预发芽过程，其中还涉及其他机制的改善，例如提高种子防御能力、提高种子萌发的耐胁迫能力等。

种子引发的效应之一是减轻种子休眠，其广泛的商业应用是防止诸如莴苣这样的作物种子在高温下产生热休眠。莴苣种子在低温条件下发芽迅速，但是大部分商用品种的种子在高温下（例如 32～35 ℃）吸胀会进入热休眠，因此对作物的生产影响很大。低温引发处理主要涉及一些关键基因表达量的变化，这些关键基因编码脱落酸、赤霉素及乙烯生物合成相关的酶类。而脱落酸、赤霉素及乙烯涉及调控种子休眠和发芽。种子低温下吸胀时，与脱落酸生物合成有关的基因表达量下降（例如莴苣中的 *LsNCED4*），而与赤霉素和乙烯生物合成有关的基因表达量上升（例如 *LsGA3ox1* 和 *LsACS1*）。当莴苣种子在高温下吸胀引起热休眠时，这些基因表达量的变化刚好相反，种子保持较高的 *LsNCED4* 的 mRNA 水平，而 *LsGA3ox1* 和 *LsACS1* 则无表达。当低温引发时（－1.25MPa PEG8000、9 ℃），种子中 *LsNCED4* 的 mRNA 下降，而 *LsGA3ox1* 和 *LsACS1* 的 mRNA 水平上升，即使将引发回干的种子随即在高温下吸胀，这个趋势也不会逆转（Schwember 和 Bradford，2010）。因此引发能使种子解除因高温诱导的种子内部高脱落酸含量、低赤霉素和低乙烯含量而引起的抑制作用，使种子避免热胁迫的影响而完成萌发。另有报道，通过 RNA 干涉技术沉默脱落酸合成关键基因 *NCED*，促进了莴苣种子的发芽。

Catusse 等（2011）对引发处理和老化的甜菜种子进行蛋白组学研究，结果表明种子活力与脂类、淀粉动员、蛋白质合成或甲基循环等代谢途径密切相关，同时也证明了乙醛酸异柠檬酸裂解酶、脱落酸信号通路相关蛋白对种子活力具有重要作用。Nakaune 等（2012）研究表明，番茄种子通过 NaCl 引发处理后，能诱导赤霉素合成基因 *GA20ox1*、*GA3ox1* 和 *GA3ox2* 表达，增加 GA_4 含量从而促进弱化胚乳帽相关基因的表达，促进种子萌发。

Chen 等（2013）认为种子引发提高种子萌发耐逆性，可能与种子引发诱导的预代谢印记到种子中有关，从而在种子中存在“胁迫记忆”或“引发记忆”而提高耐逆性。这可能与种子引发的表观遗传机制相关，DNA 甲基化引起的基因表达的变化，以及组蛋白修饰均与植物逆境记忆的建立相关。今后，随着组学技术越来越广泛地应用于种子活力分子机制研究，将为人们更深层次地了解种子活力调控机制提供帮助。

六、种子分子标记

分子标记技术是通过直接分析品种种子分子（DNA 或 RNA）的多态性（分子标记）来诊断生物内在基因的排布规律以及外在性状的表现规律，是品种真实性和纯度鉴定最为准确可靠的方法。随着分子生物学技术的发展，以单核苷酸多态性（single nucleotide polymorphism，SNP）为代表的第三代新型分子标记技术开始应用于种子品种鉴定、种子知识产权保护及种子纯度检测等。

单核苷酸多态性是指在基因组水平上由于单个核苷酸位置上存在转换、颠换、插入、缺失等变异所引起的DNA序列多态性。一般来说，在一个群体中，当基因组内特定核苷酸位置上存在两种不同核苷酸且出现频率大于1%时（Wang et al.，1998），被视作单核苷酸多态性。单核苷酸多态性可以通过基因测序（sequencing）、高分辨率熔解曲线分析（high resolution melting curve analysis，HRM）、毛细管电泳（capillary electrophoresis）、变性高效液相色谱检测（DHPLC）、基因芯片（DNA chip）等技术检测。已有公司成功将单核苷酸多态性标记用于玉米鉴定，逐步替代原来的简单序列重复（SSR）标记。

高分辨率熔解曲线分析是Gundry等于2003年提出的最初应用于单核苷酸多态性检测分析的一项新技术。该技术是根据碱基序列组成不同的核苷酸片段熔解温度不同这个物理性质，在聚合酶链式反应结束后于同一容器中直接进行高分辨率熔解，并利用饱和染料监控核苷酸片段的熔解过程，得到特征性熔解曲线，再根据熔解曲线的形态变化来判断核苷酸片段性质（片段长度、碱基序列和CG含量）的差异。高分辨率熔解曲线分析能够在没有标记荧光探针的情况下分析单个碱基的变化，是一种有效、准确、经济的辨别DNA多态性的方法，目前主要应用在单核苷酸多态性分析、甲基化分析、基因分型、序列匹配等研究，在植物遗传图谱构建、基因定位与标记辅助选择、突变检测及种质鉴定等方面也有报道。Distefano等（2012）提出可用敏感高效的高分辨率熔解曲线分析代替简单序列重复分析技术中的电泳步骤，挖掘更多由于单核苷酸多态性引起的基因多态性。Ganopoulos等（2011）比较了毛细管电泳和高分辨率熔解曲线分析在樱桃品种鉴定中的鉴定效率，表明高分辨率熔解曲线分析比毛细管电泳具有更高的核苷酸多态性检测能力，在品种鉴定中具有更高的准确性。Zhu等（2013）应用简单序列重复-高分辨率熔解曲线分析（SSR-HRM）技术构建了3个不同品种杂交水稻种子及其父本和母本的曲线指纹图谱，进行了真实性鉴定，认为SSR-HRM检测方法适用于水稻品种高效鉴定，具有高通量、高灵敏度、自动化、快速、直观等特点。

第四节　种子测定技术

一、种子活力测定技术

1. Q2技术测定种子活力　Q2技术是一种基于光学的氧气测定系统，通过测定种子在萌发过程中的氧气消耗情况来鉴定种子活力。测定种子呼吸耗氧量，能在一定程度上反映种子活力的强弱。测定时，将单粒种子分别放入不同塑料试管并盖上盖子。每个盖子内侧含有荧光材料，可以根据不同的氧气浓度改变荧光性质。与电脑连接的传感器向试管射出蓝光，被荧光材料吸收后产生红光再返回传感器，而试管中的氧气可以消耗一部分红光。当密闭试管中的种子开始萌发时，种子呼吸作用增强，密封试管中的氧气浓度降低，返回传感器的红光随之增强，因此可以通过测定红光强度来测定氧气浓度的变化情况。Zhao和Zhong（2012）采用Q2测定仪测定氧气消耗量，认为氧气消耗速率可以作为快速自动测定杉木和马尾松种子活力的有效指标。Q2技术也能够用于判断不同人工老化时间的水稻种子活力差异（韩瑞，2012）。

2. 伸长胚根计数测定种子活力　伸长胚根计数测定种子活力是近年提出的一种种子活力测定方法。伸长胚根的种子数量多，则表明种子活力高。采用纸巾卷进行正常发芽试验，出现清晰和明显的伸长胚根作为评定的依据，用肉眼判定长度达到 2 mm 以上的种子进行计数，并换算成比例（%）。萝卜在 20℃下培养 48 h 后计数。玉米与萝卜伸长胚根计数测定种子活力方法已被列入《国际种子检验规程》。温度是试验中最关键的潜在变异因素，不同作物种子的测定温度与时间有所不同，根据浙江大学的研究，甜玉米为 20℃下 84 h、13℃下 150 h（Luo et al.，2015），籼稻为 25℃下 54 h、18℃下 102 h（Luo et al.，2017），小麦为 20℃下 48 h、13℃下 72 h（Guan et al.，2017）。

二、近红外光谱技术的应用

近红外光谱（near infrared，NIR）分析技术是近年来分析化学领域快速发展的高新分析技术，与常规分析样品方法相比，具有检测快速、不破坏样品、易于实现在线测定、不消耗化学试剂、无污染等优点。目前除了用于一般种子化学成分、水分测定外，近红外光谱技术也能用于燕麦种子活力高低的判别，鉴别老化和未老化的种子；也可有效鉴别出玉米杂交种中的母本自交系种子；可以有效检测到种子中的活害虫和死害虫。用于测定小麦种子中的米象、谷蠹和赤拟谷盗时，发现近红外检测技术能较好地预测这 3 种害虫的虫龄。

三、计算机图像识别技术的应用

在种子检验工作中，计算机越来越广泛被应用于检验样品的图像识别和检验数据自动化处理。采用计算机对检验样品的图像识别，主要依靠计算机视觉技术。计算机视觉技术就是以计算机和图像获取部件为工具，以数字图像处理分析技术、模式识别技术、人工智能技术等为理论，处理获取图像信号，并从图像中提取某些特定的信息。采用计算机视觉技术可以消除和减少由于人类生理器官的差异造成的分析结果不一致性，甚至可以感知人类生理器官不能识别的信息。应用计算机视觉技术进行种子和幼苗的识别，可实现种子净度、发芽率、种子活力、品种真实性与品种纯度等指标的自动化测定。在净度分析中，Shahin 和 Symons（2005）提出基于非奇异取样的图像分析法，采用计算机视觉方法对绿豌豆、黄豌豆、大豆和鹰嘴豆种子的识别效果和人工识别结果相符，其重演性大大提高。采用人工需要 10 min 的判别工作，采用该系统只需 30 s 即可完成。在品种鉴定中，Grillo 等（2011）用计算机视觉识别野豌豆种子的形状、大小和颜色，基于线性判别算法，能够有效区分 10 个品种。Tong 等（2013）研发了一套可根据叶面积判断幼苗质量的计算机视觉系统，对番茄、黄瓜、茄子和辣椒的判别准确率分别为 98.60%、96.40%、98.60%和 95.20%。

四、种子检验数据的计算机处理

种子检验中涉及大量的数据填报、计算和允许误差的判断，应用计算机软件进行检验数据的分析和处理，不但能够节省大量时间，而且能有效避免人工计算的差错。浙江大学种子科学中心于 2004 年开发了种子检验数据处理系统 V1.0，获得国家软件著作权登记。该软件可在 Windows 系统运行，能够快速准确处理种子检验过程中的各种数据。在使用过程中，只要将种子检验的各种数据输入计算机中，该程序会自动按照国家标准 GB/T 3543.1～7—

1995《农作物种子检验规程》中的规定进行数据分析和处理，从而得到种子净度、发芽、水分、纯度等信息，并且通过统计分析和容许误差的对比，直接判断该种子样品是否符合国家标准或抽查是否合格。种子检验结果保存在数据库中，可以随时调出查看，也可以将种子信息和检验结果生成一系列报表打印出来，这些报表包括《农作物种子质量扦样单》《样品入库登记表》《检验业务流转卡》《净度分析原始记载表》《水分测定原始记载表》《种子发芽试验原始记载表》《真实性与品种纯度鉴定原始记载表》和《检验报告》。

思考题

1. 种子增值有哪些技术?
2. 超干超低温种子贮藏的应用潜力如何?
3. 分子标记在种子鉴定方面有何进展?
4. 分子生物学技术和计算机技术在种子科技方面有哪些应用?

主要参考文献

毕辛华，戴心维. 1993. 种子学 [M]. 北京：中国农业出版社.
傅家瑞. 1985. 种子生理 [M]. 北京：科学出版社.
高荣岐，张春庆. 2009. 种子生物学 [M]. 北京：中国农业出版社.
高荣岐，张春庆. 2010. 作物种子学 [M]. 北京：中国农业出版社.
郭长根. 1985. 种子贮藏 [M]. 北京：农业出版社.
谷铁城，马继光. 2001. 种子加工原理与技术 [M]. 北京：中国农业大学出版社.
国际种子检验协会（ISTA）. 1996. 国际种子检验规程 [M]. 颜启传，等译. 北京：中国农业出版社.
胡晋. 1998. 种子引发及其效应 [J]. 种子（2）：33－35.
胡晋. 2004. 农作物种子繁育员 [M]. 北京：中国农业出版社.
胡晋. 2006. 种子生物学 [M]. 北京：高等教育出版社.
胡晋. 2009. 种子生产学 [M]. 北京：中国农业出版社.
胡晋. 2010. 种子贮藏加工学 [M]. 2 版. 北京：中国农业大学出版社.
胡晋. 2014. 种子学 [M]. 2 版. 北京：中国农业出版社.
胡晋. 2015. 种子检验学 [M]. 北京：科学出版社.
胡晋，关亚静，胡伟民. 2002. 种子增值概念与技术 [J]. 种子，31（7）：72－74.
胡晋，王世恒，谷铁成. 2004. 现代种子经营和管理 [M]. 北京：中国农业出版社.
胡晋，李永平，苏菊萍，等. 2008. 种子水分测定的原理和方法 [M]. 北京：中国农业出版社.
胡晋，李永平，胡伟民，等. 2009. 种子生活力测定原理和方法 [M]. 北京：中国农业出版社.
胡琦娟. 2016. 杂交水稻穗萌抑制剂筛选及其抑制机理研究 [D]. 杭州：浙江大学.
柯兹米娜 H Π. 1960. 种子学 [M]. 浙江农学院种子研究室，译. 北京：人民教育出版社.
李合生. 2006. 现代植物生理学 [M]. 2 版. 北京：高等教育出版社.
李洁，林程，关亚静，等. 2016. 引发对低温胁迫下不同类型玉米种子萌发及幼苗生理特性的影响 [J]. 植物生理学报，52（2）：157－166.
李永平. 2007. 烟草种子学 [M]. 北京：科学出版社.
麻浩. 2017. 种子加工与贮藏 [M]. 2 版. 北京：中国农业出版社.
马志强，马继光. 2009. 种子加工原理与技术 [M]. 北京：中国农业出版社.
莫熙穆. 1996. 傅家瑞论文选集 [M]. 广州：中山大学出版社.
尼尔高. 1987. 种子病理学 [M]. 狄原渤，等译. 北京：中国农业出版社.
潘显政. 2006. 农作物种子检验员考核学习读本 [M]. 北京：中国工商出版社.
宋松泉，程红焱，姜孝成. 2008. 种子生物学 [M]. 北京：科学出版社.
宋文坚，孙海燕，吴伟，等. 2016. 种子贮藏技术 [M]. 北京：中国农业大学出版社.
孙群，胡晋，孙庆泉. 2009. 种子加工与贮藏 [M]. 北京：高等教育出版社.
陶嘉龄，郑光华. 1991. 种子活力 [M]. 北京：科学出版社.
王玺. 2015. 种子检验 [M]. 2 版. 北京：中国农业出版社.
王新燕. 2008. 种子质量检验技术 [M]. 北京：中国农业大学出版社.
徐是雄，唐锡华，傅家瑞. 1987. 种子生理研究进展 [M]. 广州：中山大学出版社.

颜启传. 2001. 种子检验原理和技术 [M]. 杭州：浙江大学出版社.
颜启传. 2001. 种子学 [M]. 北京：中国农业出版社.
颜启传，胡伟民，宋文坚. 2006. 种子活力测定原理和方法 [M]. 北京：中国农业出版社.
颜启传，苏菊萍，张春荣. 2004. 国际农作物品种鉴定技术 [M]. 北京：中国农业科技出版社.
颜启传，程式华，魏兴华，等. 2002. 种子健康测定原理和方法 [M]. 北京：中国农业科技出版社.
叶常丰，戴心维. 1994. 种子学 [M]. 北京：中国农业出版社.
张春庆，王建华. 2006. 种子检验学 [M]. 北京：高等教育出版社.
张红生，胡晋. 2015. 种子学 [M]. 2 版. 北京：科学出版社.
浙江农业大学. 1961. 种子学 [M]. 杭州：浙江人民出版社.
浙江农业大学. 1961. 种子贮藏与检验 [M]. 杭州：浙江人民出版社.
浙江农业大学种子教研组. 1980. 种子学 [M]. 上海：上海科学技术出版社.
浙江农业大学种子教研组. 1980. 种子检验简明教程 [M]. 北京：农业出版社.
浙江农业大学种子教研组. 1981. 作物种子学 [M]. 杭州：浙江科学技术出版社.
郑光华. 2004. 种子生理研究 [M]. 北京：科学出版社.
郑光华，史忠礼，赵同芳，等. 1990. 实用种子生理学 [M]. 北京：农业出版社.
支巨振. 2000. GB/T 3543.1～3543.7—1995《农作物种子检验规程》实施指南 [M]. 北京：中国标准出版社.
朱斯梯士 O L，巴士 L N. 1983. 种子贮藏原理与实践 [M]. 浙江农业大学种子教研组，译. 北京：农业出版社.
BASRA A S，2006. Handbook of seed science and technology [M]. New York：Food Products Press.
BASRA A S，1995. Seed quality：basic mechanisms and agricultural implications [M]. New York：Food Products Press.
BEWLEY J D，BRADFORD K J，HILHORST H W M，et al，2013. Seeds-physiology of development，germination and dormancy [M]. 3rd ed. New York：Springer International Publishing.
CHEN K，ARORA R，2013. Priming memory invokes seed stress-tolerance [J]. Environmental and Experimental Botany，94：33 - 45.
CHIN H F，ROBERTS E H，1980. Recalcitrant crop seeds [M]. Kuala Lumpur：Tropical Press.
COPELAND L O，MCDONALD M B，2001. Principle of seed science and technology [M]. 4th ed. Norwell：Kluwer Academic Publishers.
CUI H W，MA W G，GUAN Y J，et al，2012. "Intelligent" seed pellets may improve chilling tolerance in tobaccos [J]. Frontiers in Life Science，6 (3 - 4)：87 - 95.
DON R. 2009. ISTA handbook on seedling evaluation [M]. 3rd ed. Zurich：The International Seed Testing Association.
FU Y Y，GU Y Y，DONG Q，et al，2019. Spermidine enhances heat tolerance of rice seeds by modulating endogenous starch and polyamine metabolism [J]. Molecules，24：1395.
GUAN Y J，HU J，LI Y P，et al，2011. A new anti-counterfeiting method：fluorescent labeling by safranine T in tobacco seed [J]. Acta Physiologiae Plantarum，33 (4)：1271 - 1276.
GUAN Y J，WANG J C，HU J，et al，2013. Pathway to keep seed security：the application of fluorescein to identify true and fake pelleted seed in tobacco [J]. Industrial Crops and Products，45：367 - 372.
GUAN Y J，YIN M Q，JIA X W，et al，2018. Single counts of radicle emergence can be used as a vigour test to predict seedling emergence potential of wheat [J]. Seed Science and Technology，46 (2)：349 - 357.
HAMPTON J G，TEKRONY D M，1995. Handbook of vigor test methods [M]. Zurich：The Internation-

al Seed Testing Association.

HATZIG S V，FRISCH M，BREUER F，et al，2015. Genome-wide association mapping unravels the genetic control of seed germination and vigor in *Brassica napus* [J]. Frontiers in Plant Science，6：221.

HE F，GAO C H，GUO G Y，et al，2019. Maize annexin genes *ZmANN33* and *ZmANN35* encode proteins that function in cell membrane recovery during seed germination [J]. Journal of Experimental Botany，70 (4)：1183－1195.

HU J，GUO C G，SHI S X，1994. Partial drying and post-thaw preconditioning improve the survival and germination of cryopreserved seeds of tea (*Camellia sinensis*) [J]. Plant Genetic Resources Newsletter，98：25－28.

HU J，ZHU Z Y，SONG W J，et al，2005. Effects of sand priming on germination and field performance in direct-sown rice (*Oryza sativa* L.) [J]. Seed Science and Technology，33 (1)：243－248.

HU Q J，LIN C，GUAN Y J，et al，2017. Inhibitory effect of eugenol on seed germination of hybrid rice (*Oryza sativa* L.) [J]. Scientific Reports，7：5295.

HUANG Y T，LIN C，HE F，et al，2017. Exogenous spermidine improves seed germination of sweet corn via involvement in phytohormone interactions，H_2O_2 and relevant gene expression [J]. BMC Plant Biology，17：1－16.

ISTA，2012. International rules for seed testing [M]. Zurich：The International Seed Testing Association.

KRUSE M，2004. ISTA Handbook on seed sampling [M]. 2nd ed. Zurich：The International Seed Testing Association.

LEIST N，KRÄMER S，JONITZ A，2003. ISTA working sheets on tetrazolium testing [M]. Zurich：The International Seed Testing Association.

LI Z，GAO Y，ZHANG Y C，et al，2018. Reactive oxygen species and gibberellin acid mutual induction to regulate tobacco seed germination [J]. Frontiers in Plant Science，9：1279.

LIU X，HU P，HUANG M，et al，2016. The NF-YC-RGL2 module integrates GA and ABA signalling to regulate seed germination in *Arabidopsis* [J]. Nature Communication，7：12768.

LUO Y，LIN C，FU Y Y，HUANG Y T，et al，2017. Single counts of radicle emergence can be used as a fast method to test seed vigour of indica rice [J]. Seed Science and Technology，45 (1)：222－229.

Mannino M R，Taylor J J，2010. Handbook on pure seed definitions [M]. 3rd ed. Zurich：The International Seed Testing Association.

MA W，GUAN X Y，LI J，et al，2019. Mitochondrial small heat shock protein mediates seed germination via thermal sensing [J]. Proceedings of The National Academy of Sciences of The United States of America，116 (10)：4716－4721.

NIJËNSTEIN H，NYDAM J，DON R，2007. ISTA handbook on moisture determination [M]. Zurich：The International Seed Testing Association.

PAYNE R C，1993. Handbook of variety testing，growth chamber-greehouse testing procedures：variety identification [M]. Zurich：The International Seed Testing Association.

RONNIE D，2003. ISTA handbook on seedling evaluation [M]. Zurich：The International Seed Testing Association.

SANO N，ONO H，MURATA K，et al，2015. Accumulation of long-lived mRNAs associated with germination in embryos during seed development of rice [J]. Journal of Experimental Botany，66 (13)：4035－4046.

SHETEIWY M S，AN J J，YIN M Q，et al，2019. Cold plasma treatment and exogenous salicylic acid priming enhances salinity tolerance of *Oryza sativa* seedlings [J]. Protoplasma，256：79－99.

SHETEIWY M S，GONG D T，GAO Y，et al，2018. Priming with methyl jasmonate alleviates polyethylene glycol-induced osmotic stress in rice seeds by regulating the seed metabolic profile [J]. Environmental and Experimental Botany，153：236－248.

XIE L，TAN Z，ZHOU Y，et al，2014. Identification and fine mapping of quantitative trait loci for seed vigor in germination and seedling establishment in rice [J]. Journal of Integrative Plant Biology，56 (8)：749－759.

ZHANG S，HU J，LIU N N，et al，2006. Presowing seed hydration treatment enhances the cold tolerance of direct-sown rice [J]. Seed Science and Technology，34 (3)：593－601.

ZHANG S，HU J，ZHANG Y，et al，2007. Seed priming with brassinolide improves lucerne (*Medicago sativa* L.) seed germination and seedling growth in relation to physiological changes under salinity stress [J]. Australian Journal of Agricultural Research，58 (8)：811－815.

ZHU Y F，HU J，ZHANG Y，et al，2010. Transferability of SSR markers derived from cowpea (*Vigna unguiculata* L. Walp) in variety identification [J]. Seed Science and Technology，38 (3)：730－740.

图书在版编目（CIP）数据

种子学：精编版 / 关亚静，胡晋主编．—北京：中国农业出版社，2020.8

普通高等教育农业农村部“十三五”规划教材　全国高等农林院校“十三五”规划教材

ISBN 978-7-109-27124-1

Ⅰ.①种…　Ⅱ.①关… ②胡…　Ⅲ.①作物—种子—高等学校—教材　Ⅳ.①S330

中国版本图书馆 CIP 数据核字（2020）第 133561 号

种子学

ZHONGZI XUE

中国农业出版社出版

地址：北京市朝阳区麦子店街 18 号楼

邮编：100125

责任编辑：李国忠

版式设计：王　晨　　责任校对：沙凯霖

印刷：北京万友印刷有限公司

版次：2020 年 8 月第 1 版

印次：2020 年 8 月北京第 1 次印刷

发行：新华书店北京发行所

开本：787mm×1092mm　1/16

印张：20

字数：480 千字

定价：45.00 元
